KB078854

전기기초 이론

김홍용 · 김대현 공저

머리말

4차 산업 혁명이 몰고 온 인공 지능(AI), 자율 주행 자동차, 사물 인터넷, 빅데이터 분석 기술 등은 모든 산업 분야에 빠른 속도로 융합되어가고 있다. 인간의 오감 능력을 카메라, 센서 등으로 구현하고 신호 처리의 기술을 사물 스스로 생각하고, 판단, 결정할 수 있도록 한다.

이와 같이 최첨단 산업 사회에서는 전공에 관계없이 융복합 학문이 필연적이 되고 있으며, 그 중에서도 **전기 기초 이론**은 다양한 공학 분야와 IT 산업에 매우 중요하게 응용될 뿐만 아니라 비중도 커져가고 있다. **전기 기초 이론**은 이러한 시대적 패러다임에 적응하고 일조하기 위하여 각 분야의 기술자가 갖추어야 할 기본 지식으로 필수적인 학문이 되었다.

본 교재는 전기 초급 기술자를 위해 주요 이론을 체계적으로 정리하였고, 전기 관련 용어와 공식을 통해 전기 공학의 기초를 쉽고 간단하게 배울 수 있도록 다음과 같은 특징으로 구성하였다.

첫째, 전기 공학 전공자 또는 비전공자가 기본적으로 현장 실무에서 많이 사용하는 이론을 이해하기 쉽도록 그림과 사진을 곁들였다.

둘째, 각 단원마다 중요한 이론과 공식 등을 구분하여 줌으로써 쉽게 내용을 기억하고 이해할 수 있게 하였다.

셋째, 각 단원마다 본문과 밀접한 최적의 연습문제를 엄선하여 전체적인 내용을 이해할 수 있도록 하였으며, 전기 관련 단위와 공식을 부록에 삽입하여 전기를 처음 접하는 학습자도 혼자서 학습이 가능하도록 구성하였다.

이 책이 독자 모두에게 조금이나마 도움이 되길 바라며, 부족한 점이 있으면 보완하여 충실한 교재가 되도록 계속해서 노력할 것을 약속한다.

끝으로 출판을 위해 애써주신 도서출판 **일진사** 임직원분들께 깊은 감사를 드린다.

저자 씀

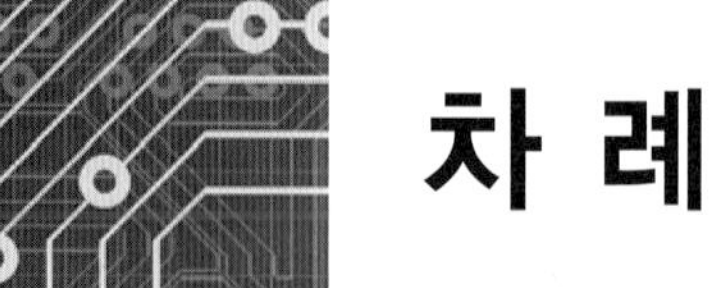

차 례

제4장 자 기 54

제5장 교류 회로 86

제6장 3상 교류 회로 130

제7장 전기 기기 기초 이론 147

전기의 기초

1-1 전기의 본질

(1) 물질과 전기

모든 물질은 분자 또는 원자의 집합으로 구성되며, 원자는 양(+)전기를 가진 원자핵(양성자+중성자)과 그 주위에 일정한 궤도를 따라 맴도는 음(−)전기를 가진 몇 개의 전자(electron)로 구성된다.

[표 1-1] 물질과 전기의 구성

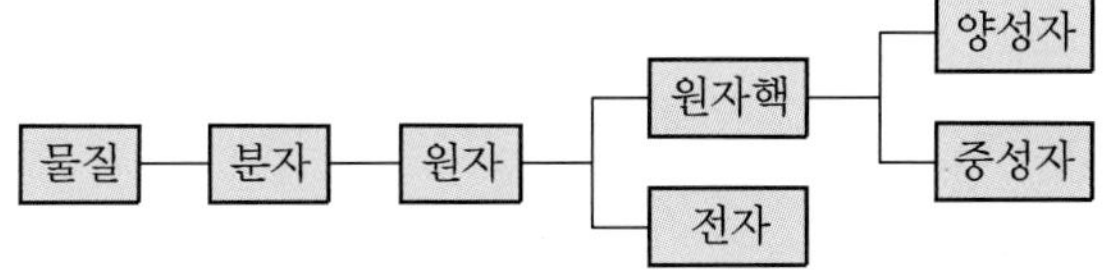

전자는 원자핵 둘레 궤도를 회전하고 있다. 원자가 외부에 충격이 가해지면 회전 궤도에서 전자가 이탈하여 자유전자(free electron)가 되어 새로운 물질의 원자로 이동한다. 즉, 전자의 이동에 의해 발생하는 것이다.

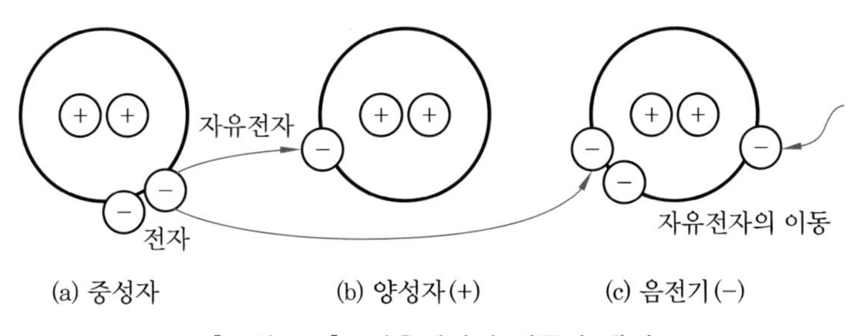

[그림 1-1] 자유전자의 이동과 대전

(2) 대전 현상과 전하

어떤 물질이 정상 상태보다 전자의 수가 많거나 적어졌을 때 양전기나 음전기를 가지게 되는데, 이를 대전(electrification)이라 한다.

물질의 마찰, 빛 등으로 대전된 물체가 가지는 전기 양성자나 전자와 같이 전기적 성질을 가지고 있는 입자를 **전하**(electric charge)라 한다.

양(+)의 전기를 갖는 양성자를 **양전하**, 음(−)의 전기를 갖는 전자를 **음전하**라고 한다. 전하가 가지고 있는 전기의 양을 **전기량** 또는 **전하량**이라 하고, 전하량(Q)의 단위는 쿨롱[C]을 사용한다.

[표 1-2] 물질의 전하량과 질량

물질 입자		전하량(전기량) Q	질량 m
원자핵	양성자	1.60219×10^{-19} [C]	1.67261×10^{-27}[kg]
	중성자	0[C]	
전자		-1.60219×10^{-19} [C]	9.10656×10^{-31}[kg]

전하량의 최소 기본 단위는 전자 한 개가 갖는 전하량은 1.60219×10^{-19}[C]이므로 총 전하량은 불연속적인 양이 된다. 즉 총 전하량 Q는 다음 식 (1.1)과 같이 나타낸다.

$$Q = n.e[\mathrm{C}] \begin{cases} n : \text{전자의 개수} \\ e : \text{전자 한 개의 전하량}(1.602\times10^{-19}[\mathrm{C}]) \end{cases} \qquad \text{식 (1.1)}$$

(3) 전하의 흐름

전하가 흐르는 정도에 따라 도체, 부도체, 반도체로 나눌 수 있다. 전기 또는 열에 대한 저항이 매우 작아 전기나 열을 잘 전달하는 물체가 **도체**(conductor)이며, 전달하지 못하는 물체를 **부도체**(nonconductor) 또는 **절연체**(insulator)라고 한다.

도체와 부도체의 중간 영역의 **반도체**(semiconductor)는 불순물의 첨가나 다른 조작에 의해 전도성이 증가한다. 대표적인 도체는 금, 은, 구리, 알루미늄 등이 있고, 부도체 또는 절연체는 종이, 나무, 유리 등이 있다.

1-2 전류

전기 회로에서 에너지가 전송되려면 전하의 이동이 있어야 한다. 즉, 음전하와 양전하를 금속선(도체)으로 직접 연결하면 전하가 이동 또는 전기가 흐른다.

금속선에는 **전류**(electric current)가 흐르게 되며 전류는 전자의 이동이지만, 그 방향은 전자의 이동 방향과 반대로 양극에서 음극으로 흐른다고 정의한다.

전류의 단위는 암페어 또는 [A]로 하며, 전류의 세기는 단위 시간 t[s] 초 당 이동하는 전기량 Q[C]를 전류 I라 한다.

$$I = \frac{Q}{t}[\mathrm{A}], \quad Q = I \cdot t[\mathrm{C}] \qquad \text{식 (1.2)}$$

여기서, Q : 전기량(C), t : 단위시간(s)

1-3 전압, 전위, 전위차

물질의 전기적인 높이가 **전위**이고, 그 차이를 **전위차** 또는 **전압**(E)이라 한다. 전압의 단위는 **볼트** 또는 [V]라고 한다. 어떠한 공간에서 단위 전하를 이동시키는데 소모되는 에너지가 전압의 크기이다. [그림 1-2]와 같이 나타낼 수 있다.

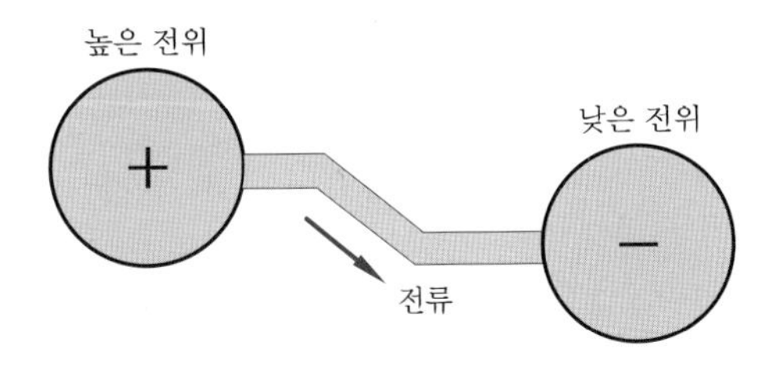

[그림 1-2] 전압과 전위

전위차는 단위 전하 1[C]이 두 점 사이를 이동할 때 얻거나 잃는 에너지로 정의한다. Q[C]의 전하가 전위차 또는 전압 V인 두 점 사이를 이동하였을 때 한 일을 **소비 전력 와트** 또는 W라고 하며, 다음과 같이 나타낼 수 있다.

$$W = VQ[\mathrm{J}], \quad V = \frac{W}{Q} \qquad \text{식 (1.3)}$$

여기서, W : 전하 이동에 소모하는 일(J), Q : 전기량(C)

1-4 저항

저항은 전원으로부터 공급받은 전기 에너지를 열로 소비하는 소자로써 회로 전압을 제어하거나 전류를 제한하는 역할을 한다. 저항의 기호는 R, 단위는 **옴**(ohm, [Ω])으로 나타낸다.

도체에 흐르는 전류 I[A]는 전압 V[V]에 비례하고, 저항 R[Ω]에 반비례하여 흐른다. 식 (1.4)의 관계가 성립한다. 이와 같은 식을 옴의 법칙(ohm's law)이라 한다.

$$I=\frac{V}{R}[\mathrm{A}],\quad V=IR[\mathrm{V}],\quad R=\frac{V}{I}[\Omega] \qquad \text{식 (1.4)}$$

또한, 도체가 가지는 고유한 저항값(R)과 도체 길이(l)를 곱하고, 도체의 단면적(A)에 나눈 값을 저항(R)의 크기라고 한다.

$$R=\rho\frac{l}{A}=\rho\frac{l}{\pi r^2}=\rho\frac{l}{\pi D^2}[\Omega]\left[\Omega\cdot m\cdot\frac{m}{m^2}=\Omega\right] \qquad \text{식 (1.5)}$$

여기서, ρ : 도체의 고유 저항(Ω/m), A : 도체의 단면적(mm^2)
l : 도체의 길이(m), r : 전선 반경(m)
D : 전선 직경(m)

고유저항률 ρ는 도전율 σ의 역수이고, 저항률과 도전율의 관계는 다음과 같다.

$$\rho=\frac{1}{\sigma}[\Omega\cdot\mathrm{m}] \qquad \text{식 (1.6)}$$

저항의 역수는 컨덕턴스(conductance, G)라 하고, 다음과 같이 표시된다. 컨덕턴스 G의 단위는 무(mho, [℧]) 또는 지멘스(siemens, [s])이다.

$$G=\frac{1}{R},\quad I=\frac{V}{R}=GV$$
$$\therefore\ I=GV \qquad \text{식 (1.7)}$$

1-5 전기 회로의 이해

전기 회로에 전기적인 에너지를 공급하는 장치를 전원(source)이라고 하며 전기적인 에너지를 다른 에너지로 변환 소비하는 장치, 실생활이나 산업 현장에 쓰이는 모든 전기 장치 및 기계 기구는 모두 부하(electric load)이다.

전하가 부하의 양단 사이를 이동할 때 에너지를 잃는 것을 전압 강하(voltage drop)가 일어난다고 한다. 전압 강하는 전압 상승과 반대로 부하에서 전류의 유입 단자가 고전위(+), 전류의 유출 단자가 저전위(−)의 극성으로 표시한다.

1-6 전력, 전력량, 줄의 법칙

저항에 전류가 흘러 단위 시간당 전기 에너지가 소비되어 한 일의 비율을 전력(electric power)으로 정의한다. 기호는 P, 단위는 와트(Watt, [W])를 사용하며 1[W]=1[J/s]이다. 전기가 t[s] 동안에 W[J]가 일을 했다면 전력 P는 다음과 같다.

$$P = \frac{W}{t} = \frac{VIt}{t} = VI = V\left(\frac{V}{R}\right) = \frac{V^2}{R} = I^2R[\mathrm{W}] \qquad \text{식 (1.8)}$$

전기적 에너지 W[J]를 t[s] 동안에 전기가 한 일 또는 t[s] 동안의 전력량이라고도 하며, 단위를 1[Ws], [Wh], [kWh]로 표시된다.

$$1[\mathrm{Ws}] = 1[\mathrm{J}],\ 1[\mathrm{Wh}] = 3600[\mathrm{Ws}] = 3600[\mathrm{J}]$$

$$1[\mathrm{kWh}] = 10^3[\mathrm{Wh}] = 3.6\times10^6[\mathrm{J}] = 860[\mathrm{kcal}]$$

이와 같은 도체 저항에서 전류가 흐를 때 발생하는 열을 줄열이라 한다. 이것을 줄의 법칙(Joule's law)이라 정의한다.

$R[\Omega]$의 저항에 전류 I[A]의 전류가 t[s] 동안 흐를 때의 열에너지 H는

$$H = I^2Rt[\mathrm{J}], \quad H = 0.24I^2Rt[\mathrm{cal}] \qquad \text{식 (1.9)}$$

여기서, $I = 0.24$[cal]로 나타낼 수 있다. 저항 $R[\Omega]$에 V[V]의 전압을 가하여 I[A]의 전류가 t[s] 동안 흘렀을 때 공급된 전기적인 에너지 W는

$$W = VIt = I^2Rt[\mathrm{J}] \qquad \text{식 (1.10)}$$

1-7 키르히호프의 법칙

여러 개의 저항과 전원을 포함한 전기 회로는 옴의 법칙만으로 해결되지 않기 때문에 보다 쉽게 해석하려면 키르히호프의 법칙(Kirchhoff's law)을 적용한다.

(1) 키르히호프의 전류 법칙(KCL)

회로망 중의 임의의 점에 흘러 들어오는 전류의 대수합과 흘러나가는 전류의 대수합은 같다.

$$\Sigma V = \Sigma IR \qquad \therefore I_1 + I_3 = I_2 + I_4 + I_5$$
$$\Sigma I = 0 \qquad \therefore I_1 + I_3 - (I_2 + I_4 + I_5) = 0$$
식 (1.11)

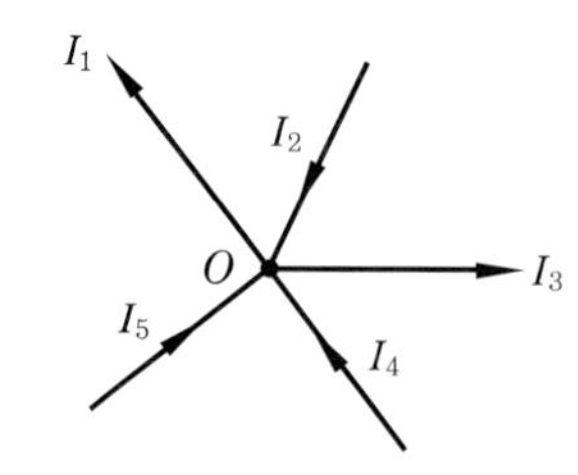

[그림 1-3] 키르히호프의 전류 법칙(KCL)

(2) 키르히호프의 전압 법칙(KVL)

회로망에서 임의의 한 폐회로의 기전력 대수합과 전압 강하의 대수합은 같다.

$$\Sigma V = \Sigma IR$$
$$V_1 - V_2 - V_3 = I(R_1 + R_2 + R_3 + R_4)$$
식 (1.12)

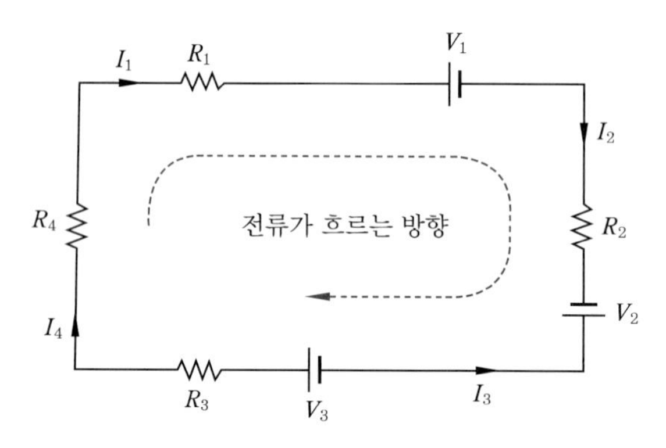

[그림 1-4] 키르히호프의 전압 법칙(KVL)

>>> 제1장

연습문제

1. 저항이 100[Ω]인 도체에 200[V]의 전압을 가할 때, 도체에 흐르는 전류는 몇 [A]인가?

2. 저항 50[Ω]의 부하에 2[A]의 전류가 흐를 때 생기는 전압 강하는 몇 [V]인가?

3. 어떤 전기 회로에서 10초 동안에 20[C]의 전하가 이동하였다면 전류는 몇 [A]인가?

4. 어떤 도체에 3[A]의 전류가 10초간 흘렀다면, 이 도체의 단면을 통과한 전기량은 몇 [C]인가?

5. 10[C]의 전기량이 두 점 사이를 이동하여 15[J]의 일을 하였다면, 두 점 사이의 전위차는 얼마인가?

6. 어떤 도체의 길이를 2배로 단면적을 $\frac{1}{2}$로 했을 때의 저항은 원래 저항의 몇 배가 되는가?

7. $R_1 = 4$, $R_2 = 6$[Ω]인 2개의 저항이 병렬로 접속되어 있다. 합성 저항은 몇 [Ω]인가?

Chapter 02

직류 회로

2-1 저항의 접속

(1) 직렬접속(series connection)

저항 R_1, R_2, R_3를 [그림 2-1]과 같이 접속한 것을 직렬접속이라 하고, 이 접속된 저항의 양단에 전압 V를 인가했을 때 전류 I가 흐른다면 각 저항의 단자 전압 V_1, V_2, V_3는 옴의 법칙에 의해서 다음과 같이 된다.

$$V_1 = IR_1,\ V_2 = IR_2,\ V_3 = IR_3[\mathrm{V}] \qquad \text{식 (2.1)}$$

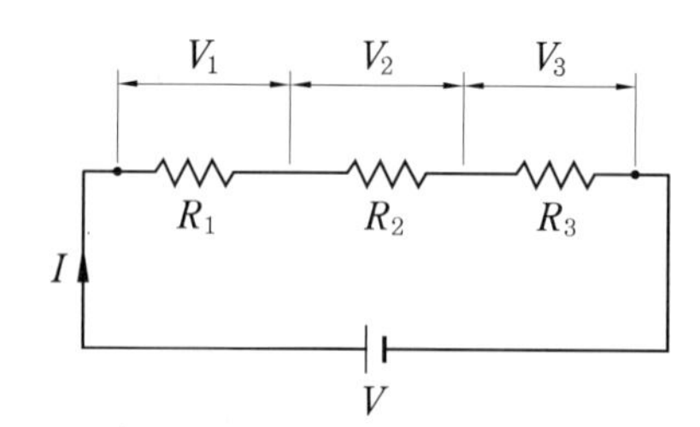

[그림 2-1] 저항의 직렬접속

또 각 단자 키르히호프의 전압 법칙을 적용한 합이 V이므로

$$\begin{aligned} V &= V_1 + V_2 + V_3 = IR_1 + IR_2 + IR_3 \\ &= I(R_1 + R_2 + R_3) = IR \end{aligned} \qquad \text{식 (2.2)}$$

이므로 전원에서 본 직렬 회로의 등가 합성 저항 R은

$$R = R_1 + R_2 + R_3 + \ \cdots\cdots\ R_n[\Omega] \qquad \text{식 (2.3)}$$

(2) 병렬접속(parallel connection)

저항 3개의 R_1, R_2, R_3이 [그림 2-2]와 같이 접속된 것을 병렬접속이라 하고, 합성

저항 R은

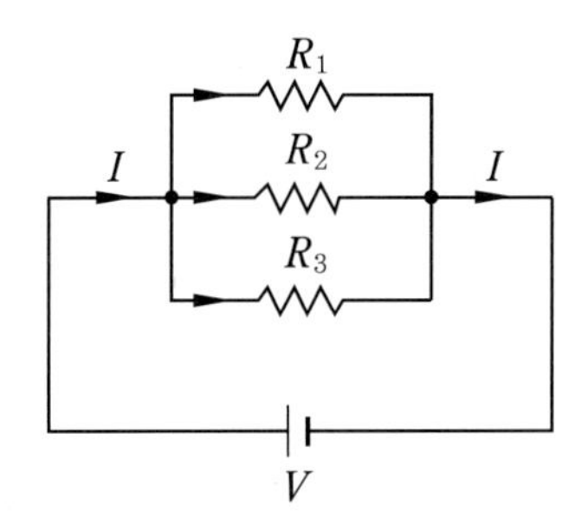

[그림 2-2] 저항의 병렬접속

각 저항에 걸리는 전압 강하는 전원 V와 서로 같고 일정하다. 이때 접속된 공통 단자에 전압 V를 인가할 때 각 저항에 흐르는 전류 I_1, I_2, I_3는 옴의 법칙에 의해 다음과 같이 된다.

$$I_1 = \frac{V}{R_1}, \quad I_2 = \frac{V}{R_2}, \quad I_3 = \frac{V}{R_3} \text{ [A]} \qquad \text{식 (2.4)}$$

키르히호프 전류 법칙을 적용하여 저항 전체에 흐르는 전류 총량을 I라 하면

$$\begin{aligned} I &= I_1 + I_2 + I_3 = \frac{V}{R_1} + \frac{V}{R_2} + \frac{V}{R_3} \\ &= V\left(\frac{1}{R_1} + \frac{1}{R_2} + \frac{1}{R_3}\right) = \frac{V}{R} \text{ [A]} \end{aligned} \qquad \text{식 (2.5)}$$

가 된다. 여기서 R을 병렬접속의 합성 저항이라 하며, 그 값은

$$R = \frac{V}{I} = \frac{1}{\dfrac{1}{R_1} + \dfrac{1}{R_2} + \dfrac{1}{R_3}} \text{ [}\Omega\text{]} \qquad \text{식 (2.6)}$$

이다. 병렬접속 시 합성 저항의 값은 각 저항의 역수의 합의 역수와 같다. 다시 정리하면 식 (2.7)과 같다.

$$R = \frac{R_1 R_2 R_3}{R_1 R_2 + R_2 R_3 + R_3 R_1} \text{ [}\Omega\text{]} \qquad \text{식 (2.7)}$$

(3) 직·병렬접속

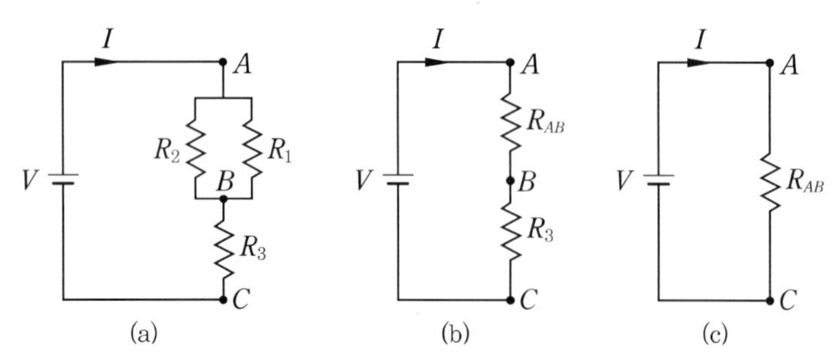

[그림 2-3] 직·병렬접속

$$R_{sp} = \frac{R_1 \cdot R_2}{R_1 + R_2} + R_3 = R_{ab} + R_3 = R_{ac} \qquad \text{식 (2.8)}$$

2-2 전압·전류 분배 법칙

전기 회로에서 두 개의 저항이 직렬 또는 병렬로 접속이 이루어지면 전압 분배 법칙과 전류 분배 법칙을 이용해 회로를 해석할 수 있다.

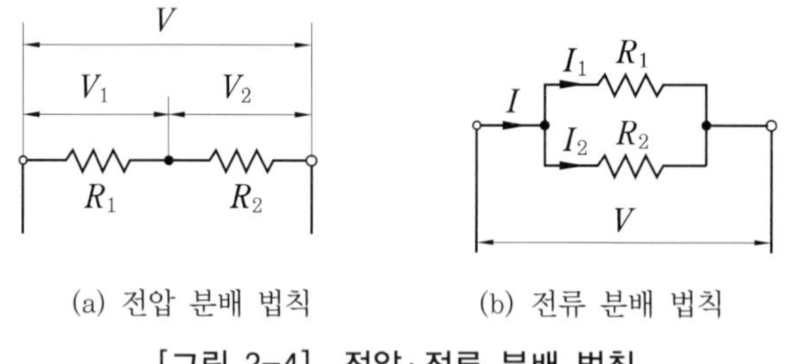

(a) 전압 분배 법칙 (b) 전류 분배 법칙

[그림 2-4] 전압·전류 분배 법칙

[그림 2-4] (a)의 회로에서 합성 저항 R과 전체 전류 I는 옴의 법칙에 의하면 식 (2.9)로 나타낼 수 있다.

합성 저항 $R = R_1 + R_2$

전체 전류 $I = \frac{V}{R} = \frac{V}{R_1 + R_2}$ 식 (2.9)

따라서 각 저항 R_1, R_2에 걸리는 단자 전압, 즉 전압 강하 V_1, V_2는

$$V_1 = R_1 I = \frac{R_1}{R_1 + R_2} V, \quad V_2 = R_2 I = \frac{R_2}{R_1 + R_2} V \qquad \text{식 (2.10)}$$

이다. 식 (2.10)을 **전압 분배 법칙**으로 정의한다.

[그림 2-4] (b)의 회로는 두 개의 저항이 병렬로 접속되어 있다. 전체 전류 I일 때, 각 합성 저항과 단자 전압을 구하면,

$$\text{합성 저항 } R = \frac{R_1 R_2}{R_1 + R_2}$$

$$\text{단자 전압 } V = I_1 R_2 = I_2 R_2 = IR \qquad \text{식 (2.11)}$$

로 나타낼 수 있다. 각 저항에 흐르는 전류 I_1, I_2 는

$$I_1 = \frac{V}{R_1} = \frac{IR}{R_1} = \frac{R_2}{R_1 + R_2} I, \quad I_2 = \frac{V}{R_2} = \frac{IR}{R_2} = \frac{R_1}{R_1 + R_2} I \qquad \text{식 (2.12)}$$

이다. 식 (2.12)를 **전류 분배 법칙**으로 정의한다.

2-3 휘트스톤 브리지

저항을 측정하기 위해 4개의 저항과 검류계 G를 [그림 2-5]와 같이 브리지로 접속한 회로를 **휘트스톤 브리지**(Wheatston bridge) 회로라고 한다. 이는 $0.5 \sim 10^5[\Omega]$ 정도의 중저항 측정에 많이 이용되고 있다.

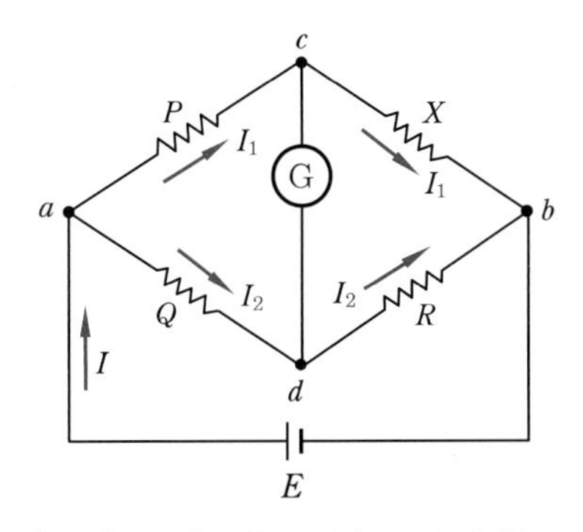

[그림 2-5] 휘트스톤 브리지 회로

브리지 평형 조건

$$PR = QX \quad \text{식 (2.13)}$$

미지의 저항

$$X = \frac{P}{Q}R \quad \text{식 (2.14)}$$

일반적으로 P, Q는 정해진 값을 가지는 저항을 사용하고 R에는 가변 저항을 사용한다. X에 미지의 저항을 연결하고 브리지로 전압계나 검류계를 사용하면 X의 저항값을 측정할 수 있다.

2-4 전지의 접속

전지 1개로는 기전력이 부족하거나 용량이 여러 개의 전지를 사용하여 보다 높은 전압이나 큰 전류를 얻으려면 전지를 직렬 또는 병렬로 접속하여 사용한다.

(1) 직렬접속

기전력이 E_1, E_2, E_3[V]이고 내부 저항이 r_1, r_2, r_3[Ω]인 전지 3개를 [그림 2-6] (a)와 같이 직렬로 접속하고 이것에 부하 저항 R[Ω]을 연결하였을 때 부하에 흐르는 전류 I[A]를 구해보자. [그림 2-6] (a)를 (b)와 같이 등가 회로로 대치할 수 있다.

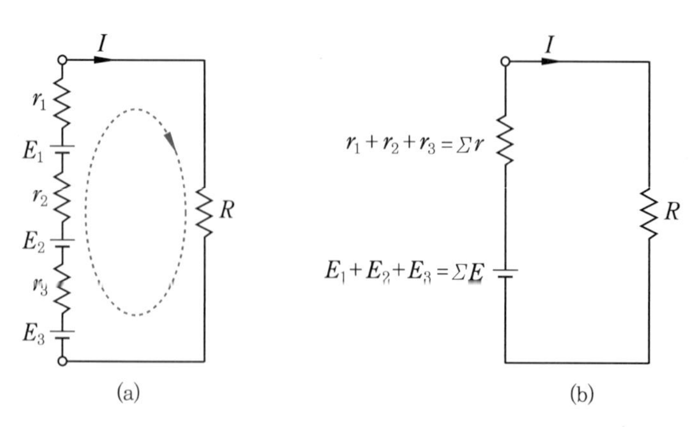

[그림 2-6] 전지의 직렬접속

기전력 E[V], 내부 저항 r[Ω]인 전지 n개를 직렬접속하고, 여기에 부하 저항 R[Ω]을 연결했을 때, 부하에 흐르는 전류는 다음과 같다.

$$I = \frac{nE}{R + nr}\,[\mathrm{A}]$$

여기서, nE : 합성 기전력, nr : 합성 내부 저항

(2) 병렬접속

기전력이 E[V]이고 내부 저항이 r[Ω]인 같은 전지 3개를 [그림 2-7]과 같이 병렬로 접속하고 이것에 부하 저항 R[Ω]을 연결하였을 때 부하에 흐르는 전류 I[A]를 구해보자.

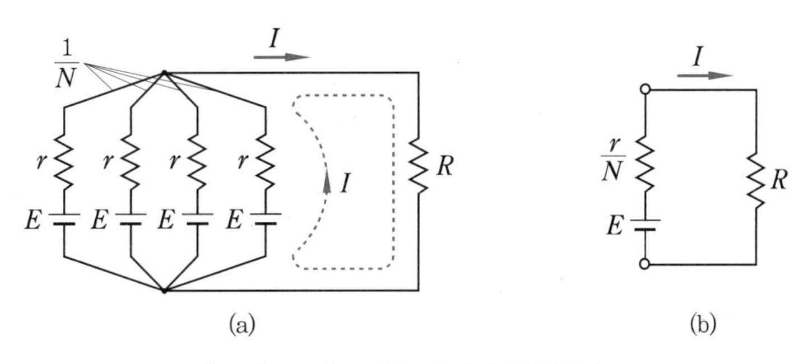

[그림 2-7] 같은 전지의 병렬접속

[그림 2-7] (a)에서 전지의 기전력과 내부 저항이 같으므로 각 전지에는 $\frac{I}{4}$[A]의 전류가 흐른다.

이를 [그림 2-7] (b)와 같이 등가 회로로 대처할 수 있다. 기전력 E[V], 내부 저항 r[Ω]인 전지 n개를 병렬접속하고, 여기에 부하 저항 R[Ω]을 연결했을 때, 부하에 흐르는 전류는 다음과 같다.

$$I = \frac{E}{\frac{r}{N} + R}\,[\mathrm{A}]$$

(3) 직·병렬접속

기전력이 E[V]이고 내부 저항이 r[Ω]인 같은 전지 n개를 직렬로 접속한 것을 N조 병렬로 [그림 2-8]과 같이 접속하고 이것에 부하 저항 R[Ω]을 연결하였을 때 부하에 흐르는 전류 I[A]를 구해보자.

[그림 2-8] (a)에서 전지의 기전력과 내부 저항이 같으므로 n개 직렬로 접속한 전지의 합성 기전력은 nE[V], 합성 내부 저항은 nr[Ω]이므로 [그림 2-8] (b)와 같은 등가 회로도로 대치할 수 있다.

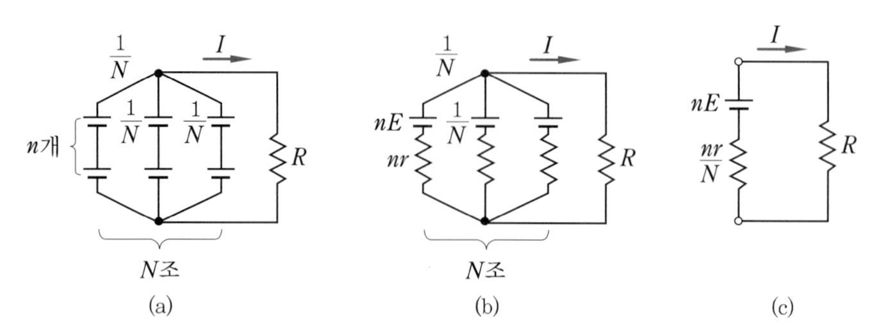

[그림 2-8] 같은 전지의 직·병렬접속

이것을 다시 N조 병렬로 접속한 전지의 기전력은 nE[V], 합성 내부 저항은 $\frac{n}{N}r$[Ω]이므로 [그림 2-8] (c)와 같은 등가 회로도로 대치할 수 있다. 따라서 [그림 2-8] (c)에서 부하에 흐르는 전류 I[A]는 다음과 같다.

$$I = \frac{nE}{\frac{n}{N}r + R}\,[\mathrm{A}]$$

(4) 최대 전류를 얻는 전지의 접속

$$I = \frac{E}{\frac{r}{m} + \frac{R}{n}}\,[\mathrm{A}]$$

분모 $\left(\frac{r}{m} + \frac{R}{n}\right)$가 최소가 되어야 하므로, 최소 조건 $\frac{r}{m} = \left(\frac{R}{n}\right)$을 만족시키도록 접속한다.

- 최대 전류의 조건 : $\frac{r}{m} = \frac{R}{n}$

2-5 열전 현상

(1) 제베크 효과

[그림 2-9] (a)와 같이 구리와 콘스탄탄을 접속하고 다른 쪽에 전압계를 연결하여 접속부를 가열하면 발생하는 것을 알 수 있다.

이와 같이 서로 다른 금속 A, B를 [그림 2-9] (b)와 같이 접속하고 접속점을 서로 다른 온도로 유지하면 기전력이 생겨 일정한 방향으로 전류가 흐른다.

이러한 현상을 **열전 효과** 또는 **제베크 효과**(Seebeck effect)라 한다. 이 경우 발생하는 기전력을 열기전력(thermo-electromotive force)이라 하고 전류를 **열전류**(thermoelectric current)라 하며, 이런 장치를 **열전쌍**(thermoelectric couple) 또는 **열전대**라고 한다.

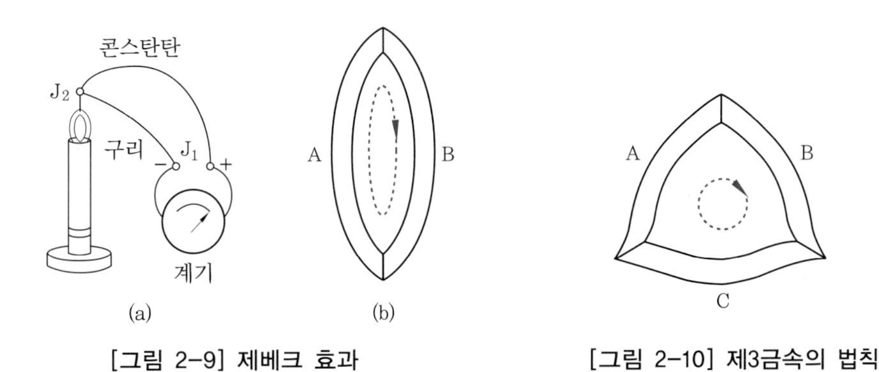

[그림 2-9] 제베크 효과

[그림 2-10] 제3금속의 법칙

[그림 2-10]과 같이 열전쌍의 접점에 임의의 금속 C를 넣어도 C와 두 금속 접점의 온도가 같은 경우에는 회로의 열기전력은 변하지 않는다.

이것을 **제3금속의 법칙**(law of intermediate metals)이라 한다. 따라서 금속 A, B의 양 접점 사이에 납땜을 하거나 계기를 접속하더라도 열기전력의 크기에는 변화가 없다.

열기전력의 크기가 온도에 따라 변화하는 성질을 이용하여 온도를 측정할 수 있는데 이것을 **열전 온도계**(thermoelectric thermometer)라 한다.

(2) 펠티에 효과

[그림 2-11] (a)와 같이 비스무트와 안티몬을 접속하고 그림과 같은 방향으로 전류를 흘리면 C에서는 주위의 열을 흡수하는 현상이 생기고, A, B에서는 발열 현상이 나타난다. 또한 [그림 2-11] (b)와 같이 전류의 방향을 반대로 하면 C에서는 발열 현상이 나타나고, A, B에서는 열의 흡수가 일어난다.

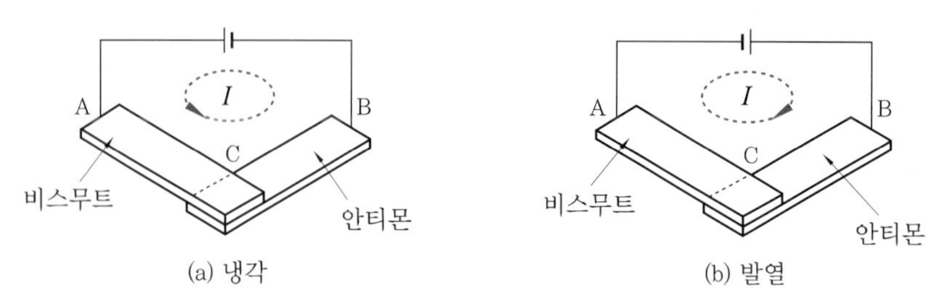

[그림 2-11] 펠티에 효과

펠티에 효과를 이용하면 효율은 좋지 못하지만 냉각, 가열 등의 자동 온도 조절이 쉽기 때문에 재료 시험 등의 전자 냉열 장치나 소형 냉장고 등에 이용되고 있다.

(3) 톰슨 효과

온도 차가 있는 한 물체에 전류를 흘릴 때, 이 물체 내에 줄열 또는 열전도에 의한 이외의 열 발생·흡수가 일어난다.

2-6 전류의 화학작용

(1) 전해액

산·염기·염류의 물질을 물속에 녹이면 수용액 중에서 양전기를 띤 양이온(cation)과 음전기를 띤 음이온(anion)으로 전리하는 성질이 있다. 이와 같이 물에 녹아서 양이온과 음이온으로 나누어지는 물질을 전해질이라 하고, 전해질의 수용액을 전해액(electrolyte)이라 한다.

전해액 내에서(SO_4, NO_3, Cl 등), 수산근(OH) 등은 음이온이 된다. 이온을 표시하려면 양이온은 화학 기호의 오른쪽 위에 (+), 음이온은 (−)를 표시하며 (+), (−)의 수는 이온가를 나타낸다.

즉, 황산(H_2SO_4)이나 소금(NaCl)은 수용액 중에서 전리하여 다음과 같이 된다.

$$H_2SO_4 \rightarrow 2H^+ + SO_4^-$$

$$NaCl \rightarrow Na^+ + Cl^-$$

(2) 전기 분해

[그림 2-12] (a)와 같이 황산구리 용액에 백금판 전극을 넣고, 전류를 흘리면 시간이 지남에 따라 음극판은 구리색으로 변하게 되므로, 음극판은 구리가 석출되는 것을 알

수 있다.

이것은 황산구리 용액이 전류에 의하여 분해되어 구리가 석출된 것으로 이와 같은 작용을 전기 분해(electrolysis)라 한다.

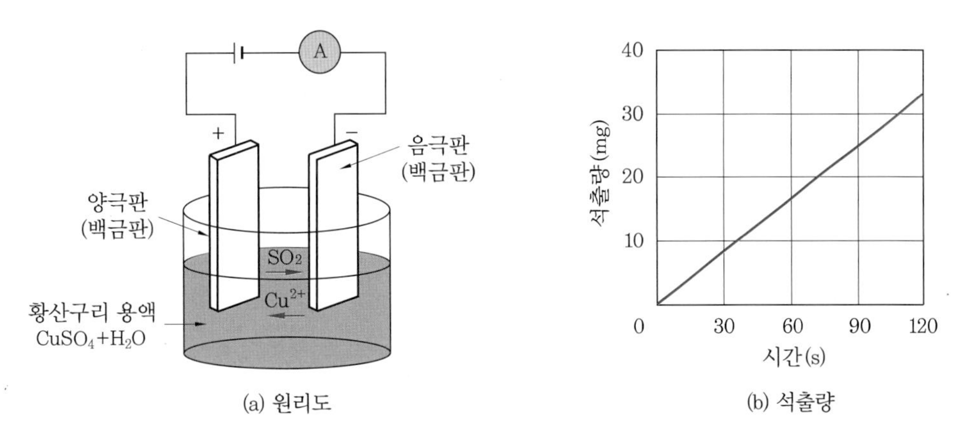

(a) 원리도

(b) 석출량

[그림 2-12] 구리의 석출

이와 같은 음극판에 구리가 석출되는 과정을 살펴보면, 먼저 수용액 중의 황산구리가 다음과 같이 전리(ionization)된다.

$$CuSO_4 \rightarrow Cu^{++} + SO^{--}$$

전리된 Cu^{++}는 음극에 끌리어 음극에 도달한 다음 극판에서 전자를 얻어서 Cu를 석출하고, SO_4^{++}은 양극에 흡인되어 양극에 전자를 주고 중화된 후 물 분자와 결합하여 황산(H_2SO_4)이 되고 산소가스 O_2를 양극에 유리하여 양극에서 산소가 발생된다. 이것을 화학 방정식으로 나타내면 다음과 같이 된다.

$$\text{음극 } Cu^{++} + 2e \rightarrow Cu$$

$$\text{양극 } SO_4^{--} - 2e \rightarrow SO_4$$

$$SO_4 + H_2O \rightarrow H_2SO_4 + \frac{1}{2}O_2$$

이와 같이 전기 분해에 의하여 어느 정도의 구리가 석출했는가는 전류를 흘리기 전과 흘린 후의 음극판의 무게가 어느 정도 다른가를 관찰함으로써 알 수 있다.

전류의 화학 작용에 의한 금속의 석출량은 일정한 전류를 흘리는 경우, [그림 2-12] (b)와 같이 시간에 비례한다. 또 시간이 일정할 경우 전류의 크기에 비례한다.

(3) 패러데이의 법칙(Faraday’ s law)

패러데이(Faraday, M.)는 전기 분해의 현상을 실험적으로 연구한 결과 1933년에 다음과 같은 두 가지의 중요한 사실이 성립한다는 것을 발견하였다.

① 전기 분해 시 전극에 석출되는 물질의 양은 전해액을 통한 전기량에 비례한다.

② 전기량이 같을 때는 석출되는 물질의 양은 그 물질의 화학 당량에 비례한다. 이것을 전기 분해에 관한 패러데이의 법칙(Farabay's law)이라고 한다.

$$\text{화학 당량} = \frac{\text{원자량}}{\text{원자가}}$$

③ 화학 당량 e의 물질에 Q[C]의 전기량을 흐르게 했을 때 석출되는 물질의 양

$W = KQ = KIt$[g] 여기서, K : 전기 화학 당량

④ **전기 화학 당량 :** K[g/C]

물질에 따라 정해지는 상수로 1[C]의 전기량에 의해 분해되는 물질의 양이다.

(4) 전지의 구성

1차 전지(primary cell)는 재충전이 불가능한 전지로 건전지, 2차 전지(secondary cell)는 재충전하여 다시 사용할 수 있는 전지로 축전지라 한다.

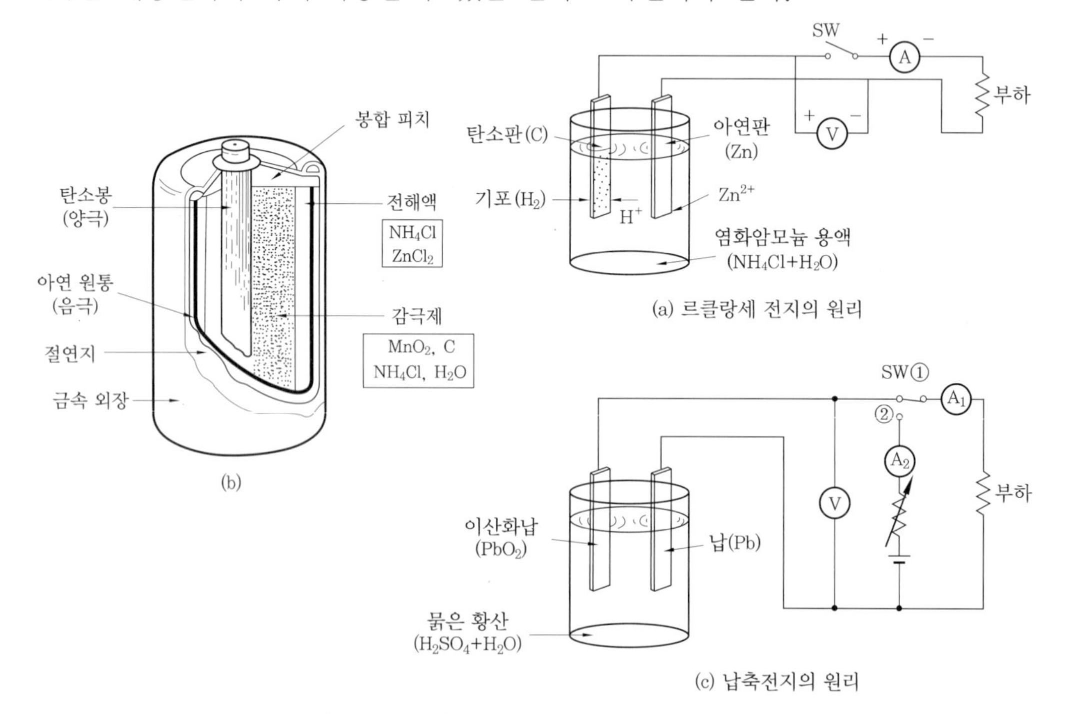

[그림 2-13] 전지 종류별 구조 및 원리

(5) 전지의 용량

① 일정 전류 I[A]로 t 시간(h) 방전시켜 한계(방전 한계 전압)에 도달했다고 하면, 전지의 용량은 다음과 같다.

$$전지의\ 용량 = I \times t\,[\mathrm{Ah}]$$

② 단위는 암페어 시(ampere-hour, [Ah])를 사용한다.

(6) 분극 작용과 국부 작용

① **분극 작용** : 전지에 부하를 걸면 +극의 표면에 수소(H_2)의 기포가 붙어 화학 반응을 방해하고, 수소와 전극 사이에 역기전력이 생겨 전지의 기전력을 감소시키는 현상으로 감극제를 사용하여 방지한다.

② **국부 작용** : 전지의 전극에 불순물이 포함되어 있는 경우, 불순물과 전극이 국부적인 하나의 전지를 이루어, 전지 내부에서 순환하는 전류가 생겨 화학 변화가 일어나 기전력을 감소시키는 현상으로 전지의 수명을 짧게 하므로 아연에 수은 도금을 하여 방지한다.

2-7 전지 반응과 종류

(1) 온도 상승

물체의 온도는 물체의 외부 또는 내부로부터 열에너지를 주게 되면 상승한다. 예를 들면, 물체의 질량이 m[kg]이고, 비열이 C[J/kg·K]인 물체에 Q[J]의 열에너지를 가하게 되면 물체의 온도 상승 T[K]는 다음과 같은 관계가 성립한다.

$$T = \frac{Q}{mC}\,[\mathrm{K}]$$

물체의 온도가 그 주위 공간의 온도보다 높게 되면 열에너지를 주위 공간에 방출하게 되는데, 이때 방출의 속도나 모양, 주위 공간의 매질, 온도 차 등에 따라 달라진다.

물체는 주어지는 열에너지와 방출하는 열에너지가 같아지는 어떤 온도로 유지된다. 따라서 도체에 전류가 흐르면 줄열이 발생하므로 온도 상승에 따른 도체의 허용 전류 관계는 매우 중요하다.

(2) 허용 전류

저항 $R[\Omega]$의 저항체에 [그림 2-14]와 같이 전압 V[V]를 가하여 I[A]의 전류를 흘리면 저항체에서 소비하는 전력 $P=VI=I^2R$[W]이 모두 줄열로 변환되어 저항체의 온도는 상승한다.

이로 인하여 저항체의 온도가 상승하면 외부에 열을 방출하는데, 그 양상은 주위 온도나 매질에 따라 다르고 저항체의 표면적이 클수록 방출량이 많아지며 발생 열량과 방출 열량이 같아지는 온도에서 정착한다.

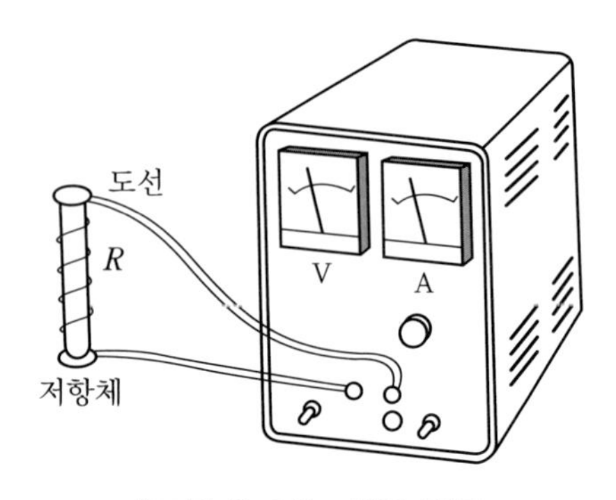

[그림 2-14] 허용 전류

그러나, 전원 전압을 점차로 크게 하면 저항체에서 발생하는 줄열이 점차로 커지고 저항체의 온도가 상승하여 표면의 피막이 타고 결국 저항체는 끊어지게 되어 사용할 수 없게 된다.

그러므로 저항계 표면에 어느 정도의 전류를 흘릴 수 있는가를 표시하는 경우가 있는데, 이 전류를 그 저항계의 허용 전류(allowable current)라 한다. 또한 저항체가 어느 정도의 전력을 소비할 수 있는가를 나타내는 경우도 많은데 이것을 허용 전력(allowable electric power)이라고 한다.

[표 2-1] 전선의 허용 전류(주위 온도 30℃)

지름(mm)	나선(A)	절연 전선(A)	
		구리	알루미늄
5.0	150	107	83
4.0	110	81	63
3.2	90	62	48
2.6	70	48	37
2.0	50	35	27

>>> 제2장

연습문제

1. 100[Ω]인 저항에 50[V]의 전압을 가했을 때, 이 저항에서 소비되는 전력은 몇 [W]인가?

2. 30[W]의 전구 1개를 하루에 5시간씩 점등하여 10일간 사용하였다면, 이 전구가 소비한 전력량은 얼마인가?

3. 100[W]의 전열기를 2시간 사용하였다. 이때 발생한 열량은 몇 [kcal]인가?

4. 질산은 용액에 4[A]의 전류를 5분 동안 흘렸다. 이때에 석출되는 은의 양은 몇 [g]인가? (단, 은의 전기 화학 당량은 0.001118[g/C]이다.)

5. 용량 10[Ah]의 축전지는 2[A]의 전류로 몇 시간 사용할 수 있겠는가?

6. 2[Ah]는 몇 [C]인가?

7. 200[V], 60[W]의 전구에 흐르는 전류 I[A]와 그 저항 R[Ω]은 얼마인가?

Chapter 03

정전계

3-1 마찰 전기와 정전 유도

물질의 마찰에 의해 생긴 전기를 **마찰 전기**라 한다. 이때 대전된 물체를 **대전체**라 하고 대전체 주위에 전하를 놓으면 이 전하의 종류(+ 전하, − 전하)에 따라 반발력과 흡인력이 작용된다.

(1) 정전기의 발생

플라스틱 책받침을 옷에 문지른 다음 머리에 대면 머리카락이 달라붙는다. 이것은 책받침이 마찰에 의하여 전기를 띠기 때문인데, 이를 **대전 현상**이라 하고, 이때 마찰에 의해 생긴 전기를 **마찰 전기**(frictional electricity)라고 한다.

마찰 전기의 발생은 두 물질이 마찰할 때 한 물질 중의 전자가 다른 물질로 이동하여 양(+)으로 **대전**(electrification)되고, 그 전자를 받은 물질은 음(−)으로 대전되기 때문이다.

이때 대전되는 물체를 대전체라 하고, **대전체**가 가지는 전기량을 **전하**(electric charge)라 한다. 또한 대전체에 있는 전기는 물체에 정지되어 있으므로 **정전기**(static electricity)라고 한다.

(2) 정전 유도와 차폐

도체에 대전체를 접근시키면 대전체에 가까운 쪽에서는 대전체와 다른 전하가 나타나며 그 반대쪽에는 대전체와 같은 종류의 전하가 나타나는데, 이러한 현상을 **정전 유도**(electrostatic induction)라고 한다.

[그림 3-1] (b)와 같이 박 검전기의 원판 위에 금속 철망을 씌우고 양(+)의 대전체를 가까이 했을 경우에는 정전 유도 현상이 생기지 않는데, 이와 같은 작용을 **정전 차폐**(electrostatic shielding)라고 한다.

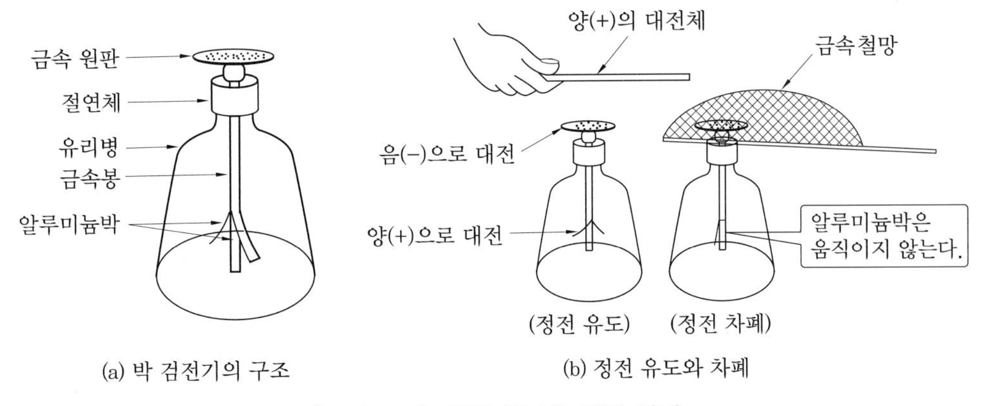

[그림 3-1] 정전 유도와 정전 차폐

(3) 정전기력

[그림 3-2] (a)와 같이 양(+)으로 대전된 유리구와 음(−)으로 대전된 에보나이트구를 각각 실로 매달아 놓았을 때에는 서로 끌어당기는 흡인력이 생긴다.

그러나 [그림 3-2] (b)와 같이 양(+)으로 대전된 유리구를 양쪽에 실로 매달아 놓았을 때에는 서로 밀어내는 반발력이 생긴다. 이와 같이 두 전하 사이에 작용하는 힘을 정전기력(electrostatic force)이라 한다.

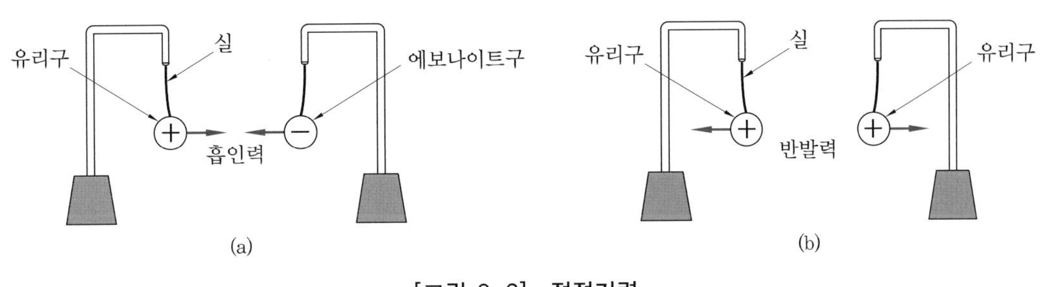

[그림 3-2] 정전기력

이와 같이 정전기력에 대하여 작용하는 힘의 방향은 같은 종류의 전하 사이에는 반발력이 작용하고, 다른 종류의 전하 사이에는 흡인력이 작용된다.

① 쿨롱의 법칙

정전기력의 크기에 관하여 쿨롱은 다음과 같은 법칙을 발견하였다. 즉, 두 점전하(point charge) 사이에 작용하는 정전기력의 크기는 두 전하의 곱에 비례하고 전하 사이의 거리의 제곱에 반비례한다. 따라서 이를 정전기에 관한 쿨롱의 법칙(Coulomb's law)이라 한다.

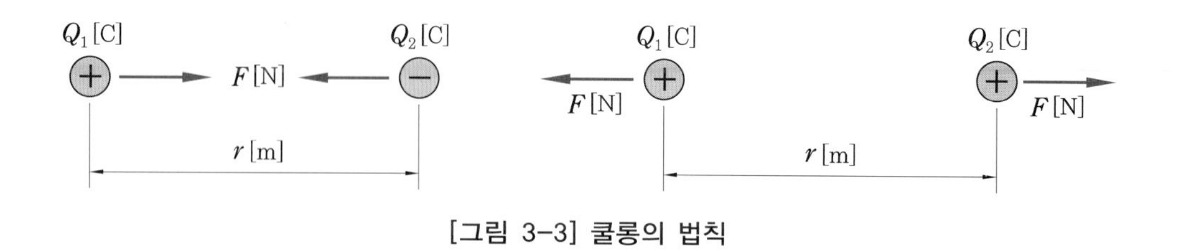

[그림 3-3] 쿨롱의 법칙

[그림 3-3]에서와 같이 두 점전하 Q_1, Q_2[C]가 r[m] 떨어져 있을 때의 정전기력의 크기를 구해보자.

(가) 유전율 ε 인 유전체 중에서의 정전기력 : 유전율 ε 인 유전체 중에서의 정전기력의 크기 F[N]는 다음과 같은 관계가 성립된다.

$$F = \frac{1}{4\pi\varepsilon} \cdot \frac{Q_1 Q_2}{r^2} \text{[N]} \qquad \text{식 (3.1)}$$

여기서 ε을 어떤 물체의 유전율(dielectric constant 또는 permittivity)이라 하고, 그 값은 다음과 같다.

$$\varepsilon = \varepsilon_0 \varepsilon_s \text{[F/m]} \qquad \text{식 (3.2)}$$

식 (3.2)에서 ε_0를 진공 중의 유전율(dielectric constant)이라 하고, 값은 약 8.855×10^{-12}[F/m]이다. 또 ε_s를 비유전율(specific dielectric constant)이라 한다.

(나) 진공 중에서의 정전기력 : 유전율 ε_0인 진공 중에서의 정전기력의 크기 F[N]는 다음과 같은 관계가 성립된다.

$$F = \frac{1}{4\pi\varepsilon} \times \frac{Q_1 Q_2}{r^2} = 9 \times 10^9 \times \frac{Q_1 Q_2}{r^2} \text{[N]} \qquad \text{식 (3.3)}$$

여기서, ε_0의 값이 약 8.855×10^{-12}[F/m]이므로 $\frac{1}{4\pi\varepsilon_0} \fallingdotseq 9 \times 10^9$이다. 그리고, 공기 중의 비유전율은 $\varepsilon_s \fallingdotseq 1$이므로 진공 중과 같이 계산하더라도 실용상 지장은 없다.

3-2 전기장과 전위

(1) 전기장

어떤 대전체 주위에 전하를 놓으면 전기력이 작용한다. 이러한 전기력이 작용하는 공간을 전계 또는 전기장(electric field), 간단히 전장이라 한다. 특히, 정지 상태의 전하에 의한 전기장을 정전기장(electrostatic field)이라고 한다.

① 전기장의 세기

전기장 내에 있는 전하에는 전기장에 의한 힘이 작용하는데, 이 힘의 크기와 방향을 표시한 것을 전기장의 세기(intensity of electric field) 또는 전계 강도라 한다.

따라서, 전기장 내에 이 전기장의 크기에 영향을 미치지 않을 정도의 미소 전하를 놓았을 때 이 전하에 작용하는 힘의 방향을 전기장의 방향으로 하고, 작용하는 힘의 크기를 단위 양전하 +1[C]에 대한 힘의 크기로 환산한 것을 전기장의 세기로 정의한다.

그리고 전기장의 세기는 E라는 기호로 나타내며, 단위는 [V/m] 또는 [N/C]로 나타낼 수 있다.

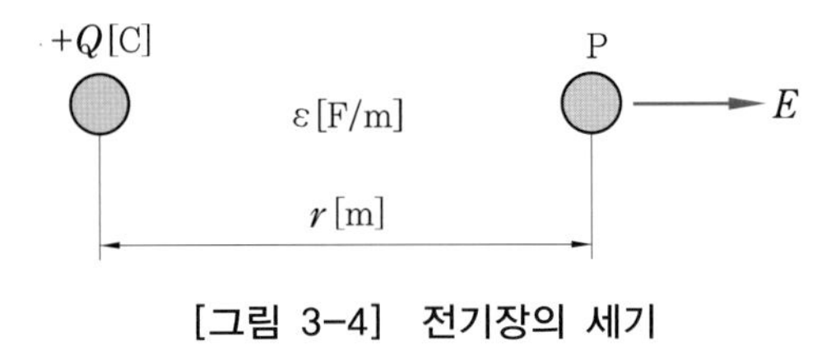

[그림 3-4] 전기장의 세기

[그림 3-4]와 같이 유전율 ε의 유전체 내의 점전하 Q[C]에 의한 전기장이 형성되고, 점전하 Q[C]에서 r[m] 떨어진 점 P에 q[C]의 점전하가 놓였을 때, 이것에 작용하는 힘은 쿨롱의 법칙에 의하여 식 (3.4)가 성립한다.

$$F = \frac{1}{4\pi\varepsilon} \times \frac{Q \times q}{r^2} \,[\mathrm{N}] \qquad \text{식 (3.4)}$$

그 힘의 방향은 화살표 방향이 된다. 그리고 $q = 1$ [C]일 때 P점의 전기장의 세기라 정의하며, P점의 전기장의 세기는 식 (3.5)와 같이 된다.

$$F = \frac{1}{4\pi\varepsilon} \times \frac{Q}{r^2} \,[\mathrm{V/m}] \qquad \text{식 (3.5)}$$

전기장의 방향은 정전기력의 방향과 같으므로 화살표 방향이 된다. 그러므로 식 (3.4)의 관계에서 다음과 같이 나타낼 수 있다.

$$E = \frac{F}{q}\,[\mathrm{V/m}] \qquad \text{식 (3.6)}$$

전기장의 세기가 E[V/m]인 점에서 점전하 q[C]의 전하를 놓았을 때 q[C]가 받는 힘은 다음과 같다.

$$F = qE\,[\mathrm{N}] \qquad \text{식 (3.7)}$$

② 전기력선

전하에 의해 발생되는 전기장은 지구 주변에 존재하는 중력장과 마찬가지로 힘이 존재하는 공간이지만 눈으로 확인할 수 없다. 공간상에 존재하는 전장의 세기와 방향을 가시적으로 나타낸 선을 **전기력선**(line of electric force)이라 한다.

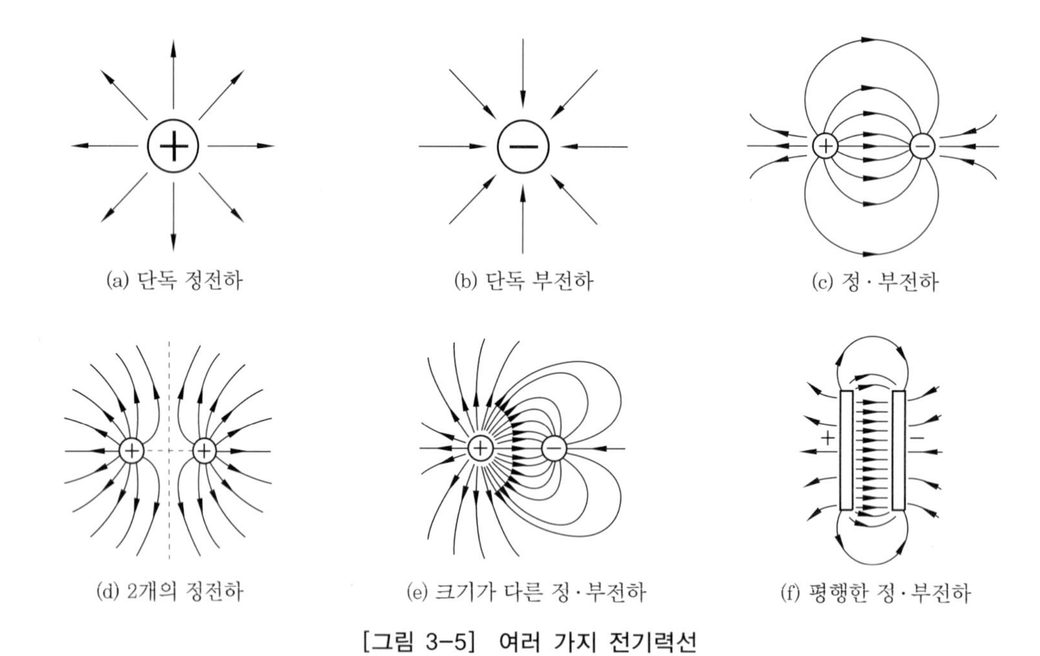

[그림 3-5] 여러 가지 전기력선

[그림 3-5]는 전하 주변에 형성된 전기장의 여러 가지 분포 형태를 전기력선으로 나타낸 것이다. 전기력선은 다음과 같은 성질이 있다.

㈎ 전기력선은 양(+) 전하에서 나와 음(−) 전하로 들어간다.

㈏ 두 전기력선은 서로 교차하지 않는다.

(다) 전기력선은 접선 방향은 그 점에서의 전기장의 방향과 일치한다.

(라) 전기력선은 등전위면과 직교한다.

(마) 전기력선의 밀도는 그 점에서의 전기장의 세기를 나타낸다.
(n [V/m]의 전기장의 세기는 n [개/m^2]의 전기력선으로 나타낸다.)

(바) 전기력선은 도체의 표면에 수직으로 출입하며 도체 내부에는 전기력선이 없다.

③ 전기장의 세기와 전기력선의 관계

앞에서 공간상에서 전기장의 분포 상태를 가시적으로 나타낸 선을 전기력선으로 정의하였다. 그러면 구체적으로 전기장의 세기와 전기력 전속 또는 전기력선의 수(flux of electric force)와의 관계를 알아보자.

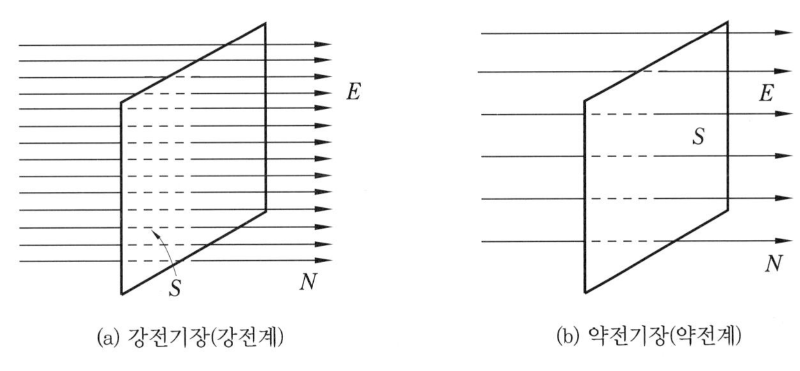

(a) 강전기장(강전계)　(b) 약전기장(약전계)

[그림 3-6] 수직인 단면을 통과하는 전기력선 수

[그림 3-6]과 같이 균일한 전장 내에 수직인 단면적 S[m^2]를 통과하는 전기력선의 수 N은 전기장의 세기 E[N/C]와 단면적 S[m^2]가 클수록 커지므로 다음과 같이 나타낼 수 있다.

$$\text{전기력선의 수} : N = E \cdot S \, [\mathrm{N \cdot m^2/C}] \text{ 또는 } [\text{선}] \qquad \text{식 (3.8)}$$

즉, 전기력선 수는 전기장의 세기와 전기력선이 통과하는 단면적에 비례한다.
그러므로 전기장의 세기는 다음과 같이 된다.

$$E = \frac{N}{S} \, [\mathrm{V/m}] \qquad \text{식 (3.9)}$$

따라서 전기장의 세기는 단위 면적을 통과하는 전기력선의 수(전기력선 밀도)로 나타낼 수 있다.

④ 전기장의 계산

점전하에 의한 전기장의 세기는 쿨롱의 법칙으로 구할 수 있으나 점전하가 아닌 경우에는 직접 구하기 어렵다.

따라서 '임의의 폐곡면 내의 전체 전하량 Q[C]이 있을 때 이 폐곡면을 통해서 나오는 전기력선의 총수는 $\frac{Q}{\varepsilon}$개이다.'라는 가우스의 정리(Gauss' theorem)를 사용하면 쉽게 구할 수 있다.

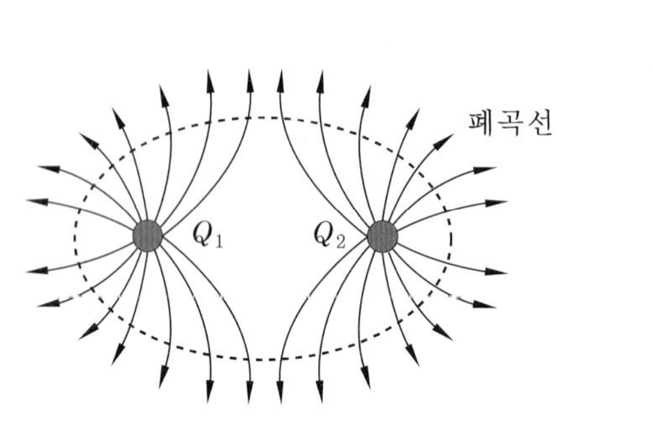

[그림 3-7] 가우스의 정리

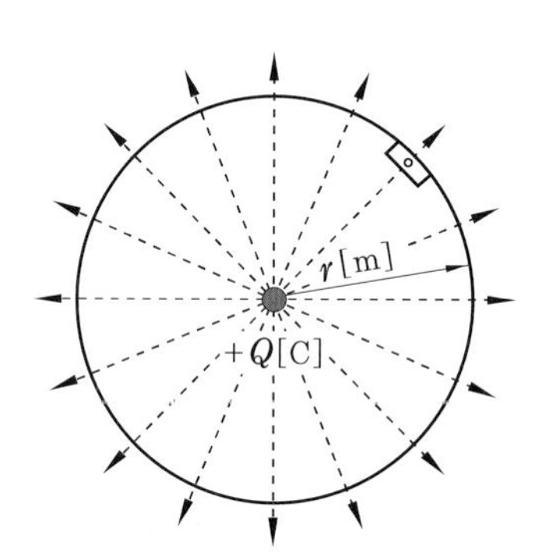

[그림 3-8] 점전하에 의한 전기장

[그림 3-8]과 같이 Q[C]의 점전하로부터 r[m] 떨어진 구면 위의 전기장의 세기는 앞에서 배운 쿨롱의 법칙으로 구하면

$$F = \frac{1}{4\pi\varepsilon} \times \frac{Q}{r^2} \text{[V/m]} \qquad \text{식 (3.10)}$$

가 되고 전기장의 방향은 반지름 r[m]인 구면에 수직이다. 따라서 전기력선의 성질에 의하여 구의 표면적 1[m^2]마다 E개의 전기력선이 통과하는 것이 되므로, 구의 전 표면적 $4\pi r^2$[m^2]에서의 전기력선의 총수 N은 다음과 같이 된다.

$$N = 4\pi r^2 \times E = \frac{Q}{\varepsilon} \text{[개]} \qquad \text{식 (3.11)}$$

(2) 전속과 전속 밀도

전기장의 계산에서 Q[C]의 전하에 출입하는 전기력선의 총수는 유전체의 유전율에 따라 달라진다. 즉 진공 중에서는 $\frac{Q}{\varepsilon_0}$개가 되고, 유전율 ε의 유전체 중에서는 $\frac{Q}{\varepsilon}$개가 된다는 것을 알았다.

그러나 유전체 내에서 주위 매질의 종류(유전율 ε)에 관계없이 Q[C]의 전하에서 Q개의 역선이 나온다고 가정하여 이것을 **전속**(dielectric flux) 또는 **유전속**이라 하며, 전속의 단위로는 전하와 같은 **쿨롱**(coulomb, [C])을 사용한다.

(가) 전속은 양전하에서 나와 음전하에서 끝난다.

(나) $+Q$[C]의 전하에서 Q개의 전속이 나온다.

(다) 전속이 나오는 곳과 끝나는 곳에는 전속과 같은 전하가 있다.

(라) 전속이 금속판을 출입하는 경우, 그 표면에 수직된다.

그리고 단위 면적을 지나는 전속을 **전속 밀도**(dielectric flux density)라 하며, 단위는 [C/m^2]이고 기호는 D로 나타낸다.

따라서 Q[C]의 점전하가 있으면 점전하를 중심으로 반지름 r[m]의 구 표면을 Q[C]의 전속이 균일하게 분포하여 지나가므로 구 표면의 전속 밀도 D는 다음과 같이 된다.

$$D = \frac{Q}{4\pi r^2} \text{ [C/m}^2\text{]} \qquad \text{식 (3.12)}$$

즉, 점전하 주위의 전속 밀도는 점전하로부터 거리의 제곱에 반비례한다.

또, 구 표면의 전기장의 세기는 $E = \frac{Q}{4\pi r^2}$ [V/m]이므로 전속 밀도와 전기장의 세기에는 다음과 같은 관계가 성립한다.

$$D = \varepsilon E = \varepsilon_0 \varepsilon_S E \text{ [C/m}^2\text{]} \qquad \text{식 (3.13)}$$

(3) 전위

① 전위와 전위차

전기장 속에 놓여진 전하는 전기적인 위치 에너지를 가지게 되는데, 한 점에서 단위 전하가 가지는 전기적인 위치 에너지를 **전위**(electric potential)라 한다.

일반적으로 전위의 기준점은 무한 원점으로 선택하나, 실제 전위 측정에서는 지구를 전위의 기준점으로 하고 전위는 0[V]로 한다.

[그림 3-9] (a)와 같이 양(+)전하의 대전체에 의한 전기장 내의 한 점에 단위 양(+)전하를 놓으면 대전체와 같은 전하이므로 반발력을 받게 된다.

이때 단위 양(+)전하를 B점에서 A점으로 옮기기 위해서는 외부에서 일 또는 에너지를 가해 주어야 한다. 이 경우 A점이 B점보다 전기적인 위치 에너지, 즉 전위가 높다고 하며 두 점간의 에너지 차를 **전위차**(electric potential difference)라 한다.

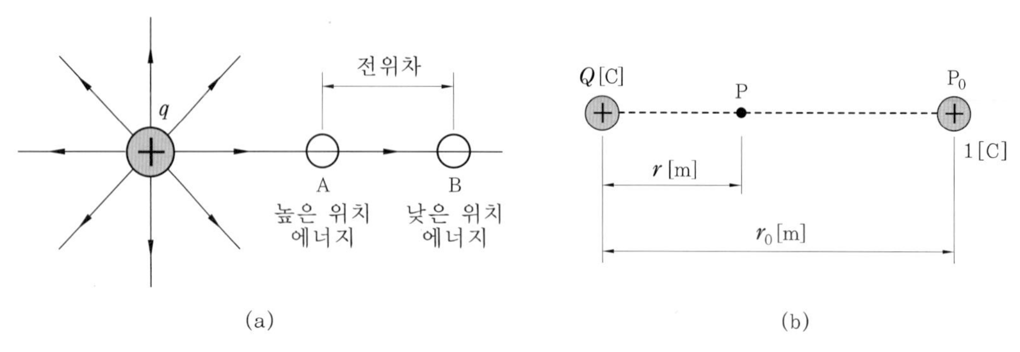

[그림 3-9] 전위차

따라서 전위차는 단위 전하를 옮기는데 필요한 일의 양으로 정의할 수 있으며, 단위는 [J/C] 또는 [V]를 사용한다. 또한 전위의 값은 양전하에 가까울수록 전위는 높고, 음전하에 가까울수록 전위는 낮다.

그리고 전기장의 세기 E[V/m]인 평등 전기장 내에서 거리 r[m] 떨어진 두 점 사이의 전위차 V는 다음과 같이 된다.

$$V = Er[\mathrm{V}] \qquad \text{식 (3.14)}$$

[그림 3-9] (b)와 같이 Q[C]의 점전하에서 r[m] 떨어진 점 P와 r_0[m] 떨어진 P_0 사이의 전위차 V_d는 다음과 같은 관계가 성립한다.

$$V_d = \frac{Q}{4\pi\varepsilon}\left(\frac{1}{r} - \frac{1}{r_0}\right) = 9\times 10^9\frac{Q}{\varepsilon}\left(\frac{1}{r} - \frac{1}{r_0}\right)[\mathrm{V}] \qquad \text{식 (3.15)}$$

여기서, 점 P 전위 V_p는 점 P_0를 무한히 먼 거리에 옮겨놓는다면 다음과 같이 된다.

$$V_p = \frac{Q}{4\pi\varepsilon} = 9\times 10^9\frac{Q}{\varepsilon_s r}[\mathrm{V}] \qquad \text{식 (3.16)}$$

② 등전위면

전기장 내에서 전위가 같은 점들을 연결하면 전위는 등고선이 그려진다. 이 선이 이루는 면을 **등전위면**(equipptential surface)이라고 한다.

정전기적 상태에서 도체 표면은 등전위면이며, 도체 내부의 한 점에서 다른 점으로 전하를 옮기는데 필요한 일은 0이므로 도체 내부 역시 등전위이다.

[그림 3-10]과 같이 점전하에 의해 발생되는 전기력선을 점선으로 나타내었고, 등전위면을 실선으로 나타내었다.

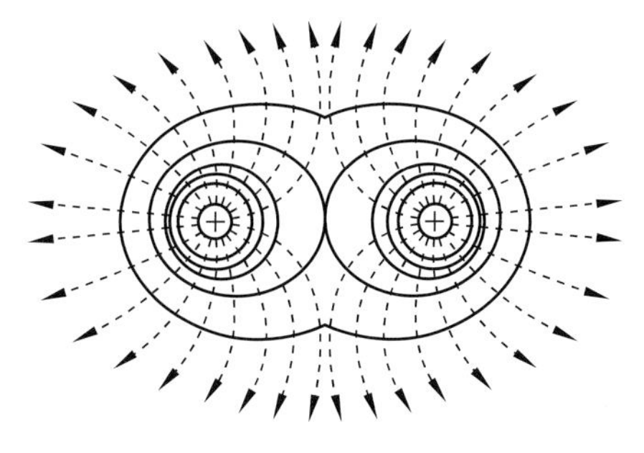

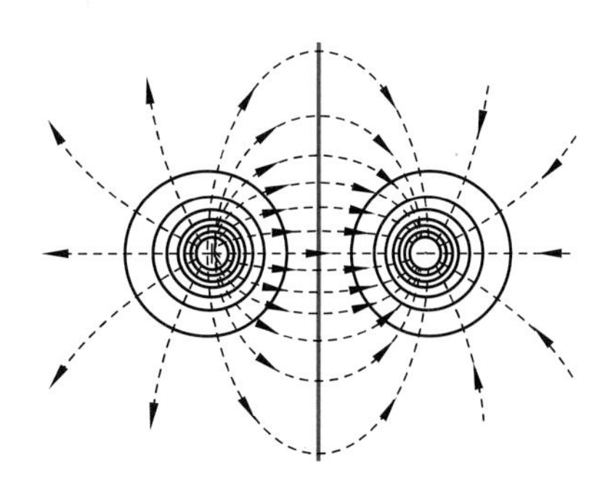

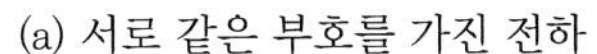

(a) 서로 같은 부호를 가진 전하 (b) 서로 다른 부호를 가진 전하

[그림 3-10] 점전하에 의한 등전위면과 전기력선

[그림 3-10]에서 알 수 있듯이 등전위면은 다음과 같은 성질이 있다.

(가) 전기장 내에서 똑같은 전위의 점들로 이루어지는 면을 등전위면이라 한다.

(나) 전위의 기울기가 0의 점으로 되는 평면이다.

(다) 등전위면과 전기력선은 수직으로 교차한다.

(라) 2개의 서로 다른 등전위면은 교차하지 않는다.

3-3 정전 용량과 유전체

(1) 정전 용량

임의의 도체에 전하를 주면 그 도체의 표면에 전하가 분포되어 이로부터 전기장이 발생하고 도체는 전위를 갖는다. 이와 반대로 도체에 전위가 인가되면 도체면에 전하가 축적된다.

이때 도체에 축적되는 전하량 Q는 도체에 인가한 전위 V에 비례하여 증가한다. 이를 다음과 같이 나타낼 수 있다.

$$Q = CV \ (C: \text{비례 상수})[\text{C}] \qquad \text{식 (3.17)}$$

이때 비례 상수 C에 대해서 정리하면 다음과 같이 된다.

$$C = \frac{Q}{V}[\text{F}] \qquad \text{식 (3.18)}$$

여기서, 비례 상수 C를 **커패시턴스**(capacitance) 또는 **정전 용량**(electrostatic capacity)이라 한다. 정전 용량의 단위는 **패럿**(farad, [F])을 사용한다.

1[F]은 1[V]의 전압을 가하여 1[C]의 전하가 축적된 경우의 정전 용량이다. 실용상 [F] 단위는 너무 크므로 [μF](micro-farad : 10^{-6}[F])과 [pF](picp-farad : 10^{-12}[F]) 등의 보조 단위를 더 많이 사용한다.

(2) 정전 용량의 계산

① 구 도체의 정전 용량

[그림 3-11]과 같이 반지름 r[m]의 구도체에 Q[C]의 전하를 줄 때 구 도체의 전위 V는 구의 중심에 전하가 전부 집중되어 있다고 생각하여 구하면 다음과 같이 된다.

$$V = \frac{Q}{4\pi\varepsilon r} = 9\times10^{9}\frac{Q}{\varepsilon_s r}[\mathrm{V}] \quad \text{식 (3.19)}$$

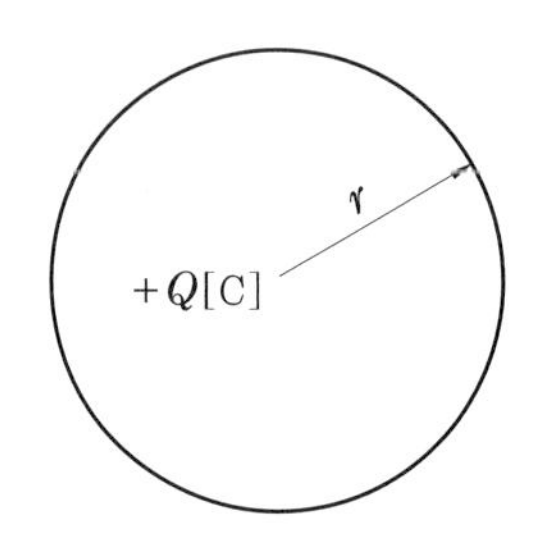

[그림 3-11] 구 도체의 정전 용량

따라서 구 도체의 정전 용량 C는 다음과 같이 된다.

$$C = \frac{Q}{V} = 4\pi\varepsilon r = \frac{\varepsilon_s r}{9\times10^{9}}[\mathrm{F}] \quad \text{식 (3.20)}$$

② 평행판 도체의 정전 용량

[그림 3-12]와 같이 면적이 A[m^2]의 평행한 두 금속판의 간격을 l[m], 절연물의 유전율을 ε[F/m]이라 하고, 두 금속판 사이에 전압 V[V]를 가할 때 각 금속판에 $+Q$[C], $-Q$[C]의 전하가 축적되었다고 한다.

여기서 면적 A가 간격 l에 비하여 상당히 클 경우에는 전하는 금속판에 면 밀도 $\sigma = \frac{Q}{A}$[C/m^2]로 균일하게 분포하며, 전기장 $E = \frac{\sigma}{\varepsilon}$[V/m]는 평등 전기장이 되고, 양극판 사이의 전위차 $V = \frac{\sigma l}{\varepsilon}$[V]는 가해준 전압 V와 같다.

따라서 평행판 도체의 정전 용량 C는 다음과 같이 된다.

$$C = \frac{Q}{V} = \frac{\varepsilon A}{l} \,[\mathrm{F}] \qquad \text{식 (3.21)}$$

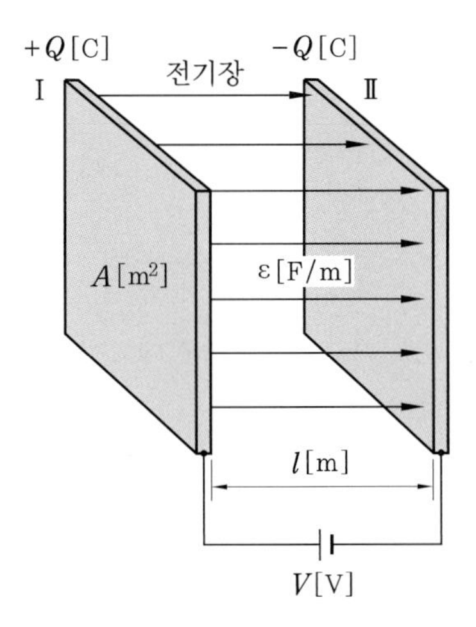

[그림 3-12] 평행판 도체의 정전 용량

③ 정전 에너지

정전장 내에 임의의 전하를 전위가 낮은 곳에서 높은 곳으로 이동하기 위해서는 외부에서 일을 가해 주어야 한다. 이때 소요된 일이 곧 전하가 현재의 위치에서 갖는 정전 에너지(electrostatic energy)가 된다.

임의의 도체에 전하 Q[C]를 축적시키기 위해 필요한 일은

$$W = \frac{1}{2} \cdot \frac{Q^2}{C} \,[\mathrm{J}] \qquad \text{식 (3.22)}$$

이 된다. 이때 $Q = CV$의 관계를 이용하면 다음과 같이 나타낼 수 있다.

$$W = \frac{1}{2} QV = \frac{1}{2} CV^2 \,[\mathrm{J}] \qquad \text{식 (3.23)}$$

이 값이 곧 전하 Q가 축적된 도체가 갖는 정전 에너지가 되는 것이다.

(3) 유전체

① 유전체의 성질

[그림 3-13]과 같이 콘덴서를 형성하는 두 도체 사이를 운모, 종이, 기름 등의 절연물로 채워져 있을 때의 정전 용량 C와 진공일 때의 정전용량 C_0를 비교하면

$$\frac{C}{C_0} = \varepsilon_s \,(\varepsilon_s > 1)$$ 식 (3.24)

의 관계가 있어 C는 C_0의 ε_s배가 된다.

여기서 ε_s는 도체의 형태에 관계없이 절연물의 종류와 물리적 상태, 즉 온도나 밀도 등에 의해서 정해지는 물질 고유의 정수인데 이것을 **비유전율**(relative permittivity)이라 하고, 진공의 유전율 ε_0와의 곱을 **유전율**(dielectric constant)이라 한다.

이와 같이 정전 용량이 절연물에 의해 변하는 것은 그 물체에 의해 전기장이 변하는 데 원인이 있기 때문에 절연물을 유전체(dielectric)라고도 한다.

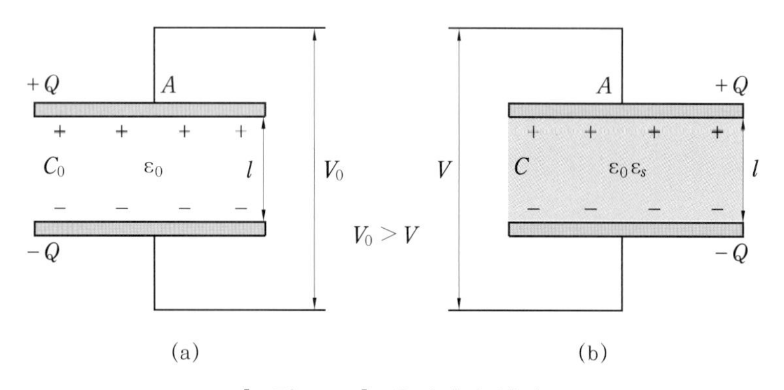

[그림 3-13] 유전체의 성질

[그림 3-13]의 (a)와 (b)의 두 콘덴서(condenser)의 용량은 각각 다음과 같이 된다.

$$C_0 = \frac{\varepsilon_0 A}{l}\,[\mathrm{F}] \qquad C = \frac{\varepsilon_0 \varepsilon_s A}{l}\,[\mathrm{F}]$$ 식 (3.25)

그리고 두 전극 간에 일정한 전하량 Q[C]를 저장하려면 정전 용량 C는 C_0의 ε_s배가 되므로 전압 V는 V_0의 $\frac{1}{\varepsilon_s}$배가 된다. 따라서 정전 용량은 유전율에 따라 변화할 수 있다.

② 유전체의 분극

유전체에서는 도체와 같이 대전체에 가까이 하여도 정전 유도에 의하여 유전체 끝에 전하가 강하게 나타나지 않는다. 이것은 유전체가 거의 자유 전자를 갖고 있지 않기 때문이다. [그림 3-14] (a)는 전기장이 가해져 분극된 유전체를 나타내고 있다.

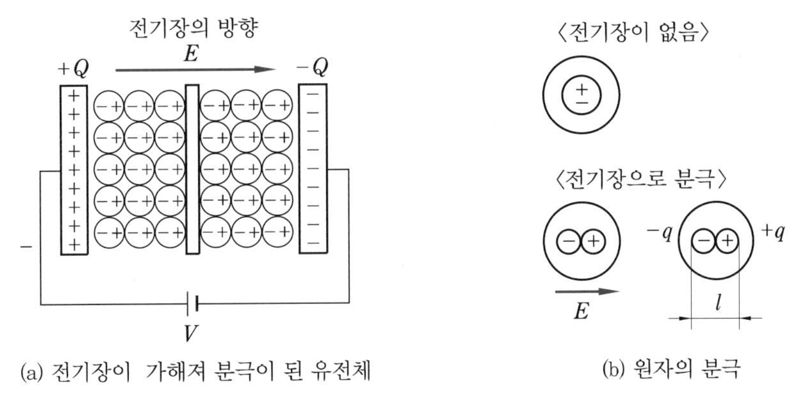

[그림 3-14] 유전체 분극

[그림 3-14] (b)와 같이 유전체를 구성하고 있는 원자, 즉 양(+)전기를 띠는 원자핵과 음(−)전기를 띠는 전자로 구성되어 있으므로 유전체에 전기를 가하면 양전하($+q$)를 가진 핵은 평형 위치에서 전기장의 방향으로, 음전하($-q$)를 띠는 전자는 전기장과 반대 방향으로 약강의 변위를 일으킨다.

이와 같이 유전체 내에서 크기가 같고 극성이 반대인 양전하($+q$)와 음전하($-q$)의 한 쌍의 전하를 갖는 원자를 **쌍극자**(dipole)라 한다. 이러한 상태를 분극되었다고 하고 유전체가 분극하는 현상을 **유전체 분극**(dielectric polarization)이라 한다.

(4) 유전체 내의 에너지

① 유전체 내의 정전 에너지

[그림 3-15]에서 콘덴서의 전극 간격을 l[m], 전극 면적을 A[m^2], 유전체의 유전율이 ε[F/m]인 평행판 콘덴서에 V[V]의 전압을 가하면 Q[C]의 전하가 축적된다.

이와 같이 콘덴서에 축적되는 에너지를 **정전 에너지**(electrostatic energy)라 한다.

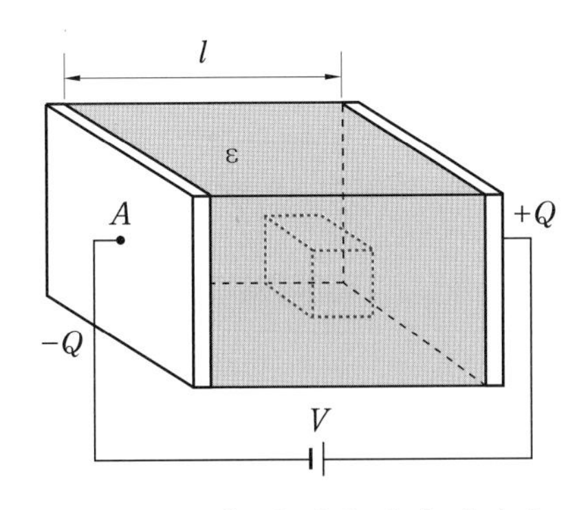

[그림 3-15] 유전체 내의 에너지

여기서 정전 용량은 $C=\frac{\varepsilon A}{l}$[F]이고, 전기장의 세기는 $E=\frac{V}{l}$[V/m]이므로 정전 에너지는 다음과 같은 관계식이 성립한다.

$$W=\frac{1}{2}QV=\frac{1}{2}CV^2=\frac{1}{2}\frac{\varepsilon A}{l}(El)^2=\frac{1}{2}\varepsilon E^2 Al\,[\mathrm{J}] \qquad \text{식 (3.26)}$$

따라서 정전 에너지의 크기는 콘덴서 용량 C와 공급 전압 V의 제곱에 비례한다. 식 (3.26)에서 Al은 유전체의 체적이므로 단위 체적 내의 에너지는

$$W_0=\frac{W}{Al}\,[\mathrm{J/m^2}] \qquad \text{식 (3.27)}$$

이고 전속 밀도 $D=\varepsilon E$[C/m²]이므로 다음과 같은 관계가 성립한다.

$$W_0=\frac{1}{2}DE=\frac{1}{2}\varepsilon E^2=\frac{1}{2}\frac{D^2}{\varepsilon}\,[\mathrm{J/m^2}] \qquad \text{식 (3.28)}$$

그리고 정전 에너지는 전기 용접에서 스폿 용접 등에 이용된다.

② 정전기의 흡입력

[그림 3-16] (a)의 콘덴서가 충전되면 양 극판 사이의 양(+)전하와 음(-)전하에 의하여 흡입력 F가 발생한다. 이 F[N]의 힘에 역방향으로 [그림 3-16] (b)와 같이 한 쪽의 전극을 미소 거리 Δl[m]만큼 이동하면 이때의 일은 $W=F\cdot\Delta l$[J]이 된다.

이 값은 유전체의 체적이 $A\cdot\Delta l$[m²]만큼 증가했기 때문에 새로 발생된 정전 에너지와 등가이므로 다음과 같은 관계가 성립한다.

$$F\cdot\Delta l=\frac{1}{2}\varepsilon E^2\times A\cdot\Delta l \qquad \text{식 (3.29)}$$

$$\therefore\ F=\frac{1}{2}\varepsilon E^2 A\,[\mathrm{N}] \qquad \text{식 (3.30)}$$

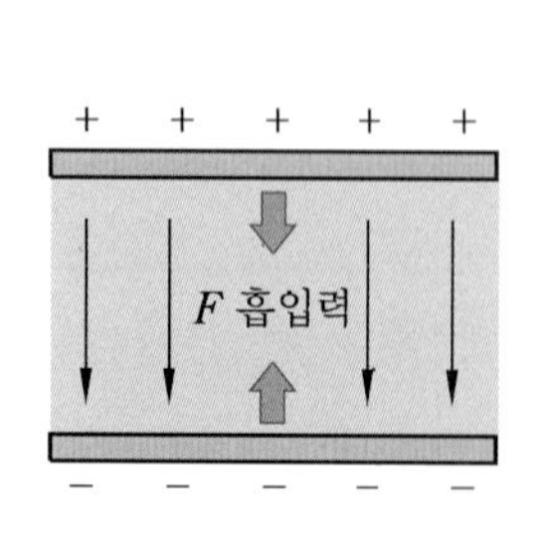

(a) 충전된 콘덴서

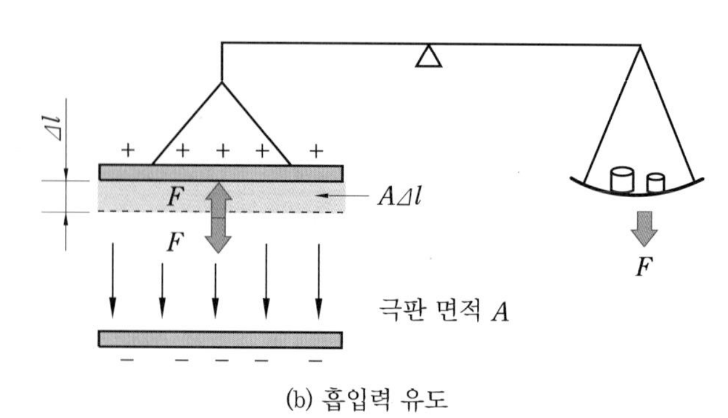

(b) 흡입력 유도

[그림 3-16] 정전기의 흡입력

따라서 단위 면적 내의 정전 흡입력을 F_0라고 하면 다음과 같이 된다.

$$F_0 = \frac{1}{2}\varepsilon E^2 \ [\mathrm{N/m^2}] \qquad \text{식 (3.31)}$$

이 정전 흡입력의 원리는 정전 전압계, 정전 집전장치, 자동차 등의 정전 도장 등에 이용되고 있다.

(5) 정전기의 특수 현상

서로 다른 두 종류의 금속을 접합시켰을 때 두 금속의 접합 점의 온도차에 의한 열전기 현상을 앞 장에서 알아보았으나 두 금속의 온도가 동일할 경우에도 접촉면에서 기전력의 차이가 생긴다.

① 접촉 전기 현상

도체와 도체 유전체와 유전체 또는 유전체와 도체를 강하게 접촉시키면 두 물체 간에 전하의 이동이 생겨서 각각 대전한다. 이때 발생된 전기를 접촉 전기(contact electricity)라 한다.

두 물질 간에 접촉 전기가 생기면 당연히 전위차가 존재하게 되고 이런 전위차를 접촉 전위차(contact potential difference)라 하며, 이런 현상을 볼타(Volta Alessando, 1745~1827)가 발견하였으므로 볼타 효과(Volta's effect)라고도 한다.

② 압전기 현상

어떤 특수한 결정을 가진 물질에 기계적 변형력을 가하면 결정 표면에 양·음의 전하로 전기 분극이 생기며, 반대로 이들 결정에 전장을 가하면 기계적 변형이 생긴다. 이를 압전기 현상(piezo electric phenomena)이라고 한다.

이와 같은 현상은 결정에 나타나는 것으로 방향성을 가지고 있으며, 변형력과 분극이 같은 방향에 생기는 경우를 종 효과(縱效果)라 하고 변형력과 분극이 수직으로 되어 있는 경우를 횡 효과(橫效果)라고 한다.

그리고 압전기 현상을 일으키는 결정으로는 수정, 로셀염, 티탄산바륨 등이 있는 진동자, 수정시계 등 일반적으로 널리 이용되고 있다.

3-4 콘덴서

두 도체 사이에 유전체를 끼워 넣어 정전 용량, 즉 커패시턴스(capacitance) 작용을 하도록 만들어진 장치를 커패시터(capacitor)라고 한다.

그러나 산업 현장에서는 커패시터와 동일한 의미로 콘덴서(condenser)가 널리 사용되고 있으므로 콘덴서라는 용어를 사용하기로 한다.

(1) 콘덴서의 구조

콘덴서의 금속판을 전극(electrode)이라 하고 전극의 재료는 알루미늄, 주석 등이 주로 사용되고, 전극 사이의 유전체로는 공기, 종이, 운모, 유리, 폴리에틸렌 등이 사용되고 있다.

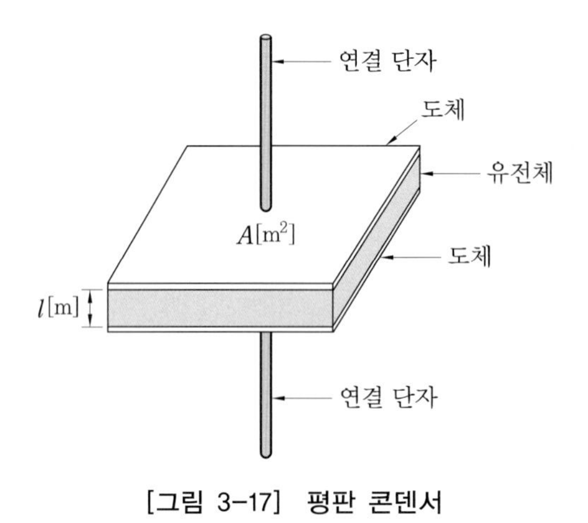

[그림 3-17] 평판 콘덴서

[그림 3-17]과 같은 평판 콘덴서에 있어서 전극의 면적을 A[m^2], 극판 사이의 거리가 l[m]이고, 극판 사이에 채워진 유전체의 유전율을 ε이라 하면 콘덴서의 용량 C[F]은 다음과 같이 나타낼 수 있다.

$$C = \varepsilon \frac{A}{l} \text{[F]} \qquad \text{식 (3.32)}$$

식 (3.32)에서 콘덴서의 정전 용량을 크게 하기 위한 다음과 같은 방법이 있다.

㈎ 극판의 면적(A)을 넓게 한다.

㈏ 극판 간의 간격(l)을 작게 한다.

㈐ 극판 사이의 유전체를 비유전율(ε_s)이 큰 것으로 사용된다.

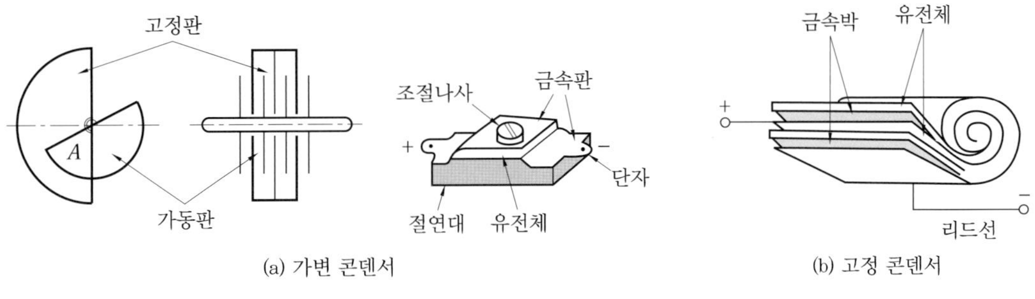

(a) 가변 콘덴서

(b) 고정 콘덴서

[그림 3-18] 콘덴서의 구조

한편, 콘덴서 양단에 가하는 전압을 점차 높여서 어느 전압에 도달하게 되면 유전체의 절연이 파괴되어 통전 상태가 된다. 이것을 절연 파괴(dielectric breakdown)라 하고 이 때의 전압을 절연 파괴 전압이라 한다.

(2) 콘덴서의 종류

콘덴서에는 여러 가지 종류가 있으나, 크게 나누어 보면 정전 용량이 고정된 고정 콘덴서(fixed condenser)와 정전 용량이 변하는 가변 콘덴서(variable condenser)로 구분할 수 있다.

한편 콘덴서의 선정 시에 고려해야 할 점으로 커패시턴스 값 사용 시 누설 전류 등의 특성을 고려해서 선택해야 한다.

① 고정 콘덴서

고정 콘덴서는 전극판 사이에 넣는 유전체의 종류 및 유전체 박막을 만드는 방법에 따라 분류되며, 극성이 있는 유극성 콘덴서와 극성과 관계없는 무극성 콘덴서로 구분된다.

(가) 전해 콘덴서(electrolytic condenser) : 전기 분해로 금속의 표현에 얇은 산화 피막을 만들어 이것을 유전체로 사용하고 전극으로는 알루미늄을 사용하고 있다. 이런 종류의 콘덴서는 소형으로 정전 용량이 큰 것을 만들 수 있지만, 극성을 가지고 있으므로 교류 회로에는 사용할 수 없다. 용도로는 주로 전원의 평활 회로, 저주파 회로 등에 사용된다.

(나) 세라믹 콘덴서(ceramic condenser) : 전극 사이의 유전체로 티탄산바륨과 같은 비유전율이 큰 재료가 사용되며 극성이 없다. 용도로는 고주파 특성이 양호하여 널리 사용되며, 가격에 비해 성능이 우수하여 가장 많이 사용된다.

(다) 마일러 콘덴서(mylar condenser) : 얇은 폴리에스테르(polyester) 필름을 유전체로 하여 양 면에 금속박을 대고 원통형으로 감은 것이다. 극성이 없으며 내열성 절연 저항이 양호하므로 널리 사용된다.

(라) 마이카 콘덴서(mica condenser) : 운모(mica)와 금속 박막으로 되어 있거나 운모 위에 은을 발라서 전극으로 만든다. 온도 변화에 따른 용량 변화가 작고 절연 저항이 높은 특성을 갖고 있으므로 표준 콘덴서로도 사용된다.

② 가변 용량 콘덴서

가변 용량 콘덴서는 전극 사이의 면적을 조정하여 용량을 변화시킬 수 있는 바리콘(varicon)과 조절 나사로 전극 간격을 가감하여 용량을 변화시키는 반 고정식의 트리머 콘덴서(trimmer condenser)가 있다.

(가) 바리콘 : 공기를 유전체로 하고 있으며, 그 구조는 회전축에 부착한 반원형의 회전판을 움직여서 외틀에 부착한 고정판과의 대향 면적을 변화시켜서 정전 용량을 가감할 수 있도록 되어 있다. 용도로는 라디오의 방송을 선택하는 튜너 등에 사용된다.

(나) 트리머 콘덴서 : 유전체로 세라믹(자기)을 사용하고 있으며 이동통신 및 방송 시스템에서 적절한 주파수에 따라 용량 값을 필요한 만큼 조징하는 데 사용되고 있다. 접점에 의한 저항이 없으며 높은 주파수[GHz]까지 사용된다.

(3) 콘덴서의 접속

콘덴서 사용 시 용량 부족 등으로 2개 이상의 콘덴서를 여러 가지 방법으로 접속하여 사용할 경우가 있다. 그래서 콘덴서의 직렬접속과 병렬접속의 기본적인 접속 방법을 알아보자.

① 직렬접속

[그림 3-19]와 같이 정전 용량이 각각 C_1, C_2, C_3[F]인 콘덴서 3개를 직렬로 접속하고 전압을 가하면 전극 a에 $+Q$[C]의 전하가 대전되었다면 정전 유도에 의하여 전극 b에는 $-Q$[C]의 전하가 대전된다.

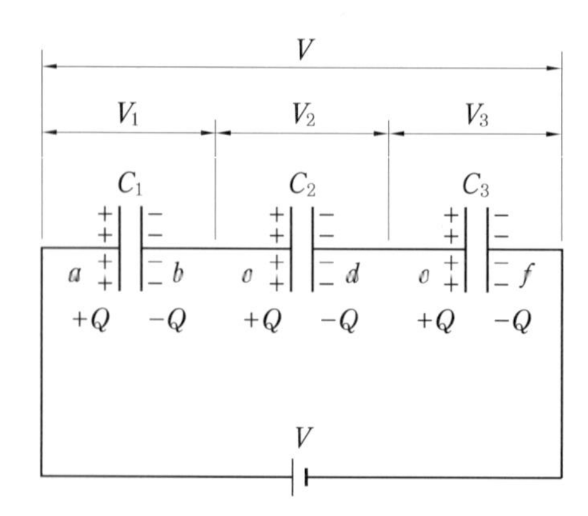

[그림 3-19] 콘덴서의 직렬접속

이와 같이 전극 c, e 에는 $+Q$[C]의 전하가 대전되고, 전극 d, f 에는 $-Q$[C]의 전하가 대전되므로 각 콘덴서에는 같은 전하량 Q[C]가 대전된다.

그리고 각 콘덴서에 가해지는 전압을 각각 V_1, V_2, V_3[V]라 하면 다음과 같은 관계가 성립된다.

$$V_1 = \frac{Q}{C_1}[\mathrm{V}],\ \ V_2 = \frac{Q}{C_2}[\mathrm{V}],\ \ V_3 = \frac{Q}{C_3}[\mathrm{V}] \qquad \text{식 (3.33)}$$

또 각 콘덴서에 가해진 전압의 합은 전원 전압과 같으므로 다음과 같이 된다.

$$\begin{aligned} V &= V_1 + V_2 + V_3 = \frac{Q}{C_1} + \frac{Q}{C_2} + \frac{Q}{C_3} \\ &= Q\left(\frac{1}{C_1} + \frac{1}{C_2} + \frac{1}{C_3}\right)[\mathrm{V}] \end{aligned} \qquad \text{식 (3.34)}$$

콘덴서의 전체 합성 용량을 C[F]라 하고 식 (3.34)를 정리하여 구하면 다음과 같이 된다.

$$C = \frac{1}{\dfrac{1}{C_1} + \dfrac{1}{C_2} + \dfrac{1}{C_3}}\ [\mathrm{F}] \qquad \text{식 (3.35)}$$

따라서 콘덴서를 직렬로 접속한 경우의 합성 정전 용량 C[F]는 다음과 같은 관계가 있다.

$$\frac{1}{C} = \frac{1}{C_1} + \frac{1}{C_2} + \frac{1}{C_3}\ [1/\mathrm{F}] \qquad \text{식 (3.36)}$$

일반적으로 2개 이상의 콘덴서를 직렬로 접속할 경우의 합성 정전 용량의 역수는 각 콘덴서의 정전 용량의 역수의 합과 같다.

② 병렬접속

[그림 3-20]과 같이 정전 용량이 각각 C_1, C_2, C_3[F]인 콘덴서 3개를 병렬로 접속하고 단자 사이에 전압을 가하면 각 콘덴서에는 동일한 전압이 걸리게 된다. 그리고 각 콘덴서에 축적되는 전하를 각각 Q_1, Q_2, Q_3[C]라 하면 다음과 같은 관계가 성립된다.

$$Q_1 = C_1 V \text{ [C]}, \quad Q_2 = C_2 V \text{ [C]}, \quad Q_3 = C_3 V \text{ [C]} \qquad \text{식 (3.37)}$$

또 각 콘덴서에 가해진 전하량의 합은 전체 전하량과 같으므로 다음과 같이 된다.

$$\begin{aligned} Q &= Q_1 + Q_2 + Q_3 \\ &= C_1 V + C_2 V + C_3 V \\ &= V(C_1 + C_2 + C_3) \text{ [C]} \end{aligned} \qquad \text{식 (3.38)}$$

콘덴서의 전체 합성 정전 용량을 C[F]라 하고 식 (3.38)을 변형 정리하여 구하면 다음과 같이 된다.

$$C = C_1 + C_2 + C_3 \text{ [F]} \qquad \text{식 (3.39)}$$

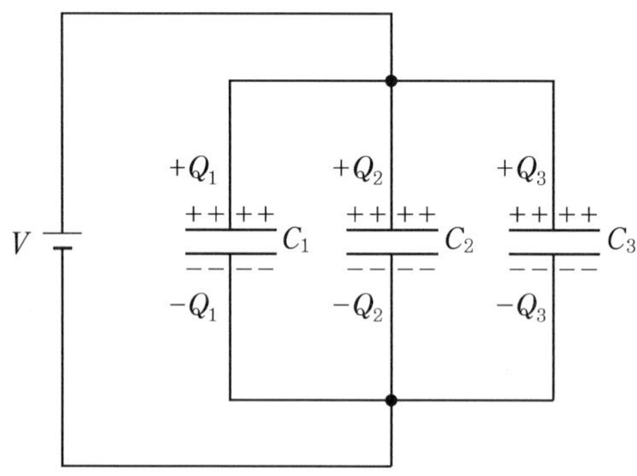

[그림 3-20] 콘덴서의 병렬접속

>>> 제3장 연습문제

1. 비유전율이 10인 물질의 유전율은 얼마인가?

2. 진공 중에 10[μC]과 20[μC]의 두 전하가 3m 간격으로 놓여져 있을 때 작용하는 정전기력 F[N]는 얼마인가?

3. 공기 중에 2.5×10^{-7}[C]의 점전하가 놓여 있을 때 이로부터 50cm의 거리에 있는 점의 전기장의 세기는 몇 [V/m]인가?

4. 전기장의 세기가 100[V/m]인 전기장에서 2.5[μC]의 전하를 놓으면 이 전하에 작용하는 힘 F[N]는 얼마인가?

5. 5[C]의 점전하에서 나오는 전기력선의 총수는?

6. 공기 중에서 4×10^{-9}[C]의 전하로부터 1m 떨어진 점 Q와 2m 떨어진 점 P와의 전위차 V_d는 얼마인가?

7. 정전 용량 10[μF]의 콘덴서에 200[V]의 전압을 가할 때 축적되는 전하량은 얼마인가?

8. 진공 중에서 반지름 27×10^{-3}[m]의 도체구의 정전 용량은 몇 [pF]인가?

9. 평행판 도체에 있어서 판의 면적을 3배로 넓히고 판 사이의 거리를 2배로 하면 평행판 도체의 정전 용량은 처음의 몇 배가 되었는가?

10. 어떤 콘덴서에 200[V]의 전압을 가할 때 전하량 500[μC]이 축적되었다. 이때의 정전 에너지는 얼마인가?

자 기

자기는 주위 공간에 여러 가지 작용을 하고, 도체에 흐르는 전류는 주위 공간에 자기를 발생시키며, 자기와 전류 사이에는 여러 가지 작용이 생긴다. 이 장에서는 자기의 여러 가지 작용에 대하여 알아보기로 한다.

4-1 자석의 자기 작용

자석이 주위 공간에 미치는 여러 가지 작용이나 법칙이 어떻게 이용되며, 자기장의 세기와 자석 사이에 작용하는 힘과 전류와 자기 사이의 관계를 알아본다.

(1) 자기장과 자력선

① 자석의 성질

자철광(Fe_3O_4)은 쇠를 끌어당기는 성질을 가지고 있는데 이와 같은 성질을 자성이라 하며 자성의 근원을 **자기**(magnetism)라 한다.

자기를 띠고 있는 물체를 **자석**(magnet)이라 하며, 자석의 양 끝을 **자극**(magnetic pole)이라 한다. 자석이 가지는 자기량을 **자하**(magnetic charge)라 하며 기호는 m, 단위는 웨버(weber, [Wb])를 사용한다.

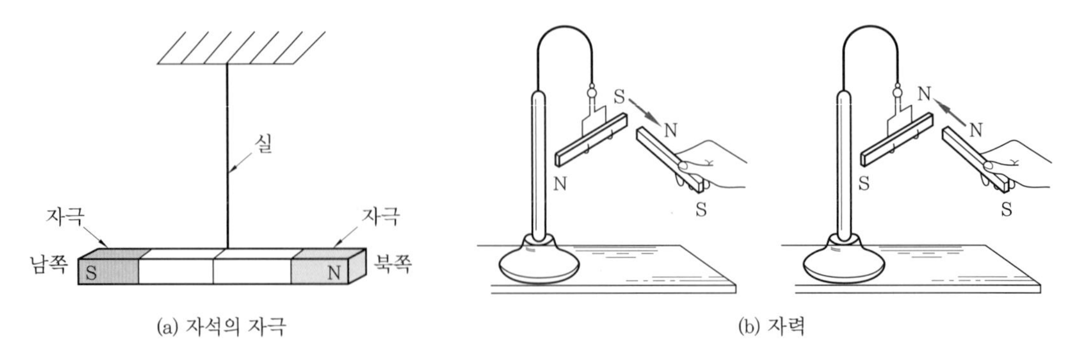

(a) 자석의 자극　　(b) 자력

[그림 4-1] 자석의 성질

[그림 4-1] (a)와 같이 중심을 매달면 남북을 가리키는데 이러한 현상을 자기현상이라 하며, 여기서 북쪽을 가리키는 극을 N극, 남쪽을 가리키는 극을 S극이라 한다.

[그림 4-1] (b)와 같이 두 개의 자석의 자극을 가까이 하면 서로 다른 극 사이에는 **흡인력**이 작용하고 같은 극 사이에는 **반발력**이 작용한다. 여기서 작용하는 힘을 **자기력** 또는 **자력**이라 하고 자력이 미치는 공간을 **자기장**(magnetic field), **자계**, **정자장**(static magnetic field) 또는 간단히 **자장**이라고 한다.

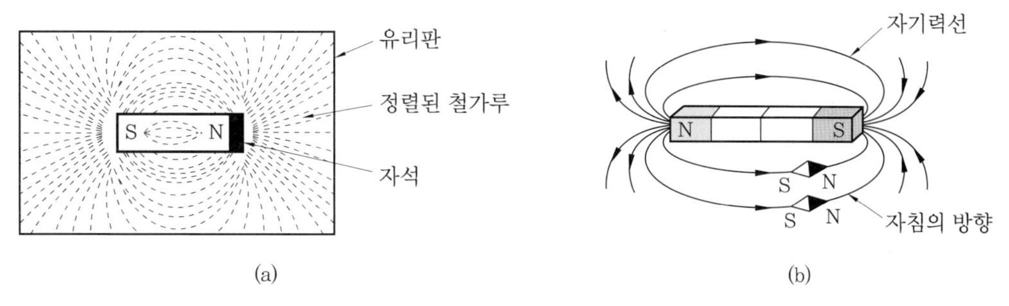

[그림 4-2] 자기장과 자력선

[그림 4-2]와 같이 자석에서 발생되는 자기장의 세기와 방향을 선으로 나타낸 것을 **자기력선**(line of magnetic force) 또는 **자력선**이라고 한다. 그리고 자력선은 다음과 같은 성질이 있다.

(가) 자기장의 상태를 표시하는 선을 가상하여 자기장의 크기와 방향을 표시한다.
(나) 자기력선은 잡아당긴 고무줄과 같이 그 자신이 줄어들려고 하는 장력이 있으며, 같은 방향으로 향하는 자력선은 서로 반발한다.
(다) 자력선은 서로 교차하지 않는다.
(라) 자석의 N극에서 시작하여 S극에서 끝난다.
(마) 자장의 임의의 한 점에서 자력선 밀도는 그 점의 자장의 세기와 같다.
(바) 자력선 접선 방향은 그 점에서의 자장의 방향이다.

② 자기 유도와 자성체

자기를 띠고 있는 물체, 즉 **자석**(magnet)에 못을 놓으면 [그림 4-3]과 같이 자석의 N극에 가까운 쪽에서는 S극으로, 먼 쪽에서는 N극으로 자화되어 자석에 끌려가게 된다.

이와 같이 못이 자석이 되어 자성을 가지게 되는데 이러한 현상을 **자화**(magnetization)라 하며, 자석에 의하여 자화되는 현상을 **자기 유도**(magnetic induction)라 한다. 이때 자화되는 물체를 **자성체**(magnetic material)라고 한다.

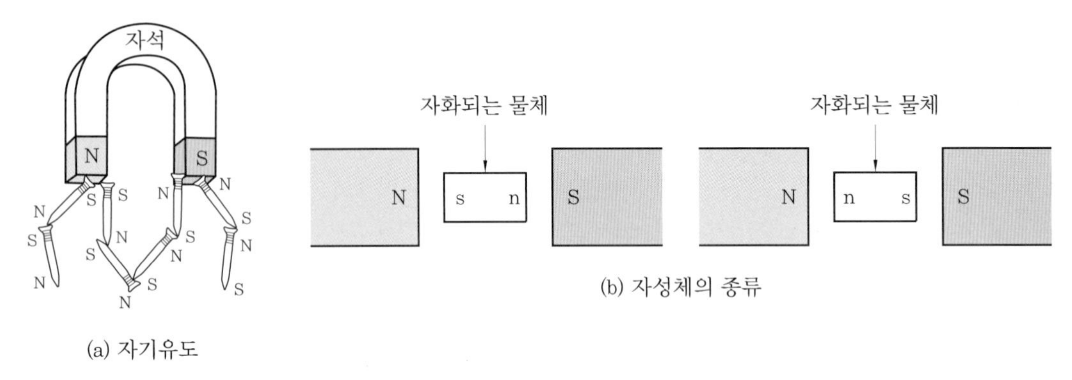

(a) 자기유도

(b) 자성체의 종류

[그림 4-3] 자석의 성질

철과 같이 자기 유도에 의하여 강하게 자화되어 쉽게 자석이 되는 물질을 **강자성체**(ferro magnetic material)라 한다. 강자성체에는 철 이외에도 니켈, 코발트 및 이들의 합금이 있으며 자기 재료로 사용된다.

강자성체에 비하여 극히 미약하게 자화되는 물질을 **약자성체**라 하고, 실용적으로는 **비자성체**(non-magnetic material)로 취급하여도 지장은 없다.

비자성체 중에서 구리, 아연, 비스무트, 납 등과 같이 강자성체와는 반대 극성으로 자화되는 물질을 **반자성체** 또는 **역자성체**(diamagnetic material)라 한다.

강자성체와 같은 방향으로 자화되는 물질을 **상자성체**(paramagnetic material)라 하며, 이들 자성체는 아래와 같이 분류할 수 있다.

㈎ 상자성체 : Al, Mn, Pt, Sn, Ir, O_2, N_2 등

㈏ 반자성체 : Bi, C, Si, Ag, Pb, Zn, S, Cu 등

㈐ 강자성체 : Fe, Ni, Co 및 그 합금 등

하나의 자석에는 N극과 S극이 단독으로 존재할 수 없으며, 또 한 개의 자석에는 N극과 S극의 두 개의 자극 이외에 다른 자극이 존재할 수 없다.

(2) 자석 사이에 작용하는 힘

자석 사이에 작용하는 힘의 성질은 정전기에서와 같은 쿨롱의 법칙이 적용된다. 그런데 자석에서는 N극과 S극을 분리할 수 없으므로 한 자석의 두 극이 서로 영향을 미치지 않는 경우의 것을 가정하여 이 자극을 **점자극**(point magnetic pole)이라 한다.

① 쿨롱의 법칙

[그림 4-4]와 같이 두 자극 m_1, m_2[Wb]가 r[m] 떨어져 있을 때의 두 자극 사이에 작용하는 힘 F의 방향은 서로 다른 자극일 때에는 흡인력이 발생하고, 같은 자극일 때에는 반발력이 발생하며 크기는 다음과 같이 된다.

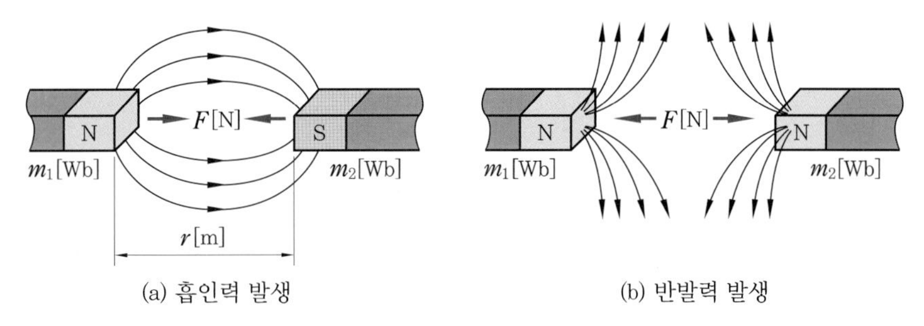

(a) 흡인력 발생 (b) 반발력 발생

[그림 4-4] 쿨롱의 법칙

(가) 투자율 μ인 자성체 중에서의 자기력 : 투자율 μ인 자성체 중에서의 자기력의 크기 F[N]는 다음과 같은 관계가 성립된다.

$$F = \frac{1}{4\pi\varepsilon} \cdot \frac{m_1 m_2}{r^2} \text{ [N]} \qquad \text{식 (4.1)}$$

여기서 μ를 어떤 물체의 투자율(permeability)이라 하고 그 값은 다음과 같다.

$$\mu = \mu_0 \mu_s = 4\pi \times 10^{-7} \mu_s \text{ [H/m]} \qquad \text{식 (4.2)}$$

식 (4.2)에서 μ_0를 진공 중의 투자율(vacuum permeability)이라 하고, 값은 $\mu_0 = 4\pi \times 10^{-7}$[H/m]이다. 또 μ_s를 비투자율(relative permeability)이라 하는데 여러 가지 물질의 비투자율을 [표 4-1]에 나타내었다.

[표 4-1] 여러 가지 물질의 비투자율

물질	μ_s	물질	μ_s	물질	μ_s
은	0.9999736	공기	1.0000000365	산소	1.0000179
구리	0.9999906	알루미늄	1.0000214	규소강	10^3
물	0.9999912	퍼멀로이	10^4	순철	2×10^4

(나) 진공 중에서의 자기력 : 투자율 μ_0인 진공 중에서의 자기력의 크기 F[N]는 다음과 같은 관계가 성립된다.

$$F = \frac{1}{4\pi\mu_0} \cdot \frac{m_1 m_2}{r^2} = 6.33 \times 10^4 \cdot \frac{m_1 m_2}{r^2} \text{ [N]} \qquad \text{식 (4.3)}$$

여기서 μ_0을 진공의 투자율(vacuum permeability)이라 하고 그 값은 다음과 같다.

$$F = \frac{1}{4\pi \times 6.33 \times 10^4} = 4\pi \times 10^{-7} [\text{H/m}] \qquad \text{식 (4.4)}$$

그리고 공기 중의 비투자율은 $\mu_s \fallingdotseq 1$이므로 진공 중과 같이 계산하더라도 실용상 지장은 없다.

(3) 자기장의 세기

자기장 내에 있는 자하에는 자기장에 의한 힘이 작용하는데, 이 힘의 크기와 방향을 표시한 것을 **자기장의 세기**(intensity of magnetic field)라 한다. 즉 자기장 내에 이 자기장의 크기에 영향을 미치지 않을 정도의 미소 자하를 놓았을 때, 이 자하에 작용하는 힘의 방향을 자기장의 방향으로 하고, 작용하는 힘의 크기를 단위 자하 +1[Wb]에 대한 힘의 크기로 환산한 것을 자기장의 세기로 정의한다.

그리고 자기장의 세기는 H라는 기호로 나타내며, 단위는 [N/Wb]이지만 일반적으로 [AT/m]을 많이 사용한다.

[그림 4-5]와 같이 투자율 μ의 자성체 내의 자극 m_1[Wb]에 의한 자기장이 형성되고, 자극 m_2[Wb]에서 r[m] 떨어진 점 P에 m[Wb]의 자하가 놓였을 때 이것에 작용하는 힘은 쿨롱의 법칙에 의하여 다음과 같다.

$$F = \frac{1}{4\pi\mu} \cdot \frac{m_1 \times m}{r^2} [\text{N}] \qquad \text{식 (4.5)}$$

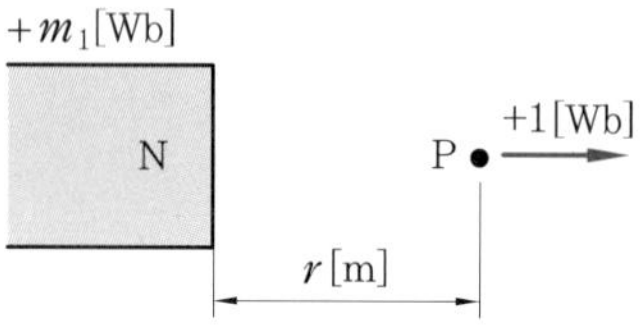

+m_1[Wb]
N
P
+1[Wb]
r[m]

[그림 4-5] 자기장의 세기

그 힘의 방향은 화살표 방향이 된다.

그리고 m=1[Wb]일 때 P점의 자기장의 세기라 정의하며, P점의 자기장의 세기는 다음 식과 같다.

$$H = \frac{1}{4\pi\mu} \cdot \frac{m_1}{r^2} [\text{AT/m}] \qquad \text{식 (4.6)}$$

자기장의 방향은 자기력의 방향과 같으므로 화살표 방향이 된다. 그러므로 식 (4.5)와 식 (4.6)의 관계에서 다음과 같이 나타낼 수 있다.

$$H = \frac{F}{m}[\text{AT/m}] \qquad \text{식 (4.7)}$$

자기장의 세기가 H[AT/m]인 점에서 m[Wb]의 자하가 놓여있을 때 m[Wb]가 받는 힘은 다음과 같다.

$$F = mH[\text{N}] \qquad \text{식 (4.8)}$$

① 자기장의 세기와 자력선의 관계

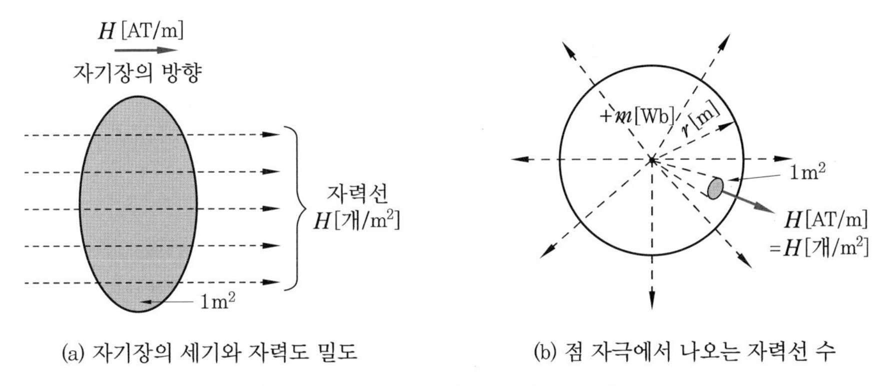

(a) 자기장의 세기와 자력도 밀도　　(b) 점 자극에서 나오는 자력선 수

[그림 4-6] 자기장의 세기와 자력선

앞에서 공간상에서 자기장의 분포 상태를 가시적으로 나타낸 선을 자기력선 또는 자력선(line of magnetic force)으로 정의하였다.

따라서 자기장의 세기는 단위 면적을 통과하는 자력선의 수로 표시할 수 있다.

② 자기장의 계산

점 전하에 의한 자기장의 세기는 쿨롱의 법칙으로 구할 수 있으나 점 자하가 아닌 경우에는 직접 구하기 어렵다.

따라서 '임의의 폐곡면 내의 전체 자하량 m[Wb]이 있을 때 이 폐곡면을 통해서 나오는 자기력선의 총수는 $\frac{m}{\mu}$개이다.' 라는 가우스의 정리(Gauss' theorem)를 사용하면 쉽게 구할 수 있다.

[그림 4-6] (b)와 같이 투자율 μ의 공간에서 m[Wb]의 점 자하로부터 r[m] 떨어진 구면 위의 자기장의 세기는 앞에서 배운 쿨롱의 법칙으로 구하면

$$H = \frac{1}{4\pi\mu} \cdot \frac{m}{r^2}[\text{AT/m}] \qquad \text{식 (4.9)}$$

식 (4.9)와 같이 되고 자기장의 방향은 반지름 r[m]인 구면에 수직이다. 따라서 자력선의 성질에 의하여 구의 표면적 1[m^2]마다 H개의 자력선이 통과하는 것이 되므로 구의 전표면적 $4\pi r^2$[m^2]에서의 자기력선의 총수 N은 다음과 같이 된다.

$$N = 3\pi r^2 \times H = \frac{m}{\mu}[\text{개}][\text{AT/m}] \qquad \text{식 (4.10)}$$

(4) 자속과 자속 밀도

자기장의 계산에서 m[Wb]의 자하에 출입하는 자기력선의 총수는 자성체의 투자율에 따라 달라진다. 즉 진공 중에서는 $\frac{m}{\mu_0}$개가 되고 투자율 μ의 자성체 중에서는 $\frac{m}{\mu}$개가 된다는 것을 알았다.

그러나 여기서는 '**자성체 내에서 주위 매질의 종류(투자율 μ)에 관계없이 m[Wb]의 자하에서 m개의 역선이 나온다.**' 고 가정하여 이것을 **자속**(magnetic flux, 기호 ϕ : phi)이라 하며, 자속의 단위로는 자극의 세기와 같은 웨버(weber, [Wb])를 사용한다.

따라서 단면적 A[m^2]를 자속 ϕ[Wb]가 통과하는 경우의 자속 밀도 B는 다음과 같다.

$$B = \frac{\phi}{A}[\text{Wb/m}^2] \qquad \text{식 (4.11)}$$

그리고 자속 밀도와 자기장의 세기 관계는 m[Wb]의 자극이 있으면 자극을 중심으로 반지름 r[m]의 구 표면을 m[Wb]의 자속이 균일하게 분포하여 지나가므로 구 표면의 자속 밀도 B는 다음과 같다.

$$B = \frac{m}{4\pi r^2}[\text{Wb/m}^2] \qquad \text{식 (4.12)}$$

즉, 자극 주위의 자속 밀도는 자극으로부터 거리의 제곱에 비례한다. 또 구 표면의 자기장의 세기는 $H = \frac{m}{4\pi\mu r^2}$[AT/m]이므로 자속 밀도와 자기장의 세기에는 다음과 같은 관계가 성립한다.

$$B = \mu H = \mu_0 \mu_s H[\text{Wb/m}^2] \qquad \text{식 (4.13)}$$

(5) 자기 모멘트와 토크

자석은 N극이나 S극이 단독으로 존재할 수 없으므로 자석의 작용을 취급할 때에는 두 극을 동시에 생각해야 한다. 자극의 세기가 m [Wb]이고 길이 l [m]인 자석에서 자극의 세기와 자석의 길이의 곱을 **자기 모멘트**[magnet moment]라 하며 다음과 같다.

$$M = ml\,[\text{Wb}\cdot\text{m}] \quad \text{식 (4.14)}$$

[그림 4-7]과 같이 자기장의 세기 H[AT/m]인 평등 자기장 내에 자극의 세기 m [Wb]의 지침을 자기장의 방향과 θ의 각도로 놓으면 N극과 S극에서는 각각 $f = mH$[N]의 힘이 작용하므로 그림과 같은 방향으로 회전하려는 $f_2 = f\sin\theta$의 힘이 작용한다. 이를 회전력 또는 **토크**(torque)라 한다.

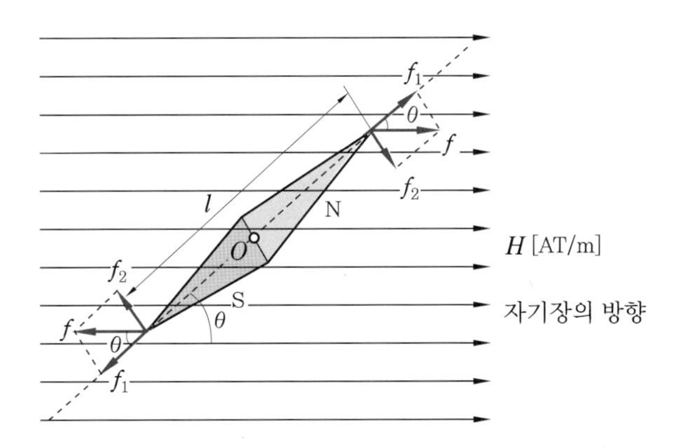

[그림 4-7] 자기장 내의 지침에 작용하는 토크

따라서 토크를 다음과 같이 나타낼 수 있다.

$$T = 2 \times \frac{l}{2} \times f_2 = lmH\sin\theta\,[\text{N}\cdot\text{m}] \quad \text{식 (4.15)}$$

$$\therefore\ T = MH\sin\theta\,[\text{N}\cdot\text{m}] \quad \text{식 (4.16)}$$

4-2 전류의 자기 작용

전류가 흐르는 도선 주위에 자침을 놓으면 도선에 흐르는 전류에 의하여 자침이 움직인다는 사실로부터 도선 전류 주위에 자기장(magnetic field)이 발생한다는 것을 1819년 외르스테드(Oersted)에 의해 발견 정리되었다.

(1) 직선 전류에 의한 자기장

① 직선 전류와 자력선의 관계

[그림 4-8] (a)와 같이 철가루를 고루 뿌린 두꺼운 종이나 유리판의 중앙에 직선 도체를 통과시키고 전류를 흘리면 철가루가 도선을 중심으로 여러 개의 동심원으로 배열되는 것을 볼 수 있다.

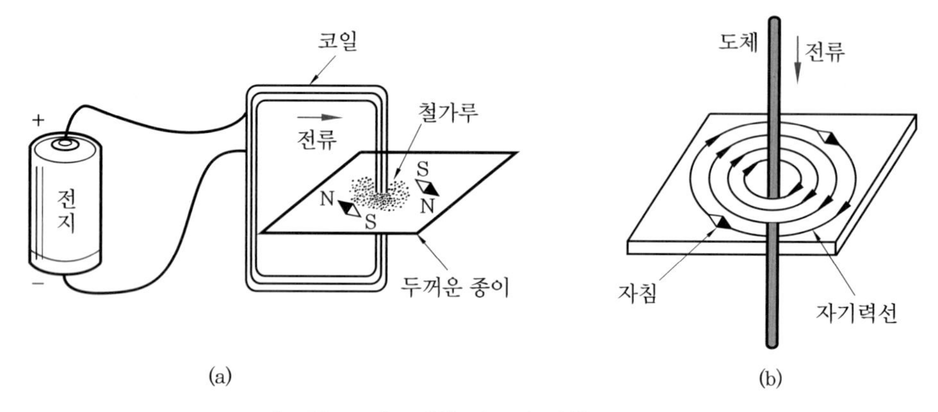

[그림 4-8] 직선 전류에 의한 자기장

이때 철가루의 밀도는 도선에 가까울수록 높고 멀어질수록 작아진다. 또, [그림 4-8] (b)와 같이 판 위에 자침을 놓고 전류를 흘리면 자침이 일정한 방향을 가리키는 것을 볼 수 있다. 여기서 전류의 방향을 반대로 바꾸면 자침이 가리키는 방향도 반대로 된다.

이와 같은 사실에서 전류가 흐르는 도선의 주위에는 원형의 자력선이 생기고, 그 밀도는 도선에 가까울수록 높아진다는 것을 알 수 있다. 또 자침의 N극이 가리키는 방향이 자력선의 방향이므로 자기장의 방향을 알 수 있다.

직선에 전류에 의한 자력선의 방향을 [그림 4-9]에 나타내었다. 여기서 전류의 방향을 지면으로 들어가는 방향을 ⊗ 기호로 나타내고, 지면으로부터 나오는 방향을 ⊙ 기호로 나타내었다.

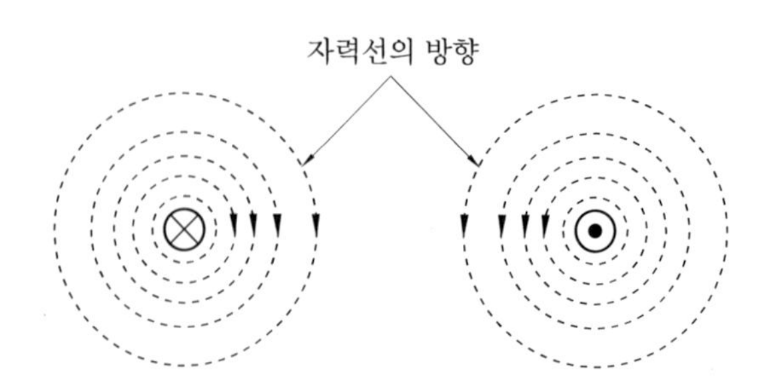

[그림 4-9] 직선 전류와 자력선의 관계

② 오른나사의 법칙

전류에 의해 만들어지는 자기장의 자력선의 방향을 알아내는 방법으로 암페어의 오른나사의 법칙(Ampere's right-handed screw rule)이나 오른손 엄지손가락의 법칙이 있다.

직선 전류에 의한 자기장의 방향은 [그림 4-10] (b)에서와 같이 전류가 흐르는 방향으로 오른나사를 진행시키면 나사가 회전하는 방향으로 자력선이 발생하는데 이를 오른나사의 법칙 또는 [그림 4-10] (c)에서와 같이 오른손 엄지손가락의 법칙이라고 한다.

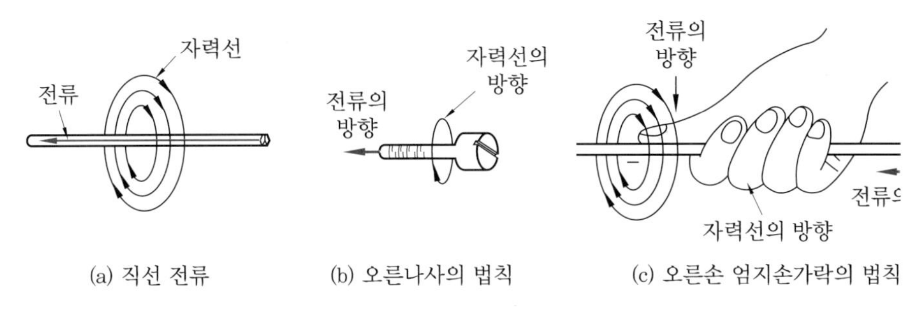

[그림 4-10] 직선 전류에 의한 자력선의 방향

(2) 코일 전류에 의한 자기장

① 코일 전류와 자력선의 관계

[그림 4-11] (a)와 같이 한 번 감은 도체에 전류를 흘리면 철가루의 분포는 [그림 4-11] (b)와 같이 되는 것을 알 수 있다.

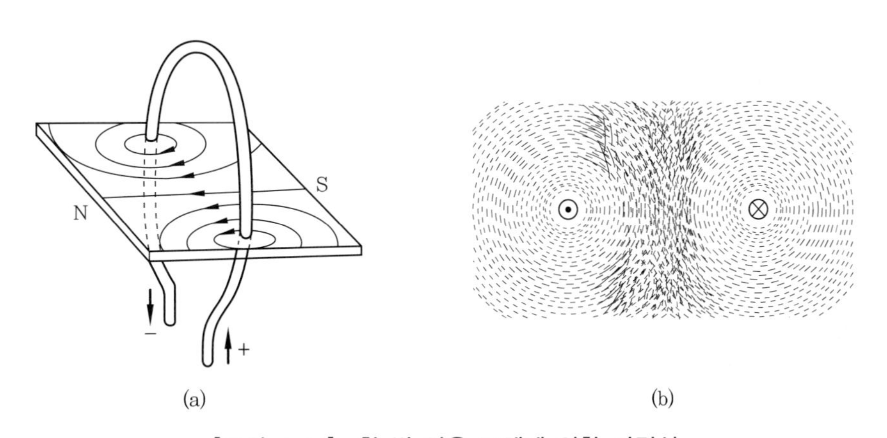

[그림 4-11] 한 번 감은 도체에 의한 자력선

[그림 4-11]에서 여러 번 감은 도체, 즉 코일에 전류를 흘리면 [그림 4-11] (a)와 같이 철가루의 분포를 나타낸다. 즉 코일에 전류를 흘리면 도선을 쇄교(interlink)하

는 자력선은 [그림 4-11] (b)와 같이 코일 속에서 합해져서 강한 자기장이 발생한다.

코일에 의한 자력선의 방향을 [그림 4-12]에 나타내었다. 이는 직선 전류에 의한 자력선의 방향을 알아내는 오른나사의 법칙이나 오른손 엄지손가락의 법칙에서 전류와 자력선의 관계를 바꾼 것과 같다.

즉, 오른나사를 전류의 방향으로 회전시키면 나사가 진행하는 방향이 자력선의 방향이 되고, 오른손의 손가락을 전류의 방향으로 하면 엄지손가락의 방향이 자력선의 방향이 된다.

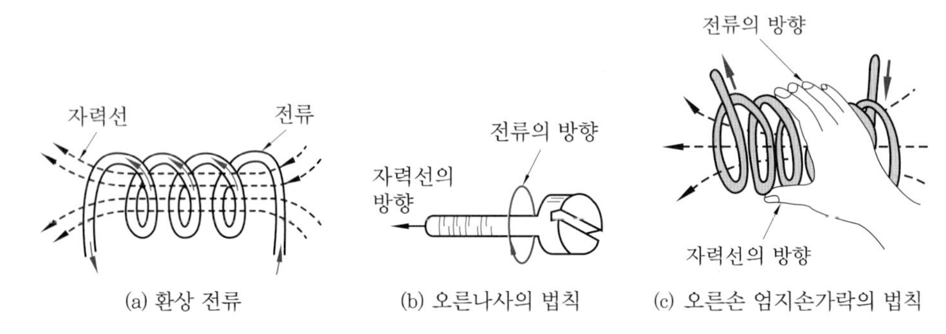

(a) 환상 전류 (b) 오른나사의 법칙 (c) 오른손 엄지손가락의 법칙

[그림 4-12] 코일 전류에 의한 자력선의 방향

② 전자석의 원리

도체를 균등하고 밀접하게 원통형으로 감은 코일 형태를 **솔레노이드**(solenoid)라 하고 이 솔레노이드에 전류를 흘렸을 때의 자력선 분포를 [그림 4-13] (a)와 같이 나타내었다.

여기서 대부분의 자력선의 솔레노이드 속을 관통하고 솔레노이드의 전체 코일과 쇄교하는 환상의 자력선이 된다.

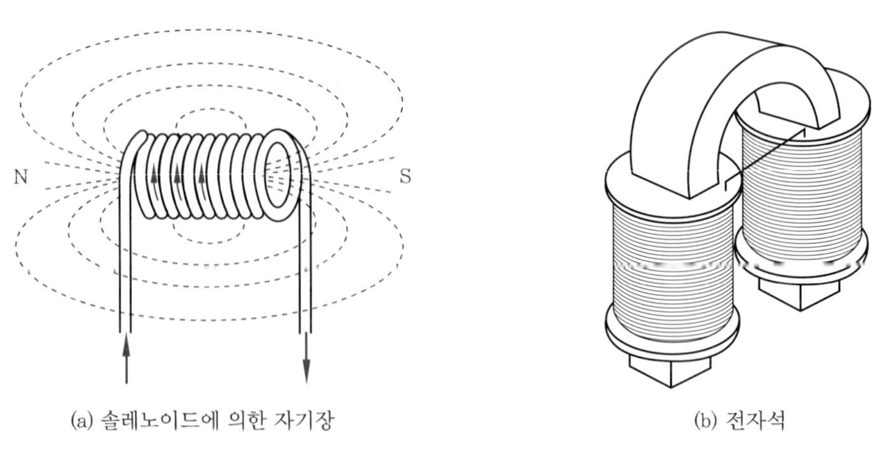

(a) 솔레노이드에 의한 자기장 (b) 전자석

[그림 4-13] 전자석 원리

따라서 솔레노이드 밖의 자력선 분포는 1개의 막대자석이 만드는 자기장과 같은 것이 되고 솔레노이드 양단에는 N극과 S극이 발생된다. 이와 같이 전류에 의하여 만들어진 자석을 **전자석**(electromagnatic)이라 한다.

(3) 자기장의 세기 계산

도선에 전류가 흐를 때 전류에 의한 자기장의 세기를 구하는 방법으로 무한장 도선에서는 암페어의 주회 적분 법칙을 적용하고, 유한장 도선에서는 비오-사바르의 법칙을 적용하면 쉽게 자기장의 세기를 구할 수 있다.

① 주회 적분(周會積分) 법칙에 의한 계산

[그림 4-14] (a)와 같이 여러 개의 도선에 서로 다른 전류가 흐르는 경우 그 도선 주위에 생기는 자기장의 세기와 전류의 관계는 다음과 같다.

"자기장 내의 임의의 폐곡선 C를 취할 때 이 곡선을 한 바퀴 돌면서 이 곡선 Δl과 그 부분의 자기장의 세기 H의 곱, 즉 $H\Delta l$의 대수합은 이 폐곡선을 관통하는 전류의 대수합과 같다."

이를 **암페어의 주회 적분의 법칙**(Ampere's circuital integrating law)이라 한다.

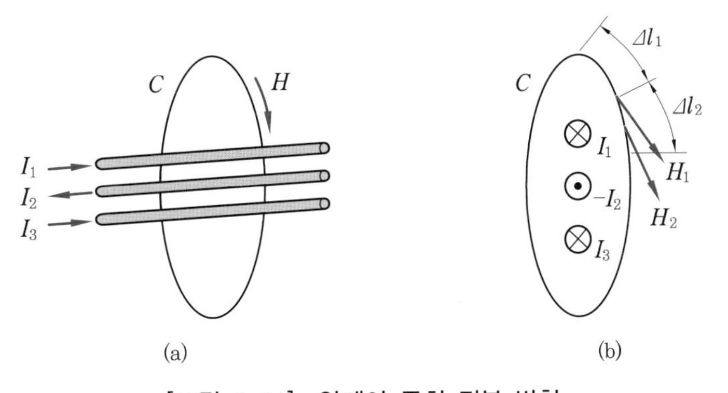

[그림 4-14] 암페어 주회 적분 법칙

[그림 4-14] (b)와 폐곡선 C의 미소 부분 Δl_1의 자기장의 세기를 H_1, Δl_2의 자기장의 세기를 H_2, … 등으로 하고 도선에 흐르는 전류의 부호를 오른나사의 법칙을 따를 때는 +, 반대일 때는 -로 하면 다음과 같은 관계가 성립된다.

$$H_1\Delta l_1 + H_2\Delta l_2 + H_3\Delta l_3 + \cdots + H_n\Delta l_n = I_1 + (-I_2) + I_3 + \cdots + I_n$$

여기서 자기장의 세기를 H라 하면 폐곡선 C 위의 모든 자기장의 세기는 같으므로 $H_1 + H_2 + H_3 = \cdots = H_n = H$ 이다.

$$H(\triangle l_1 + \triangle l_2 + \triangle l_3 + \cdots + \triangle l_n = I_1 + (-I_2) + I_3 + \cdots \qquad \text{식 (4.17)}$$

따라서 식 (4.17)로부터 일반적으로 다음과 같은 관계가 성립된다.

$$\sum H \triangle l_1 = \sum I \qquad \text{식 (4.18)}$$

(가) 무한장 직선 전류에 의한 자기장의 세기 : [그림 4-15] (a)와 같이 무한히 긴 직선 도선에 I[A]의 전류가 흐를 때 도선에서 r[m] 떨어진 점 P의 자기장의 세기는 다음과 같이 구할 수 있다.

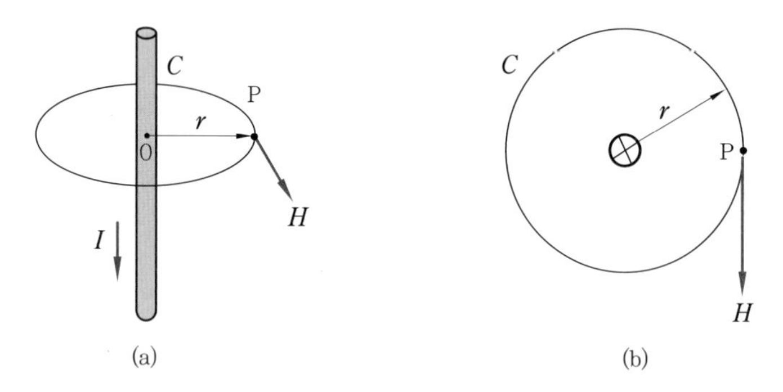

[그림 4-15] 무한장 직선 전류에 의한 자기장의 세기

도선을 중심으로 반지름 r[m]인 원주 위의 모든 점의 자기장의 세기는 같고, 그 방향은 원의 접선 방향이다. 그리고 P점의 자기장의 세기를 H[AT/m]라 하면 암페어의 주회 적분 법칙을 적용하면 반지름 r[m]인 원주를 따라 폐곡선 C를 적분하면 원주의 길이가 되므로 $2\pi r$이 된다. 따라서 $H \times 2\pi r = I$가 성립된다. 이를 정리하면 다음과 같이 된다.

$$H = \frac{I}{2\pi r} [\mathrm{AT/m}] \qquad \text{식 (4.19)}$$

(나) 환상 솔레노이드에 의한 자기장의 세기 : [그림 4-16] (a)와 같이 원형의 철심에 코일을 감은 형태를 **트로이드**(toroid) 또는 **환상 솔레노이드**(ring solenoid), **무한(無限) 솔레노이드**(endless solenoid)라 한다.

[그림 4-16] (b)와 같이 평균 반지름이 r[m]인 환상 솔레노이드의 코일 감은 횟수를 N이라 하고, I[A]의 전류를 흘릴 때 환상 솔레노이드 내부 자기장의 세

기 H는 다음과 같이 구할 수 있다.

즉, 암페어의 주회 적분의 법칙을 응용하면 솔레노이드의 평균 길이는 $2\pi r$이고 이것과 쇄교하는 전류가 NI이므로 다음 관계식 $2\pi rH = NI$ 이 성립된다.

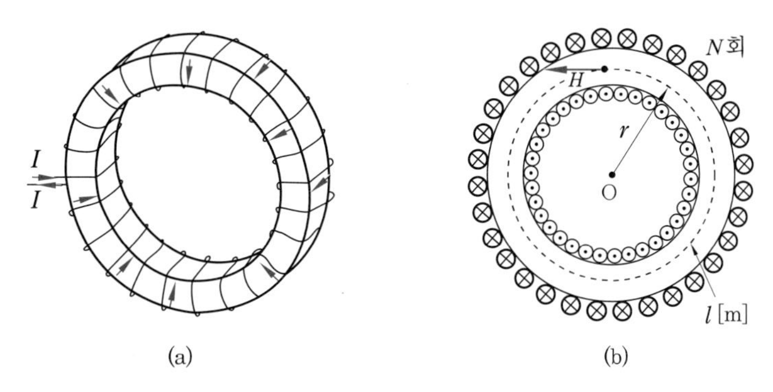

[그림 4-16] 환상 솔레노이드에 의한 자기장의 세기

따라서 이를 정리하면 환상 솔레노이드의 내부 자기장의 세기는 다음과 같이 된다.

$$H = \frac{NI}{2\pi r} \text{ [AT/m]} \qquad \text{식 (4.20)}$$

그리고 감은 도선의 횟수가 충분히 많으면 솔레노이드 내부의 자기장은 O를 중심으로 하는 동심원이 되고, 자기장의 방향은 원의 접선 방향이며 오른나사의 법칙에 따른다. 또 환상 솔레노이드의 외부 자기장의 세기는 발생되지 않으므로 0이다.

② 비오-사바르의 법칙

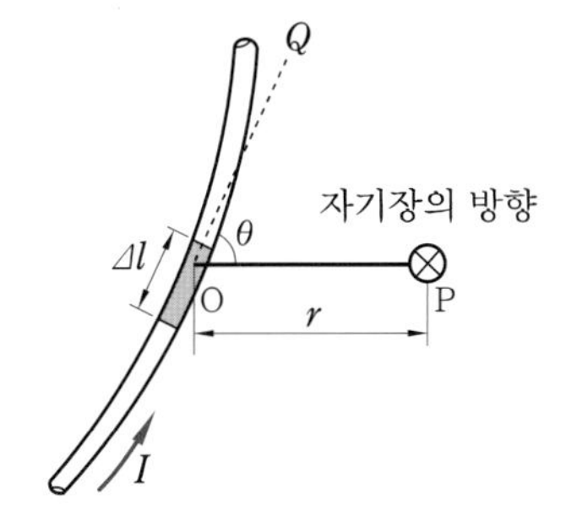

[그림 4-17] 비오-사바르의 법칙

[그림 4-17]과 같이 도선에 I[A]의 전류를 흘릴 때 도선의 미소 Δl에서 r[m] 떨어진 점 P에서 Δl에 의한 자기장의 세기 ΔH[AT/m]는 다음 식으로 나타낼 수 있다.

$$\Delta H = \frac{I\Delta l}{4\pi r^2}\sin\theta \text{ [AT/m]} \qquad \text{식 (4.21)}$$

여기서 θ는 전류의 방향과 r이 이루는 각이며, 자기장의 방향은 P와 Δl로 이루어지는 평면에 수직이며 오른나사의 법칙에 따른다. 이것을 **비오-사바르**(Biot-Savart)**의 법칙**이라 한다.

[그림 4-18] (a)와 같이 반지름 r[m]이고 감은 횟수 1회인 원형 코일에 I[A]의 전류를 흘릴 때 코일 중심 O에 발생하는 자기장의 세기 H는 다음과 같이 구할 수 있다.

이 자기장의 세기 H는 Δl_1, Δl_2, Δl_3, ⋯ Δl_n의 미소 부분에 흐르는 전류 I[A]에 의하여 r[m] 떨어진 점 O에 발생하는 자기장의 합이므로 다음과 같이 된다. 또 자기장의 방향은 [그림 4-18] (b)와 같이 된다.

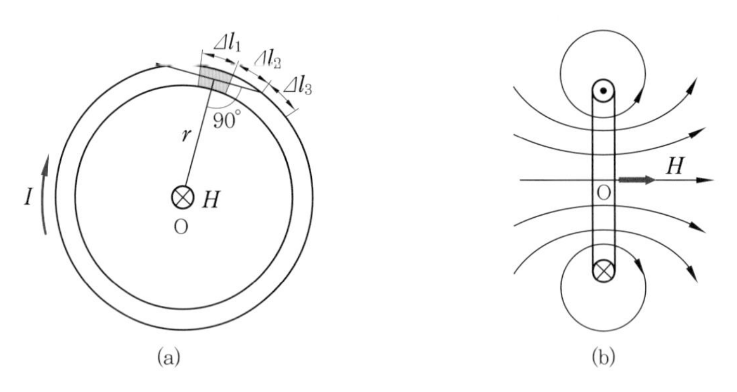

[그림 4-18] 원형 코일 중심의 자기장의 세기

$$\begin{aligned} H &= \Delta H_1 + \Delta H_2 + \Delta H_3 + \cdots \Delta H_n \\ &= \frac{I}{4\pi r^2}(\Delta l_1 + \Delta l_2 + \Delta l_3 + \cdots + \Delta l_n \\ &= \frac{I}{4\pi r^2} \times 2\pi r \end{aligned} \qquad \text{식 (4.22)}$$

$$H = \frac{I}{2r} \text{ [AT/m]} \qquad \text{식 (4.23)}$$

그리고 위에서 코일의 감은 횟수를 N회이면 도선의 길이는 $2\pi r N$ 이므로 자기장의 세기는 다음과 같이 된다.

$$H = \frac{NI}{2r} \text{ [AT/m]} \qquad \text{식 (4.24)}$$

(4) 자기 회로

① 자기 회로

[그림 4-19] (a)와 같이 철심에 코일을 감고 전류를 흘리면 오른나사 법칙에 따르는 방향으로 철심에 자속이 생기며 코일의 권수 N과 코일에 흐르는 전류 I에 비례하여 자속 Φ가 발생된다.

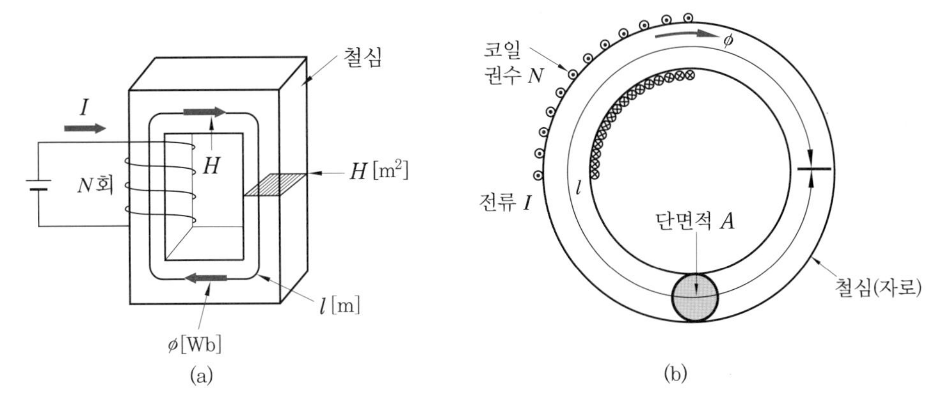

[그림 4-19] 자기 회로

이와 같이 자속을 만드는 원동력을 **기자력**(magneto-motive force)이라 하고 F 또는 NI로 나타낸다. 단위는 **암페어 턴**(ampere-turn, [AT])을 사용한다. 그리고 자속이 통과하는 폐회로를 **자기 회로**(magnetic circuit) 또는 **자로**라고 한다.

[그림 4-19] (b)는 환상 코일에 의한 자기 회로를 나타내고 있다. 자기 회로의 평균 길이를 l[m]라 하면 단위 길이당 기자력 $\frac{NI}{l}$을 **자화력**(magnetizing force) 또는 **자기장의 세기** H라 한다.

$$H = \frac{NI}{l} \text{ [AT/m]} \qquad \text{식 (4.25)}$$

② 자기 저항

자기 회로에서 기자력 NI[AT]에 의해 자속 ϕ[Wb]가 통할 때 이들 사이의 비를 자기 저항(reluctance)이라 하며 R로 나타내고, 단위는 [AT/m] 또는 헨리의 역수 [H^{-1}]를 사용한다. 따라서 자기 저항 R은 다음과 같이 된다.

$$R = \frac{NI}{\phi} \text{ [AT/Wb]} \qquad \text{식 (4.26)}$$

[그림 4-19] (b)에서 자기 회로의 단면적 $A\,[\mathrm{m}^2]$, 평균 길이를 $l\,[\mathrm{m}]$, 투자율 μ, 자속 밀도 $B\,[\mathrm{Wb/m^2}]$라 하면 자기장의 세기는 암페어의 주회 적분 법칙에 의해서 $H=\dfrac{NI}{l}\,[\mathrm{AT/m}]$가 되고, 자속 $\Phi=BA=\mu HA\,[\mathrm{Wb}]$이므로 자기 저항 R은 다음과 같은 관계가 성립된다.

$$R=\frac{NI}{\Phi}=\frac{NI}{\mu HA}=\frac{NI}{\mu A(NI/l)}=\frac{l}{\mu A} \qquad \text{식 (4.27)}$$

따라서 자기 저항은 자로의 평균 길이에 비례하고 투자율과 자로 단면적의 곱에 반비례한다.

$$\therefore\ R=\frac{l}{\mu A}\,[\mathrm{AT/Wb}] \qquad \text{식 (4.28)}$$

4-3 전자력

자기장 내에서 도선에 전류를 흘리면 이 도선의 전류에 의하여 발생된 자기장과 상호작용을 일으켜 도선에 힘을 발생하는데 이를 전자력이라 한다. 이때 작용하는 힘의 방향과 크기는 일정한 법칙을 따른다.

(1) 전자력의 방향과 크기

① 전자력의 방향

[그림 4-20] (a)와 같이 자기장 내에 있는 도체에 전류를 흘리면 힘이 작용하는데 이를 전자력(electromagnetic force)이라 한다.

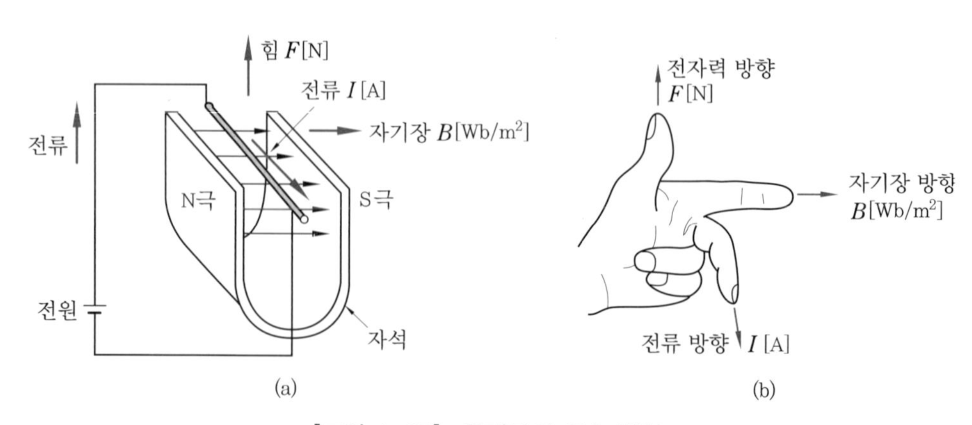

[그림 4-20] 플레밍의 왼손 법칙

[그림 4-20] (b)와 같이 왼손의 엄지, 집게, 가운뎃손가락을 서로 직각이 되게 벌리고, 집게손가락은 자기장의 방향으로 일치시킨다. 가운뎃손가락을 전류의 방향으로 향하게 하면 전류가 흐르는 도체에 작용하는 힘 F[N]는 엄지손가락의 방향과 일치한다.

이를 플레밍의 왼손 법칙(Fleming's left-handed rule)이라 하고, 전동기의 원리에 적용되고 있다. 만일 자기장의 방향과 전류의 방향이 직각이 아닐 경우에는 자기장을 전류와 직각인 방향 성분으로 분해하여 직각 방향 성분과 전류 사이에 발생하는 힘을 구한다.

② 전자력 크기

[그림 4-21]과 같이 자속 밀도가 B[Wb/m^2]인 평등 자기장 내에 자기장과 직각 방향으로 길이 l[m]인 도체를 놓고 I[A]의 전류를 흘리면 도체에 작용하는 힘 F[N]는 다음과 같이 된다.

$$F = BIl\,[\text{N}] \qquad \text{식 (4.29)}$$

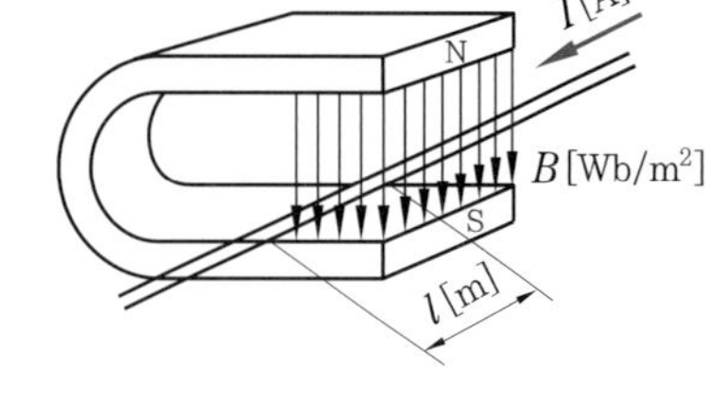

[그림 4-21] 전자력의 크기

즉, 자기장 내에서 도체에 작용하는 힘은 자속 밀도와 도체의 유효 길이 및 도체에 흐르는 전류의 곱에 비례한다.

[그림 4-22]는 자극의 정면에서 본 그림이며 여기서 ⊙ 표는 힘의 방향을 나타내고 있다, 그림 [그림 4-22] (a)는 도체가 자기장과 직각 방향을 이루고 있으며, [그림 4-22] (b)는 도체가 자기장과 평행하게 놓인 경우인데 도체에 작용하는 힘은 0이다.

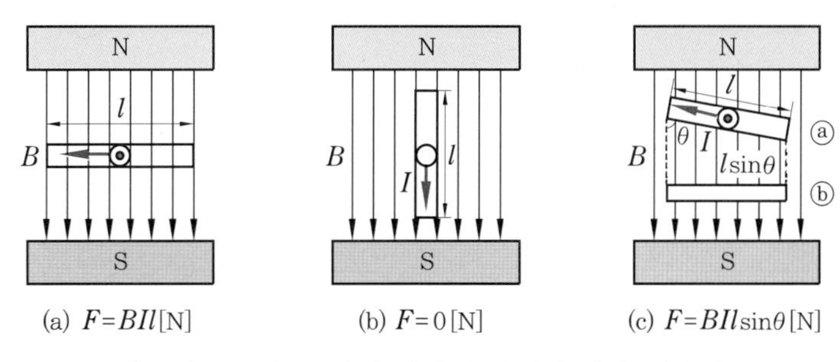

[그림 4-22] 도체의 자기장 사이의 각과 전자력

[그림 4-22] (c)와 같이 도체가 자기장의 방향과 θ의 각도로 놓인 경우 도체 ⓐ에 작용하는 힘은 자기장과 직각으로 놓인 도체 $l\sin\theta$인 도체 ⓑ에 작용하는 힘과 같으므로 다음과 같이 된다.

$$F = BIl\sin\theta\,[\text{N}] \qquad \text{식 (4.30)}$$

(2) 평행 도체 사이에 작용하는 힘

① 힘의 방향

평행한 두 도체 사이에 같은 방향의 전류를 흘리면, 같은 방향의 전류가 흐르면 [그림 4-23] (a)와 같이 두 도체 안쪽의 자력선은 서로 반대방향이므로 상쇄되어 자력선 밀도가 낮아지고 바깥쪽의 자력선 밀도는 높아져 두 도체 사이에는 흡인력이 발생된다.

또 [그림 4-23] (b)와 같이 서로 다른 방향의 전류가 흐르면 두 도체 안쪽의 자력선 밀도는 높아지고 바깥쪽 자력선 밀도는 낮아지므로 두 도체 사이에는 반발력이 발생된다.

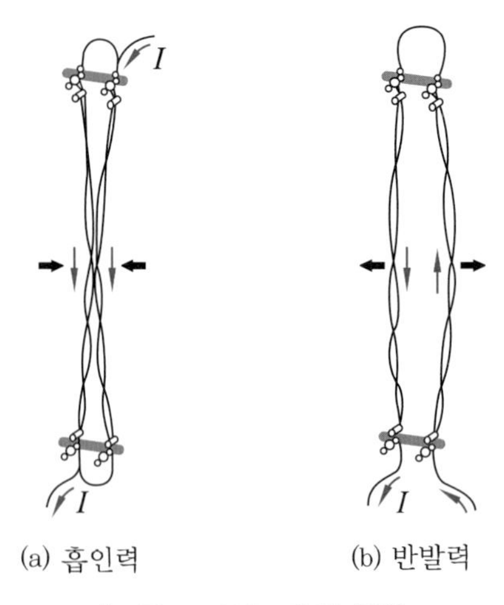

[그림 4-23] 힘의 방향

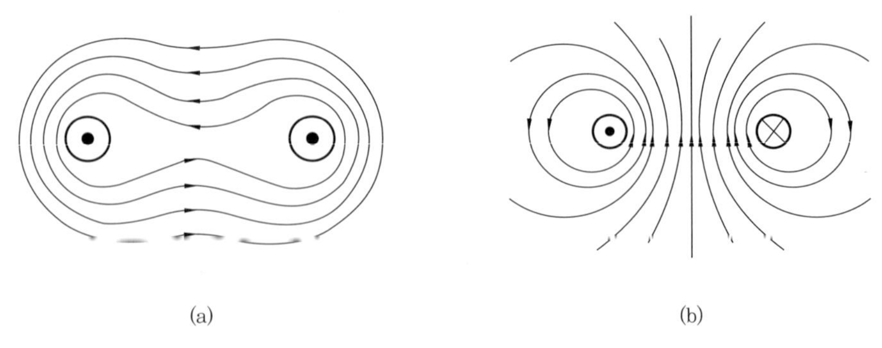

[그림 4-24] 자력선 분포

② 힘의 크기

[그림 4-25] (a)와 같이 공기 중에서 두 도체가 r[m] 떨어진 상태에서 도체에 흐르는 전류를 각각 I_1[A], I_2[A]라 하면 두 도체 사이에 작용하는 힘을 구하면 I_1에 흐르는 전류에 의하여 r[m] 떨어진 점의 자기장의 세기는 암페어의 주회 적분 법칙에서 $H = \frac{I_1}{2\pi r}$[AT/m] 이므로 이 점에서의 자속 밀도는 다음과 같다.

$$B = \mu_0 H = \frac{\mu_0 I_1}{2\pi r} [\text{Wb/m}^2] \qquad \text{식 (4.31)}$$

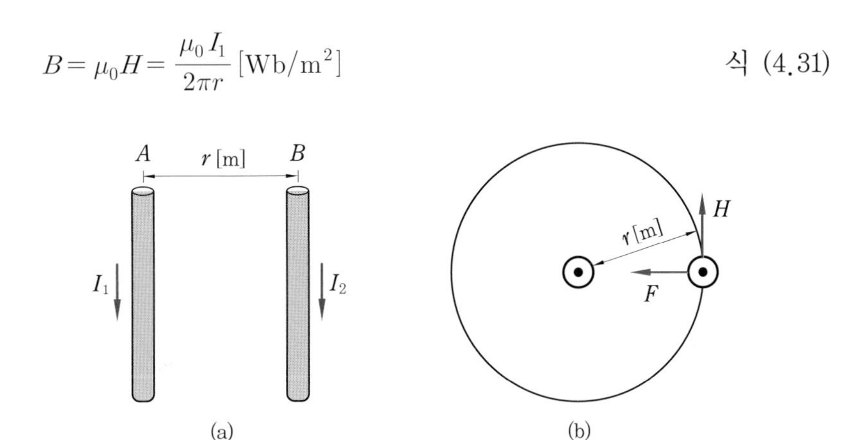

[그림 4-25] 평행한 직선 사이에 작용하는 힘의 크기

따라서 A 도체에서 r[m] 떨어진 도체 B에 I_2의 전류가 흐르고 있으므로 도체 B에 단위 길이 1[m]dp 작용하는 힘 F는 다음과 같이 된다.

$$F = BI_2 = \frac{\mu_0 I_1 I_2}{2\pi r} = \frac{4\pi \times 10^{-7} \times I_1 I_2}{2\pi r} [\text{N/m}] \qquad \text{식 (4.32)}$$

$$\therefore\ F = \frac{2 I_1 I_2}{r} \times 10^{-7} [\text{N/m}] \qquad \text{식 (4.33)}$$

(3) 사각형 코일에 작용하는 힘

[그림 4-26] (a)와 같이 자기장 내에 사각형(구형) 도체를 놓고 화살표 방향으로 전류를 흘리면 도체 ①, ③에는 $F = Bla$[N]의 힘이 화살표 방향으로 작용하나 도체 ②, ④, ⑤에는 힘이 작용하지 않는다.

그러므로 XY를 축으로 하여 사각형 도체를 자유로이 회전할 수 있도록 해두면 화살표 방향의 토크가 발생한다.

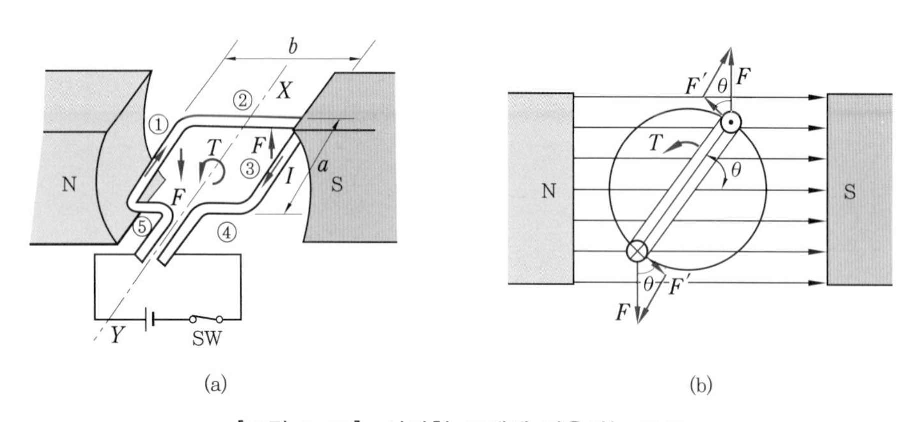

[그림 4-26] 사각형 도체에 작용하는 토크

여기서 자속 밀도를 B[Wb/m^2], 도체의 유효 길이를 a[m], 너비를 b[m], 도체에 흐르는 전류를 I[A]라 하고 코일 자기장이 이루는 각도를 θ라 하면 1개의 코일 면에 작용하는 힘은 [그림 4-26] (b)와 같이 $F' = F\cos\theta$ 이며, 코일의 양변에 작용하는 짝힘이 된다. 따라서 코일에는 회전력(torque)이 발생하고 그 크기는 다음과 같다.

$$T = bF\cos\theta = abBI\cos\theta \ [\mathrm{N \cdot m}] \qquad \text{식 (4.34)}$$

여기서 코일 면적을 $a \times b = A$[m^2]라 하고 코일을 감은 횟수가 N회일 때 발생하는 회전력인 토크는 다음과 같다.

$$T = BIAN\cos\theta [\mathrm{N \cdot m}] \qquad \text{식 (4.35)}$$

(4) 전자력의 특수 현상

① 홀 효과

[그림 4-27]과 같이 자기장 H 안에서 도체를 직각으로 놓고 전류 I를 흘리면 전류, 즉 이동하는 전하에는 플레밍의 왼손 법칙에 따라서 전자력 F가 생긴다. 고체 중의 전류는 음전하를 가진 전자의 이동에 의한 것과 양전하의 이동에 의한 것이 있다.

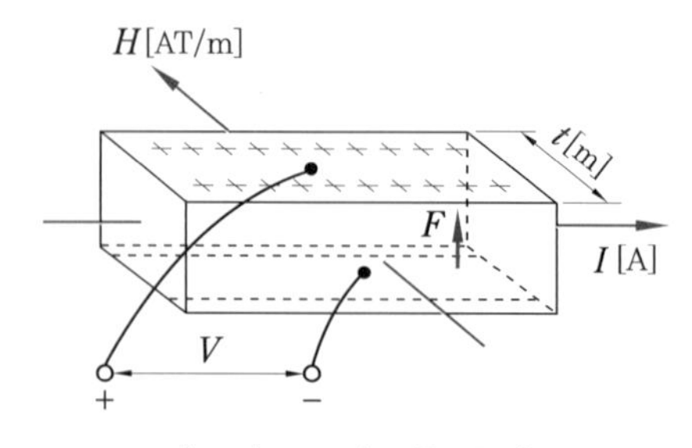

[그림 4-27] 홀 효과

여기서 양전하에 의하여 전류가 흐르는 경우 양전하에 전자력이 작용하여 [그림 4-27]과 같이 도체의 위쪽으로 양전하가 이동하므로 도체의 양단에 양과 음의 전하가 생겨 기전력 V가 발생된다.

또 전류의 흐름이 전자의 이동에 의하여 생길 때에는 전자가 이동하여 그림과는 반대 극성의 전압이 발생한다. 이와 같은 현상을 홀 효과(Hall effect)라 한다.

따라서 홀 효과는 자기장의 도체 내의 전자가 정공 사이에 작용하는 힘에 의해서 발생하는 것으로 자기장의 세기나 자속 밀도를 측정하는 장치에 이용되고 있다.

② 핀치 효과

[그림 4-28]과 같은 단면을 가진 액체 속을 ⊗ 방향으로 전류가 흐를 경우 플레밍의 왼손 법칙에 따라 전류의 방향과 수직으로 원형 자기장 H가 생기기 때문에 도체 중심 방향으로 전류에 힘 F가 작용하게 된다.

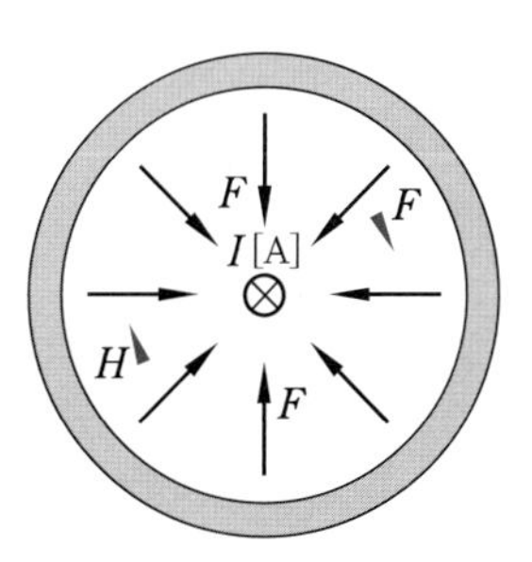

[그림 4-28] 핀치 효과

전류에 작용하는 힘은 액체에 작용하는 것이 되어 액체 단면이 작아진다. 단면이 작아지면 저항이 커지고 줄열의 발생이 높아짐과 동시에 전류도 흐르기 어렵게 된다.

따라서 전류가 작아지면 수축력도 작아지기 때문에 다시 원 위치로 돌아간다. 그리고 다시 전류가 흘러 수축력이 작용된다. 이러한 현상이 되풀이되는 것을 핀치 효과(Pinch effect)라고 한다. 핀치 효과에 의하면 열에너지를 좁은 공간에 모을 수 있다.

4-4 전자 유도와 인덕턴스

(1) 전자 유도

① 자속 변화에 의한 유도 기전력

[그림 4-29]와 같이 코일의 양끝에 검류계를 연결하고 [그림 4-29] (a)와 같이 자

석을 위아래로 움직이면 코일에 접속한 검류계의 지침이 움직인다. 또 [그림 4-29] (b)와 같이 스위치를 개폐하여 1차 코일에 자속을 변화시켜도 동일한 현상이 일어난다.

이와 같이 자속의 변화에 의해 도체에 기전력이 발생하는 현상을 **전자 유도**(electromagnetic induction)라 하고 발생된 전압을 **유도 기전력**(induced electromotive force ; emf) 또는 **유도 전압**이라 하며, 흐르는 전류를 **유도 전류**(induced current)라 한다.

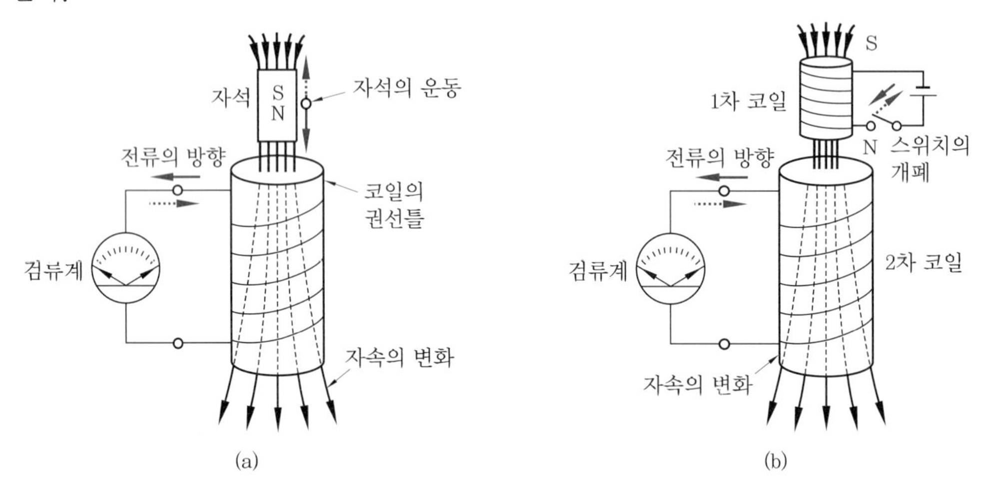

[그림 4-29] 전자 유도

이때 발생되는 유도 기전력의 방향은 [그림 4-30]과 같이 코일을 지나는 자속이 증가될 때에는 자속을 감소시키는 방향으로, 자속이 감소될 때에는 자속을 증가시키는 방향으로 유도 기전력이 발생된다.

즉 유도 기전력은 자속의 변화를 방해하려는 방향으로 발생하는데 이를 렌츠의 법칙(Lenz's law)이라 한다.

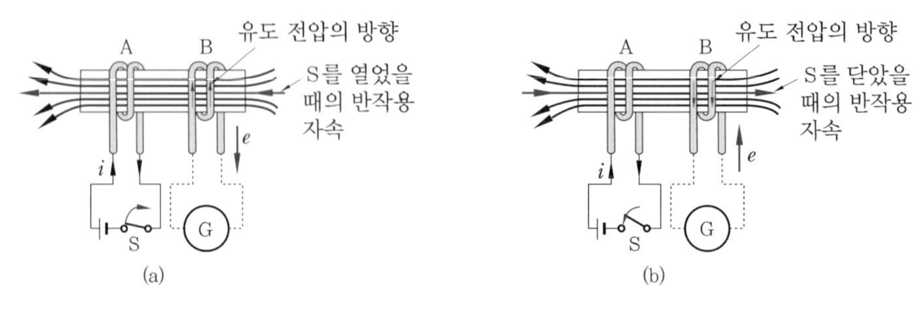

[그림 4-30] 렌츠의 법칙

유도 기전력의 크기는 단위 시간 1[s] 동안에 코일을 쇄교하는 자속의 변화량과 코일의 권수에 비례한다. 이를 **패러데이의 전자 유도 법칙**(Faraday's law of electromagnetic induction)이라고 한다.

따라서 코일의 권수가 N이고 코일 1회에 쇄교하는 자속이 Δt [s] 동안에 $\Delta\phi$[Wb] 만큼 변화할 때의 유도 기전력 e[V]의 크기는 다음과 같이 된다.

$$e = -N\frac{\Delta\phi}{\Delta t}\,[\mathrm{V}] \qquad \text{식 (4.36)}$$

위 식에서 음(−)의 부호는 렌츠의 법칙에 의하고 코일의 권수 N과 자속 Φ와의 곱 $N\phi$[Wb]를 자속 쇄교 수(number of flux interlinkage)라 한다. 즉 유도 기전력의 크기는 매초 변화하는 자속 쇄교 수라 할 수 있다.

② 도체 운동에 의한 유도 기전력

[그림 4-31]과 같이 자속 밀도 B[Wb/m^2]의 평등 자기장 내에서 길이 l[m]인 도체를 자기장과 수직 방향으로 놓고 도체를 자기장과 직각 방향으로 u[m/s]의 속도로 운동을 하면 도체에는 유도 기전력이 발생한다.

이때 Δt[s] 동안에 도체가 자속을 끊는 면적 $\Delta S = lu\Delta t$ [m^2]이므로 자속 쇄교 수는 $\Delta\phi = B\cdot\Delta S = Blu\Delta t$[Wb]이므로 유도 기전력 e[V]는 다음과 같이 된다.

$$e = \frac{\Delta\phi}{\Delta t} = Blu\,[\mathrm{V}] \qquad \text{식 (4.37)}$$

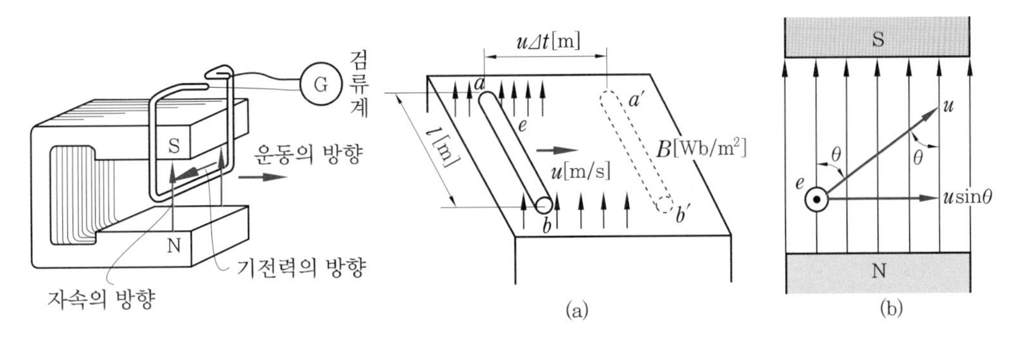

[그림 4-31] 도체의 운동과 유도 기전력

[그림 4-31] (b)와 같이 평등 자기장 내에서 도체가 자기장과 θ의 각도를 이루면서 u[m/s]의 속도로 이동할 때 유도 기전력 e[V]는 다음과 같이 된다.

$$e = Blu\sin\theta\,[\mathrm{V}] \qquad \text{식 (4.38)}$$

유도 기전력 e[V]의 방향은 [그림 3-32]와 같이 오른손의 엄지손가락을 도체의 운동 방향, 집게손가락을 자기장의 방향과 일치시키면 가운뎃손가락의 방향이 유도 기전력의 방향이 된다.

이를 플레밍의 오른손 법칙(Fleming's right-hand rule)이라 한다.

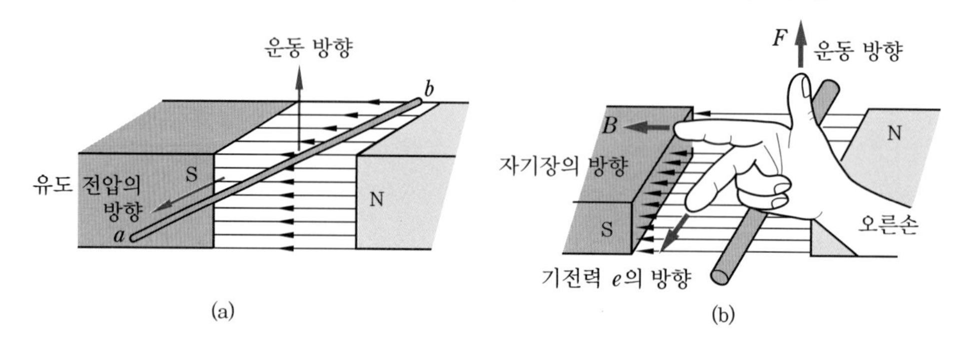

[그림 4-32] 플레밍의 오른손 법칙

(2) 인덕턴스

① 자체 인덕턴스

[그림 4-33]과 같이 코일을 감아놓고 코일에 흐르는 전류를 변화시키면 코일의 내부를 지나는 자속도 변화하므로 전자 유도에 의해서 코일 자체에서 렌츠의 법칙에 따라 자속의 변화를 방해하려는 방향으로 유도 기전력이 발생된다.

이와 같이 코일 자체에 유도 기전력이 발생되는 현상을 자체 유도(self-induction)라고 한다.

그림에서 감은 횟수 N회의 코일에 흐르는 전류 I가 Δf[s] 동안에 ΔI[A] 만큼 변화하여 코일과 쇄교하는 자속 ϕ가 $\Delta\phi$[Wb]만큼 변화하였다면 자체 유도 기전력 e는 다음과 같이 된다.

$$e = -N\frac{\Delta\phi}{\Delta t} = -\frac{\Delta(N\phi)}{\Delta t}\,[\mathrm{V}] \qquad \text{식 (4.39)}$$

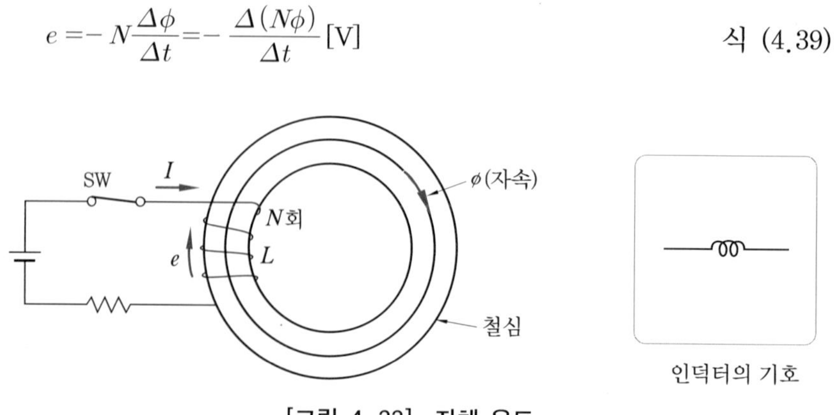

[그림 4-33] 자체 유도

위 식에서 자속 쇄교 수의 변화는 전류의 변화에 비례하므로 비례 상수를 L이라 하면 $\Delta N\phi = L\Delta I$ 이 된다. 이를 정리하면 다음과 같이 된다.

$$e = -L\frac{\Delta\phi}{\Delta t}\,[\mathrm{V}] \qquad \text{식 (4.40)}$$

여기서 비례 상수 L은 코일의 자체 유도 능력의 정도를 나타내는 코일 고유의 값으로서 자체 인덕턴스(self-inductance)라 하고, 단위는 헨리(henry, [H])를 사용한다. 식 (3.39)와 식 (3.40)에서 $N\phi = LI$이므로 자체 인덕턴스 L은 다음과 같이 나타낼 수 있다.

$$L = \frac{N\phi}{I}\,[\mathrm{H}] \qquad \text{식 (4.41)}$$

따라서 코일의 자체 인덕턴스 L은 코일에 1[A]의 전류를 흘렸을 때의 자속 쇄교 수와 같다.

㈎ 환상 솔레노이드의 자체 인덕턴스 : [그림 4-34]와 같은 환상 솔레노이드에서 코일의 감은 횟수 N회 자기 회로의 길이 l[m], 단면적을 A[m^2], 투자율을 $\mu = \mu_0\mu_s$라 할 때 환상 솔레노이드 내부 자기장의 세기 $H = \frac{NI}{l}$[AT/m]이므로 자기 회로의 자속 ϕ는 다음과 같이 된다.

$$\phi = BA = \mu HA = \frac{\mu NIA}{l}\,[\mathrm{Wb}] \qquad \text{식 (4.42)}$$

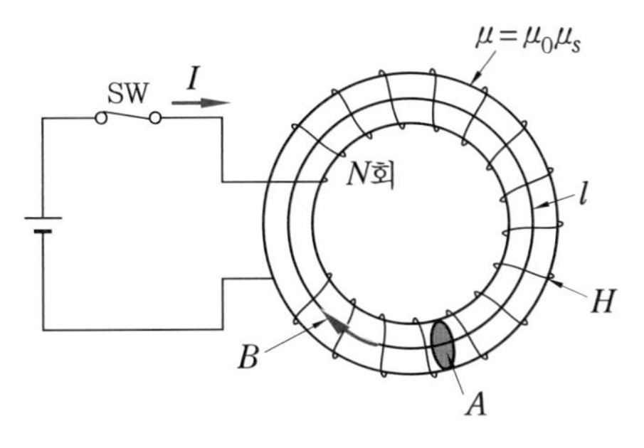

[그림 4-34] 환상 솔레노이드의 자체 인덕턴스

따라서 환상 솔레노이드의 자체 인덕턴스 L[H]은 다음과 같이 나타낼 수 있다.

$$L = \frac{N\phi}{I} = \frac{\mu N^2 A}{l} = \frac{\mu_0\mu_s N^2 A}{l}\,[\mathrm{H}] \qquad \text{식 (4.43)}$$

② 상호 인덕턴스

[그림 4-35]와 같이 하나의 자기 회로에 2개의 코일 A, B를 감아 놓고 A 코일에 전류를 흘리면 이로 인하여 생긴 자속은 A 코일을 쇄교하는 동시에 B 코일과도 쇄교한다. 따라서 A 코일에는 자체 유도에 의한 전압 e_1[V]가 발생하고, B 코일에서도 전압 e_2[V]가 발생한다. 이와 같이 한쪽 코일의 전류가 변화할 때 다른 쪽 코일에 유도 기전력이 발생하는 현상을 상호 유도(mutual induction)라 하며, 이때 전류를 흘린 A 코일을 1차 코일, 상호 유도에 의해 전압이 유도되는 코일 B를 2차 코일이라 한다.

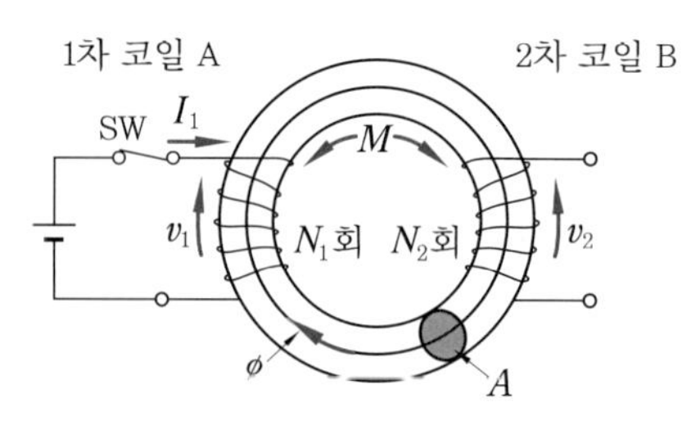

[그림 4-35] 상호 유도

[그림 4-35]에서 2차 코일에 발생하는 전압 e_2는 1차 코일에 흐르는 전류가 Δt[s] 동안에 ΔI_1[A]만큼 변화하고 그 비례 상수를 M이라 하면 다음과 같다.

$$e_2 = -M\frac{\Delta I_1}{\Delta t}\,[\mathrm{V}] \qquad \text{식 (4.44)}$$

여기서 비례 상수 M을 상호 인덕턴스라 하고 단위는 자체 인덕턴스와 같이 헨리[H]를 사용한다. 또, 2차 코일 B와 쇄교하는 자속이 Δf[s] 동안 $\Delta\phi$만큼 변화했다면 B 코일에 유도되는 전압은 다음 식으로 나타낼 수 있다.

$$e_2 = -N_2\frac{\Delta \phi}{\Delta t}\,[\mathrm{V}] \qquad \text{식 (4.45)}$$

자기 회로의 투자율 μ가 일정하고 전류 I_1과 자속 ϕ가 비례하는 경우 식 (4.44)와 식 (4.45)에서 $MI_1 = N_2\phi$이므로 상호 인덕턴스 M은 다음과 같이 나타낼 수 있다.

$$M = \frac{N_2\phi}{I_1}\,[\mathrm{H}] \qquad \text{식 (4.46)}$$

따라서 코일의 상호 인덕턴스 M은 한쪽 코일에 1[A]의 전류를 흘렸을 때 다른 쪽 코일의 자속 쇄교 수와 같다.

(가) 환상 솔레노이드의 상호 인덕턴스 : [그림 4-35]에서 1차 코일 A의 감은 횟수를 N_1회, 2차 코일 B의 감은 횟수를 N_2회, 자기 회로의 길이 l[m], 단면적을 A[m^2], 투자율을 $\mu = \mu_0\mu_s$라 하고, 1차 코일 A에 I_1[A]의 전류가 흐를 때 환상 솔레노이드 내부 자기장의 세기 $H = \frac{NI}{l}$[AT/m]이므로 자기 회로의 자속 ϕ는 다음과 같이 된다.

$$\phi = BA = \mu HA = \frac{\mu NIA}{l}\,[\text{Wb}] \qquad \text{식 (4.47)}$$

1차 코일 A에서 생긴 자속이 전부 2차 코일 B와 쇄교한다면 환상 솔레노이드의 상호 인덕턴스 M[H]은 다음과 같이 나타낼 수 있다.

$$M = \frac{N_2\Phi}{I_1} = \frac{\mu N_1 N_2 A}{l} = \frac{\mu_0\mu_s N_1 N_2 A}{l}\,[\text{H}] \qquad \text{식 (4.48)}$$

③ 자체 인덕턴스와 상호 인덕턴스의 관계

[그림 3-36]과 같이 코일 A, B의 감은 횟수를 N_1, N_2, 자기 회로의 길이 l[m], 단면적을 A[m^2], 투자율을 μ라 하고 누설 자속이 없는 상태에서 코일 A, B의 자체 인덕턴스 L_1, L_2와 상호 인덕턴스 M은 각각 다음과 같다.

$$L_1 = \mu A\frac{{N_1}^2}{l}\,[\text{H}],\ \ L_2 = \mu A\frac{{N_2}^2}{l}\,[\text{H}],\ \ M = \frac{\mu A N_1 N_2 H}{l}\,[\text{H}] \qquad \text{식 (4.49)}$$

이들 사이에는 다음과 같은 관계가 성립한다.

$$M^2 = L_1 \times L_2 \qquad \text{식 (4.50)}$$

그러므로 누설 자속이 없는 상호 인덕턴스 M은 다음과 같이 된다.

$$M = \sqrt{L_1 L_2}\,[\text{H}] \qquad \text{식 (4.51)}$$

그러나 실제로는 그림에서와 같이 누설 자속 ϕ_l이 있어 코일을 지나는 자속이 감소하므로 상호 인덕턴스 값도 작게 된다. 따라서 누설 자속이 있는 상호 인덕턴스 M은 다음과 같이 된다.

$$M = k\sqrt{L_1 L_2}\,[\mathrm{H}] \qquad \text{식 (4.52)}$$

여기서 비례 상수 k를 결합 계수(coupling coefficient)라 하고, 1차 코일과 2차 코일의 자속에 의한 결합의 정도를 나타내며 결합 계수 k의 값은 $0 < k < 1$의 범위에 있다.

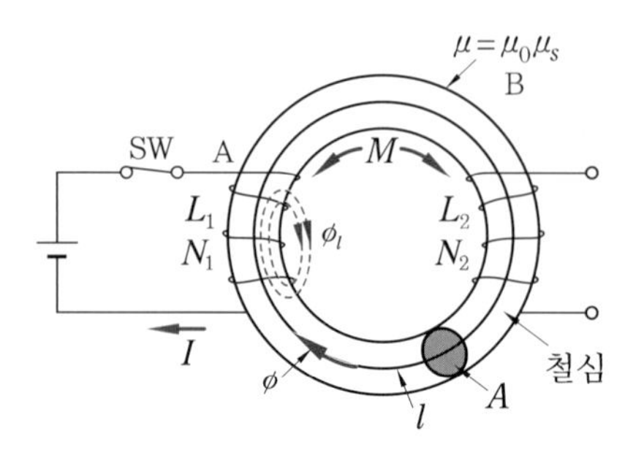

[그림 4-36] 결합 계수

(3) 인덕턴스의 접속

자체 인덕턴스가 각각 L_1, L_2인 2개의 코일을 [그림 4-37]과 같이 직렬로 접속하고 상호 인덕턴스 M으로 결합되어 있을 때 $a-b$ 단자에서 본 합성 인덕턴스 L_{ab}[H]의 값을 구해보면,

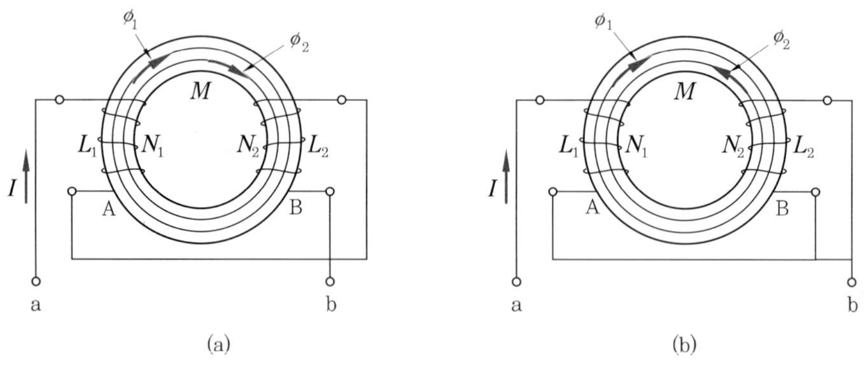

[그림 4-37] 인덕턴스의 접속

[그림 4-37] (a)와 같이 두 코일에서 발생한 자속의 방향이 같게 접속되어 있으면 이를 가동 접속이라 하고 $a-b$ 단자에서 본 합성 인덕턴스 L_{ab}[H]의 값은 다음과 같다.

$$L_{ab} = L_1 + L_2 + 2M\,[\mathrm{H}] \qquad \text{식 (4.53)}$$

[그림 4-37] (b)와 같이 두 코일에서 발생한 자속의 방향이 역방향이 되도록 접속되어 있으면 이를 차동 접속이라 하고 $a-b$ 단자에서 본 합성 인덕턴스 L_{ab}[H]의 값은 다음과 같다.

$$L_{ab} = L_1 + L_2 - 2M[\mathrm{H}] \qquad \text{식 } (4.54)$$

따라서 인덕턴스의 접속을 다음 그림과 같이 기호로 나타낼 수 있다.

(a) 가동 접속 (b) 차동 접속

[그림 4-38] 인덕턴스의 접속과 기호

(4) 전자 에너지

① 자체 인덕턴스에 축적되는 전자 에너지

코일에 전류가 흐르면 코일 주위에 자기장을 발생시켜 전자 에너지를 저장하게 된다. 따라서 자체 인덕턴스 L[H]인 코일에 I[A]의 전류가 흐를 때 코일 내에 축적되는 에너지 W[J]는 다음과 같이 된다.

$$W = \frac{1}{2}LI^2[\mathrm{H}] \qquad \text{식 } (4.55)$$

② 단위 체적에 축적되는 에너지

[그림 4-39]와 같이 코일의 감은 횟수 N회, 자기 회로의 길이 l[m], 단면적을 A[m^2], 투자율을 μ라 할 때 자체 인덕턴스 $L = \dfrac{\mu A N^2}{l}$[H]이므로 자기 회로에 축적되는 에너지 W[J]는 다음과 같이 된다.

$$W = \frac{1}{2}LI^2 = \frac{1}{2}\frac{\mu A N^2 I^2}{l} = \frac{1}{2}\mu\left(\frac{NI}{l}\right)^2 Al[\mathrm{J}] \qquad \text{식 } (4.56)$$

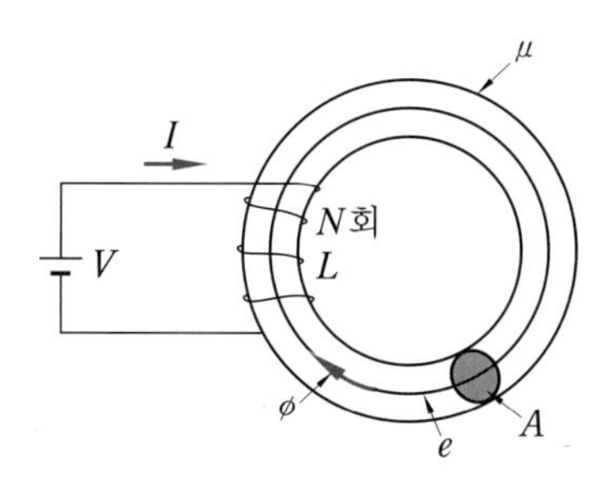

[그림 4-39] 단위 부피에 축적되는 에너지

또 환상 솔레노이드 내부 자기장의 세기 $H = \frac{NI}{l}$ [AT/m] 이고, 자속 밀도 $B = \mu H$ 이므로 식 (4.56)에 대입하면 다음과 같이 된다.

$$W = \frac{1}{2}\mu H^2 Al = \frac{1}{2}\frac{B^2}{\mu}Al = \frac{BH}{2}Al[\text{J}] \qquad \text{식 (4.57)}$$

여기서, Al 자기 회로의 체적이므로 단위 체적에 축적에너지 $W_0 = \frac{W}{Al}$ 는 다음과 같이 된다.

$$W_0 = \frac{1}{2}\mu H^2 = \frac{1}{2}\frac{B^2}{\mu}\frac{1}{2}BH[\text{J/m}^3] \qquad \text{식 (4.58)}$$

>>> 제4장 연습문제

1. 진공 중에서 8π[Wb]의 자극으로부터 발산되는 총 자력선 수는 얼마인가?

2. 공기 중에서 10cm의 거리에 있는 두 자극의 세기가 각각 1×10^{3}[Wb]와 3×10^{-3}[Wb]이면 이때 작용하는 힘 F[N]는 얼마인가?

3. 공기 중에 2.5×10^{-4}[Wb]의 N극이 놓여 있을 때 이로부터 12cm의 거리에 있는 점의 자기장의 세기는 몇 [AT/m]인가?

4. 자기장의 세기가 4[AT/m]인 자기장에서 2×10^{-5}[Wb]의 자극을 놓았을 때 작용하는 힘 F[N]는 얼마인가?

5. 진공 중에 놓여 있는 4[Wb]의 자극으로부터 20cm 떨어진 점에서의 자속 밀도는 얼마인가?

6. 자극의 세기 2×10^{-5}[Wb], 길이 10cm인 막대자석을 50[AT/m]의 평등 자기장 내에 자기장과 60° 의 각도로 놓았을 때 자석이 받는 회전력은 얼마인가?

7. 무한장 직선 도체에 2[A]의 전류가 흐르고 있을 때 이로부터 20cm 떨어진 점의 자기장의 세기 H는 얼마인가?

8. 공기 중에서 반지름 10cm인 원형 도선에 5[A]의 전류가 흐르면 원의 중심에서 자기장의 세기 H는 몇 [AT/m]인가?

9. 철심에 도선을 100회 감고 1[A]의 전류를 흘려서 1×10^{-3}[Wb]의 자속이 발생하였다. 이때 자기 저항은 얼마인가?

Chapter 05

교류 회로

우리들의 일상생활이나 산업 현장에서는 주로 교류 전기를 사용하는데, 이는 직류 전기에 비해 전기의 변환이나 전송 등 여러 가지 편리성과 특징을 갖고 있기 때문이다.

따라서 교류 발생과 교류 회로에서의 저항이나 인덕턴스와 정전 용량 등의 소자에 의한 여러 가지 특징과 작용을 알고 이러한 교류 소자에 의한 전압과 전류의 관계 등을 이해하기 쉽도록 복소 기호법에 대하여 설명한다.

5-1 교류의 발생

일반적으로 교류 발전기에서는 정현파에 가까운 전압, 전류가 발생되도록 설계되어 있다. 따라서 이 단원에서는 시간의 변화에 따라 크기와 방향이 달라지는 정현파 교류의 발생, 순싯값, 평균값, 실횻값 등을 알아보기로 한다.

(1) 정현파 교류

전류의 크기와 방향이 시간에 따라 주기적으로 변하는 것을 교류 전류(AC : alternating current)라 하며, 이에 인가하는 전압을 교류 전압(AC Voltage)이라 한다. 일반적으로 교류 전압과 전류를 구별하지 않고 교류라 하기도 한다.

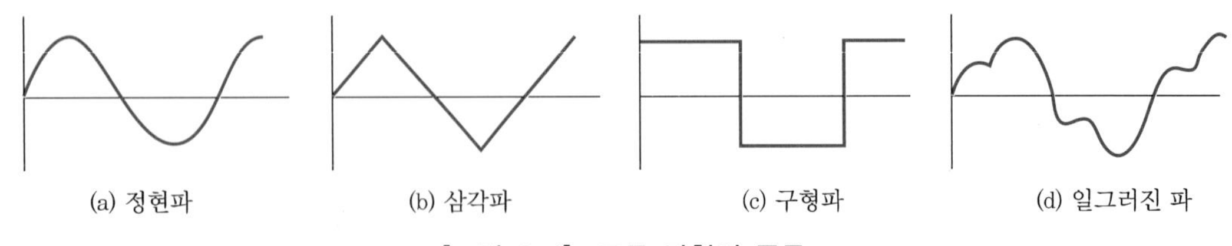

[그림 5-1] 교류 파형의 종류

교류가 변화하는 상태에 따라 여러 가지 종류의 파형으로 구분할 수 있다. 교류 파형에는 기본이 되는 정현파(sinusoidal wave)와 삼각파, 구형파 등 이외의 비정현파 또는 일그러진 파(distored wave)가 있는데 여기서는 정현파에 대하여 설명한다.

① 정현파 교류의 발생

[그림 5-2]와 같이 자기장 내에서 도체가 회전 운동을 하면 플레밍의 오른손 법칙에 의해 유도 기전력이 도체의 위치(각 θ)에 따라서 [그림 5-2] (b)와 같은 파형이 발생한다.

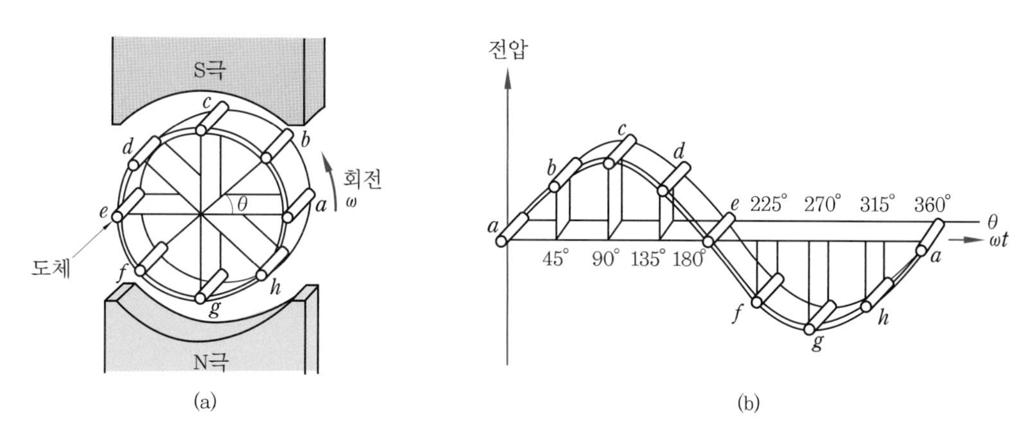

[그림 5-2] 교류의 발생

[그림 5-3] (a)와 같이 길이 l [m], 폭 $2r$ [m]인 사각형 코일을 자속 밀도 B [Wb/m^2]인 평등 자기장 내에서 코일 축을 중심으로 u [m/s]의 일정한 속도로 화살표 방향(반시계 방향)으로 회전시키면 사각형 코일에는 유도 전압이 발생한다.

이때 사각형 코일이 [그림 5-3] (b)와 같이 자극 사이의 XOX'로부터 θ만큼 회전한 순간의 유도 전압 v는 다음과 같이 된다.

$$v = 2Blu\sin\theta[\text{V}] \qquad \text{식 (5.1)}$$

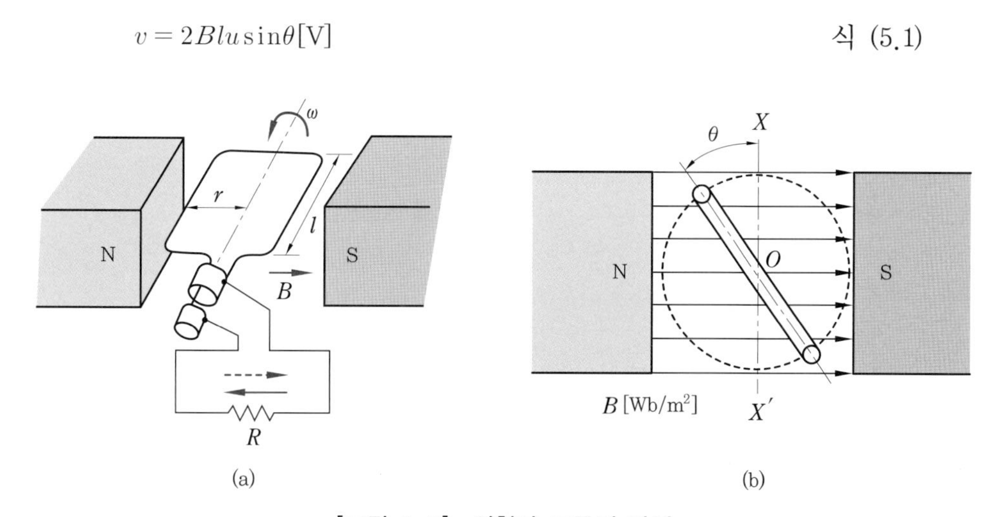

[그림 5-3] 정현파 교류의 발생

식 (5.1)에서 $2Blu$의 값은 자속 밀도 코일의 치수 코일의 회전 속도에 따라 정해지는 일정한 값이다. 따라서 $V_m = 2Blu$라고 하면 다음과 같이 된다.

$$v = V_m \sin\theta \text{ [V]} \quad \text{식 (5.2)}$$

[그림 5-3] (a)에서 코일의 회전각이 0~180° 사이에는 실선의 화살표 방향(정방향)의 전압이 발생하고, 코일의 회전각이 180~360° 사이에는 점선의 화살표 방향(역방향)의 전압이 발생한다.

이와 같이 평등 자기장 내에서 사각형 코일을 일정한 속도로 회전시키면 정현파 전압이 발생한다.

② 각도의 표시

각도는 도수법(60분법)의 단위인 [°]를 주로 사용하지만 공학에서는 일반적으로 호도법이라는 새로운 단위를 사용한다.

호도법에서의 단위는 라디안(radian, [rad])을 사용하며, [그림 5-4]와 같이 반지름 $OX = r$인 원에서 호의 길이 $XP = r$로 같을 때 $\angle XOP$의 크기 θ를 1호도[rad]라 하고, 이것을 단위로 하는 각의 측정법을 호도법이라 한다.

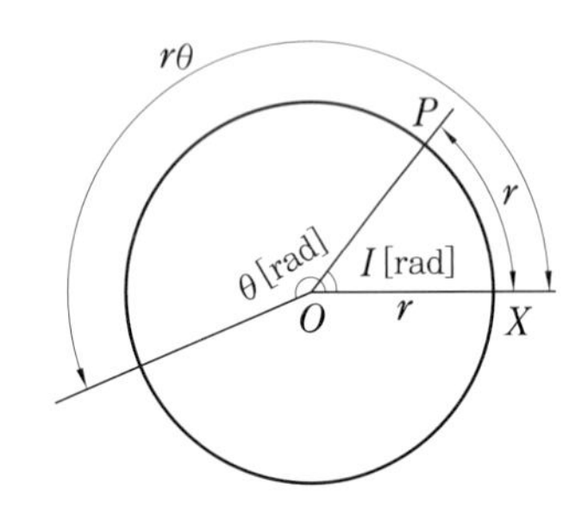

[그림 5-4] 호도법의 표시

[표 5-1] 도수법과 호도법의 관계

도수법	호도법(rad)	도수법	호도법(rad)
0°	0	90°	$\pi/2$
30°	$\pi/6$	180°	π
45°	$\pi/4$	270°	$3\pi/2$
60°	$\pi/3$	360°	2π

따라서 반지름 $r = 1$인 단위 원에서의 원둘레는 $2\pi r = 2\pi \times 1 \times 2\pi$가 되므로 각도 360°는 원호로 나타내면 원주의 길이가 되므로 호도로는 2π[rad]가 된다.

$$\therefore\ 360° = 2\pi \text{[rad]} \quad \text{식 (5.3)}$$

주요 각도에 대한 도수법과 호도법의 관계를 [표 5-1]에 나타내었다.

③ 각속도

각속도(angular velocity)는 회전체가 1초 동안에 회전한 각도인데 각속도는 오메가(omega, ω)를 사용하고 단위는 [rad/s]를 사용한다. [그림 5-5]에서 t초 동안에 θ[rad] 만큼 회전하면 각속도 ω는 식 (5.4)와 같이 된다.

$$\omega = \frac{\theta}{t}[\text{rad/s}] \qquad \text{식 (5.4)}$$

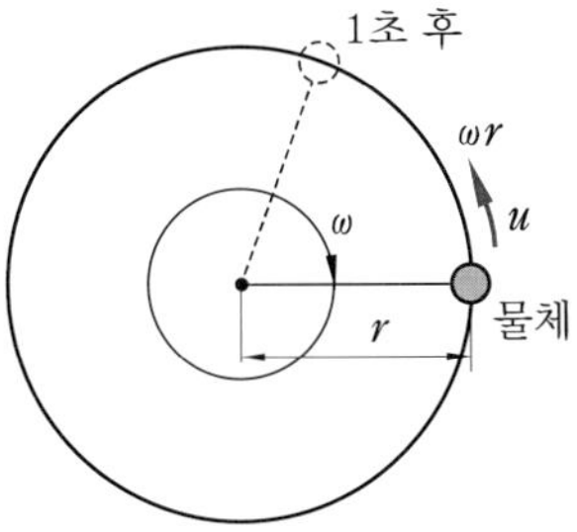

[그림 5-5] 각속도

따라서 회전각 $\theta = \omega t$[rad]이므로 유도 전압을 각속도로 나타내면 다음과 같다.

$$v = V_m \sin\theta = V_m \sin\omega t[\text{V}] \qquad \text{식 (5.5)}$$

그리고 회전체가 1초 동안에 1회전을 하면 회전체의 각속도 ω는 2π가 된다. 따라서 회전체가 1초 동안에 n회전을 한다면 각속도 ω는 다음과 같은 관계가 성립한다.

$$\omega = 2\pi n[\text{rad/s}] \qquad \text{식 (5.6)}$$

(2) 주파수와 위상

① 주기와 주파수

[그림 5-6]에서와 같이 교류 파형은 시간에 따라 주기적으로 반복됨을 알 수 있다.

이때 교류 파형의 1회 변화를 1사이클(cycle)이라 하며 1사이클의 변화에 필요한 시간을 주기(period)라 한다. 주기의 기호는 T로 나타내고 단위는 초[s]를 사용한다.

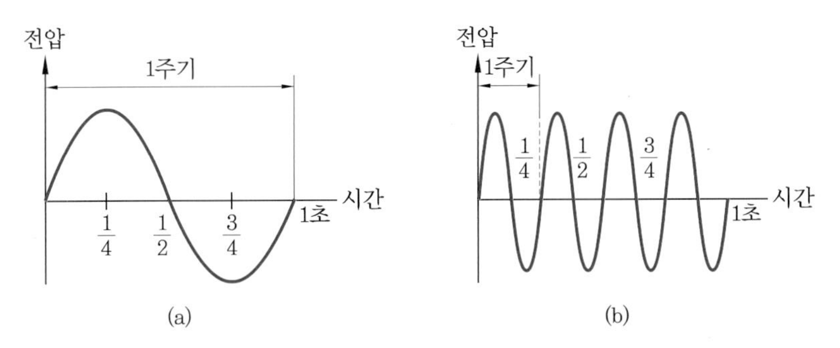

[그림 5-6] 주기와 주파수

주파수(frequency)는 1초 동안에 반복되는 사이클의 수를 말하며, 기호는 f로 나타내고 단위는 헤르츠(hertz)로 [Hz]를 사용한다. [그림 5-6] (a)에서 1주기는 1초이므로 1[Hz]이고, [그림 5-6] (b)에서 1주기는 $\frac{1}{4}$초이므로 4[Hz]이다.

따라서 주기 T[s]와 주파수 f[Hz] 사이에는 서로 다음과 같은 관계가 성립된다.

$$T = \frac{1}{f}\,[\text{s}],\ f = \frac{1}{T}\,[\text{Hz}] \qquad \text{식 (5.7)}$$

주기 T[s]와 각속도 ω[rad, s] 사이의 관계는 1사이클의 각도는 2π[rad]이므로 아래와 같은 관계가 성립된다.

$$T = \frac{2\pi}{\omega}\,[\text{s}] \qquad \text{식 (5.8)}$$

위의 식으로부터 주파수와 각속도의 관계는 다음과 같이 성립된다.

$$f = \frac{1}{T} = \frac{1}{\frac{2\pi}{\omega}} = \frac{\omega}{2\pi} \qquad \text{식 (5.9)}$$

$$\therefore\ \omega = 2\pi f\,[\text{rad/s}] \qquad \text{식 (5.10)}$$

여기서, 각속도 ω는 주파수와 밀접한 관계가 있으므로 ω를 각주파수(angular frequency)라고도 한다.

② 위상과 위상차

주파수가 같은 2개 이상의 교류 파형 간의 차이를 나타내는 데는 위상(phase)을 사용한다. [그림 5-7] (a)와 같이 N, S극의 자극 내에서 코일 A는 XOX' 축과 일치하고, 코일 B는 XOX' 축과 시계 방향으로 θ의 각을 이루고 있는 경우,

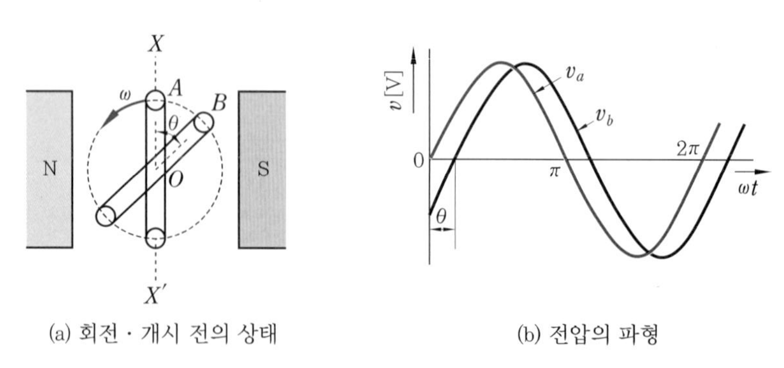

(a) 회전 · 개시 전의 상태 (b) 전압의 파형

[그림 5-7] 교류 전압의 위상차

이 두 개의 코일을 동일한 각속도로 화살표 방향으로 회전시키면 각 코일 A, B에 발생하는 전압 v_a, v_b의 파형은 [그림 5-7] (b)와 같다. 이 두 전압 파형을 순싯값으로 나타내면 다음과 같다.

$$v_a = V_m \sin\omega t \text{ [V]} \qquad \text{식 (5.11)}$$

$$v_a = V_m \sin(\omega t - \theta) \text{[V]} \qquad \text{식 (5.12)}$$

위 식에서 θ는 전압 v_b의 파형이 전압 v_a의 파형으로부터 벗어난 각도이며, 이 각도를 위상차(phase difference)라고 한다. 이때 v_b는 v_a보다 위상이 θ만큼 뒤진다 라고 하고, 역으로 v_a는 v_b 보다 위상이 θ만큼 앞선다 라고 한다.

그리고 교류 사이에 시간적인 차이가 없는 위상차가 0인 경우를 동상(동위상, in-phase)이라고 한다.

(3) 정현파 교류의 표시

① 순싯값과 최댓값

정현파 교류의 전압 v와 전류 i는 다음과 같은 식으로 나타낸다.

$$v_a = V_m \sin\omega t \text{[V]} \qquad \text{식 (5.13)}$$

$$i = I_m \sin\omega t \text{[A]} \qquad \text{식 (5.14)}$$

그리고 전압 v의 파형은 [그림 5-8]과 같이 나타낼 수 있다.

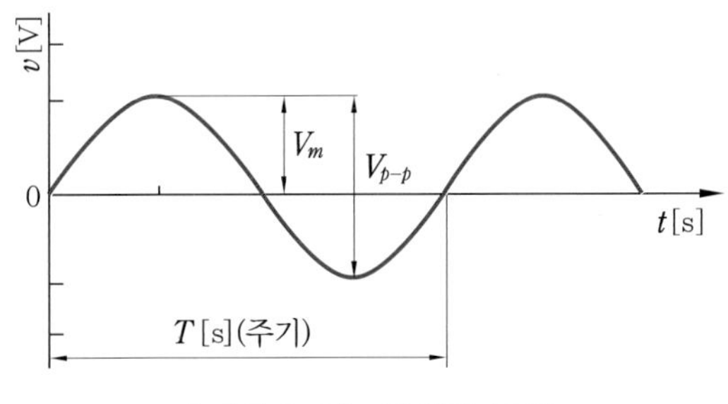

[그림 5-8] 정현파 교류

[그림 5-8]에서와 같이 교류 전압 v[V]는 시간에 따라 변하고 있으므로 임의의 순간 전압을 순싯값(instantaneous value)이라 하고 순싯값을 나타내는 기호는 전압은 v, 전류는 i와 같이 소문자로 나타낸다.

교류의 순싯값 중에서 가장 큰 값을 **최댓값**(maximum value) 또는 **진폭**(amplitude)이라고 하며 기호는 전압은 V_m, 전류는 I_m과 같이 나타낸다.

[그림 5-8]의 파형에서 양의 최댓값과 음의 최댓값 사이의 값 V_{p-p}[V]를 피크-피크값(peak-peak value)이라고 한다. 전류의 경우에는 I_{p-p}[A]를 사용한다.

② 평균값

교류의 크기를 나타내는 방법으로 교류 순싯값의 1주기 동안의 평균을 취하여 그 값을 교류의 평균값(average value)이라 한다. 그러나 정현파의 경우는 (+) 방향과 (-) 방향의 크기가 대칭이므로 1주기 동안의 평균값은 0이 된다.

따라서 정현파 교류는 $\frac{1}{2}$주기 동안의 평균을 취하여 전압의 평균값은 V_a[V], 전류의 평균값은 I_a[A]로 나타낸다.

[그림 5-9]와 같이 $\frac{1}{2}$주기에서 빗금친 부분과 점으로 된 부분의 넓이가 같도록 그려진 선 $a-b$의 값을 평균값 V_a[V]이라 한다.

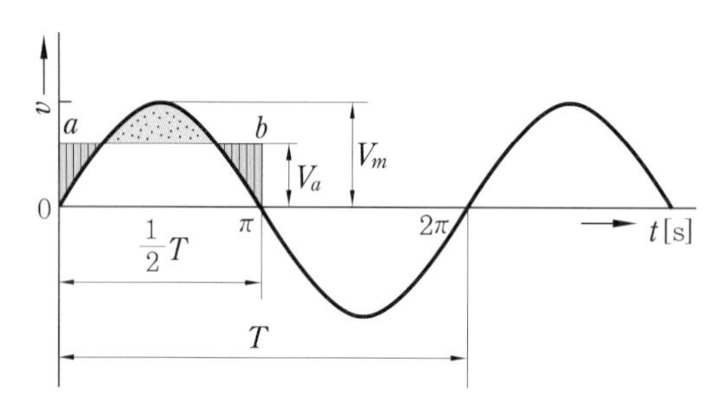

[그림 5-9] 정현파 교류의 평균값

정현파 교류의 전압과 전류의 평균값과 최댓값 사이의 관계는 다음과 같다.

$$v_a = \frac{2}{\pi} V_m \fallingdotseq 0.637 V_m \text{[V]} \qquad \text{식 (5.15)}$$

$$I_a = \frac{2}{\pi} I_m \fallingdotseq 0.637 I_m \text{[A]} \qquad \text{식 (5.16)}$$

③ 실횻값

교류의 크기를 나타내는 방법에는 교류의 크기를 교류가 행한 일의 양에 따라 결정하는 방법이 있다. [그림 5-10]과 같이 어떤 저항 R[Ω]에 교류 전류 i[A]를 흘렸을 때 소비된 전력 i^2R[W]가 동일한 저항에 직류 전류 I[A]를 흘렸을 때 소비된 전력

I^2R[W]와 같을 때 이 교류 전류의 크기를 I[A]로 정하는 방법이 있다.

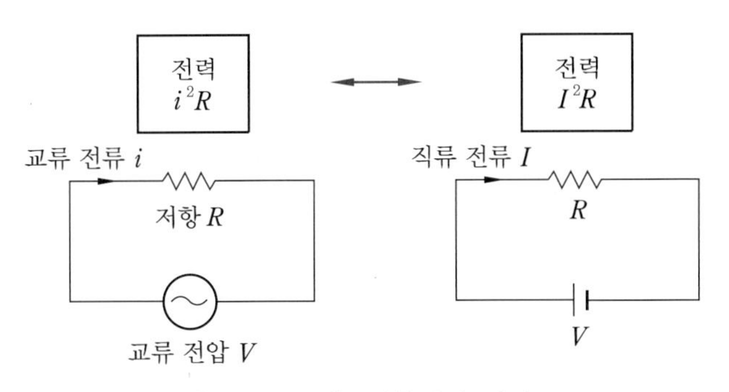

[그림 5-10] 실횻값의 의미

이와 같이 교류의 크기를 교류와 동일한 일을 하는 직류의 크기로 바꿔 나타냈을 때의 값을 교류의 실횻값(effective value)이라 하며, 이때 전류의 실횻값은 I[A]로, 전압의 실횻값은 V[V]로 나타낸다. [그림 5-10]에서 다음과 같은 식이 성립된다.

$$I^2R\,[\mathrm{W}] = i^2R[\mathrm{W}] \qquad \text{식 (5.17)}$$

$$I = \sqrt{i^2 \text{ 의 평균}}\,[\mathrm{A}] \qquad \text{식 (5.18)}$$

위 식에 따라 실횻값을 순싯값의 제곱 평균의 제곱근값(RMS : root mean square value)이라고도 한다.

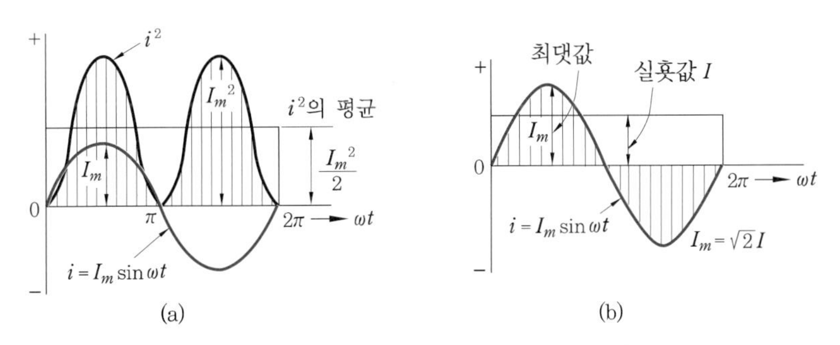

[그림 5-11] 실횻값과 최댓값의 관계

따라서 정현파 교류 전류의 최댓값과 실횻값의 관계를 [그림 5-11] (b)와 같이 나타낼 수 있고, 이를 식으로 나타내면 다음과 같이 된다.

$$I = \frac{I_m}{\sqrt{2}} \fallingdotseq 0.707 I_m\,[\mathrm{A}] \qquad \text{식 (5.19)}$$

또 위 식으로부터 정현파 교류 전압의 최댓값과 실횻값의 관계는 다음과 같다.

$$V = \frac{V_m}{\sqrt{2}} \fallingdotseq 0.707\,V_m\,[\mathrm{A}] \qquad \text{식 (5.20)}$$

일반적으로 교류의 크기를 나타낼 때에는 실횻값이 사용되며, 교류 전압계나 전류계의 눈금은 보통 실횻값으로 표시되어 있다.

5-2 복소 기호법

교류는 시간에 따라 그 크기와 방향이 변화한다. 따라서 교류 회로를 해석하는데 있어서 순싯값으로 표시된 여러 정현파를 복소수로 대치시키면 복잡한 정현파 계산은 간단한 복소수의 계산으로 대치되어 그 결과 교류 회로의 해석은 직류 회로처럼 대수적인 방법으로 처리할 수 있는 이점이 있다.

(1) 벡터의 표시

교류 회로에서 전압과 전류의 순싯값을 그대로 계산하는 것은 시간이 많이 걸리고 정확하지도 않다. 그러나 순싯값 교류 전압과 전류 등을 벡터량으로 크기와 위상 관계로 표시하여 계산하면 쉽게 구할 수 있다.

① 벡터의 표시

[그림 5-12]와 같이 벡터를 그림으로 나타낼 때는 화살표를 사용하여 나타낸다. 이때 벡터의 크기는 선분의 길이로 방향은 화살표와 벡터 표시 기준선 OX로부터의 각도, 즉 편각 θ로 나타낸다.

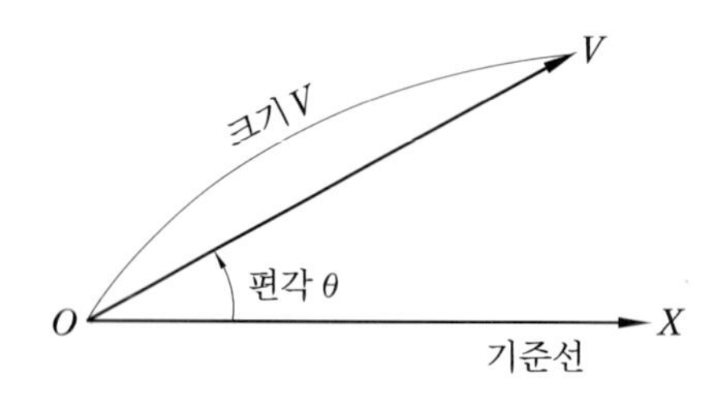

[그림 5-12] 벡터 표시

벡터를 문자로 나타낼 때는 $\dot{V}$, $\dot{I}$와 같이 문자 위에 점(dot)을 찍고 V도트 또는 벡터 V라 읽으며, 이는 크기와 방향을 나타내고 있다. 그러나 방향을 생각하지 않고 크기만을 나타낼 때는 점을 찍지 않고 V, I라 쓰고, 이 값은 절댓값을 나타낸다.

② 정현파 교류의 벡터 표시

[그림 5-13] (a)와 같이 정현파 교류 전류의 순싯값이 식 (5.21)과 같을 때 이를 벡터로 표시하여 보자.

$$i = I_m \sin(\omega t + \theta) = \sqrt{2}\, I \sin(2\pi f t + \theta)[\mathrm{A}] \qquad \text{식 (5.21)}$$

실횻값이 I이고 위상각 θ인 정현파 교류는 [그림 5-13] (b)와 같이 벡터의 크기가 실횻값 I이고, 기준선 OX로부터의 편각이 위상각 θ인 벡터로 표시할 수 있다.

$$\dot{I} = I\angle\theta[\mathrm{A}] \qquad \text{식 (5.22)}$$

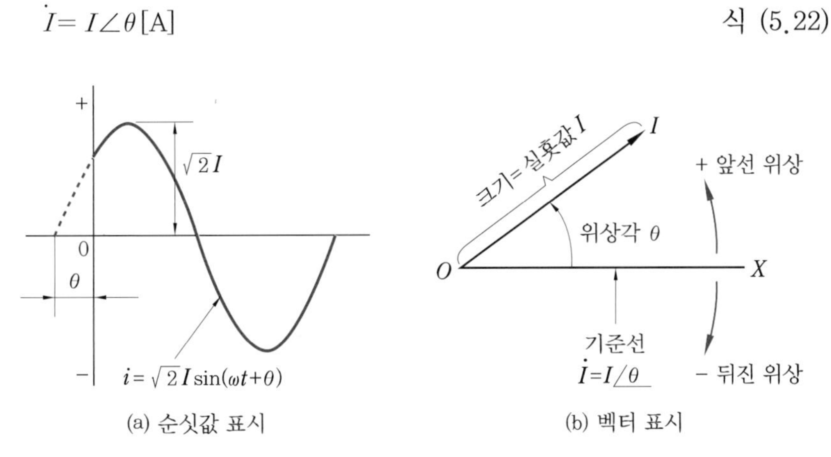

[그림 5-13] 정현파 교류의 벡터 표시

(2) 복소수

① 복소수

복소수(complex number)는 실수(real number)와 허수(imaginary number)로 이루어진 수이다. 공학에서는 i를 전류로 나타내는 데 사용하고, 복소수를 나타낼 때는 j를 사용하여 나타낸다.

$$j = \sqrt{-1}, \; j^2 = -1 \qquad \text{식 (5.23)}$$

예를 들면 복소수 $\dot{Z}$를 식 (5.24)와 같은 형식으로 실수부와 허수부로 나타낼 수 있다.

$$\dot{Z} = (\text{실수부}) + j(\text{허수부}) = a + jb \qquad \text{식 (5.24)}$$

위 식에서 복소수는 $\dot{Z}$와 같이 문자 위에 점(dot)을 찍어서 표시하며, 복소수의 크기는 Z로 절댓값(absolute value)을 나타낸다.

$$Z = \sqrt{(\text{실수부})^2 + (\text{허수부})^2} = \sqrt{a^2 + b^2} \quad \cdots \qquad \text{식 (5.25)}$$

② 공액 복소수

복소수 $\dot{Z}_1 = a + jb$, $\dot{Z}_2 = a - jb$와 같이 실수부는 같고 허수부의 부호만이 서로 다른 경우의 복소수를 서로 공액(conjugate)이라고 한다.

$$(a + jb) \times (a - jb) = a^2 + b^2 \quad \cdots \qquad \text{식 (5.26)}$$

서로 공액인 복소수를 곱하면 항상 실수가 되는데, 이러한 특성은 복소수로 된 분모를 유리화하는 데 이용된다.

(3) 복소수의 벡터 표시

① 직각 좌표 표시

[그림 5-14]와 같이 직각 좌표축의 원점 O를 기점으로 하는 벡터 $\dot{A}$는 OX축(실축)의 성분 a를 실수부, OY축(허축)의 성분 b를 허수부로 하면 다음과 같이 복소수로 표시할 수 있다.

$$\dot{A} = a + jb \quad \cdots \qquad \text{식 (5.27)}$$

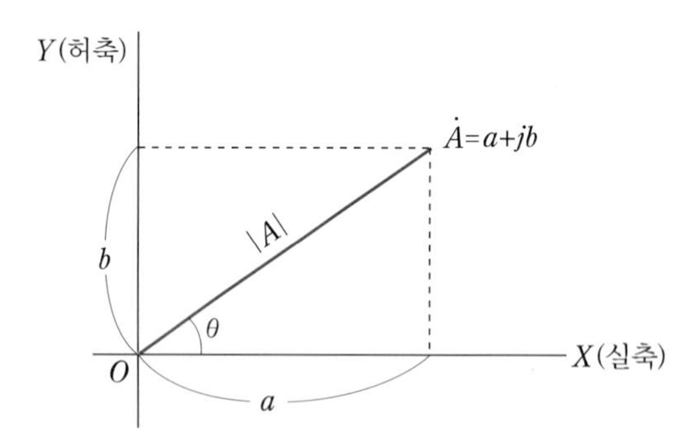

[그림 5-14] 복소수의 직각 좌표 표시

이와 같이 직각 좌표축상의 성분으로 벡터를 표시하는 것을 직각 좌표 형식이라 하고 벡터 $\dot{A}$의 크기(절댓값)와 편각은 식 (5.28)과 같이 된다.

$$A(\text{크기}) = |\dot{A}| = \sqrt{(\text{실수부})^2 + (\text{허수부})^2} = \sqrt{a^2 + b^2}$$

$$\theta(\text{편각}) = \tan^{-1}\frac{\text{허수부}}{\text{실수부}} = \tan^{-1}\frac{b}{a} \qquad \text{식 (5.28)}$$

② 극좌표 표시

[그림 5-14]에서 벡터 $\dot{A}$의 절댓값 A, 편각을 θ라 하면, 이 벡터의 실수부 성분 a와 허수부 성분 b는 다음과 같다.

$$a = A\cos\theta\,,\ b = A\sin\theta \qquad \text{식 (5.29)}$$

따라서, 벡터 $\dot{A}$는 다음과 같이 표시할 수 있다.

$$\dot{A} = A\cos\theta + jA\sin\theta = A(\cos\theta + j\sin\theta) \qquad \text{식 (5.30)}$$

이와 같이 표시하는 식을 특히 삼각함수 형식이라 한다. 그리고 이것을 절댓값과 편각을 이용하여 다음과 같이 표현할 수 있다.

$$\dot{A} = A\angle\theta \qquad \text{식 (5.31)}$$

벡터 $\dot{A}$를 이와 같이 표시하는 방법을 극좌표 형식이라 한다.

③ 지수 함수 표시

자연 대수의 밑을 ε라 하면 $\varepsilon^{j\theta}$는 오일러의 공식(Euler's formula)에 의해 다음과 같이 표시할 수 있다.

$$\varepsilon^{j\theta} = \cos\theta + j\sin\theta \qquad \text{식 (5.32)}$$

따라서 크기가 A 이고 편각이 θ인 복소수 $\dot{A}$의 지수 함수 형식의 표현은 다음과 같다.

$$\dot{A} = A\varepsilon^{j\theta} \qquad \text{식 (5.33)}$$

이와 같이 벡터를 지수 함수 형식으로 나타낼 수 있으며, 이 표시법은 벡터의 곱셈과 나눗셈에 매우 유용하다.

5-3 교류 전류에 대한 RLC의 작용

교류 회로에 있어서의 저항, 인덕턴스, 정전 용량의 성질과 어떻게 작용하는가를 알아보고 교류 회로에서는 복소 기호법을 이용하면 쉽게 교류 회로도를 대수적으로 계산할 수 있으므로 이들 관계를 복소 기호법으로 표현한다.

(1) 저항(R)만의 회로

① 저항의 작용

[그림 5-15] (a)와 같이 $R[\Omega]$의 저항 회로에 교류 순시 전압 v를 가할 때,

$$v = V_m \sin\omega t = \sqrt{2}\, V \sin\omega t\,[\mathrm{V}] \qquad \text{식 (5.34)}$$

회로에 흐르는 순시 전류 i는 옴의 법칙에 따라

$i = \dfrac{v}{R} = \dfrac{V_m}{R}\sin\omega t = \dfrac{\sqrt{2}\,V}{R}\sin\omega t$ 이며, 여기서 $I = \dfrac{V}{R}$ 라 하면 다음과 같이 성립된다.

$$i = I_m \sin\omega t = \sqrt{2}\, I \sin\omega t\,[\mathrm{A}] \qquad \text{식 (5.35)}$$

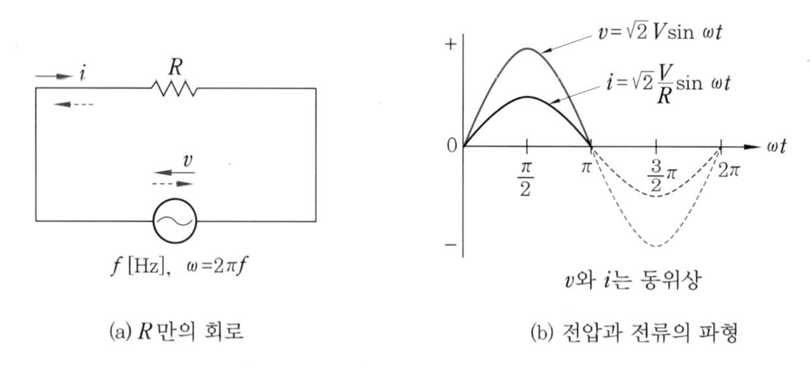

(a) R만의 회로 (b) 전압과 전류의 파형

[그림 5-15] 저항(R)만의 회로

파형과 주파수가 같고, 위상이 서로 같다. 따라서 저항에는 파형, 주파수, 위상을 변화시키는 성질이 없다.

② 전압과 전류의 관계

저항 R만의 회로에서 전류의 크기는 전압의 크기를 저항으로 나눈 값이 되고, 전압과 전류는 동상이다. 저항이 크면 회로에 흐르는 전류의 크기는 작아진다.

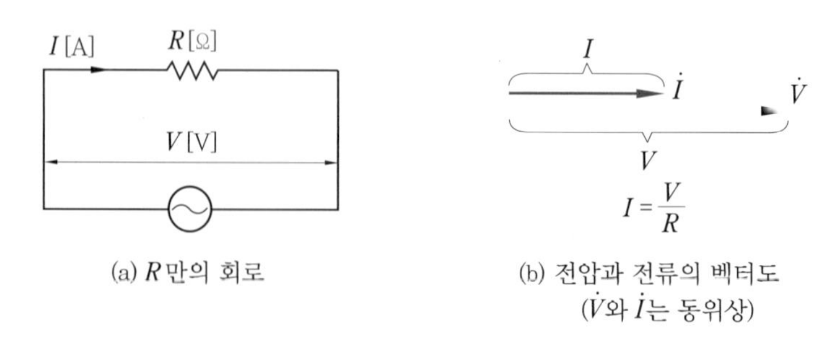

(a) R만의 회로 (b) 전압과 전류의 벡터도 ($\dot{V}$와 $\dot{I}$는 동위상)

[그림 5-16] 저항만의 회로와 벡터도

그리고 전압과 전류의 크기를 실횻값으로 나타내면 다음과 같은 관계가 성립된다.

$$v = V_m \sin\omega t = \sqrt{2}\, V \sin\omega t\,[\mathrm{V}] \qquad \text{식 (5.36)}$$

따라서 정현파 교류의 실횻값에서도 옴의 법칙이 성립하며, 전류의 크기는 저항에 반비례한다.

③ 복소 기호법의 표현

[그림 5-16]과 같이 저항 R만의 회로에 전압 $\dot{V}$[V]를 가하여 $\dot{I}$[A]의 전류가 흐르는 경우 $\dot{V}$와 $\dot{I}$의 관계는 [그림 5-16] (b)와 같은 벡터도가 되므로 다음과 같은 식으로 나타낼 수 있다.

$$\dot{V} = RI\angle 0°\,[\mathrm{V}] \qquad \text{식 (5.37)}$$

$$\dot{I} = \frac{\dot{V}}{R}\angle 0°\,[\mathrm{V}] \qquad \text{식 (5.38)}$$

(2) 인덕턴스(L)만의 회로

① 인덕턴스(L)만의 작용

[그림 5-17] (a)와 같이 자체 인덕턴스 L[H]의 코일 회로에 정현파 교류 순시 전류 i를 흘리면 코일의 자체 유도 작용에 의하여 코일에는 식 (5.40)과 같은 유도 전압 v'가 발생한다.

$$i = \sqrt{2}\, I \sin\omega t\,[\mathrm{A}] \qquad \text{식 (5.39)}$$

$$v' = -L\frac{\Delta i}{\Delta t} = -\sqrt{2}\,\omega LI\cos\omega t = -\sqrt{2}\,\omega LI\sin\left(\omega t + \frac{\pi}{2}\right)[\mathrm{V}] \qquad \text{식 (5.40)}$$

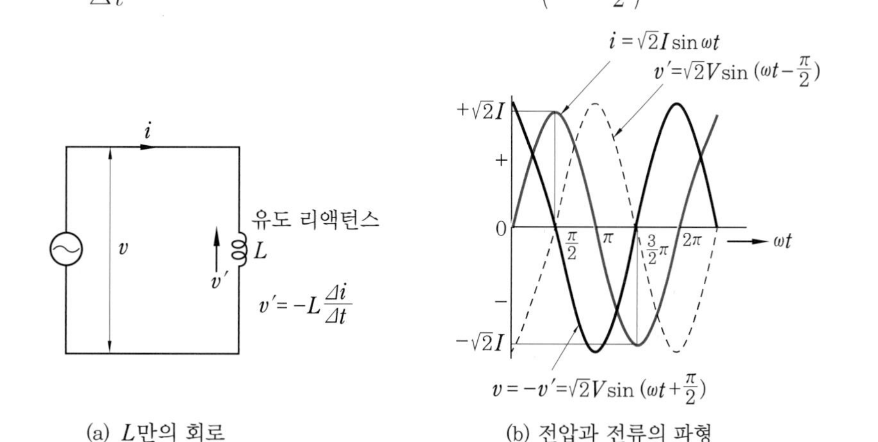

(a) L만의 회로 (b) 전압과 전류의 파형

[그림 5-17] 인덕턴스(L)만의 회로

따라서 [그림 5-17] (a)와 같이 코일 회로에 전류 i를 계속 흐르게 하기 위해서는 유도전압 v'를 제거할 수 있는 크기가 같고 위상이 반대인 식 (5.41)과 같은 전압 v[V]를 가해 주어야 한다.

$$v = -v' = \sqrt{2}\,\omega l I \sin\left(\omega t + \frac{\pi}{2}\right)\ [\mathrm{V}] \qquad \text{식 (5.41)}$$

식 (5.39)와 식 (5.41)로부터 **전압 v의 위상은 전류 i의 위상보다 $\frac{\pi}{2}$[rad]만큼 앞선다. 또는 전류 i의 위상이 전압 v의 위상보다 $\frac{\pi}{2}$[rad]만큼 뒤진다.**

② 전압과 전류의 관계

인덕턴스 L만의 회로에서 식 (5.41)로부터 전류 I[A]와 전압 V[V]의 실횻값, 즉 크기 사이에는 다음과 같은 관계가 성립한다.

$$I = \frac{V}{\omega L}\ [\mathrm{A}] \qquad \text{식 (5.42)}$$

식 (5.42)에서 인덕턴스 L도 저항과 마찬가지로 전류의 흐름을 방해하는 성질이 있다. **교류 인덕턴스 회로에서 전류의 크기 I[A]는 ωL에 반비례한다.**

그리고, ωL은 전류의 크기를 제한할 뿐만 아니라 회로 전류의 위상도 전압보다 $\frac{\pi}{2}$[rad]만큼 뒤지게 만든다.

이와 같은 작용을 하는 ωL을 **유도 리액턴스**(inductive reactance)라 하고, 기호로는 X_L로 나타내며, 단위는 저항과 같은 [Ω]을 사용한다. 식 (5.43)과 같은 관계가 성립된다.

$$X_L = \omega L = 2\pi f L\ [\Omega] \qquad \text{식 (5.43)}$$

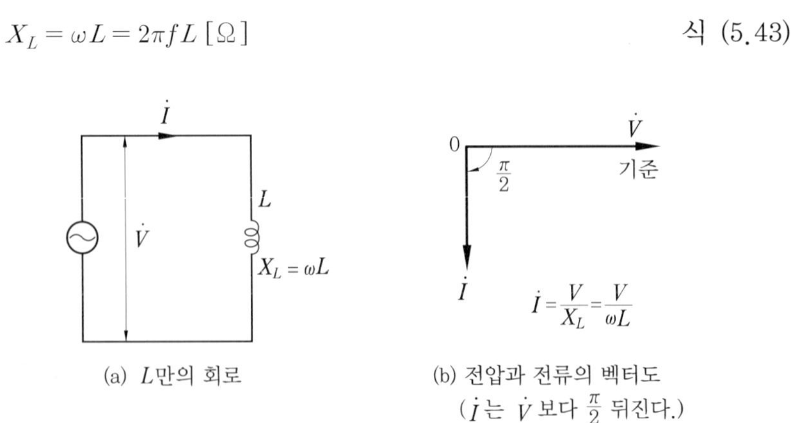

(a) L만의 회로

(b) 전압과 전류의 벡터도 ($\dot{I}$는 $\dot{V}$보다 $\frac{\pi}{2}$ 뒤진다.)

[그림 5-18] 인덕턴스(L)만의 회로와 벡터도

③ 복소 기호법의 표현

[그림 5-18]과 같이 인덕턴스 L만의 회로에 전압 $\dot{V}$ [V]를 가하여 $\dot{I}$ [A]의 전류가 흐르는 경우 $\dot{V}$와 $\dot{I}$의 관계는 [그림 5-18] (b)와 같은 벡터도가 되므로 다음과 같은 식으로 나타낼 수 있다.

$$V = j\omega L\dot{I} \angle \frac{\pi}{2} \text{[V]} \qquad \text{식 (5.44)}$$

$$\dot{I} = \frac{V}{j\omega L} = -j\frac{V}{\omega L} = \frac{\dot{V}}{\omega L} \angle -\frac{\pi}{2} \text{[A]} \qquad \text{식 (5.45)}$$

이와 같이 인덕턴스 L만의 회로에서 전압 $\dot{V}$가 전류 $\dot{I}$보다 $\frac{\pi}{2}$[rad]만큼 위상이 앞선다. 따라서 전압 $\dot{V}$와 전류 $\dot{I}$의 비를 임피던스 $\dot{Z}$라 하므로 옴의 법칙에 따라 임피던스를 복소 기호법으로 나타내면 다음과 같이 된다.

$$\dot{Z} = \frac{\dot{V} \angle \frac{\pi}{2}}{\dot{I} \angle 0} = j\omega L = \omega L \angle \frac{\pi}{2} \, [\Omega] \qquad \text{식 (5.46)}$$

④ 유도 리액턴스와 주파수의 관계

인덕턴스 L만의 교류 회로에서 식 (5.43)으로부터 유도 리액턴스 X_L은 자체 인덕턴스 L과 주파수 f에 비례한다.

그러나 직류 회로에서는 유도 리액턴스 X_L은 주파수 $f=0$이므로 식 (5.47)과 같이 나타낼 수 있다.

$$X_L = \omega L = 2\pi f L = 2\pi \times 0 \times L = 0 \, [\Omega] \qquad \text{식 (5.47)}$$

따라서 직류를 제한하는 저항의 역할을 할 수 없으므로, 직류에서의 코일은 단락한 것과 같다.

그리고 교류 회로에 가해진 전압이 일정하다면 전류는 주파수 f가 높을수록 코일을 통과하기 어려우므로 코일은 여러 가지 주파수의 전압들이 가해진 회로에서 주파수가 높은 전류를 억제하는 데 사용할 수 있다.

(3) 정전 용량(C)만의 회로

① 정전 용량(C)의 작용

[그림 5-19] (a)와 같이 정전 용량 C[F]의 콘덴서 회로에 정현파 교류 전압

$$v = \sqrt{2}\,V\sin\omega t[\mathrm{V}] \qquad \text{식 (5.48)}$$

를 가할 때, 콘덴서에 축적되는 전하 q[C]는

$$q = Cv = \sqrt{2}\,CV\sin\omega t[\mathrm{C}] \qquad \text{식 (5.49)}$$

이 되며, [그림 5-19] (b)와 같이 가해진 전압 v와 동상인 정현파 모양으로 변화한다. 그리고 전류 i[A]는 단위 시간당 이동하는 전하이므로 다음과 같이 된다.

$$\begin{aligned} i &= \frac{\Delta q}{\Delta t} = \frac{\Delta(\sqrt{2}\,CV\sin\omega t)}{\Delta t} \\ &= \sqrt{2}\,\omega CV\sin\left(\omega t + \frac{\pi}{2}\right)[\mathrm{A}] \end{aligned} \qquad \text{식 (5.50)}$$

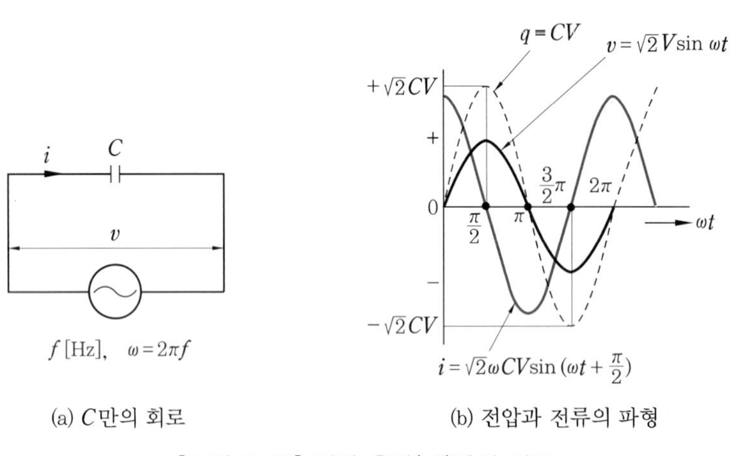

(a) C만의 회로 (b) 전압과 전류의 파형

[그림 5-19] 정전 용량(C)만의 회로

식 (5.50)에서 $I = \omega CV$라 하면 전류 i[A]는 식 (5.51)과 같이 나타낼 수 있다.

$$i = \sqrt{2}\,\omega CV\sin\left(\omega t + \frac{\pi}{2}\right) = \sqrt{2}\,I\sin\left(\omega t + \frac{\pi}{2}\right)[\mathrm{A}] \qquad \text{식 (5.51)}$$

식 (5.48)과 식 (5.51)로부터 전압 v의 위상은 전류 i의 위상보다 $\frac{\pi}{2}$[rad]만큼 뒤진다. 또는 전류 i의 위상이 전압 v의 위상보다 $\frac{\pi}{2}$만큼 앞선다.

② 전압과 전류의 관계

정전 용량 C만의 회로에서 식 (5.50)으로부터 전류 I[A]와 전압 V[V]의 실횻값, 즉 크기 사이에는 식 (5.52)와 같은 관계가 성립한다.

$$I = \omega CV = \frac{V}{\frac{1}{\omega C}} \text{[A]} \qquad \text{식 (5.52)}$$

식 (5.52)에서 정전 용량 C도 저항과 마찬가지로 전류의 흐름을 방해하는 성질이 있다. 교류 정전 용량 회로에서 전류의 크기 I[A]는 $\frac{1}{\omega C}$에 반비례한다.

그리고 $\frac{1}{\omega C}$은 전류의 크기를 제한할 뿐만 아니라 회로 전류의 위상도 전압보다 $\frac{\pi}{2}$[rad]만큼 앞서게 만든다.

이와 같은 작용을 하는 $\frac{1}{\omega C}$을 용량 리액턴스(capacitive reactance)라 하고 기호로는 X_C로 나타내며, 단위는 저항과 같은 [Ω]을 사용한다. 식 (5.53)과 같은 관계가 성립한다.

$$X_C = \frac{1}{\omega C} = \frac{1}{2\pi f C} [\Omega] \qquad \text{식 (5.53)}$$

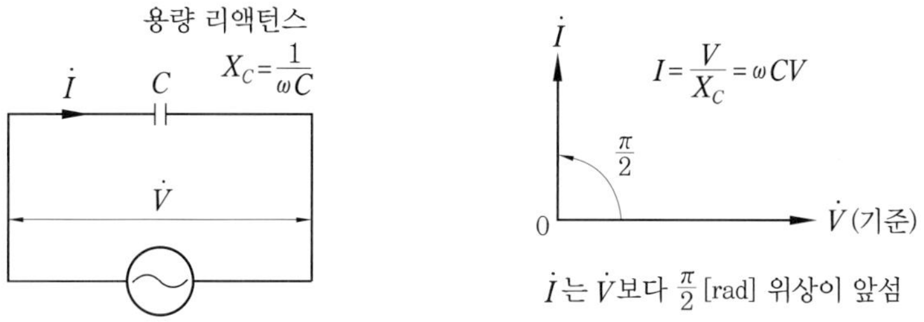

(a) 벡터에 의한 C만의 회로 (b) 전압과 전류의 벡터도

[그림 5-20] 정전 용량(C)만의 회로와 벡터도

③ 복소 기호법의 표현

[그림 5-20]과 같이 정전 용량 C만의 회로에 전압 $\dot{V}$ [V]를 가하여 $\dot{I}$ [A]의 전류가 흐르는 경우 $\dot{V}$ 와 $\dot{I}$ 의 관계는 [그림 5-20] (b)와 같은 벡터도가 되므로 다음과 같은 식으로 나타낼 수 있다.

$$\dot{V} = -j\frac{1}{\omega C}\dot{I} = \frac{1}{\omega C}\dot{I} \angle -\frac{\pi}{2} \text{[V]} \qquad \text{식 (5.54)}$$

$$\dot{I} = j\omega C\dot{V} = \omega C\dot{V} \angle \frac{\pi}{2} \text{[A]} \qquad \text{식 (5.55)}$$

이와 같이 정전 용량 C만의 회로에서 전압 $\dot{V}$가 전류 $\dot{I}$보다 $\frac{\pi}{2}$[rad]만큼 위상이 뒤진다. 따라서 전압 $\dot{V}$와 전류 $\dot{I}$의 비를 임피던스 $\dot{Z}$라 하므로, 옴의 법칙에 따라 임피던스를 복소 기호법으로 나타내면 다음과 같이 된다.

$$\dot{Z} = \frac{\dot{V} \angle 0}{\dot{I} \angle \frac{\pi}{2}} = -j\frac{1}{\omega C} = \frac{1}{\omega C} \angle -\frac{\pi}{2} \, [\Omega] \qquad \text{식 (5.56)}$$

④ 용량 리액턴스와 주파수의 관계

용량 C만의 교류 회로에서 식 (5.53)으로부터 용량 리액턴스 X_C는 정전 용량 C와 주파수 f에 반비례한다.

그러나 직류 회로에서는 용량 리액턴스 X_C는 주파수 $f=0$이므로 식 (5.57)과 같이 무한대가 된다.

$$X_C = \frac{1}{\omega C} = \frac{1}{2\pi f C} = \frac{1}{2\pi \times 0 \times C} \fallingdotseq \infty \, [\Omega] \qquad \text{식 (5.57)}$$

이것은 직류에서 콘덴서가 무한대의 저항을 가진다는 것이므로 일반적으로 직류가 흐를 수 없다는 것을 의미한다.

그리고 교류 회로에서 주파수 f가 매우 높은 경우에는 용량 리액턴스가 매우 작아 0에 가까워지므로 이때의 콘덴서는 전류를 제한하는 작용을 거의 하지 못하므로 콘덴서를 단락시킨 것과 같다.

5-4 RLC 회로의 계산

앞 절에서 저항, 인덕턴스, 정전 용량 등이 하나만 있는 경우의 성질과 적용에 대해서 알아보았다. 실제적인 교류 회로의 대부분은 두 개 이상의 소자가 직렬 또는 병렬로 연결되어 있으므로 이 절에서는 이들 전압과 전류의 크기, 위상 관계와 임피던스에 대해서 알아보기로 한다.

(1) RLC 회로의 계산

① RLC 직렬 회로

[그림 5-21] (a)와 같이 저항 $R[\Omega]$과 자체 인덕턴스 L[H]을 직렬접속한 회로에서

주파수 f[Hz], 전압 $\dot{V}$[V]의 교류를 가할 때 회로에 흐르는 전류를 $\dot{I}$[A]라 하면 저항 R 양단에 걸리는 전압 $\dot{V}_R$과 인덕턴스 L에 걸리는 전압 $\dot{V}_L$은 다음과 같이 된다.

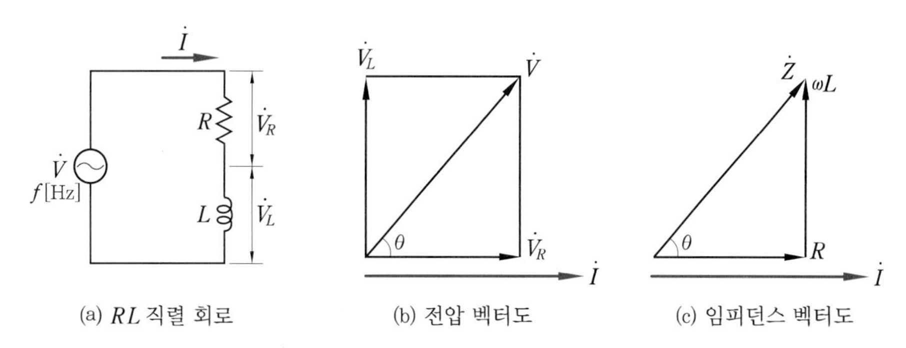

[그림 5-21] RL 직렬 회로와 벡터도

먼저 $\dot{V}_R$은 전류 $\dot{I}$와 동상이고, 그 크기는 다음과 같다.

$$\dot{V}_R = RI\,[\text{V}] \qquad \text{식 (5.58)}$$

그리고 자체 인덕턴스 L[H]의 유도 리액턴스 $X_L = \omega L = 2\pi f L\,[\Omega]$이 되고 L[H]의 양단에 걸리는 전압 $\dot{V}_L$은 전류 $\dot{I}$보다 위상이 $\frac{\pi}{2}$[rad]만큼 앞서고 크기는 다음과 같다.

$$\dot{V}_L = X_L I = \omega L I = 2\pi f L I\,[\text{V}] \qquad \text{식 (5.59)}$$

RL 직렬 회로에서 회로의 공급 전압 $\dot{V}$[V]는 $\dot{V}_R$과 $\dot{V}_L$의 벡터 합이 되므로 다음과 같은 관계가 성립된다.

$$\dot{V} = \dot{V}_R + \dot{V}_L\,[\text{V}] \qquad \text{식 (5.60)}$$

[그림 5-21] (b)에서 전전압 $\dot{V}$[V]의 크기는 다음과 같이 나타낼 수 있다.

$$V = \sqrt{V_R^2 + V_L^2} = \sqrt{(RI)^2 + (\omega LI)^2} = \sqrt{R^2 + \omega L^2}\,I\,[\text{V}] \qquad \text{식 (5.61)}$$

식 (5.61)로부터 전류 $\dot{I}$[A]는 다음과 같이 된다.

$$I = \frac{V}{\sqrt{R^2 + (\omega L)^2}} = \frac{V}{\sqrt{R^2 + (2\pi f L)^2}}\,[\text{A}] \qquad \text{식 (5.62)}$$

식 (5.62)에서 전압과 전류의 비를 나타내면 다음과 같이 된다.

$$\frac{V}{I} = \sqrt{R^2 + (wL)^2} = \sqrt{R^2 + (2\pi fL)^2} = Z[\Omega] \qquad \text{식 (5.63)}$$

여기서, Z는 회로에 가한 전압과 전류의 비를 나타내는 값이며 직류회로에 있어서의 전기 저항에 상당하는 것으로 교류 회로에서는 임피던스(impedance)라 하고 단위는 [Ω]을 사용한다.

[그림 5-21] (c)에서 전압 $\dot{V}$ 와 전류 $\dot{I}$ 의 위상차 θ는 다음과 같은 식으로 나타낼 수 있다.

$$\tan\theta = \frac{V_L}{V_R} = \frac{X_L I}{RI} = \frac{\omega L I}{RI} = \frac{\omega L}{R} = \frac{2\pi fL}{R} \qquad \text{식 (5.64)}$$

$$\therefore \theta = \tan^{-1}\frac{X_L}{R} = \tan^{-1}\frac{\omega L}{R} = \tan^{-1}\frac{2\pi fL}{R} \ \text{[rad]} \qquad \text{식 (5.65)}$$

이와 같이 RL 직렬 회로에 가해진 전압 $\dot{V}$ 의 위상은 전류 $\dot{I}$ 보다 θ[rad]만큼 앞서고 크기는 R과 wL의 크기에 따라 달라진다.

② RC 직렬 회로

[그림 5-22] (a)와 같이 저항 R[Ω]과 정전 용량 C[F]을 직렬접속한 회로에서 주파수 f[Hz], 전압 $\dot{V}$ [V]의 교류를 가할 때, 회로에 흐르는 전류를 $\dot{I}$ [A]라 하면, 저항 R 양단에 걸리는 전압 $\dot{V}_R$과 정전 용량 C에 걸리는 전압 $\dot{V}_C$ 는 다음과 같이 된다.

먼저 $\dot{V}_R$은 전류 $\dot{I}$ 와 동상이고, 그 크기는 다음과 같다.

$$V_R = RI[\text{V}] \qquad \text{식 (5.66)}$$

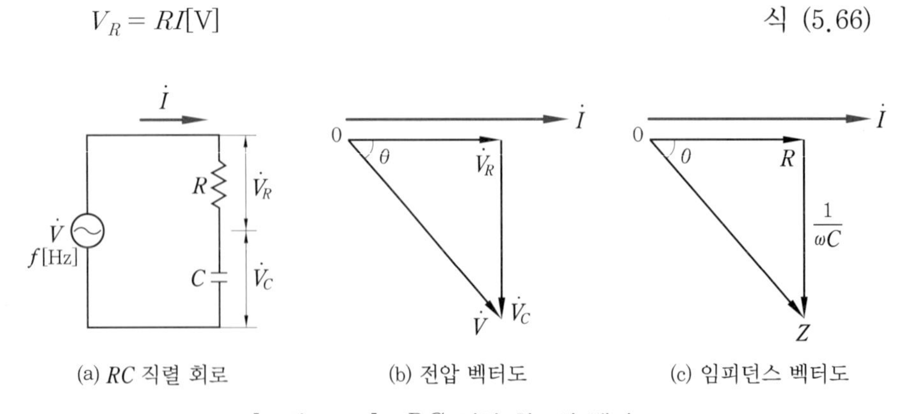

(a) RC 직렬 회로 (b) 전압 벡터도 (c) 임피던스 벡터도

[그림 5-22] RC 직렬 회로와 벡터도

그리고 정전 용량 C[F]의 용량 리액턴스 $X_C = \frac{1}{\omega C} = \frac{1}{2\pi f C}$[Ω]이 되고, C[F]의 양단에 걸리는 전압 $\dot{V}_C$는 전류 $\dot{I}$보다 위상이 $\frac{\pi}{2}$[rad]만큼 뒤지고 크기는 다음과 같다.

$$V_C = X_C I = \frac{1}{\omega C} I = \frac{1}{2\pi f C} I \text{ [V]} \qquad \text{식 (5.67)}$$

RC 직렬 회로에서 회로의 공급 전압 $\dot{V}$[V]는 $\dot{V}_R$과 $\dot{V}_C$의 벡터 합이 되므로 다음과 같은 관계가 된다.

$$\dot{V} = \dot{V}_R + \dot{V}_C \text{[V]} \qquad \text{식 (5.68)}$$

[그림 5-22] (b)에서 전전압 $\dot{V}$[V]의 크기는 다음과 같이 나타낼 수 있다.

$$V = \sqrt{{V_R}^2 + {V_C}^2} = \sqrt{(RI)^2 + \left(\frac{1}{\omega C} I\right)^2} = \sqrt{R^2 + \left(\frac{1}{\omega C}\right)^2}\, I \text{[V]} \qquad \text{식 (5.69)}$$

식 (5.69)로부터 전류 I[A]는 다음과 같이 된다.

$$I = \frac{V}{\sqrt{R^2 + \left(\frac{1}{\omega C}\right)^2}} = \frac{V}{\sqrt{R^2 + \left(\frac{1}{2\pi f C}\right)^2}} \text{[A]} \qquad \text{식 (5.70)}$$

식 (5.70)에서 전압과 전류의 비를 나타내면 다음과 같이 된다.

$$\frac{V}{I} = \sqrt{R^2 + \left(\frac{1}{\omega C}\right)^2} = \sqrt{R^2 + \left(\frac{1}{2\pi f C}\right)^2} = Z[\Omega] \qquad \text{식 (5.71)}$$

[그림 5-22] (c)에서 전압 $\dot{V}$와 전류 $\dot{I}$의 위상차 θ는 다음과 같은 식으로 나타낼 수 있다.

$$\tan\theta = \frac{V_C}{V_R} = \frac{X_C I}{RI} = \frac{\frac{I}{\omega C}}{RI} = \frac{\frac{I}{\omega C}}{R} = \frac{\frac{1}{2\pi f C}}{R} \qquad \text{식 (5.72)}$$

$$\therefore\ \theta = \tan^{-1}\frac{X_C}{R} = \tan^{-1}\frac{\frac{1}{\omega C}}{R} = \tan^{-1}\frac{\frac{1}{2\pi f C}}{R} \text{ [rad]} \qquad \text{식 (5.73)}$$

이와 같이 RC 직렬 회로에 가해진 전압 $\dot{V}$의 위상은 전류 $\dot{I}$보다 θ[rad]만큼 뒤지고 크기는 R과 $\frac{1}{\omega C}$의 크기에 따라 달라진다.

③ LC 직렬 회로

[그림 5-23] (a)와 같이 인덕턴스 L[H]과 정전 용량 C[F]를 직렬접속한 회로에 주파수 f[Hz], 전압 $\dot{V}$[V]의 교류를 가할 때, 회로에 흐르는 전류를 $\dot{I}$[A]라 하면, 인덕턴스 L에 걸리는 전압 $\dot{V}_L$과 정전 용량 C에 걸리는 전압 $\dot{V}_C$는 다음과 같이 된다.

$$\dot{V} = \dot{V}_L + \dot{V}_C \text{[V]} \qquad \text{식 (5.74)}$$

[그림 5-23]에서 전압 $\dot{V}_L$은 전류 $\dot{I}$보다 $\frac{\pi}{2}$[rad]만큼 위상이 앞서고, 그 크기는

$$\dot{V}_L = X_L I = \omega L I = 2\pi f L I \text{[V]} \qquad \text{식 (5.75)}$$

전압 $\dot{V}_C$는 전류 $\dot{I}$보다 $\frac{\pi}{2}$[rad]만큼 위상이 뒤진다.

$$V_C = X_C I = \frac{1}{wC} I = \frac{1}{2\pi f C} I \text{ [V]} \qquad \text{식 (5.76)}$$

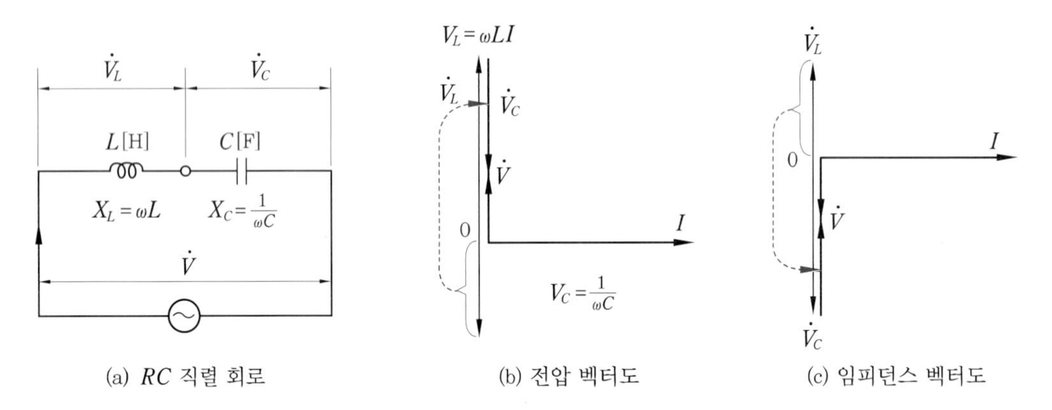

[그림 5-23] LC 직렬 회로와 벡터도

그리고 전압의 크기 관계는 다음과 같다.

$$V = V_L - V_C = \omega LI - \frac{1}{\omega C} I = \left(\omega L - \frac{1}{\omega C}\right) I \text{ [V]} \qquad \text{식 (5.77)}$$

식 (5.77)에서 전압과 전류의 비를 임피던스라 하며, 다음과 같이 된다.

$$\frac{V}{I} = \left(\omega L - \frac{1}{\omega C}\right) = Z \text{ [}\Omega\text{]} \qquad \text{식 (5.78)}$$

여기서, 임피던스 Z는 리액턴스 성분만으로 구성되어 있고, 크기는 두 리액턴스의 대수차로 된다.

④ RLC **직렬 회로**

[그림 5-24] (a)와 같이 저항 $R[\Omega]$, 인덕턴스 L[H], 정전 용량 C[F]를 직렬접속한 회로에 주파수 f[Hz], 전압 $\dot{V}$[V]의 교류를 가할 때, 회로에 흐르는 전류를 $\dot{I}$[A]라 하면, 저항 R에 걸리는 전압 $\dot{V}_R$, 인덕턴스 L에 걸리는 전압 $\dot{V}_L$, 정전 용량 C에 걸리는 전압 $\dot{V}_C$는 다음과 같이 된다.

$$\dot{V} = \dot{V}_R + \dot{V}_L + \dot{V}_C \text{ [V]} \qquad \text{식 (5.79)}$$

[그림 5-24]에서 전압 $\dot{V}_R$은 전류 $\dot{I}$와 동상이고, 그 크기는

$$\dot{V}_R = RI \text{ [V]} \qquad \text{식 (5.80)}$$

전압 $\dot{V}_L$은 전류 $\dot{I}$보다 $\frac{\pi}{2}$[rad]만큼 위상이 앞서고

$$\dot{V}_L = X_L I = \omega LI = 2\pi f LI \text{ [V]} \qquad \text{식 (5.81)}$$

전압 $\dot{V}_C$은 전류 $\dot{I}$보다 $\frac{\pi}{2}$[rad]만큼 위상이 뒤진다.

$$\dot{V}_C = X_C I = \frac{1}{wC} I = \frac{1}{2\pi f C} I \text{ [V]} \qquad \text{식 (5.82)}$$

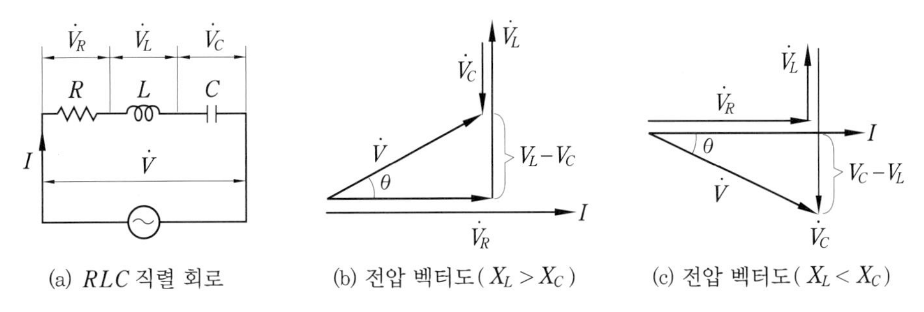

[그림 5-24] RLC **직렬 회로와 전압 벡터도**

그리고, 전압의 크기 관계는 다음과 같다.

$$V = \sqrt{V_R^2 + (V_L - V_C)^2} = I\sqrt{R^2 + (X_L - X_C)^2} \text{ [V]} \qquad \text{식 (5.83)}$$

식 (5.83)에서 전압과 전류의 비를 임피던스라 하며, 다음과 같이 된다.

$$\frac{V}{I} = \sqrt{R^2 + (X_L - X_C)^2} = \sqrt{R^2 + \left(\omega L + \frac{1}{\omega C}\right)^2} = Z\,[\Omega] \qquad \text{식 (5.84)}$$

여기서, 임피던스 Z의 리액턴스 성분은 유도 리액턴스와 용량 리액턴스의 대수차로 나타내고 Z의 크기는 저항 성분과 리액턴스 성분의 벡터 합으로 나타낼 수 있다.

RLC 직렬 회로의 임피던스는 $X_L > X_C$의 경우는 유도 리액턴스의 성분이 $X_L - X_C$ 만큼 크므로 전류의 위상이 전압의 위상보다 뒤지고, $X_L < X_C$의 경우는 용량 리액턴스의 성분이 $X_C - X_L$만큼 크므로 전류의 위상이 전압의 위상보다 앞선다.

또한, 전압 $\dot{V}$와 전류 $\dot{I}$의 위상차 θ는 다음과 같은 식으로 나타낼 수 있다.

$$\tan\theta = \frac{V_L - V_C}{V_R} = \frac{X_L I - X_C I}{RI} = \frac{X_L - X_C}{R}\,[\Omega] \qquad \text{식 (5.85)}$$

$$\therefore\ \theta = \tan^{-1}\frac{V_L - V_C}{R} = \tan^{-1}\frac{\omega L - \frac{1}{\omega C}}{R}\,[\text{rad}] \qquad \text{식 (5.86)}$$

이와 같이 RLC 직렬 회로에 가해진 전압 $\dot{V}$과 전류 $\dot{I}$의 위상차는 리액턴스 성분에 따라 θ[rad] 만큼 앞서거나 뒤진다.

(2) RLC 병렬 회로

① RL 병렬 회로

[그림 5-25] (a)와 같이 저항 $R\,[\Omega]$과 자체 인덕턴스 $L\,[\text{H}]$을 병렬접속한 회로에서 주파수 $f\,[\text{Hz}]$, 전압 $\dot{V}\,[\text{V}]$의 교류를 가할 때, 회로에 흐르는 전류를 $\dot{I}\,[\text{A}]$라 하면 저항 R에 흐르는 전류 $\dot{I}_R$과 인덕턴스 L에 흐르는 전류 $\dot{I}_L$은 각각 다음과 같다.

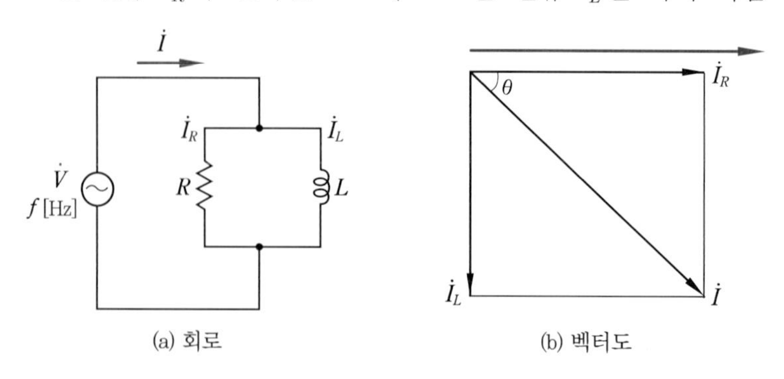

(a) 회로 (b) 벡터도

[그림 5-25] RL 병렬 회로와 벡터도

먼저, $\dot{I}_R$은 전류 $\dot{I}$와 동상이고, 그 크기는 다음과 같다.

$$I_R = \frac{V}{R}[\text{A}] \qquad \text{식 (5.87)}$$

그리고 자체 인덕턴스 L[H]의 유도 리액턴스 $X_L = wL = 2\pi fL[\Omega]$이 되고, L[H]에 흐르는 전류 $\dot{I}_L$은 전압 $\dot{V}$보다 위상이 $\frac{\pi}{2}$[rad]만큼 뒤지고, 크기는 다음과 같다.

$$I_L = \frac{V}{X_L} = \frac{V}{\omega L} = \frac{V}{2\pi fL}[\text{A}] \qquad \text{식 (5.88)}$$

RL 병렬 회로에서 흐르는 전류 $\dot{I}$ [A]는 $\dot{I}_R$과 $\dot{I}_L$의 벡터 합이 되므로 다음과 같은 관계가 성립된다.

$$\dot{I} = \dot{I}_R + \dot{I}_L[\text{A}] \qquad \text{식 (5.89)}$$

[그림 5-25] (b)에서 전류 $\dot{I}$ [A]의 크기는 다음과 같이 나타낼 수 있다.

$$I = \sqrt{I_R^{\ 2} + I_L^{\ 2}} = \sqrt{\left(\frac{V}{R}\right)^2 + \left(\frac{V}{X_L}\right)^2} = V\sqrt{\left(\frac{1}{R}\right)^2 + \left(\frac{1}{\omega L}\right)^2}\ [\text{A}] \qquad \text{식 (5.90)}$$

식 (5.90)에서 임피던스를 나타내면 다음과 같다.

$$Z = \frac{V}{I} = \frac{1}{\sqrt{\left(\frac{1}{R}\right)^2 + \left(\frac{1}{X_L}\right)^2}} = \frac{1}{\sqrt{\left(\frac{1}{R}\right)^2 + \left(\frac{1}{\omega L}\right)^2}}[\Omega] \qquad \text{식 (5.91)}$$

그리고 전압 $\dot{V}$와 전류 $\dot{I}$의 위상차 θ는 다음과 같은 식으로 나타낼 수 있다.

$$\tan\theta = \frac{I_L}{I_R} = \frac{\frac{V}{X_L}}{\frac{V}{R}} = \frac{R}{X_L} = \frac{R}{\omega L} = \frac{R}{2\pi fL}[\Omega] \qquad \text{식 (5.92)}$$

$$\therefore\ \theta = \tan^{-1}\frac{R}{X_L} = \tan^{-1}\frac{R}{\omega L} = \tan^{-1}\frac{R}{2\pi fL}\ [\text{rad}] \qquad \text{식 (5.93)}$$

이와 같이 RL 병렬 회로에서도 RL 직렬 회로와 마찬가지로 전류 $\dot{I}$의 위상은 전압 $\dot{V}$보다 θ만큼 뒤지고, 크기는 R과 ωL의 크기에 따라 달라진다.

② RC 병렬 회로

[그림 5-26] (a)와 같이 저항 $R[\Omega]$과 정전 용량 C[F]를 병렬접속한 회로에서 주파수 f[Hz], 전압 $\dot{V}$[V]의 교류를 가할 때 회로에 흐르는 전류를 $\dot{I}$ [A]라 하면, 저항 R에 흐르는 전류 $\dot{I}_R$과 정전 용량 C에 흐르는 전류 $\dot{I}_C$는 다음과 같이 된다.

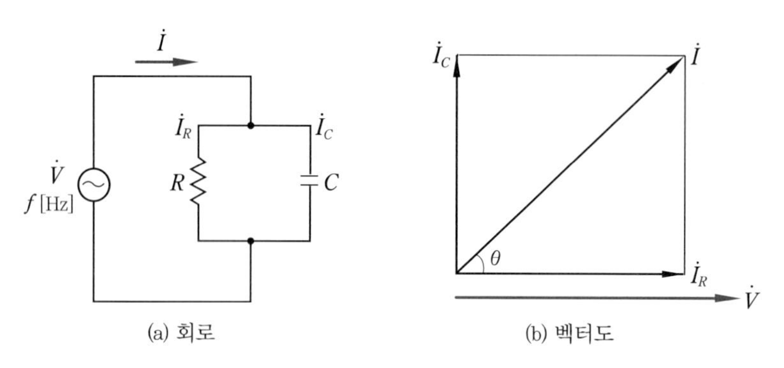

[그림 5-26] RC 병렬 회로와 벡터도

먼저 $\dot{I}_R$은 전류 $\dot{I}$와 동상이고 그 크기는 다음과 같다.

$$I_R = \frac{V}{R}[\text{A}] \qquad \text{식 (5.94)}$$

그리고 정전 용량 C[F]의 용량 리액턴스 $X_C = \dfrac{1}{\omega C} = \dfrac{1}{2\pi f C}[\Omega]$이 되고, C[F]에 흐르는 전류 $\dot{I}_C$는 전압 $\dot{V}$보다 위상이 $\dfrac{\pi}{2}$[rad]만큼 앞서고 크기는 다음과 같다.

$$I_C = \frac{V}{X_C} = \omega C V = 2\pi f C V[\text{A}] \qquad \text{식 (5.95)}$$

RC 병렬 회로의 전 전류 $\dot{I}_R$과 $\dot{I}_C$의 벡터 합이 되므로 다음과 같은 관계가 성립된다.

$$\dot{I} = \dot{I}_R + \dot{I}_C\,[\text{A}] \qquad \text{식 (5.96)}$$

[그림 5-26] (b)에서 전전류 $\dot{I}$ [A]의 크기는 다음과 같이 나타낼 수 있다.

$$I = \sqrt{{I_R}^2 + {I_C}^2} = \sqrt{\left(\frac{V}{R}\right)^2 + \left(\frac{V}{X_C}\right)^2} = V\sqrt{\left(\frac{1}{R}\right)^2 + (\omega C)^2}\,[\text{A}] \qquad \text{식 (5.97)}$$

식 (5.97)에서 임피던스를 나타내면 다음과 같다.

$$Z = \frac{V}{I} = \frac{1}{\sqrt{\left(\frac{1}{R}\right)^2 + \left(\frac{1}{X_C}\right)^2}} = \frac{1}{\sqrt{\left(\frac{1}{R}\right)^2 + (\omega C)^2}} [\mathrm{A}] \qquad \text{식 (5.98)}$$

그리고 전압 $\dot{V}$와 전류 $\dot{I}$의 위상차 θ는 다음과 같은 식으로 나타낼 수 있다.

$$\tan\theta = \frac{I_L}{I_R} = \frac{\frac{V}{X_L}}{\frac{V}{R}} = \frac{R}{X_L} = \omega CR = 2\pi f CR [\Omega] \qquad \text{식 (5.99)}$$

$$\therefore \ \theta = \tan^{-1}\frac{R}{X_C} = \tan^{-1}\omega CR = \tan^{-1}2\pi f CR \ [\mathrm{rad}] \qquad \text{식 (5.100)}$$

이와 같이 RC 병렬 회로에서도 RC 직렬 회로와 마찬가지로 전류 $\dot{I}$의 위상은 전압 $\dot{V}$ 보다 θ[rad]만큼 앞서고, 크기는 R과 $\frac{1}{\omega C}$의 크기에 따라 달라진다.

③ LC 병렬 회로

[그림 5-27] (a)와 같이 인덕턴스 L[H]과 정전 용량 C[F]를 병렬접속한 회로에 주파수 f[Hz], 전압 $\dot{V}$[V]의 교류를 가할 때 회로에 흐르는 전류를 $\dot{I}$[A]라 하면 인덕턴스 L에 흐르는 전류 $\dot{I}_L$과 정전 용량 C에 흐르는 전류 $\dot{I}_C$는 다음과 같다.

$$\dot{I} = \dot{I}_L + \dot{I}_C [\mathrm{A}] \qquad \text{식 (5.101)}$$

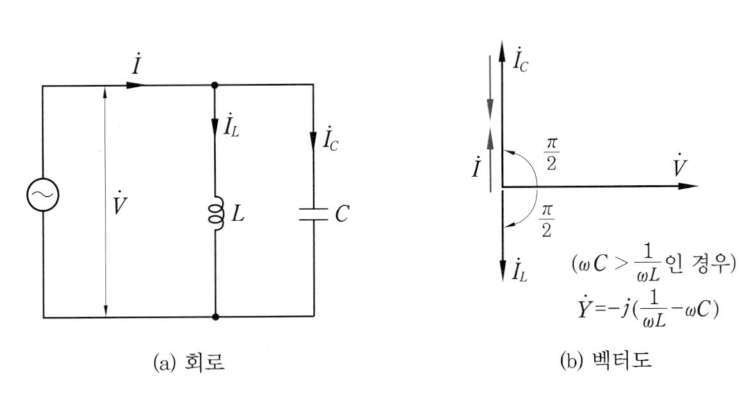

[그림 5-27] LC 병렬 회로와 벡터도

[그림 5-27] (b)와 같이 전류 $\dot{I}_L$은 전류 $\dot{I}$ 보다 $\frac{\pi}{2}$[rad]만큼 위상이 뒤지고

$$\dot{I}_L = \frac{V}{X_L} = \frac{V}{\omega L} = \frac{V}{2\pi f L}[\mathrm{A}] \qquad \text{식 (5.102)}$$

$$\dot{I}_C = \frac{V}{X_C} = \omega CV = 2\pi f CV[\mathrm{A}] \qquad \text{식 (5.103)}$$

그리고 전류의 크기 관계는 다음과 같다.

$$I = I_C - I_L = \omega CV - \frac{1}{\omega L}V = \left(\omega C - \frac{1}{\omega L}\right)V\ [\mathrm{A}] \qquad \text{식 (5.104)}$$

식 (5.105)에서 전압과 전류의 비를 임피던스라 하며 다음과 같이 된다.

$$Z = \frac{V}{I} = \frac{1}{\omega C - \frac{1}{\omega L}}\ [\Omega] \qquad \text{식 (5.105)}$$

여기서, 임피던스 Z는 리액턴스 성분만으로 구성되어 있고, 크기는 두 리액턴스 역수의 대수차로부터 역수가 된다.

④ RLC 병렬 회로

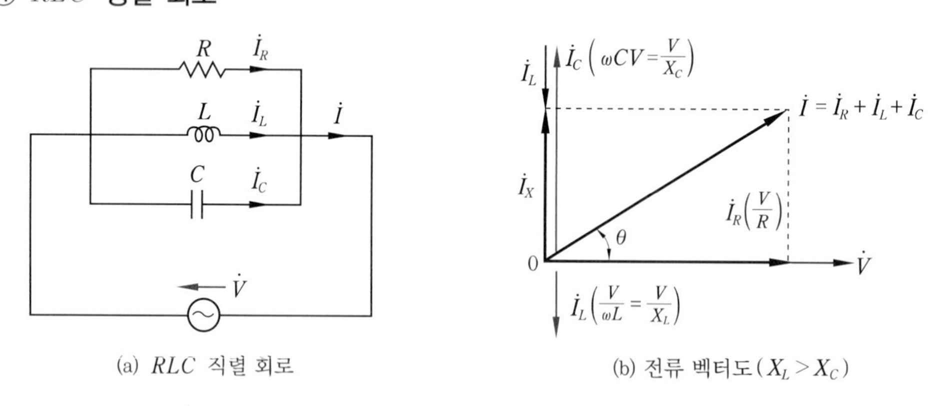

(a) RLC 직렬 회로　　(b) 전류 벡터도($X_L > X_C$)

[그림 5-28] RLC 병렬 회로와 벡터도

[그림 5-28] (a)와 같이 저항 R[Ω], 인덕턴스 L[H], 정전 용량 C[F]를 병렬접속한 회로에 주파수 f[Hz], 전압 $\dot{V}$[V]의 교류를 가할 때, 회로에 흐르는 전류를 $\dot{I}$[A]라 하면 저항 R에 흐르는 전류 $\dot{I}_R$, 인덕턴스 L에 흐르는 전류 $\dot{I}_L$, 정전 용량 C에 흐르는 전류 $\dot{I}_C$는 다음과 같이 된다.

$$\dot{I} = \dot{I}_R + \dot{I}_L + \dot{I}_C \text{ [A]} \qquad \text{식 (5.106)}$$

[그림 5-28] (b)에서 전류 $\dot{I}_R$은 전류 $\dot{I}$와 동상이고,

$$I_R = \frac{V}{R} \text{[A]} \qquad \text{식 (5.107)}$$

전류 $\dot{I}_L$은 전압 $\dot{V}$보다 $\frac{\pi}{2}$[rad]만큼 위상이 뒤지고,

$$I_L = \frac{V}{X_L} = \frac{V}{\omega L} = \frac{V}{2\pi f L} \text{[A]} \qquad \text{식 (5.108)}$$

전류 $\dot{I}_C$는 전압 $\dot{V}$보다 $\frac{\pi}{2}$[rad]만큼 위상이 앞선다.

$$I_C = \frac{V}{X_C} = \omega C V = 2\pi f C V \text{[A]} \qquad \text{식 (5.109)}$$

[그림 5-28] (b)와 같이 $X_L > X_C$인 경우 합성 전류의 크기는 다음과 같다.

$$I = \sqrt{{I_R}^2 + (I_C - I_L)^2} = V\sqrt{\left(\frac{1}{R}\right)^2 + \left(\frac{1}{X_C} - \frac{1}{X_L}\right)^2} \text{ [A]} \qquad \text{식 (5.110)}$$

식 (5.110)에서 전압과 전류의 비를 임피던스 Z라 하며 다음과 같이 된다.

$$Z = \frac{1}{\sqrt{\left(\frac{1}{R}\right)^2 + \left(\frac{1}{X_C} - \frac{1}{X_L}\right)^2}} = \frac{1}{\sqrt{\left(\frac{1}{R}\right)^2 + \left(\omega C - \frac{1}{\omega L}\right)^2}} \text{[A]} \qquad \text{식 (5.111)}$$

그리고 전압 $\dot{V}$와 전류 $\dot{I}$의 위상차 θ는 다음과 같은 식으로 나타낼 수 있다.

$$\tan\theta = \frac{I_C - I_L}{I_R} = \frac{\frac{V}{X_C} - \frac{V}{X_L}}{\frac{V}{R}} = \left(\frac{1}{X_C} - \frac{1}{X_L}\right) \cdot R \,[\Omega] \qquad \text{식 (5.112)}$$

$$\therefore\ \theta = \tan^{-1}\left(\frac{1}{X_C} - \frac{1}{X_L}\right) \cdot R = \tan^{-1}\left(\omega C - \frac{1}{\omega L}\right) \cdot R \text{ [rad]} \qquad \text{식 (5.113)}$$

(3) 어드미턴스와 병렬 회로

① 어드미턴스

[그림 5-29] (a)와 같이 임피던스 $\dot{Z}_1$, $\dot{Z}_2$의 병렬 회로에 전압 $\dot{V}$ [V]를 가할 때 전류 $\dot{I}_1$, $\dot{I}_2$, $\dot{I}$는 다음 식과 같다.

$$\dot{I} = \dot{I}_1 + \dot{I}_2 = \left(\frac{1}{\dot{Z}_1} + \frac{1}{\dot{Z}_2}\right)\dot{V}\ [\text{A}] \qquad \text{식 (5.114)}$$

이 회로의 합성 임피던스 $\dot{Z}$ [Ω]는 다음과 같이 된다.

$$\dot{Z} = \frac{\dot{V}}{\dot{I}} = \frac{1}{\dfrac{1}{\dot{Z}_1} + \dfrac{1}{\dot{Z}_2}}\ [\text{A}] \qquad \text{식 (5.115)}$$

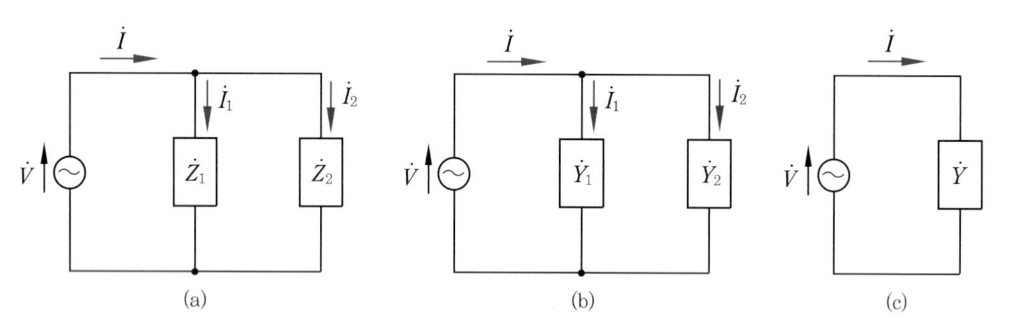

[그림 5-29] 어드미턴스

위 식에서 임피던스 $\dot{Z}$의 역수 $\dot{Y} = \dfrac{1}{\dot{Z}}$를 사용하여 나타내면 [그림 5-29] (b)와 같이 나타낼 수 있고, 이를 등가 변환하면 [그림 5-29] (c)와 같이 된다.

$$\dot{Y}_1 = \frac{1}{\dot{Z}_1},\quad \dot{Y}_2 = \frac{1}{\dot{Z}_2} \qquad \text{식 (5.116)}$$

$$\dot{I} = \dot{I}_1 + \dot{I}_2 = (\dot{Y}_1 + \dot{Y}_2)\dot{V} = \dot{Y}\dot{V}\ [\text{A}] \qquad \text{식 (5.117)}$$

$$\dot{Y} = \dot{Y}_1 + \dot{Y}_2 \qquad \text{식 (5.118)}$$

식 (5.117)에서와 같이 전류 $\dot{I}$는 전압 $\dot{V}$와 어드미턴스 $\dot{Y}$의 곱으로 식이 간단하게 된다. 여기서, 임피던스 $\dot{Z}$의 역수 $\dot{Y} = \dfrac{1}{\dot{Z}}$를 **어드미턴스**(admittance)라 하고 단위로는 ([S], 지멘스) 또는 [Ω^{-1}]를 사용한다.

② RLC 병렬 회로의 어드미턴스

[그림 5-30] (a)와 같이 저항 $R[\Omega]$, 인덕턴스 L[H], 정전 용량 C[F]를 병렬접속한 회로에 각주파수 ω[rad/s]인 전압 $\dot{V}$ [V]의 교류를 가할 때, 회로에 흐르는 전류를 $\dot{I}$ [A]라 하면, 저항 R에 흐르는 전류 $\dot{I}_R$, 인덕턴스 L에 흐르는 전류 $\dot{I}_L$, 정전 용량 C에 흐르는 전류 $\dot{I}_C$는 다음과 같이 된다.

$$\dot{I} = \dot{I}_R + \dot{I}_L + \dot{I}_C \text{ [A]} \qquad \text{식 (5.119)}$$

$$\dot{I} = \frac{\dot{V}}{R} + \frac{\dot{V}}{j\omega L} + j\omega C\dot{V} = \left(\frac{1}{R} - j\frac{1}{\omega L} + j\omega C\right)\dot{V} \text{ [A]} \qquad \text{식 (5.120)}$$

식 (5.120)에서 어드미턴스 $\dot{Y}$ $[\Omega^{-1}]$는 다음과 같다.

$$\dot{Y} = \frac{\dot{I}}{R} + \frac{\dot{V}}{j\omega L} + j\omega C\dot{V} = \left(\frac{1}{R} - j\frac{1}{\omega L} + j\omega C\right)\dot{V} \ [\Omega^{-1}] \qquad \text{식 (5.121)}$$

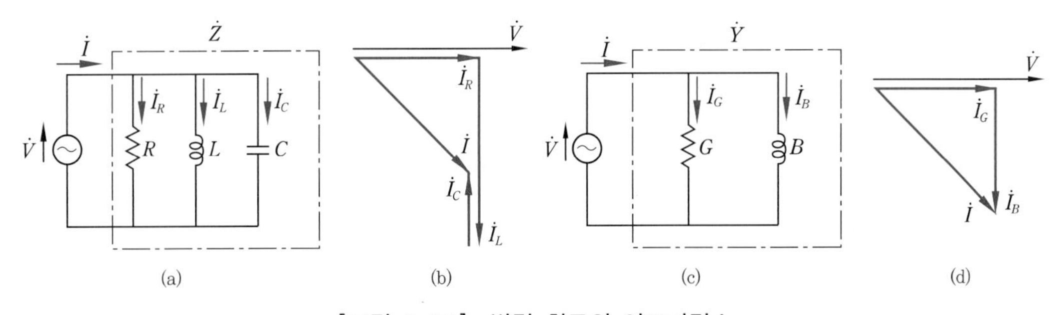

[그림 5-30] 병렬 회로의 어드미턴스

식 (5.121)에서 어드미턴스의 실수부를 컨덕턴스(conductance)라 하고 G로 나타낸다. 허수부를 서셉턴스(susceptance)라 하고 B로 나타내며, 단위는 둘 다 모(mho, $[\Omega^{-1}]$)가 사용된다.

$$G = \frac{1}{R}[\Omega^{-1}], \ B = \left(\omega C - \frac{1}{\omega L}\right)[\Omega^{-1}] \qquad \text{식 (5.122)}$$

식 (5.121)에 식 (5.122)를 대입하면 어드미턴스 $\dot{Y}$를 다음과 같이 나타낼 수 있다.

$$\dot{Y} = G + jB[\Omega^{-1}] \qquad \text{식 (5.123)}$$

그리고 어드미턴스 $\dot{Y}$의 크기와 위상차 θ를 나타내면 다음과 같다.

$$Y = \sqrt{G^2 + B^2}\,[\Omega^{-1}],\ \theta = \tan^{-1}\frac{B}{G} \qquad \text{식 (5.124)}$$

따라서, 병렬 회로에서 어드미턴스를 사용한 계산을 간단히 할 수 있다.

5-5 공진 회로

교류 회로에서 유도 리액턴스와 용량 리액턴스가 같을 때 일어나는 현상을 공진(resonance) 현상이라 하며, 이를 이용한 응용은 라디오나 TV 등에서 원하는 방송 주파수를 선택할 때 또는 무선 통신에서 송신기와 수신기가 서로 통화할 수 있도록 주파수 동조(tuning)에 사용되며, 공진에는 직렬 공진과 병렬 공진이 있다.

(1) 직렬 공진 회로

① 직렬 공진

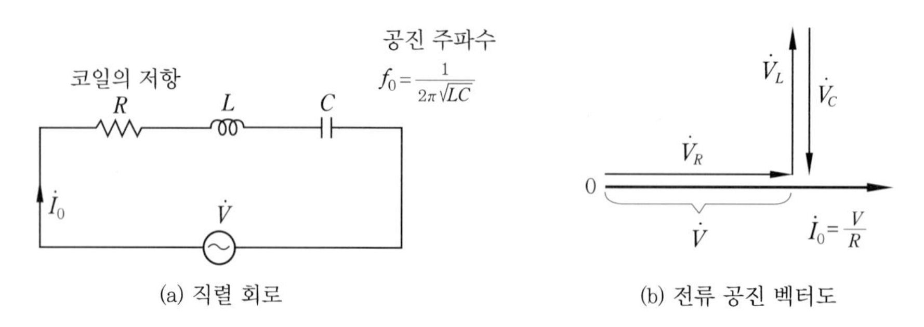

(a) 직렬 회로 (b) 전류 공진 벡터도

[그림 5-31] RLC **직렬 회로와 벡터도**

RLC 직렬 회로에서 합성 임피던스 Z와 합성 리액턴스 X는 다음과 같다.

$$Z = \sqrt{R^2 + (X_L - X_C)^2} = \sqrt{R^2 + \left(\omega L - \frac{1}{\omega C}\right)^2}\,[\Omega] \qquad \text{식 (5.125)}$$

$$X = X_L - X_C = \omega L - \frac{1}{\omega C}\,[\Omega] \qquad \text{식 (5.126)}$$

여기서, $X = X_L - X_C = 0$이 될 경우 저항만 있으므로 교류 회로의 임피던스는 최소가 되며, 전압과 전류는 동상이고 이를 직렬 공진(series resonance)이라 한다. 이 때 회로에 흐르는 전류 $I = \frac{V}{R}$[A]는 최대가 된다.

② 직렬 공진 주파수

RLC 직렬 회로에서 전원 전압의 크기를 일정하게 유지하게 주파수만 변화시키면 리액턴스의 변화는 [그림 5-32] (a)와 같이 된다.

이 그림에서 낮은 주파수에서는 용량성 리액턴스가 우세하여 RC 회로와 같은 특성을 가지며, 높은 주파수에서는 유도성 리액턴스가 우세하여 RL 회로와 같은 특성을 갖는다.

그리고 용량성 리액턴스와 유도성 리액턴스가 동일한 리액턴스 $X=0$인 점이 존재한다. 그러므로 직렬 공진일 경우에 다음 관계식이 성립된다.

$$X = X_L - X_C = \omega L - \frac{1}{\omega C} = 2\pi f L - \frac{1}{2\pi f C} = 0 \qquad \text{식 (5.127)}$$

이때의 각주파수를 ω_0, 주파수를 f_0라 하면, $\omega_0 L = \dfrac{1}{\omega_0 C}$로부터 $\omega_0 = \dfrac{1}{\sqrt{LC}}$이고, $2\pi f_0 L = \dfrac{1}{2\pi f_0 C}$로부터 다음과 같은 식이 성립한다.

$$f_0 = \frac{1}{2\pi\sqrt{LC}} \text{ [Hz]} \qquad \text{식 (5.128)}$$

위 식에서 f_0를 공진 주파수(resonance frequency) 또는 고유 주파수(natural frequency)라 한다.

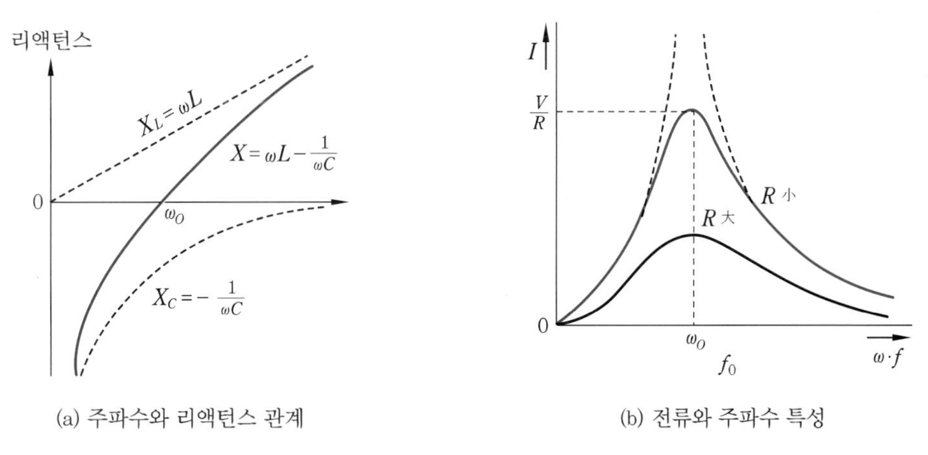

(a) 주파수와 리액턴스 관계

(b) 전류와 주파수 특성

[그림 5-32] RLC 직렬 공진 회로의 주파수 특성

[그림 5-32] (b)와 같이 공진 회로에서 주파수의 변화에 대한 전류의 변화를 나타낸 곡선을 공정 곡선(resonance curve)이라 한다. [그림 5-32] (b)에서와 같이 저항 R의 크기에 따라 공진 곡선이 달라지는데, R이 적어질수록 곡선의 모양이 뾰족해지

고 주파수의 선택성이 높다고 말한다.

직렬 공진할 때 인덕턴스 L에 걸리는 전압을 V_{L0}, 정전 용량에 걸리는 전압을 V_{C0}라 하면, V_{L0} 또는 V_{C0}와 V의 비를 양호도(quality factor) Q라 하며, 회로 상수 R, L, C에 의하여 정해지는 값으로 다음과 같이 나타낼 수 있다.

$$Q = \frac{V_{L0}}{V} = \frac{V_{C0}}{V} = \frac{\omega_0 L}{R} = \frac{1}{\omega_0 CR} \qquad \text{식 (5.129)}$$

식 (5.129)에서 인덕턴스 L이나 정전 용량 C 단자에 걸리는 전압이 전원 전압 V의 Q배로 나타낼 수 있으므로, 이때 Q를 **전압 확대율**이라고 한다. Q가 크다는 것은 주파수 선택도가 높음을 의미한다.

따라서 교류 회로에서 직렬 공진할 경우에 일부의 전압이 인가된 전압보다 더 커지는 현상이 발생할 수 있다. 이와 같은 의미에서 직렬 공진을 **전압 공진**(voltage resonance)이라고도 한다.

(2) 병렬 공진 회로

① 병렬 공진

실제의 코일에는 내부 저항이 있으므로 [그림 5-33]과 같이 인덕턴스 L[H]과 내부 저항 R[Ω]이 직렬로 연결된 코일과 정전 용량 C[F]인 콘덴서를 병렬로 접속한 회로에 주파수 f[Hz], 전압 $\dot{V}$[V]의 교류를 가할 때 L과 C에 흐르는 전류 I_L과 I_C를 다음과 같이 나타낼 수 있다.

$$\dot{I}_L = \frac{\dot{V}}{R + j\omega L} = \left(\frac{R}{R^2 + \omega^2 L^2} - j \frac{\omega L}{R^2 + \omega^2 L^2} \right) \dot{V} \text{ [A]} \qquad \text{식 (5.130)}$$

$$\dot{I}_C = j\omega C \dot{V} \text{ [A]} \qquad \text{식 (5.131)}$$

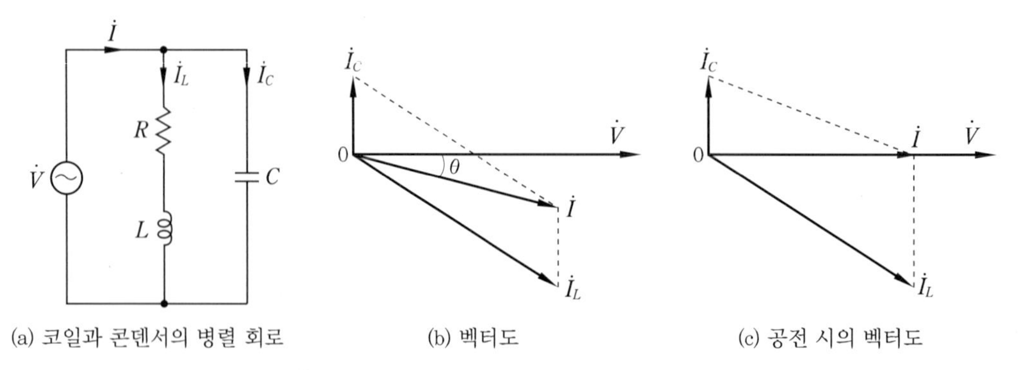

(a) 코일과 콘덴서의 병렬 회로 (b) 벡터도 (c) 공전 시의 벡터도

[그림 5-33] 실질적인 병렬 공진 회로

따라서, 합성 전류 $\dot{I}$ [A]는 다음과 같다.

$$\dot{I} = \dot{I}_L + \dot{I}_C \quad \text{식 (5.132)}$$

식 (5.132)를 계산하여 실수부와 허수부로 정리하면 다음과 같다.

$$\dot{I} = \left\{ \frac{R}{R^2 + \omega^2 L^2} + j\left(\omega C - \frac{\omega L}{R^2 + \omega^2 L^2}\right)\right\}\dot{V} \quad \text{식 (5.133)}$$

병렬 공진 시 허수 항은 0이 되므로 회로의 전전류 $\dot{I}$ 와 동상이 되고, 전류가 최소로 흐르게 된다. 이 현상을 **병렬 공진**(parallel resonance) 또는 **반공진**(anti-resonance)이라 한다.

이때의 각주파수를 ω_0, 주파수를 f_0 라 하면, 식 (5.133)으로부터 $\omega_0 C = \frac{\omega_0 L}{R^2 + {\omega_0}^2 L^2}$ 이 된다. 이를 ω_0에 대해서 정리하면 식 (5.134)와 같다.

$$\omega_0 = \sqrt{\frac{1}{LC} - \frac{R^2}{L^2}} \quad \text{식 (5.134)}$$

식 (5.134)에서 $\omega_0 = 2\pi f_0$ 이므로 공전 주파수 f_0는 다음과 같다.

$$f_0 = \frac{1}{2\pi}\sqrt{\frac{1}{LC} - \frac{R^2}{L^2}} \fallingdotseq \frac{1}{2\pi\sqrt{LC}} \text{[Hz]} \quad \text{식 (5.135)}$$

특히, 저항이 매우 작고 $\frac{1}{\sqrt{LC}} \gg \frac{R^2}{L^2}$ 이 되는 경우의 공진 주파수는 직렬 공진 회로의 공진 주파수와 같게 된다. 그리고 병렬 공진 시 공진 임피던스 Z_0는 다음과 같이 된다.

$$Z_0 = \frac{R^2 + {w_0}^2 L^2}{R} \fallingdotseq \frac{{w_0}^2 L^2}{R} \, [\Omega] \quad \text{식 (5.136)}$$

그런데 실제의 회로에서는 코일의 저항 R이 작으며, 고주파에서는 $R^2 \ll {w_0}^2 L^2$ 이므로 식 (5.136)에 식 (5.135)를 대입하면 공진 임피던스 Z_0는 다음과 같다.

$$Z_0 = \frac{L}{CR} \, [\Omega] \quad \text{식 (5.137)}$$

② 병렬 공진의 특성

병렬 공진 회로에서 전원 전압을 일정하게 유지하고 주파수를 변화시킬 때의 전류 곡선을 나타내면 [그림 5-34]와 같이 주파수가 공진 주파수 f_0일 때의 공진 임피던스가 최대가 되므로 전류는 전압과 동상이면서 최소이고, 공진 주파수보다 높은 주파수에서는 앞선 전류, 낮은 경우에는 뒤진 전류가 된다.

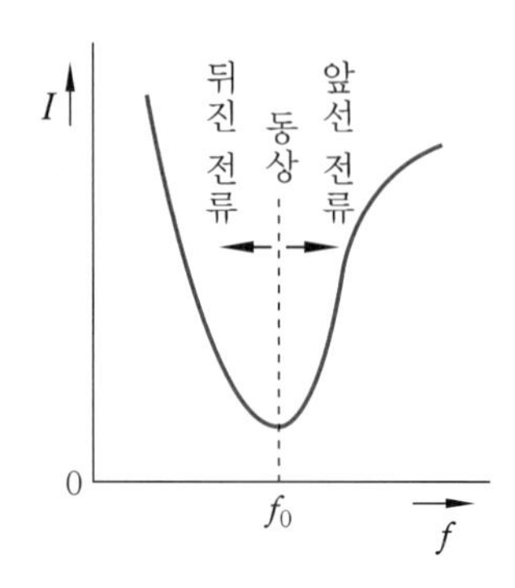

[그림 5-34] 병렬 공진 회로의 공진 곡선

따라서 교류 회로에서 병렬 공진할 경우에 일부의 전류가 전체 전류보다 더 커지는 현상이 발생할 수 있다.
이와 같은 의미에서 병렬 공진을 전류 공진(current resonance)이라고도 한다.

5-6 교류 전력

교류 회로에서도 직류 회로에서와 마찬가지로 회로에 전압과 전류의 곱으로 전력을 나타내는데, 교류 전력은 시간에 따라 변화하는 순시 전압과 순시 전류의 곱으로 나타낸 순시 전력을 1주기 동안 평균한 값을 간단히 전력 또는 **평균 전력**, **유효 전력**이라 한다. 여기서는 교류 회로에서의 전압과 전류의 곱의 관계를 이용한 여러 가지 전력의 관계를 알아보기로 한다.

(1) 교류 전력과 역률

① 저항 부하의 전력

저항 $R[\Omega]$만의 부하 회로에 정현파 교류 전압 $v = \sqrt{2}\,V\sin\omega t$[V]를 가할 때 회로에 흐르는 전류 i는 전압 v와 동상으로 다음과 같다.

$$i = \frac{v}{R} = \sqrt{2}\frac{V}{R}\sin\omega t = \sqrt{2}I\sin\omega t[\mathrm{A}] \qquad \text{식 (5.138)}$$

여기서 $I = \frac{V}{R}$이고, 저항에서의 순시 전력 p는 다음과 같이 된다.

$$p = vi = \sqrt{2}V\sin\omega t \cdot \sqrt{2}I\sin\omega t = 2VI\sin^2\omega t \qquad \text{식 (5.139)}$$

식 (5.139)에 삼각 함수 계산 공식($2\sin^2\omega t = 1 - \cos 2\omega t$)을 대입하여 정리하면 다음과 같다.

$$p = VI(1 - \cos 2\omega t) = VI - VI\cos 2\omega t \ [\mathrm{W}] \qquad \text{식 (5.140)}$$

교류 전력 P는 순시 전력을 평균한 전력을 말한다. 따라서 식 (5.140)에서 첫째 항은 시간에 무관한 직류분 성분이고, 둘째 항은 전원 전압의 2배의 주파수로 나타나므로 1주기를 평균하면 0이 된다.
그러므로 저항 R만인 부하 회로에서의 교류 전력 P는 순시 전력을 평균한 값으로 다음과 같이 된다.

$$P = VI[\mathrm{W}] \qquad \text{식 (5.141)}$$

따라서 저항 $R[\Omega]$ 부하의 전력은 전압의 실횻값과 전류의 실횻값을 곱한 것과 같다.

② 인덕턴스(L) 부하의 전력

자체 인덕턴스 L[H]만의 부하 회로에 [그림 5-35]와 같이 정현파 교류 전압 $v = \sqrt{2}V\sin\omega t$[V]를 가할 때 회로에 흐르는 전류 i는 전압 v보다 $\frac{\pi}{2}$[rad]만큼 뒤지므로 다음과 같이 된다.

$$i = \frac{v}{\omega L} = \sqrt{2}\frac{V}{\omega L}\sin\left(\omega t - \frac{\pi}{2}\right) = \sqrt{2}I\sin\left(\omega t - \frac{\pi}{2}\right) = -\sqrt{2}I\cos\omega t \ [\mathrm{A}] \qquad \text{식 (5.142)}$$

여기서 $I = \frac{V}{\omega L}$이고, 인덕턴스에 공급되는 순시 전력 p는 다음과 같이 된다.

$$p = vi = \sqrt{2}V\sin\omega t \cdot (-\sqrt{2}I\cos\omega t) = -2VI\sin\omega t\cos\omega t \qquad \text{식 (5.143)}$$

식 (5.143)에 삼각 함수 계산 공식($2\sin\omega t\cos\omega t = \sin 2\omega t$)을 대입하여 정리하면 다음과 같다.

$$p = -VI\sin 2\omega t\,[\mathrm{V \cdot A}] \qquad \text{식 (5.144)}$$

따라서 교류 회로에서 인덕턴스 부하에 전류가 흘러도 인덕턴스 L에서는 에너지의 충전과 방전만을 되풀이하며 전력 소비는 없다.

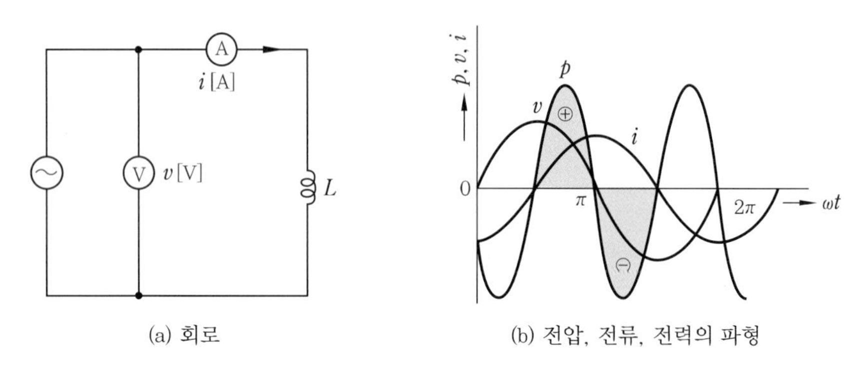

(a) 회로

(b) 전압, 전류, 전력의 파형

[그림 5-35] 인덕턴스(L)만의 회로 전력

③ 정전 용량(C) 부하의 전력

정전 용량 C[F]만의 부하 회로에 [그림 5-36]과 같이 정현파 교류 전압 $v = \sqrt{2}v\sin\omega t$ [V]를 가할 때 회로에 흐르는 전류 i는 전압 v보다 $\frac{\pi}{2}$[rad]만큼 앞서므로 다음과 같이 된다.

$$i = \omega Cv = \sqrt{2}\omega CV\sin\left(\omega t + \frac{\pi}{2}\right) = \sqrt{2}I\sin\left(\omega t + \frac{\pi}{2}\right) = \sqrt{2}I\cos\omega t\ [\mathrm{A}] \qquad \text{식 (5.145)}$$

여기서 $I = \omega CV$이고 정전 용량에 공급되는 순시 전력 p는 다음과 같이 된다.

$$p = vi = \sqrt{2}V\sin\omega t \times \sqrt{2}I\cos\omega t = 2VI\sin\omega t\cos\omega t \qquad \text{식 (5.146)}$$

식 (5.146)에 삼각 함수 계산 공식($2\sin\omega t\cos\omega t = \sin 2\omega t$)을 대입하여 정리하면 다음과 같다.

$$p = VI\sin 2\omega t \qquad \text{식 (5.147)}$$

식 (5.147)에서 순시 전력 p는 [그림 6-36] (b)와 같이 전압과 전류보다 각주파수가 2배 빠르게 변화하지만 1주기에 대한 평균값을 구하면 1이 된다.

따라서 교류 회로에서 정전 용량 부하에 전류가 흘러도 정전 용량 C에서는 에너지의 충전과 방전만을 되풀이하며 전력 소비는 없다.

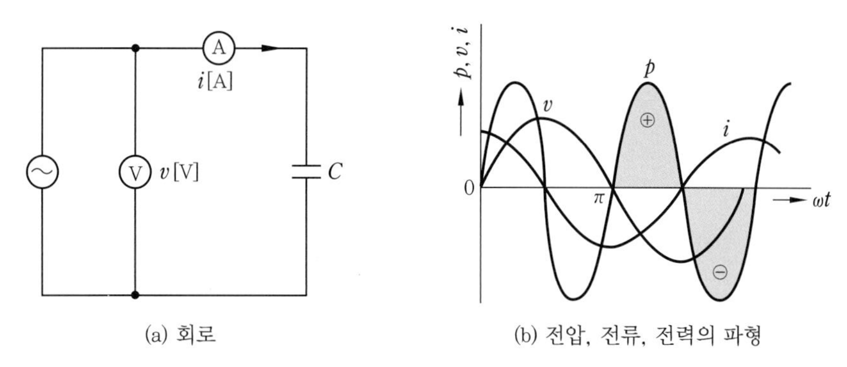

[그림 5-36] 정전 용량(C)만의 회로 전력

④ RL 직렬 회로의 전력

저항 R과 인덕턴스 L이 직렬로 접속된 회로에 [그림 5-37]과 같이 정현파 교류 전압 $v=\sqrt{2}\,V\sin\omega t$[V]를 가할 때 회로에 흐르는 전류 i는 전압 v보다 θ[rad]만큼 뒤지므로 다음과 같이 된다.

$$i=\frac{v}{Z}=\sqrt{2}\,\frac{V}{Z}\sin(\omega t-\theta)=\sqrt{2}\,I\sin(\omega t-\theta)=\sqrt{2}\,I\cos\omega t\text{[A]} \quad \text{식 (5.148)}$$

여기서 $Z=\sqrt{R^2+(\omega L)^2}$, $I=\frac{V}{Z}$, $\theta=\tan^{-1}\frac{\omega L}{R}$이고, 이 회로의 순시 전력 p는 다음과 같이 된다.

$$p=vi=\sqrt{2}\,V\sin\omega t\times\sqrt{2}\,I\sin(\omega t-\theta)=2VI\sin\omega t\sin(\omega t-\theta) \quad \text{식 (5.149)}$$

식 (5.149)에 다음 삼각 함수 계산 공식 $[2\sin\omega t\sin(\omega t-\theta)=\cos\theta-\cos(2\omega t-\theta)]$을 대입하여 정리하면 다음과 같다.

$$p=VI\cos\theta-VI\cos(2\omega t-\theta)\ \text{[V·A]} \quad \text{식 (5.150)}$$

식 (5.150)에서 순시 전력 p는 [그림 5-37] (b)와 같이 첫째 항은 시간 t와 무관한 값이며, 둘째 항은 전원의 전압과 전류보다 각주파수가 2배 빠르게 변화하지만 1주기에 대한 평균값을 구하면 0이 된다.

[그림 5-37] (b)의 순시 전력 곡선에서 ⊕ 전력의 윗부분과 ⊖ 전력 부분이 서로

상쇄되어 순시 전력의 평균값은 [그림 5-37] (b)에서 높이 P의 점선으로 나타낼 수 있다.

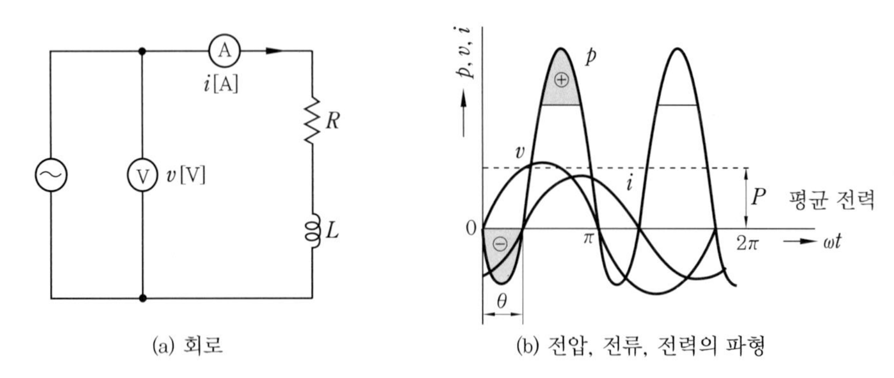

(a) 회로 (b) 전압, 전류, 전력의 파형

[그림 5-37] RL 직렬 회로의 전력

⑤ 역률

교류 회로의 전력은 순시 전력의 평균값으로 $P = VI\cos\theta$ [W]와 같이 나타낸다. 여기서 θ는 회로에 가한 전압과 전류의 위상차이다.

따라서 저항 R만의 회로의 전력은 전압과 전류가 동상인 경우 위상차가 0이므로 $\cos\theta = 1$로 되어 전력은 $P = VI$로 나타내어지며, 직류 회로의 경우와 같이 취급할 수 있다.

그러나 RLC 회로와 같이 리액턴스 성분이 있으면 전압 v와 전류 i 사이에 위상차 θ가 생겨 저항 R만인 회로의 전력에 $\cos\theta$를 곱한 만큼의 전력이 소비된다.

따라서 $\cos\theta$를 전원에서 공급된 전력이 부하에서 유효하게 이용되는 비율이라는 의미에서 역률(PF : power factor)이라고 하며, θ를 역률각이라 한다.

역률은 수치 또는 백분율로 나타내며, 다음과 같은 식으로 나타낼 수 있다.

$$\text{역률}(PF) : \cos\theta = \frac{P}{VI} \text{ 또는 } \cos\theta = \frac{P}{VI} \times 100\,\% \qquad \text{식 (5.151)}$$

(2) 무효 전력과 피상 전력

① 유효 전력과 무효 전력

[그림 5-38] (a)와 같은 회로에서 인가 전압 $\dot{V}$와 전류 $\dot{I}$ 사이에 θ의 위상차가 있을 때 이 전류 $\dot{I}$를 전압과 동상인 성분 $I\cos\theta$와 전압과 $\frac{\pi}{2}$[rad]의 위상차를 갖는 성분 $I\cos\theta$로 나눌 수 있다.

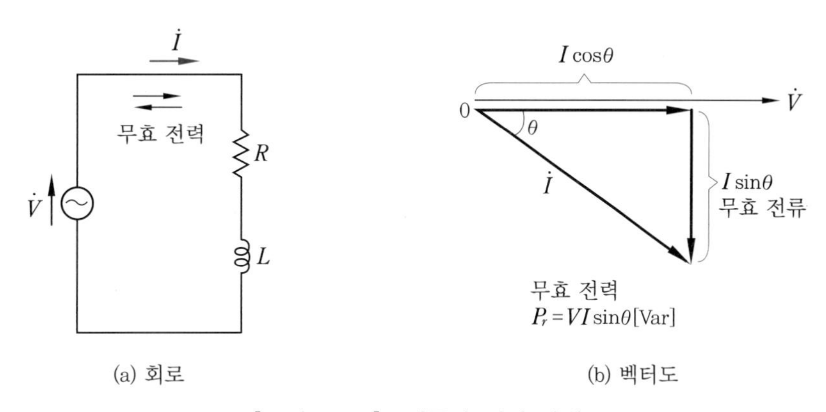

[그림 5-38] 전류와 전력 관계

여기서, $I\cos\theta$ 는 전압과 동상이고 평균 전력 $VI\cos\theta$ 에 관계가 있으므로 **유효 전류** I_p라 하고, $I\sin\theta$는 전압과 $\frac{\pi}{2}$[rad]의 위상차가 있으므로 부하에서 전력이 소비되지 않고 부하와 전원 사이에 충전과 방전이 반복되는 평균 전력과 관계가 없으므로 **무효 전류** I_r이라 한다.

따라서 전압과 유효 전류 $I\cos\theta$ 의 곱 $VI\cos\theta$ 를 **유효 전력**(active power) P 또는 **평균 전력**, 간단히 **전력**이라 하고, 단위로는 **와트[W]**를 사용한다.

$$P = VI\cos\theta\ [\mathrm{W}] \qquad \text{식 (5.152)}$$

그리고 전압과 무효 전류 $I\sin\theta$의 곱 $VI\cos\theta$ 를 **무효 전력**(reactive power) P_r이라 하고, 단위로는 바(volt ampere reactive, [Var])를 사용한다.

$$P_r = VI\sin\theta[\mathrm{Var}] \qquad \text{식 (5.153)}$$

여기서, $\sin\theta$를 **무효율**(RF : reactive factor)이라 하고, 무효율 $\sin\theta$와 역률 $\cos\theta$ 사이에는 다음과 같은 관계가 있다.

$$\sin\theta = \sqrt{1-\cos^2\theta}\ [\mathrm{Var}] \qquad \text{식 (5.154)}$$

② 피상 전력

교류 회로에서 전압 V[V]와 흐르는 전류의 크기 I[A]만의 곱 VI를 **피상 전력**(apparent power) P_a이라 하고, 단위는 볼트 암페어(volt-ampere, [VA])를 사용한다.

이는 회로에 인가된 전압과 전류 사이의 위상차를 고려하지 않고 전압과 전류의 크기만을 생각하기 때문에 **겉보기 전력**이라고도 한다. 따라서 피상 전력 P_a는 다음과 같다.

$$P_a = VI = \frac{V^2}{Z} = I^2 Z \text{ [VA]} \qquad \text{식 (5.155)}$$

그리고 전력 계산을 간단하게 하기 위해 **피상 전력** P_a를 복소 기호법으로 나타내면 **유효 전력** P를 실수부, **무효 전력** P_r을 허수부에 나타낼 수 있는데, 이를 복소 전력(complex power)이라 한다.

$$\dot{P}_a = VI\cos\theta + jVI\sin\theta = P + jP_r \text{ [VA]} \qquad \text{식 (5.156)}$$

피상 전력의 크기와 위상차는 다음과 같이 된다.

$$P_a = \sqrt{P^2 + P_r^2} \text{ [VA]} \qquad \text{식 (5.157)}$$

$$\theta = \tan^{-1}\frac{P_r}{P}, \ \cos\theta = \frac{P}{P_a}, \ \sin\theta = \frac{P_r}{P_a} \text{[VA]} \qquad \text{식 (5.158)}$$

>>> 제5장

연습문제

1. 순시 전압 $v = 200\sin\omega t$[V]일 때, 전압 파형의 최댓값 V_m과 피크값 V_{p-p}[V]는 얼마인가?

2. 정현파 교류 전압과 전류의 순싯값 $v = 200\sin\omega t$[V], $i = 5\sin\omega t$[A]일 때 전압과 전류의 실횻값은 얼마인가?

3. 가정용 전등선의 전압은 실횻값으로 220[V]이다. 이 교류 전압의 평균값은 얼마인가?

4. 200[mH]의 인덕턴스에 200[V]의 교류 전압을 가하면 전류 I는 몇 [A]인가?
(단, 교류 전압의 주파수는 $f = 60$[Hz]이다.)

5. 자체 인덕턴스 L[H]인 코일에 100[V], 60[Hz]의 교류 전압을 가할 때 2.5[A]의 전류가 흘렀다. 코일의 자체 인덕턴스는 얼마인가?

6. 정전 용량 20[μF]인 콘덴서에 200[V] 교류 전압을 가할 때 용량 리액턴스 X_C와 전류 I[A]는 얼마인가? (단, 교류 전압의 주파수는 f=60[Hz]이다.)

7. 어떤 콘덴서에 60[Hz] 교류 전압을 가할 때 용량 리액턴스가 500[Ω]으로 작용하면 콘덴서의 정전 용량 C[μF]은 얼마인가?

8. 저항 $R = 8[\Omega]$과 유도 리액턴스 $\omega L = 6[\Omega]$인 코일이 직렬로 연결된 회로의 임피던스는 몇 [Ω]인가?

9. 저항 $R = 3[\Omega]$과 용량 리액턴스 $\frac{1}{\omega C} = 4[\Omega]$인 콘덴서가 직렬로 연결된 회로의 임피던스는 몇 [Ω]인가?

10. 저항 $R = 30[\Omega]$, 유도 리액턴스 $X_L = 60[\Omega]$, 용량 리액턴스 $X_C = 20[\Omega]$인 RLC 직렬 회로에 100[V]의 교류 전압을 가할 때 합성 임피던스 $Z[\Omega]$, 전류 I[A]와 용량 리액턴스에 걸리는 전압 V_C[V]는 얼마인가?

Chapter 06

3상 교류 회로

교류 회로에서 주파수는 같지만 위상이 다른 여러 개의 단상 기전력이 동시에 존재하는 교류 방식을 다상 방식(polyphase system)이라 하며, 다상 방식 중에서 현재 산업 현장에서 가장 많이 사용되는 방식은 3상 방식이다. 따라서 여기서는 3상 교류 회로에 대해서 알아보기로 한다.

6-1 3상 교류

(1) 3상 교류의 발생

평등 자기장 내에서 동일한 구조를 갖는 3개의 코일 a, b, c를 기하학적으로 $\frac{2\pi}{3}$ [rad]만큼씩의 간격을 두고 [그림 6-1] (a)와 같이 배치시킨 다음, 반시계 방향으로 회전시키면 각 코일에는 [그림 6-1] (b)와 같이 서로 $\frac{2\pi}{3}$ [rad]만큼의 위상차를 가지고 크기가 같은 3개의 정현파 전압이 발생한다.

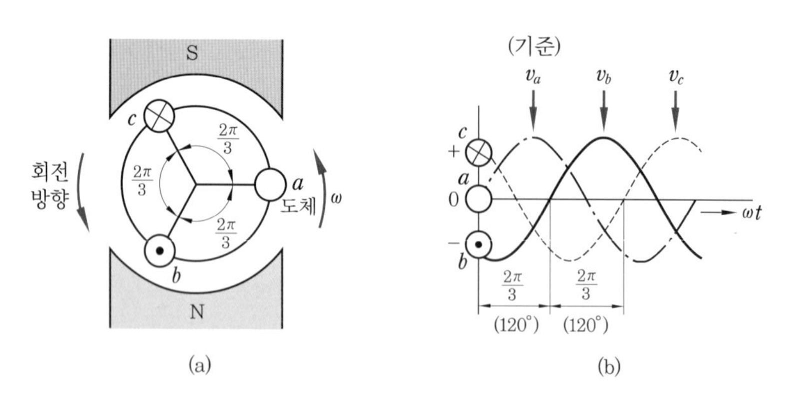

[그림 6-1] 3상 교류의 발생

이와 같이 주파수가 동일하고 위상이 $\frac{2\pi}{3}$ [rad]만큼씩 다른 3개의 파형을 3상 교류(three-phase alternating current)라고 한다.

이때 코일을 반시계 방향으로 각속도 ω[rad/s]의 속도로 회전시키면 코일 a에서 발생하는 순시 전압 v_a를 기준으로 하여 각 코일에 발생되는 전압들의 최댓값에 도달하는 순서를 상순(phase sequence) 또는 상회전순(phase rotation sequence)이라고 하며, 이 경우의 상순은 시계 방향으로 $v_a \rightarrow v_b \rightarrow v_c$의 순서이다.

이와 같이 위상이 빠른 순서대로 a상, b상, c상이라 부르며 각 코일 전압의 실횻값을 V[V]라 하면 각 상의 순시 전압은 다음과 같이 된다.

$$\left.\begin{aligned} v_a &= \sqrt{2}\,V\sin\omega t\,[\mathrm{V}] \\ v_b &= \sqrt{2}\,V\sin\left(\omega t - \frac{2\pi}{3}\right)[\mathrm{V}] \\ v_c &= \sqrt{2}\,V\sin\left(\omega t - \frac{4\pi}{3}\right)[\mathrm{V}] \end{aligned}\right\} \qquad \text{식 (6.1)}$$

식 (6.1)로부터 3상 교류는 실횻값이 서로 같고 $\frac{2\pi}{3}$[rad]만큼의 위상차를 가지는 교류를 대칭 3상 교류(symmetrical three-phase AC)라 하며, 그렇지 못한 3상 교류를 비대칭 3상 교류(asymmetrical three-phase AC)라 한다.

(2) 3상 교류의 표시

① 3상 교류의 벡터 표시

식 (6.1)의 3상 교류를 벡터도로 나타내면 [그림 6-2] (a)와 같이 된다. 이 경우 $\dot{V}_a$를 기준 벡터로 하여 위상이 각각 $\frac{2\pi}{3}$[rad], $\frac{4\pi}{3}$[rad]만큼 뒤지게 하여 상전압 $\dot{V}_b$, $\dot{V}_c$를 그린 것이다. [그림 6-2] (b)에서와 같이 대칭 3상 벡터 전압의 합은 0이 된다.

$$\dot{V}_a + \dot{V}_b + \dot{V}_c = 0 \qquad \text{식 (6.2)}$$

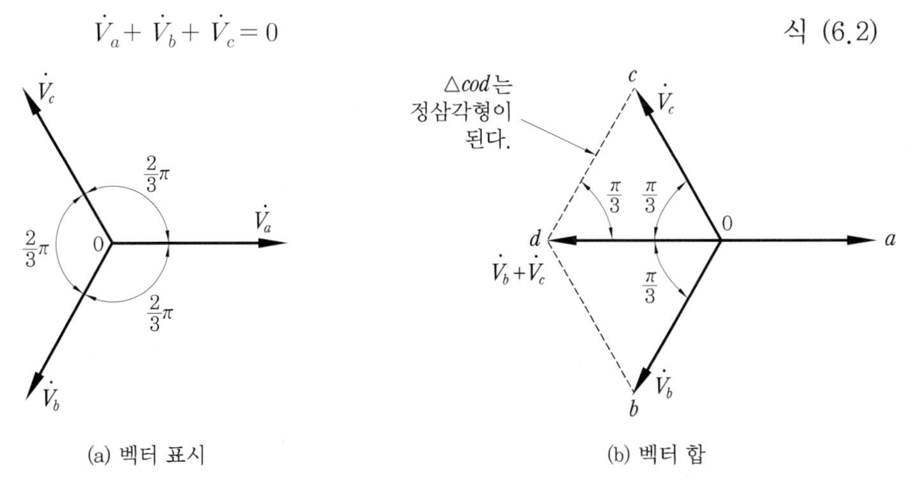

[그림 6-2] 3상 교류의 벡터 표시 및 벡터 합

이와 같이 대칭 3상 교류 전압의 벡터 합이 0이 되므로 대칭 3상 교류 전류에서도 똑같이 성립된다.

② 3상 교류의 기호법 표시

전압의 크기가 V[V]이고, 상순이 a, b, c 인 대칭 3상 전압을 a 상 전압 $\dot{V}_a$ 를 기준 벡터로 하여 직각 좌표축상의 2개의 성분으로 나누어 나타내면 [그림 6-3] (a)와 같이 된다.

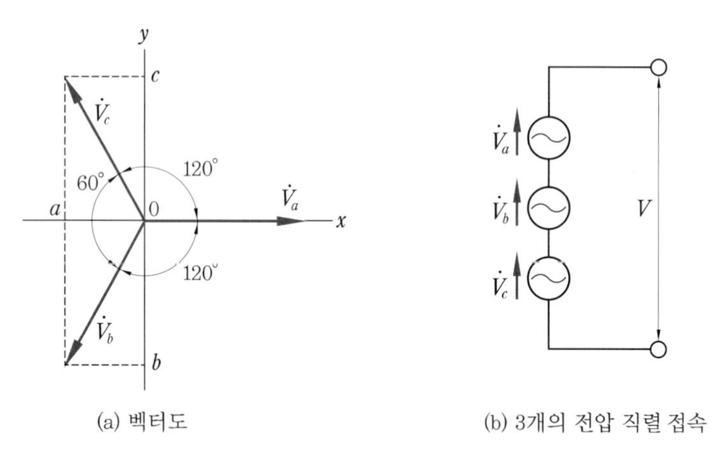

(a) 벡터도　　(b) 3개의 전압 직렬 접속

[그림 6-3] 대칭 3상 전압의 분해

그리고 대칭 3상 전압 $\dot{V}_a$ 를 기준으로 기호법으로 나타내면 다음과 같이 된다.

$$\dot{V}_a = V\angle 0\,[\mathrm{V}]$$

$$\dot{V}_b = V\varepsilon^{-j\frac{2\pi}{3}} = V\angle -\frac{2\pi}{3} = V\left(\cos\frac{2\pi}{3} - j\sin\frac{2\pi}{3}\right) = V\left(-\frac{1}{2} - j\frac{\sqrt{3}}{2}\right)[\mathrm{V}]$$

$$\dot{V}_c = V\varepsilon^{-j\frac{4\pi}{3}} = V\angle -\frac{4\pi}{3} = V\left(\cos\frac{4\pi}{3} - j\sin\frac{4\pi}{3}\right) = V\left(-\frac{1}{2} - j\frac{\sqrt{3}}{2}\right)[\mathrm{V}] \qquad \text{식 (6.3)}$$

3상 교류 회로에서는 식 (6.3)을 간단히 표시하기 위하여 상(phase) 연산자를 사용하는데 이를 나타내면 다음과 같다.

$$a = \varepsilon^{j\frac{2\pi}{3}}\left(-\varepsilon^{-j\frac{4\pi}{3}}\right) = \cos\frac{2\pi}{3} + j\sin\frac{2\pi}{3} = -\frac{1}{2} + j\frac{\sqrt{3}}{2}$$

$$a^2 = \omega^{j\frac{4\pi}{3}}\left(-\varepsilon^{-j\frac{2\pi}{3}}\right) = \cos\frac{4\pi}{3} + j\sin\frac{4\pi}{3} = -\frac{1}{2} + j\frac{\sqrt{3}}{2}$$

$$a^2 = 1, \quad 1 + a + a^2 = 0 \qquad \text{식 (6.4)}$$

식 (6.3)을 식 (6.4)의 상 연산자를 대입하여 나타내면 다음과 같이 간단히 나타낼 수 있다.

$$\dot{V}_a = V, \qquad \dot{V}_b = a^2 V, \qquad \dot{V}_c = aV \qquad \text{식 (6.5)}$$

따라서 식 (6.5)를 이용하여 평형 3상 전압의 벡터 합은 다음과 같이 된다.

$$\dot{V}_a + \dot{V}_b + \dot{V}_c = V + a^2 V + aV = V(1 + a^2 + a) = 0 \qquad \text{식 (6.6)}$$

또한, 대칭 3상 전류도 전압과 같은 방법으로 기호법에 의해 나타낼 수 있다.

(3) 3상 교류의 결선

3상 교류의 결선, 즉 3개의 상을 접속하는 방법에는 Y결선법과 Δ결선법을 주로 사용하며, 경우에 따라 V결선법 등이 사용되는 경우도 있다. 이는 3상 부하 회로 접속법에도 사용된다.

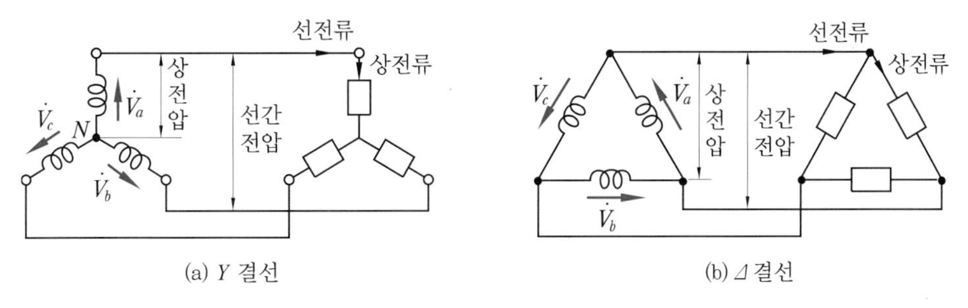

[그림 6-4] Y결선과 Δ결선의 전압과 전류

[그림 6-4]에서 각 상(phase)의 전압을 상전압(phase voltage) V_p라 하고, 각 상에 흐르는 전류를 상전류(phase current) I_p라 하며, 부하에 전력을 공급하는 도선 사이의 전압을 선간 전압(line voltage) V_l, 도선에 흐르는 전류를 선전류(line current) I_l이라 한다.

① Y결선과 전압

[그림 6-5]와 같이 전원과 부하를 Y형으로 접속하는 방법을 Y결선(Y-connection) 또는 성형 결선(star connection)이라 한다.

[그림 6-5] (a)의 대칭 3상 회로에서 $\dot{V}_a$, $\dot{V}_b$, $\dot{V}_c$를 상전압이라 하면, 각 선간 전압은 상전압의 차가 되므로 다음과 같은 관계가 성립된다.

$$\left.\begin{aligned}\dot{V}_{ab} &= \dot{V}_a - \dot{V}_b\,[\mathrm{V}]\\ \dot{V}_{bc} &= \dot{V}_b - \dot{V}_c\,[\mathrm{V}]\\ \dot{V}_{ca} &= \dot{V}_c - \dot{V}_a\,[\mathrm{V}]\end{aligned}\right\} \qquad \text{식 (6.7)}$$

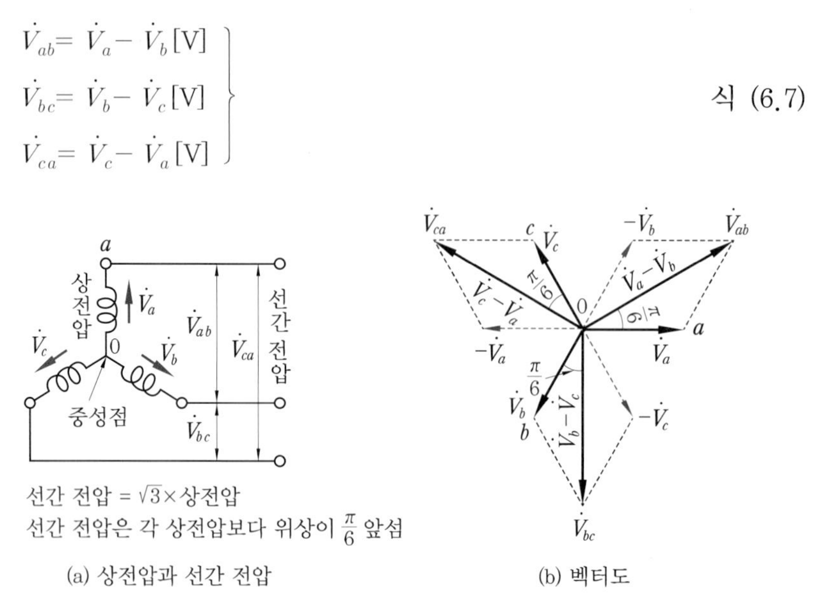

(a) 상전압과 선간 전압 (b) 벡터도

[그림 6-5] Y 결선의 상전압과 선간 전압

[그림 6-5] (b)에서 선간 전압 $\dot{V}_{ab}$, $\dot{V}_{bc}$, $\dot{V}_{ca}$ 의 위상은 $\dot{V}_a$, $\dot{V}_b$, $\dot{V}_c$보다 각각 $\frac{\pi}{6}$[rad] 앞서게 되고 크기는 벡터도로부터 $\dot{V}_{ab}$와 $\dot{V}_a$의 관계에서 $V_{ab} = 2V_a \cos\frac{\pi}{6} = \sqrt{3}\,V_a\,[\mathrm{V}]$가 되므로 b상과 c상도 마찬가지로 성립된다.

이를 극형식 또는 극좌표식으로 나타내면 다음과 같이 된다.

$$\left.\begin{aligned}\dot{V}_{ab} &= \sqrt{3}\,\dot{V}_a\angle\frac{\pi}{6} = \sqrt{3}\,V_a\angle\frac{\pi}{6}\,[\mathrm{V}]\\ \dot{V}_{bc} &= \sqrt{3}\,\dot{V}_b\angle\frac{\pi}{6} = \sqrt{3}\,V_a\angle-\frac{2\pi}{3}+\frac{\pi}{6}\,[\mathrm{V}]\\ \dot{V}_{ca} &= \sqrt{3}\,\dot{V}_c\angle\frac{\pi}{6} = \sqrt{3}\,V_a\angle-\frac{4\pi}{3}+\frac{\pi}{6}\,[\mathrm{V}]\end{aligned}\right\} \qquad \text{식 (6.8)}$$

식 (6.8)에서 대칭 3상 회로의 선간 전압 V_l과 상전압 V_p 사이에는 다음 관계식이 성립된다.

$$V_l = \sqrt{3}\,V_p\angle\frac{\pi}{6}\,[\mathrm{V}] \qquad \text{식 (6.9)}$$

따라서 Y결선에서 선간 전압 V_l의 크기는 상전압 V_p의 $\sqrt{3}$ 배이며, 위상이 $\frac{\pi}{6}$ [rad]$(=30°)$만큼 앞선다.

② $Y-Y$ 결선과 전류

3상 대칭 전원과 임피던스 $\dot{Z}=R+jX=Z\angle\theta[\Omega]$, $\theta=\tan^{-1}\dfrac{X}{R}$인 평형 부하를 [그림 6-6] (a)와 같이 $Y-Y$ 접속되어 있을 때, 각 상에 흐르는 상전류 $\dot{I}_a$, $\dot{I}_b$, $\dot{I}_c$는 다음과 같이 된다.

$$\left.\begin{aligned}\dot{I}_a&=\frac{\dot{V}_a}{\dot{Z}}=\frac{\dot{V}_a}{Z}\angle-\theta=\frac{V_a}{Z}\angle-\theta[\mathrm{A}]\\ \dot{I}_b&=\frac{\dot{V}_b}{\dot{Z}}=\frac{\dot{V}_b}{Z}\angle-\theta=\frac{V_a}{Z}\angle-\frac{2\pi}{3}[\mathrm{A}]\\ \dot{I}_c&=\frac{\dot{V}_c}{\dot{Z}}=\frac{\dot{V}_c}{Z}\angle-\theta=\frac{V_a}{Z}\angle-\frac{4\pi}{3}[\mathrm{A}]\end{aligned}\right\}\qquad \text{식 (6.10)}$$

식 (6.10)에서 상전류 $\dot{I}_a$, $\dot{I}_b$, $\dot{I}_c$의 위상은 $\dot{V}_a$, $\dot{V}_b$, $\dot{V}_c$ 보다 각각 임피던스각 θ[rad]만큼 뒤지게 된다. 이를 [그림 6-6] (c)와 같이 나타낼 수 있다.

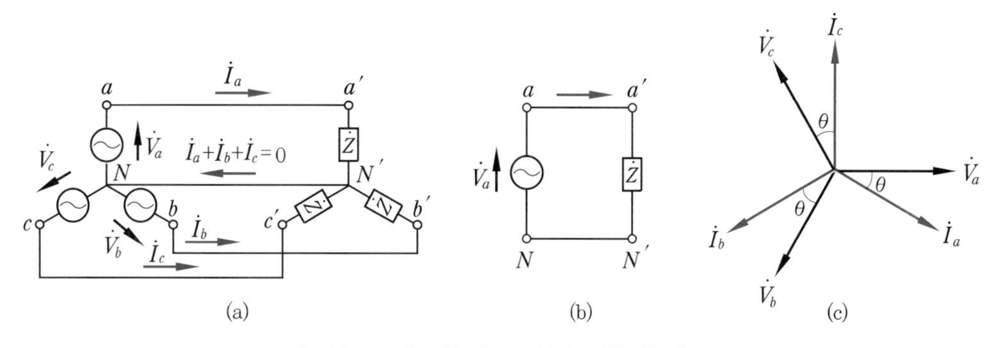

[그림 6-6] $Y-Y$ 결선과 전류 벡터도

그리고 $Y-Y$ 결선 회로에서는 상전류 $\dot{I}_p$가 그대로 선전류 $\dot{I}_l$이 되므로 다음과 같은 관계가 성립한다.

$$I_l=I_p[\mathrm{A}] \qquad \text{식 (6.11)}$$

[그림 6-6]과 같이 대칭 3상 전원에 평형 3상 부하를 접속한 회로를 평형 3상 회로(balance three-phase circuit)라 한다. 이때 중성점(neutral point) 간에 흐르는 전류 $\dot{I}_N$는 다음과 같이 된다.

$$\dot{I}_N=\dot{I}_a+\dot{I}_b+\dot{I}_c=0\ [\mathrm{V}] \qquad \text{식 (6.12)}$$

따라서 평형 3상 회로의 중성선(neutral line)에는 전류가 흐르지 않는다.

③ Δ 결선과 전압

[그림 6-7]과 같이 전원과 부하를 Δ 형으로 접속하는 방법을 Δ 결선(delta connection) 또는 삼각 결선이라 한다.

[그림 6-7] (a)의 대칭 3상 회로에서 $\dot{V}_a$, $\dot{V}_b$, $\dot{V}_c$를 상전압이라 하면 그대로 각 선간 전압 $\dot{V}_{ab}$, $\dot{V}_{bc}$, $\dot{V}_{ca}$가 되므로 상전압과 선간 전압의 관계는 다음과 같이 동일하다.

$$\dot{V}_{ab} = \dot{V}_a \,[\mathrm{V}], \quad \dot{V}_{bc} = \dot{V}_b \,[\mathrm{V}], \quad \dot{V}_{ca} = \dot{V}_c \,[\mathrm{V}] \qquad \text{식 (6.13)}$$

$$\therefore\ V_l = V_p \,[\mathrm{V}] \qquad \text{식 (6.14)}$$

Δ 결선에서 대칭 3상 전압의 경우에는 $\dot{V}_a + \dot{V}_b + \dot{V}_c = 0[\mathrm{V}]$가 된다.

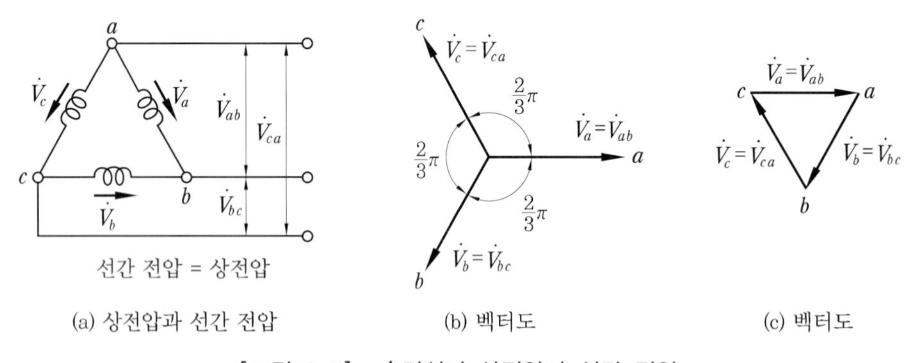

[그림 6-7] Δ 결선과 상전압과 선간 전압

④ Δ-Δ 결선과 전류

3상 대칭 전원과 임피던스 $\dot{Z} = R + jX = Z\angle\theta[\Omega]$, $\theta = \tan^{-1}\dfrac{X}{R}$인 평형 부하를 [그림 6-8] (a)와 같이 Δ-Δ 접속되어 있을 때 각 상에 흐르는 상전류 $\dot{I}_{ab}$, $\dot{I}_{bc}$, $\dot{I}_{ca}$는 다음과 같이 된다.

$$\left.\begin{aligned} \dot{I}_{ab} &= \frac{\dot{V}_a}{\dot{Z}} = \frac{\dot{V}_a}{Z}\angle-\theta = \frac{V_a}{Z}\angle-\theta\,[\mathrm{A}] \\ \dot{I}_{bc} &= \frac{\dot{V}_b}{\dot{Z}} = \frac{\dot{V}_b}{Z}\angle-\theta = \frac{V_a}{Z}\angle-\frac{2\pi}{3}\,[\mathrm{A}] \\ \dot{I}_{ca} &= \frac{\dot{V}_c}{\dot{Z}} = \frac{\dot{V}_c}{Z}\angle-\theta = \frac{V_a}{Z}\angle-\frac{4\pi}{3}r\,[\mathrm{A}] \end{aligned}\right\} \qquad \text{식 (6.15)}$$

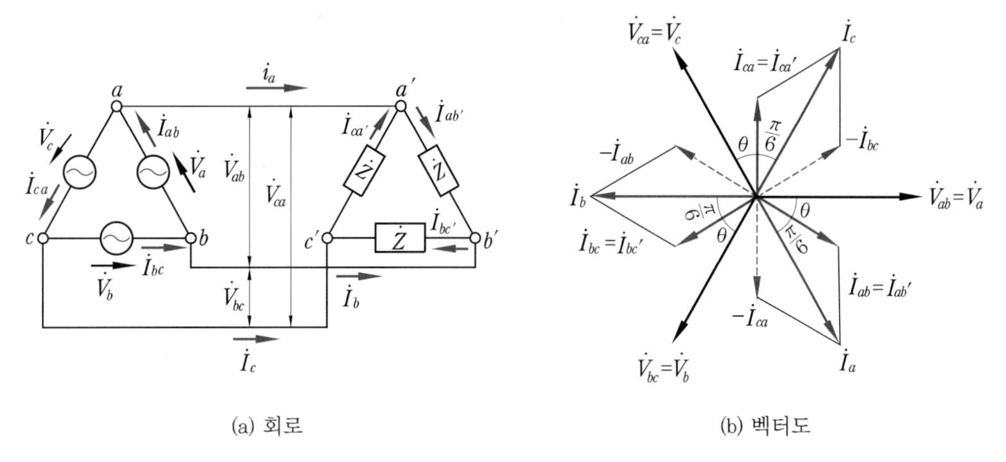

(a) 회로 (b) 벡터도

[그림 6-8] Δ-Δ 결선과 전류 벡터

그리고 Δ결선에서 선전류를 $\dot{I}_a$, $\dot{I}_b$, $\dot{I}_c$라 하면 상전류 $\dot{I}_{ab}$, $\dot{I}_{bc}$, $\dot{I}_{ca}$와의 관계는 다음과 같이 된다.

$$\left.\begin{aligned}\dot{I}_a &= \dot{I}_{ab} - \dot{I}_{ca}\,[\mathrm{A}]\\ \dot{I}_b &= \dot{I}_{bc} - \dot{I}_{ab}\,[\mathrm{A}]\\ \dot{I}_c &= \dot{I}_{ca} - \dot{I}_{bc}\,[\mathrm{A}]\end{aligned}\right\} \qquad \text{식 (6.16)}$$

[그림 6-8] (b)와 같이 선전류 $\dot{I}_a$, $\dot{I}_b$, $\dot{I}_c$의 위상은 상전류 $\dot{I}_{ab}$, $\dot{I}_{bc}$, $\dot{I}_{ca}$보다 각각 $\frac{\pi}{6}$ [rad] 뒤지게 되고, 크기는 벡터도로부터 $\dot{I}_a$와 $\dot{I}_{ab}$의 관계에서 $\dot{I}_a = 2I_{ab}\cos\frac{\pi}{6} = \sqrt{3}\,I_{ab}$ [A]가 되므로 b상과 c상도 마찬가지로 성립된다.

$$\left.\begin{aligned}\dot{I}_a &= \sqrt{3}\,\dot{I}_{ab}\angle -\frac{\pi}{6} = \sqrt{3}\,\dot{I}_{ab}\angle\frac{\pi}{6}\,[\mathrm{A}]\\ \dot{I}_b &= \sqrt{3}\,\dot{I}_{bc}\angle -\frac{\pi}{6} = \sqrt{3}\,\dot{I}_{ab}\angle -\frac{2\pi}{3}-\frac{\pi}{6}\,[\mathrm{A}]\\ \dot{I}_c &= \sqrt{3}\,\dot{I}_{ca}\angle -\frac{\pi}{6} = \sqrt{3}\,\dot{I}_{ab}\angle -\frac{4\pi}{3}-\frac{\pi}{6}\,[\mathrm{A}]\end{aligned}\right\} \qquad \text{식 (6.17)}$$

이를 극형식 또는 극좌표식으로 나타내면 식 (6.17)과 같이 된다. 식 (6.17)에서 대칭 3상 회로의 선전류 I_l과 상전류 I_p 사이에는 다음 관계식이 성립된다.

$$I_l = \sqrt{3}\,I_p\angle -\frac{\pi}{6}\,[\mathrm{A}] \qquad \text{식 (6.18)}$$

따라서 Δ 결선에서 선전류 I_l의 크기는 상전류 I_p의 $\sqrt{3}$ 배이며 위상이 $\frac{\pi}{6}$[rad] (= 30°)만큼 뒤진다.

6-2 3상 부하 회로의 계산

(1) 불평형 3상 부하의 Y 결선

[그림 6-9] (a)와 같이 임피던스 $\dot{Z}_a$, $\dot{Z}_b$, $\dot{Z}_c$인 Y결선의 불평형 3상 부하에 대칭 3상 선간 전압 $\dot{V}_{ab}$, $\dot{V}_{bc}$, $\dot{V}_{ca}$를 가할 때의 선전류 $\dot{I}_a$, $\dot{I}_b$, $\dot{I}_c$를 키르히호프의 법칙을 적용하여 계산하면 다음과 같은 식이 된다.

$$\left.\begin{aligned} &\dot{I}_a + \dot{I}_b + \dot{I}_c = 0\,[\mathrm{A}] \\ &\dot{V}_{ab} = \dot{Z}_a \dot{I}_a - \dot{Z}_b \dot{I}_b\,[\mathrm{V}] \\ &\dot{V}_{bc} = \dot{Z}_b \dot{I}_b - \dot{Z}_c \dot{I}_c\,[\mathrm{V}] \end{aligned}\right\} \qquad \text{식 (6.19)}$$

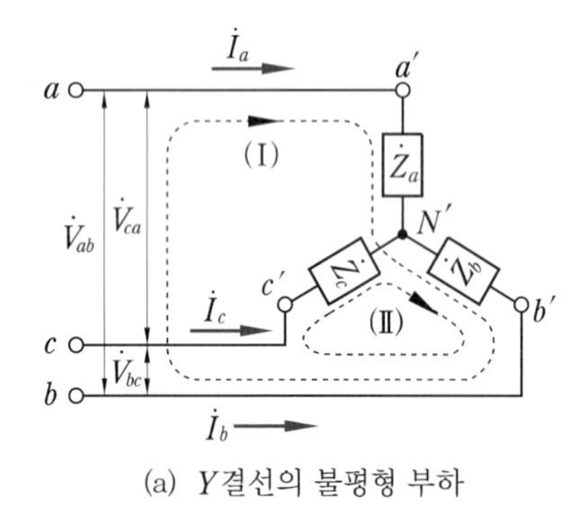

(a) Y결선의 불평형 부하

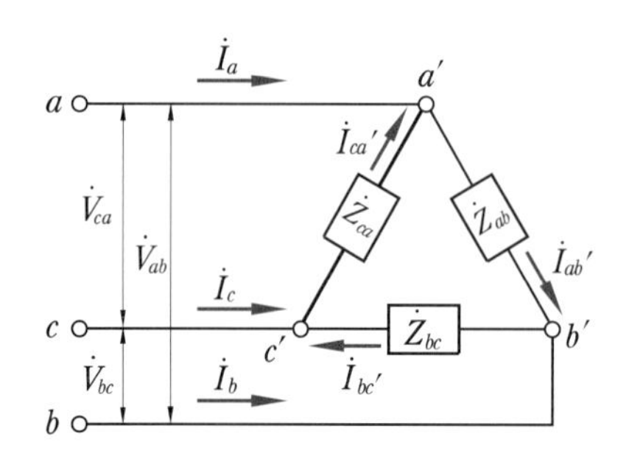

(b) Δ결선의 불평형 부하

[그림 6-9] 3상 불평형 부하

식 (6.19)와 $\dot{V}_{ab} + \dot{V}_{bc} + \dot{V}_{ca} = 0$의 관계를 이용하여 $\dot{I}_a$, $\dot{I}_b$, $\dot{I}_c$를 구하면 다음과 같이 된다.

$$\left.\begin{aligned} &\dot{I}_a = \frac{\dot{Z}_c \dot{V}_{ab} - \dot{Z}_b \dot{V}_{ca}}{\dot{Z}_a \dot{Z}_b + \dot{Z}_b \dot{Z}_c + \dot{Z}_c \dot{Z}_a}\,[\mathrm{A}] \\ &\dot{I}_b = \frac{\dot{Z}_a \dot{V}_{bc} - \dot{Z}_c \dot{V}_{ab}}{\dot{Z}_a \dot{Z}_b + \dot{Z}_b \dot{Z}_c + \dot{Z}_c \dot{Z}_a}\,[\mathrm{A}] \\ &\dot{I}_c = \frac{\dot{Z}_b \dot{V}_{ca} - \dot{Z}_a \dot{V}_{bc}}{\dot{Z}_a \dot{Z}_b + \dot{Z}_b \dot{Z}_c + \dot{Z}_c \dot{Z}_a}\,[\mathrm{A}] \end{aligned}\right\} \qquad \text{식 (6.20)}$$

그리고 부하의 상전압 $\dot{V}_a$, $\dot{V}_b$, $\dot{V}_c$는 다음과 같이 된다.

$$\left.\begin{aligned} \dot{V}_a &= \dot{Z}_a \dot{I}_a [\mathrm{V}] \\ \dot{V}_b &= \dot{Z}_b \dot{I}_b [\mathrm{V}] \\ \dot{V}_c &= \dot{Z}_c \dot{I}_c [\mathrm{V}] \end{aligned}\right\} \qquad \text{식 (6.21)}$$

(2) 불평형 3상 부하의 Δ결선

[그림 6-9] (b)와 같이 Δ결선의 각 상의 임피던스 $\dot{Z}_{ab}$, $\dot{Z}_{bc}$, $\dot{Z}_{ca}$인 불평형 3상 부하에 대칭 3상 선간 전압 $\dot{V}_{ab}$, $\dot{V}_{bc}$, $\dot{V}_{ca}$를 가할 때 각 상에 흐르는 상전류 $\dot{I}_{ab}$, $\dot{I}_{bc}$, $\dot{I}_{ca}$는 옴의 법칙을 적용하여 계산하면 다음과 같이 된다.

$$\left.\begin{aligned} \dot{I}_{ab'} &= \frac{\dot{V}_{ab}}{\dot{Z}_{ab}} [\mathrm{A}] \\ \dot{I}_{bc'} &= \frac{\dot{V}_{bc}}{\dot{Z}_{bc}} [\mathrm{A}] \\ \dot{I}_{ca'} &= \frac{\dot{V}_{ca}}{\dot{Z}_{ca}} [\mathrm{A}] \end{aligned}\right\} \qquad \text{식 (6.22)}$$

[그림 6-9] (b)에서 각 점 a', b', c'에 식 (6.22)를 대입한다. 키르히호프의 법칙을 적용하여 선전류 $\dot{I}_a$, $\dot{I}_b$, $\dot{I}_c$를 계산하면 다음과 같은 식이 된다.

$$\left.\begin{aligned} \dot{I}_a &= \dot{I}_{ab'} - \dot{I}_{ca'} = \frac{\dot{V}_{ab}}{\dot{Z}_{ab}} - \frac{\dot{V}_{ca}}{\dot{Z}_{ca}} [\mathrm{A}] \\ \dot{I}_b &= \dot{I}_{bc'} - \dot{I}_{ab'} = \frac{\dot{V}_{bc}}{\dot{Z}_{bc}} - \frac{\dot{V}_{ab}}{\dot{Z}_{ab}} [\mathrm{A}] \\ \dot{I}_c &= \dot{I}_{ca'} - \dot{I}_{bc'} = \frac{\dot{V}_{ca}}{\dot{Z}_{ca}} - \frac{\dot{V}_{bc}}{\dot{Z}_{bc}} [\mathrm{A}] \end{aligned}\right\} \qquad \text{식 (6.23)}$$

(3) $\Delta \leftrightarrow Y$ 등가 변환

① 부하의 $\Delta \rightarrow Y$ 등가 변환

[그림 6-10] (a)의 Δ결선과 (b)의 Y결선의 단자 a, b, c에 각각 같은 단자 전압을 인가할 때, 두 회로에 흐르는 선전류가 같다면 두 회로는 서로 등가인 회로라고 할 수 있다.

따라서 이때 [그림 6-10] (a)와 (b)의 $a-b$, $b-c$, $c-a$ 단자에서 본 임피던스도 서로 동일하므로 다음과 같은 관계가 성립한다.

$$\left.\begin{aligned} \dot{Z}_a+\dot{Z}_b &= \frac{\dot{Z}_{ab}(\dot{Z}_{bc}+\dot{Z}_{ca})}{\dot{Z}_{ab}+\dot{Z}_{bc}+\dot{Z}_{ca}}[\Omega] \\ \dot{Z}_b+\dot{Z}_c &= \frac{\dot{Z}_{bc}(\dot{Z}_{ca}+\dot{Z}_{ab})}{\dot{Z}_{ab}+\dot{Z}_{bc}+\dot{Z}_{ca}}[\Omega] \\ \dot{Z}_c+\dot{Z}_a &= \frac{\dot{Z}_{ca}(\dot{Z}_{ab}+\dot{Z}_{bc})}{\dot{Z}_{ab}+\dot{Z}_{bc}+\dot{Z}_{ca}}[\Omega] \end{aligned}\right\} \quad \text{식 (6.24)}$$

식 (6.24)에서 양변을 서로 합하여 2로 나누면 다음과 같이 된다.

$$\dot{Z}_a+\dot{Z}_b+\dot{Z}_c=\frac{\dot{Z}_{ab}\dot{Z}_{bc}+\dot{Z}_{bc}\dot{Z}_{ca}+\dot{Z}_{ca}\dot{Z}_{ab}}{\dot{Z}_{ab}+\dot{Z}_{bc}+\dot{Z}_{ca}}[\Omega] \quad \text{식 (6.25)}$$

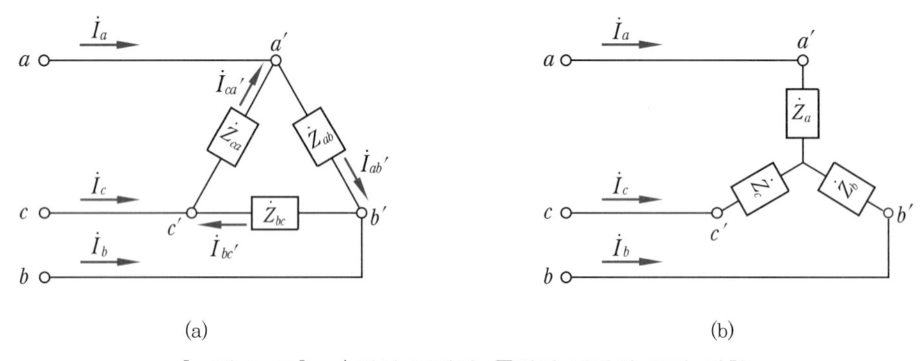

[그림 6-10] Δ 결선 부하와 T 결선 부하의 등가 변환

식 (6.25)에 식 (6.24)를 대입하여 정리하면 다음과 같이 된다.

$$\left.\begin{aligned} \dot{Z}_a &= \frac{\dot{Z}_{ca}\dot{Z}_{ab}}{\dot{Z}_{ab}+\dot{Z}_{bc}+\dot{Z}_{ca}}[\Omega] \\ \dot{Z}_b &= \frac{\dot{Z}_{ab}\dot{Z}_{bc}}{\dot{Z}_{ab}+\dot{Z}_{bc}+\dot{Z}_{ca}}[\Omega] \\ \dot{Z}_c &= \frac{\dot{Z}_{bc}\dot{Z}_{ca}}{\dot{Z}_{ab}+\dot{Z}_{bc}+\dot{Z}_{ca}}[\Omega] \end{aligned}\right\} \quad \text{식 (6.26)}$$

평형 3상 부하인 경우에 $\dot{Z}_\Delta=\dot{Z}_{ab}=\dot{Z}_{bc}=\dot{Z}_{ca}$라 하면 $\dot{Z}_Y=\dot{Z}_a=\dot{Z}_b=\dot{Z}_c$ 이므로 다음

관계식이 성립된다.

$$\dot{Z}_Y = \frac{\dot{Z}_\Delta}{3}[\Omega] \qquad \text{식 (6.27)}$$

따라서 평형 3상 부하인 Δ 결선을 Y 결선으로 등가 변환하려면 $\dot{Z}_Y$는 $\dot{Z}_\Delta$ 의 $\frac{1}{3}$배 하면 된다.

② Y → Δ 등가 변환

[그림 6-10] (b)의 Y결선을 (a)의 Δ 결선으로 등가 변환하면 식 (6.26)에서 우변항을 다음과 같이 변형할 수 있다.

$$\dot{Z}_a = \frac{\dot{Z}_{ab}}{\frac{\dot{Z}_{ab}}{\dot{Z}_{ca}} + \frac{\dot{Z}_{bc}}{\dot{Z}_{ca}} + 1}[\Omega] \qquad \text{식 (6.28)}$$

여기서, $\dot{Z}_{ab}$를 구하고 같은 방법으로 $\dot{Z}_{bc}$, $\dot{Z}_{ca}$를 구하면 다음과 같다.

$$\left.\begin{aligned} \dot{Z}_{ab} &= \frac{\dot{Z}_a\dot{Z}_b + \dot{Z}_b\dot{Z}_c + \dot{Z}_c\dot{Z}_a}{\dot{Z}_c}[\Omega] \\ \dot{Z}_{bc} &= \frac{\dot{Z}_a\dot{Z}_b + \dot{Z}_b\dot{Z}_c + \dot{Z}_c\dot{Z}_a}{\dot{Z}_a}[\Omega] \\ \dot{Z}_{ca} &= \frac{\dot{Z}_a\dot{Z}_b + \dot{Z}_b\dot{Z}_c + \dot{Z}_c\dot{Z}_a}{\dot{Z}_b}[\Omega] \end{aligned}\right\} \qquad \text{식 (6.29)}$$

평형 3상 부하인 경우에 $\dot{Z}_Y = \dot{Z}_a = \dot{Z}_b = \dot{Z}_c$ 라 하면 $\dot{Z}_\triangle = \dot{Z}_{ab} = \dot{Z}_{bc} = \dot{Z}_{ca}$ 이므로 다음 관계식이 성립된다.

$$\dot{Z}_\triangle = \sqrt{3}\,\dot{Z}_Y[\Omega] \qquad \text{식 (6.30)}$$

따라서 평형 3상 부하인 경우 Y결선을 Δ결선으로 등가 변환하려면 $\dot{Z}_\Delta$는 $\dot{Z}_Y$의 3배하면 된다.

그리고 평형 3상 부하 $\dot{Z}$ 가 Δ결선 또는 Y결선 되어 있는 경우 이를 $\Delta \rightarrow Y$ 또는 $Y \rightarrow \Delta$로 등가 변환하면 [그림 6-11] (a) 및 (b)와 같이 나타낼 수 있다.

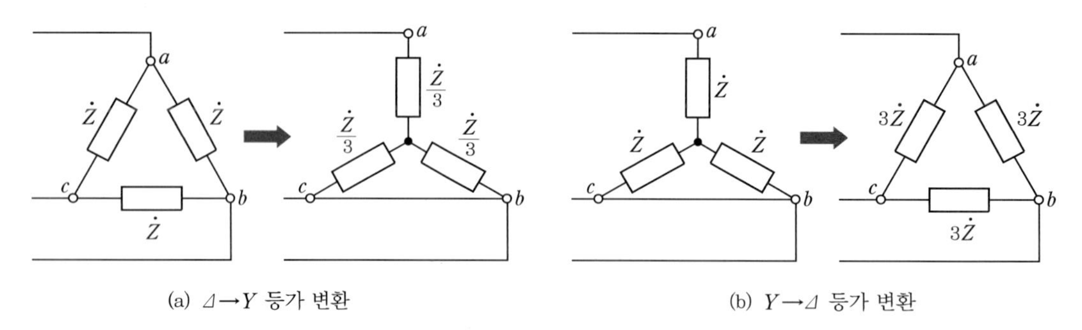

[그림 6-11] 평형 부하의 $\Delta \rightarrow Y$ 및 $Y \rightarrow \Delta$ 등가 변환

6-3 3상 교류 전력

3상 교류 회로의 전력은 각 상의 전력 합이다. 그러므로 3상이 평형이든 불평형이든 관계없이 각 상의 평균 전력 합이 3상 전체의 전력이 된다.

그리고 전력계를 사용하여 3상 전력을 측정하는 방법에는 여러 가지가 있으나 여기서는 3전력계법과 2전력계법에 대하여 알아보기로 한다.

(1) 3상 교류 전력

① 3상 부하 전력

[그림 6-12] (a)와 같은 3상 회로에서 공급되는 각 상의 전력 P_a, P_b, P_c는 각 부하의 임피던스 $\dot{Z}_a$, $\dot{Z}_b$, $\dot{Z}_c$의 역률이 각각 $\cos\theta_a$, $\cos\theta_b$, $\cos\theta_c$이라 할 때 다음과 같이 된다.

$$\left.\begin{aligned} P_a &= V_a I_a \cos\theta_a [\mathrm{W}] \\ P_b &= V_b I_b \cos\theta_b [\mathrm{W}] \\ P_c &= V_c I_c \cos\theta_c [\mathrm{W}] \end{aligned}\right\} \qquad \text{식 } (6.31)$$

따라서 3상 전력 P[W]는 각 상의 전력의 합이므로 다음과 같이 된다.

$$P = P_a + P_b + P_c [\mathrm{W}] \qquad \text{식 } (6.32)$$

그리고 부하 각 상의 무효율이 각각 $\sin\theta_a$, $\sin\theta_b$, $\sin\theta_c$이라 하면 무효 전력 P_r [Var]는 다음과 같이 된다.

$$\left.\begin{aligned} P_{ar} &= V_a I_a \sin\theta_a [\text{Var}] \\ P_{br} &= V_b I_b \sin\theta_b [\text{Var}] \\ P_{cr} &= V_c I_c \sin\theta_c [\text{Var}] \end{aligned}\right\} \qquad \text{식 (6.33)}$$

따라서 3상 무효 전력 P_r [Var]는 각 상의 무효 전력의 합이므로 다음과 같이 된다.

$$P_r = P_{ar} + P_{br} + P_{cr} [\text{Var}] \qquad \text{식 (6.34)}$$

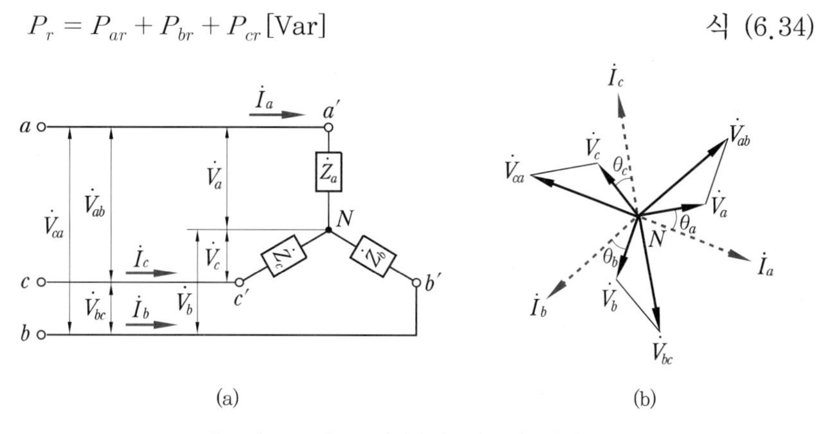

[그림 6-12] 3상 부하 회로의 전력

② 평형 3상 부하의 전력

[그림 6-13]과 같이 평형 3상 부하 회로에서 상전압 V_p [V], 상전류 I_p [A], 위상차 θ[rad]라 하면 각 상 전력은 $V_p I_p \cos\theta$ [W] 가 되므로 3상 평형 부하의 전력 P[W]는 단상 전력 3개의 합과 동일하므로 다음과 같이 된다.

$$P = 3 V_p I_p \cos\theta [\text{W}] \qquad \text{식 (6.35)}$$

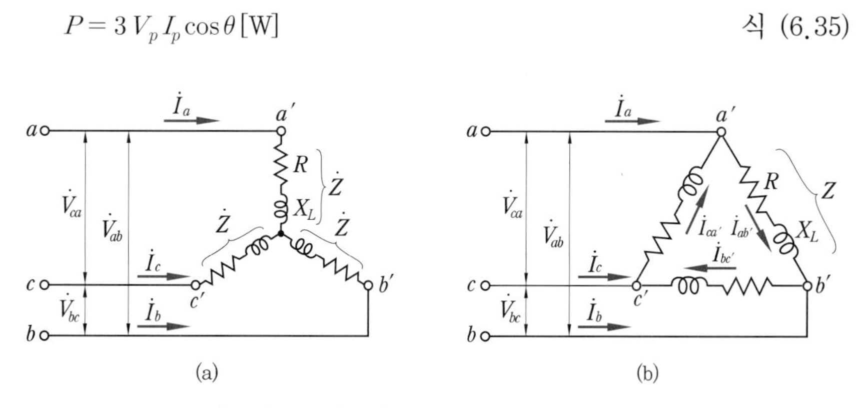

[그림 6-13] 평형 3상 부하 회로의 전력

[그림 6-13] (a)와 같은 평형 3상 Y결선 회로에서 선간 전압 V_l, 선전류 I_l과 상전압 V_p, 상전류 I_p 사이에는 $V_l = \sqrt{3}\, V_p$ [V], $I_l = I_p$ [A]의 관계가 성립하므로 이것을 식 (5.35)에 대입하면 평형 3상 부하 전력 P[W]는 다음과 같이 된다.

$$P_\Delta = 3V_p I_p \cos\theta = 3\frac{V_l}{\sqrt{3}} I_l \cos\theta = \sqrt{3}\, V_l I_l \cos\theta\,[\mathrm{W}] \qquad \text{식 (6.36)}$$

그리고 [그림 6-13] (b)와 같은 평형 3상 Δ 결선 회로에서 $V_l = V_p$[V], $I_l = \sqrt{3}\, I_p$ [A]의 관계가 성립하므로 이것을 식 (6.35)에 대입하면 평형 3상 부하 전력 P[W]는 다음과 같이 된다.

$$P_\Delta = 3V_p I_p \cos\theta = 3V_l \frac{I_l}{\sqrt{3}} \cos\theta = \sqrt{3}\, V_l I_l \cos\theta\,[\mathrm{W}] \qquad \text{식 (6.37)}$$

따라서 3상 평형 부하의 전력은 부하의 결선 방법에 관계없이 다음과 같이 나타낼 수 있다.

유효 전력 $P = \sqrt{3}\, V_l I_l \cos\theta\,[\mathrm{W}]$ 식 (6.38)

또 평형 3상 회로에서 3상 피상 전력 P_a[VA]는 식 (6.39)와 같이 되고

피상 전력 $P_a = \sqrt{3}\, V_l I_l = \sqrt{P^2 + P^2}\,[\mathrm{VA}]$ 식 (6.39)

무효 전력 P_r[Var]는 식 (6.40)과 같이 나타낼 수 있다.

무효 전력 $P_r = \sqrt{3}\, V_l I_l \sin\theta\,[\mathrm{Va}]$ 식 (6.40)

(2) 3상 교류 전력의 측정

① 3전력계법

3상 전력의 측정에서 3전력계법은 [그림 6-14]와 같이 3대의 단상 전력계를 사용하는 방법으로 평형 회로의 전력뿐만 아니라 불평형 회로의 전력도 정확히 측정할 수 있는 방법이다.

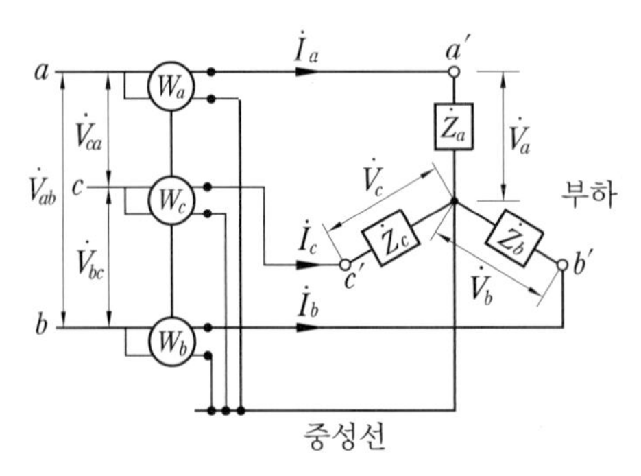

[그림 6-14] 3전력계법

[그림 6-14]에서 각 전력계 W_a, W_b, W_c의 지싯값을 P_a, P_b, P_c라 하면 3상 전력 P[W]는 다음과 같이 각 전력계의 지싯값의 합이 된다.

$$P = P_a + P_b + P_c \text{ [W]} \qquad \text{식 (6.41)}$$

② 2전력계법

3상 부하 회로에서 불평형의 경우에도 2대의 단상 전력계를 [그림 6-15]와 같이 접속해서 측정하는 방법으로 전력계 W_1, W_2의 지싯값을 P_1, P_2라 하면 3상 전력 P[W]는 다음과 같이 두 전력계 지싯값의 합이 된다.

$$P = P_1 + P_2 \text{ [W]} \qquad \text{식 (6.42)}$$

그리고 3상 무효 전력 P_r[Var]은 식 (6.43)과 같은 계산식으로 구할 수 있으며,

$$P_r = \sqrt{3}(P_1 + P_2) \text{ [Var]} \qquad \text{식 (6.43)}$$

위상각 θ[rad]와 역률 $\cos\theta$는 다음과 같이 나타낼 수 있다.

$$\theta = \tan^{-1}\frac{P_r}{P} = \tan^{-1}\frac{\sqrt{3}(P_1 - P_2)}{P_1 + P_2} \text{ [rad]} \qquad \text{식 (6.44)}$$

$$\cos\theta = \frac{P_1 + P_2}{2\sqrt{P_1^2 + P_2^2 - P_1P_2}} \qquad \text{식 (6.45)}$$

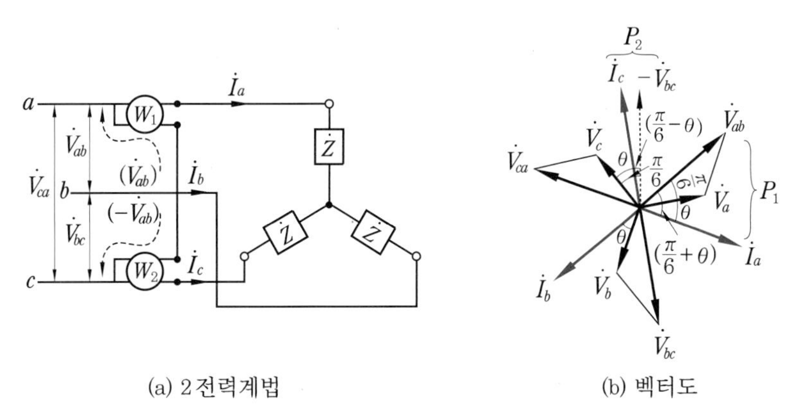

(a) 2전력계법 (b) 벡터도

[그림 6-15] 2전력계법

>>> 제6장

연습문제

1. 200[V]인 대칭 3상 전압 $\dot{V}_a$, $\dot{V}_b$, $\dot{V}_c$ 의 상순을 a, b, c로 하고 전압 $\dot{V}_a$를 기준 벡터로 하여 기호법으로 나타내어라.

2. Y결선의 3상 교류 발전기의 선간 전압이 380[V]이면 상전압은 얼마인가?

3. 저항 100[Ω]인 Δ결선의 평형 3상 부하에 대칭 3상 전압 200[V]를 가할 때의 선전류는 얼마인가?

4. 임피던스 $\dot{Z} = 30 + j40[\Omega]$인 평형 3상 Y결선 부하에 선간 전압 200[V]인 대칭 3상 전압을 가할 때 상전압 V_p, 상전류 I_p, 선전류 I_l은 얼마인가?

5. 임피던스 $\dot{Z} = 80 + j60[\Omega]$인 평형 3상 Δ결선 부하에 선간 전압 100[V]인 대칭 3상 전압을 가할 때 상전압 V_p, 상전류 I_p, 선전류 I_l은 얼마인가?

6. 평형 3상 부하 회로의 각 상의 임피던스 $\dot{Z} = 60 + j30[\Omega]$인 Δ결선에서 Y결선으로 등가 변환하면 각 변의 임피던스는 몇 [Ω]인가?

7. 평형 3상 부하 회로의 각 상의 임피던스 $\dot{Z} = 50 + j60[\Omega]$인 Y결선에서 Δ결선으로 등가 변환하면 각 변의 임피던스는 몇 [Ω]인가?

8. 그림과 같이 Δ결선을 Y결선으로 등가 변환할 때 Z는 몇 [Ω]인가?

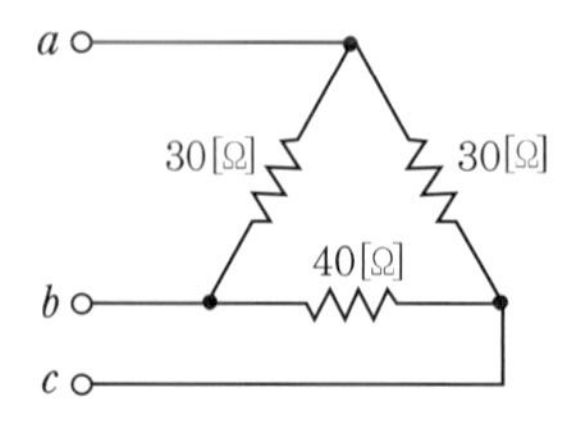

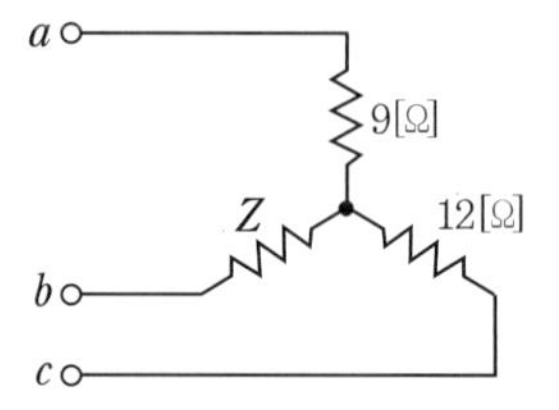

전기 기기 기초 이론

전기를 이용한 모든 기기를 전기 기기라 하며 그 동작 원리에 따라 직류기, 동기기, 변압기, 유도기 등으로 분류할 수 있다. 전기 기기를 이해하려면 전계와 자계에 대한 선수 학습과 기초 수학 능력, 그리고 전자기장에 대한 해석 능력이 필요하다. 이 장에서는 전기 기기를 이해하기 위한 준비 단계로 반드시 알아야 하는 기초 이론에 대해 소개한다.

7-1 앙페르의 오른손(오른나사) 법칙

도체에 전류가 흐르면 도체 주위에는 자기장이 형성되며, 이 현상을 전류의 자기 작용이라 한다. 이때 전류에 의해 형성되는 자기장은 전류의 방향에 따라 바뀌며, 그 방향은 앙페르의 오른손(오른나사) 법칙에 의해 결정된다.

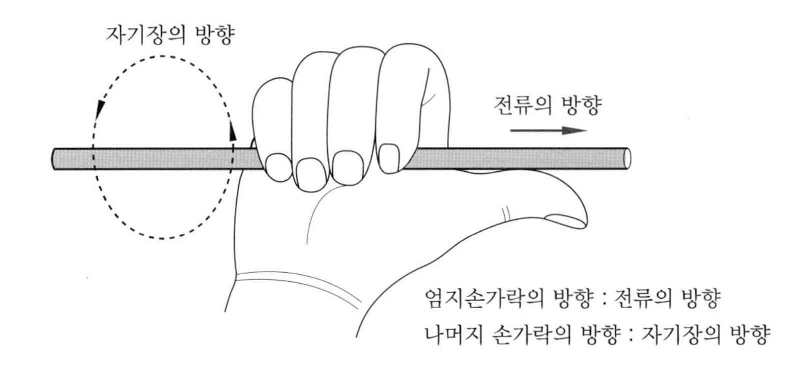

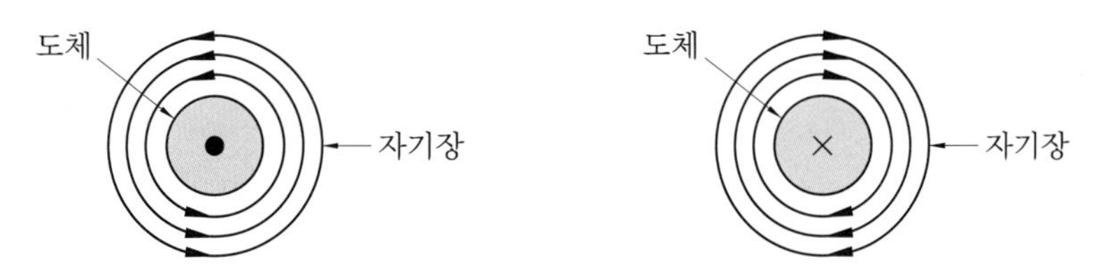

⊙ : 지면으로부터 나오는 전류의 방향
⊗ : 지면으로 들어가는 전류의 방향

[그림 7-1] 도체에 흐르는 전류에 의한 자기장의 방향

7-2 자기장과 전류의 방향

[그림 7-2]와 같이 임의의 길이를 가진 철심에 코일을 감고 전류를 흘려주면 코일 주변에 자기장이 형성되어 하나의 전자석이 된다. 이때 전류가 흐르는 방향을 오른손 엄지손가락을 제외한 나머지 네 손가락이 가리키는 방향과 동일하게 놓았을 때, 자기장의 방향은 오른손 엄지손가락이 가리키는 방향과 같으며 자기장이 나오는 방향이 N극, 자기장이 들어오는 방향이 S극이 된다.

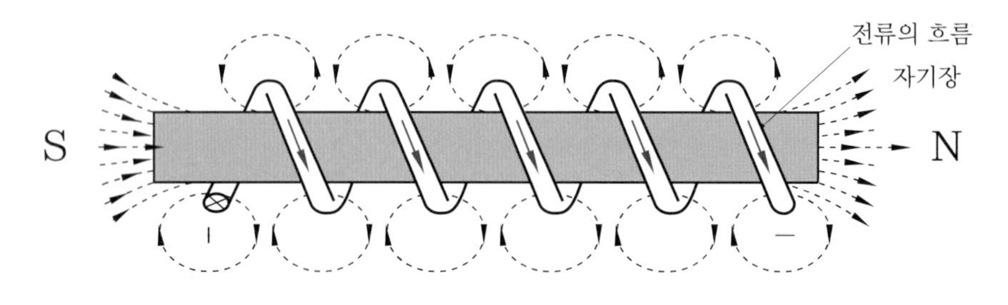

N극 : 자기장이 나오는 방향
S극 : 자기장이 들어오는 방향

[그림 7-2] 자기장과 전류의 방향

또한 자기장의 세기는 코일의 감은 횟수와 전류의 크기에 비례하며, 이를 **기자력**이라 하고 다음과 같은 식으로 나타낸다.

$$F = N \cdot I \text{ [AT]} \qquad \text{식 (7.1)}$$

여기서, F : 기자력 (AT)
N : 코일의 감은 횟수 (T)
I : 전류 (A)

7-3 패러데이의 법칙

(1) 전자 유도

자석의 N극에서 나와서 S극으로 들어가는 가상의 선을 **자력선**이라 하고, 이 자력선이 존재하는 영역을 **자장** 혹은 **자계**라고 하며, 자력선 7.95×10^5개의 묶음을 1개의 **자속**이라 한다. 자장 혹은 자계 내부의 코일을 운동시키거나 자석을 움직이면 코일을 쇄교하는 자속이 변화하고 이로 인해 코일에 기전력이 발생하는데 이러한 현상을 **전자 유도**라 한다.

[그림 7-3]의 실험을 통해 전자 유도 현상을 확인할 수 있다. 감은 코일 내부에 화살표 방향으로 자석을 상하 운동시키면 검류계를 통해 전류의 발생을 확인할 수 있는데, 이때 흐르는 전류를 유도 전류, 코일에 발생하는 기전력을 유도 기전력이라 한다.

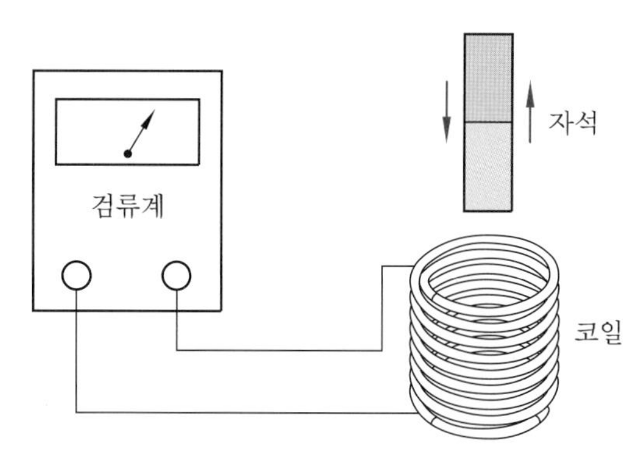

[그림 7-3] 전자 유도 현상의 실험

(2) 패러데이 법칙

전자 유도 현상에 의해 코일에 발생하는 유도 기전력의 크기는 쇄교하는 자속이 증가 또는 감소하는 정도, 즉 자속의 변화율과 코일을 감은 횟수에 비례하는데 이를 패러데이 법칙이라 한다. 또한 유도 기전력의 방향은 자속의 증가를 방해하는 방향으로 형성되는데 이를 렌츠의 법칙이라 한다. 패러데이의 법칙과 렌츠의 법칙을 다음과 같이 식으로 정리할 수 있다.

$$e = -N\frac{d\phi}{dt}\,[\mathrm{V}] \qquad \text{식 (7.2)}$$

여기서, e : 유도기전력(V)
N : 코일의 감은 횟수
t : 시간(s), dt=시간의 변화율
ϕ : 자속(Wb), $d\phi$=자속의 변화율
(−) : 방향성(자속의 증가를 방해하는 방향)

7-4 플레밍의 오른손 법칙

(1) 플레밍의 오른손 법칙

자기장 내에서 도체가 이동할 때 도체에 발생하는 유도 기전력의 방향은 플레밍의 오른손 법칙에 의해 결정되며, 이는 발전기의 원리를 설명할 때 적용된다. [그림 7-4]와 같이 오른손의 엄지, 검지, 중지를 서로 직각으로 벌리고 엄지를 도체의 이동 방향으로,

검지를 자기장의 방향으로 가리키면 유도 기전력이 발생되는 방향은 중지가 가리키는 방향과 일치한다.

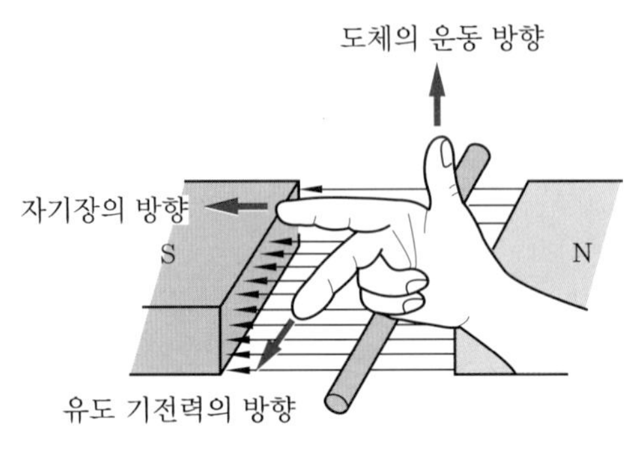

[그림 7-4] 플레밍의 오른손 법칙

(2) 직선 도체에 발생하는 유도 기전력의 크기

[그림 7-5]와 같이 자속 밀도가 B[Wb/m^2]인 자기장 내에서 길이가 l[m]인 도체를 자력선의 방향과 수직으로 놓고 v[m/s]의 속도로 이동시키면 도체는 자속을 끊으면서 패러데이 법칙에 의해 유도 기전력이 발생한다. 자속 밀도는 단위면적당 자기력선의 수로 나타내며, 단위는 [Wb/m^2] 또는 테슬라 [T]를 사용한다.

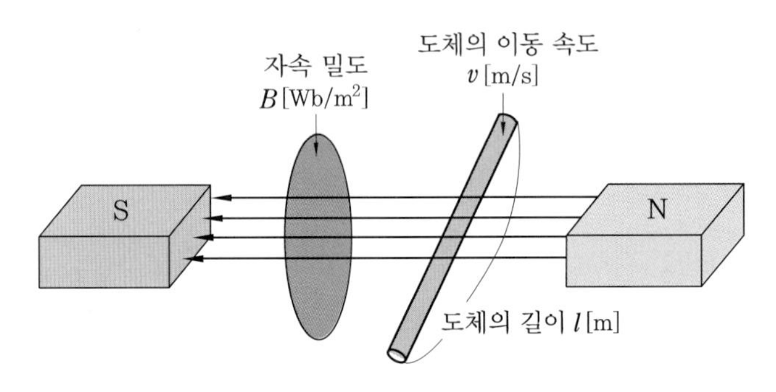

[그림 7-5] 유도 기전력의 발생

이때 도체 1개에 발생하는 유도 기전력의 크기는 자속 밀도, 도체의 길이, 도체의 이동 속도에 비례하고 다음의 식으로 나타낼 수 있다.

$$e = B \cdot l \cdot v[\mathrm{V}] \qquad \text{식 (7.3)}$$

여기서, e : 유도 기전력 (V)
B : 자속 밀도 (Wb/m^2)
l : 도체의 길이 (m)
v : 도체의 이동 속도 (m/s)

7-5 플레밍의 왼손 법칙

(1) 플레밍의 왼손 법칙

자기장 내에 위치한 도체에 전류를 흘리면 힘이 작용하는데 이와 같이 자장과 전류 사이에 발생하는 힘을 **전자력**이라 한다. 전자력의 방향은 플레밍의 왼손 법칙에 의해 결정되며, 이는 전동기의 원리를 설명할 때 적용된다. [그림 7-6]과 같이 왼손의 엄지와 검지, 중지를 서로 직각으로 벌리고 검지를 자기장의 방향, 중지를 전류의 방향과 일치시키면 이때 엄지가 가리키는 방향이 전자력의 방향이 된다.

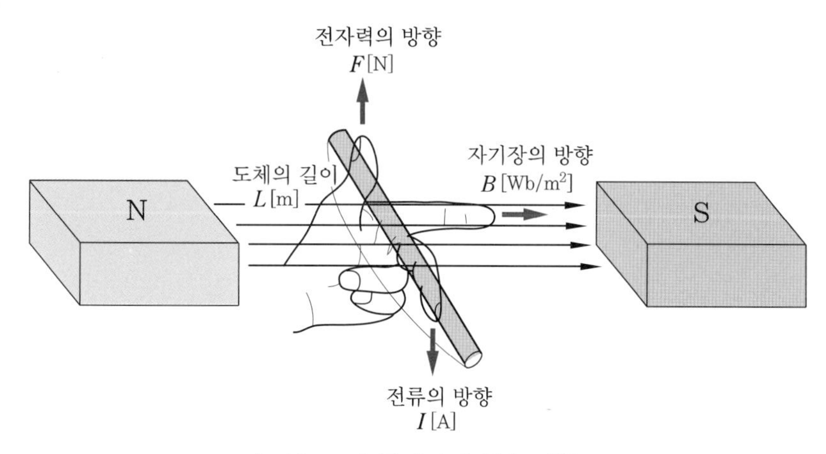

[그림 7-6] 플레밍의 왼손 법칙

(2) 도체에 작용하는 전자력

[그림 7-6]과 같이 자속 밀도 $B[\mathrm{Wb/m^2}]$의 자기장 내에 길이 $L[\mathrm{m}]$인 도체를 놓고 $I[\mathrm{A}]$의 전류를 흘리면 전자력 $F[\mathrm{N}]$가 발생하며, 도체는 이 전자력의 힘을 받아 운동한다. 이때 운동 방향은 플레밍의 왼손 법칙에 따른다. 전자력 F는 다음의 식과 같이 정리할 수 있다.

$$F = B \cdot I \cdot L \ [\mathrm{N}] \qquad \text{식 (7.4)}$$

여기서, F : 전자력(N)
B : 자속 밀도(Wb/m²)
I : 도체에 흐르는 전류(A)
L : 도체의 길이(m)

제7장 연습문제

1. 전자 유도 현상에 의하여 생기는 유도 기전력의 방향을 정의하는 법칙은?

2. 플레밍의 왼손 법칙에서 엄지가 가리키는 방향은 무엇의 방향을 의미하는가?

3. 자속 밀도가 2[Wb/m^2]인 자기장 속에서 길이 1.5m의 도체가 수직 방향으로 1m/s로 운동하면 도체에 발생하는 유도 기전력은 몇 [V]인가?

4. 자속 밀도 3.5[Wb/m^2]의 자기장에 수직으로 도체를 놓고 5[A]의 전류를 흘릴 때 도선에 가해지는 힘 F[N]은? (단, 도체의 길이는 40cm이다.)

5. 100회 감긴 코일에 0.3[A]의 전류를 흘리는 경우 기자력은 몇 [AT]인가?

6. 50회 감긴 코일과 쇄교하는 자속이 0.5초 동안에 0.3[Wb]에서 0.7[Wb]로 변하였다면 이때 코일에 발생하는 유도 기전력은 몇 [V]인가? (단, 방향성은 고려하지 않는다.)

Chapter 08

직류기

직류기는 직류 전력을 공급하는 직류 발전기와 직류 전력으로 회전하는 직류 전동기를 말하며, 직류 발전기는 기계 에너지를 전기 에너지로 변환시키는 것이고, 직류 전동기는 반대로 전기 에너지를 기계 에너지로 변환시키는 회전 기계를 일컫는 말이다. 이 장에서는 직류기의 원리를 이해하고 직류기의 원리 및 구조, 종류, 특성, 손실과 효율 등에 대해 알아보기로 한다.

8-1 직류기의 원리 및 구조

(1) 직류 발전기의 원리

[그림 8-1] (a)와 같이 도체 a, b, c, d를 자극 N, S 사이에 놓고 x, y를 축으로 시계 방향으로 회전시키면 도체가 자속과 쇄교하면서 플레밍의 오른손 법칙에 의해 기전력이 유도된다.

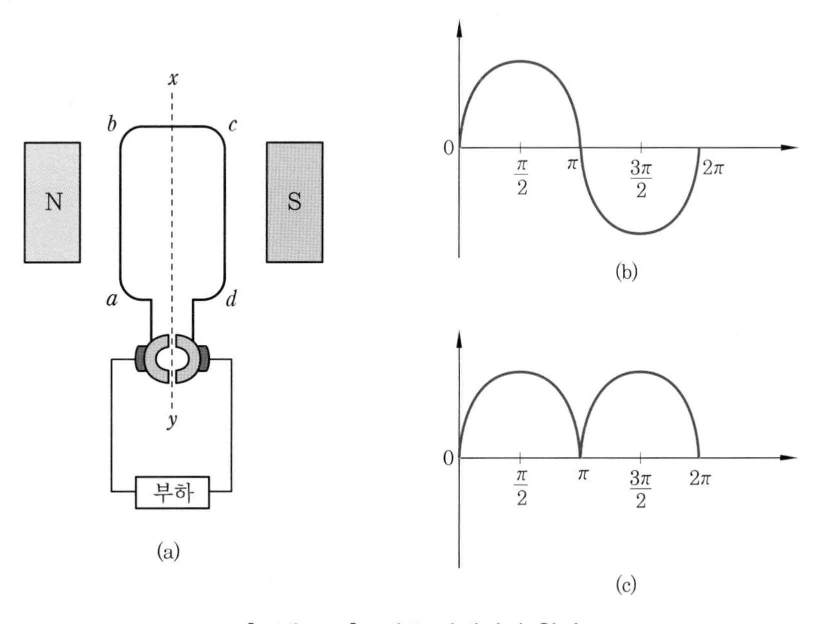

[그림 8-1] 직류 발전기의 원리

도체에 유도되는 기전력의 순싯값을 e [V]라 한다면 도체와 자기장의 방향을 고려하여 다음의 식으로 표시된다.

$$e = Blv\sin\theta \text{ [V]} \qquad \text{식 (8.1)}$$

여기서, e : 유도 기전력 (V)
B : 자속 밀도 (Wb/m^2)
l : 도체의 길이 (m)
v : 도체의 이동 속도 (m/s)
$\sin\theta$: 도체와 자기장이 이루는 각도

[그림 8-1] (b)는 수평 방향의 자기장 내에서 도체를 시계 방향으로 회전시켰을 때 도체 $a-b$에 유도되는 기전력을 나타내는 파형이다. 식 (8.1)에 의하면 도체 $a-b$가 자기장과 이루는 각도가 0°일 때 $\sin\theta=0$이므로 도체에 유도되는 기전력은 0이 된다. 이는 도체가 자기장을 쇄교하지 못하기 때문이다. 도체가 회전하면 도체 $a-b$와 자기장이 이루는 각도는 커지고 이는 자기장 쇄교율이 높아짐을 의미하며, 이에 따라 유도 기전력도 커지게 된다. 그 크기는 코일 $a-b$와 자기장이 이루는 각도가 $\frac{\pi}{2}$일 때, 즉 $\sin\theta=1$일 때 최대가 된다.

도체 $a-b$가 자기장과 이루는 각도가 $\frac{\pi}{2}$를 초과하여 회전하게 되면 유도 기전력은 감소하며, 그 각도가 π가 되면 $\sin\theta=0$이 되어 유도 기전력은 다시 0이 된다. 도체 $a-b$가 계속 회전하면 도체에 유도되는 기전력은 다시 증가하여 $\frac{3\pi}{2}$에서 그 값이 최대가 되는데 이때 그 방향은 도체가 π만큼 회전하였을 때와 반대가 된다. 그리고 2π만큼 회전하게 되면 도체에 유도되는 기전력은 다시 0이 된다.

도체가 $0\sim2\pi$까지, 즉 0°에서 360°까지 한 바퀴 회전하면서 만들어내는 파형을 사인파 혹은 정현파라고 하며, 이때 1 cyle의 교번 기전력이 생긴다. 이때 유도 기전력은 $0\sim\pi$ 구간에서는 양의 값을 갖고, $\pi\sim2\pi$ 구간에서는 음의 값을 갖게 된다.

[그림 8-1] (a)와 같이 도체의 양 끝을 2개의 금속편에 연결하여 서로 절연시키고 각 금속편에 브러시를 연결하면 브러시를 통한 전류의 방향은 [그림 8-1] (c)와 같이 항상 양의 값을 갖게 된다. 이것이 직류 발전기이며 2개의 금속편을 **정류자편**이라 하고 정류자면에 접촉하여 도체와 외부 회로를 연결하는 것을 브러시라고 한다.

(2) 직류 발전기의 구조

직류 발전기의 주요 부분은 크게 자속을 만드는 **계자**, 기전력을 만드는 **전기자**, 교류를 직류로 변환하는 **정류자**, 이렇게 세 가지로 구성되어 있다.

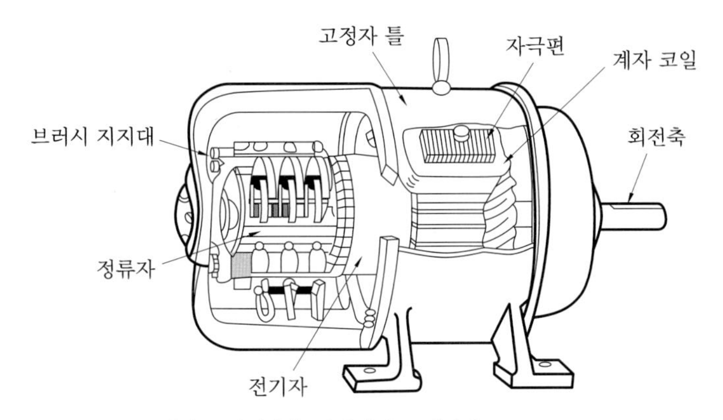

• 계자 : 자기장을 형성시키는 전자석
• 전기자 : 자속을 끊어서 유도 기전력 발생
• 정류자 : 교류 파형을 직류 파형으로 변환

[그림 8-2] 직류 발전기의 내부 구조

① **계자** (field magnet)

계자는 전기자가 쇄교하는 자속을 만들어 주는 부분으로 대부분 전자석의 형태로 구성되어 있다. 계자는 계자 철심, 계자 권선, 계철, 자극편 등으로 구성되어 있으며 계철은 공극, 전기자 철심과 함께 자기 회로를 형성한다.

㈎ 계자 철심 : 계자 철심은 계철과 전기자 사이에 자기 회로 역할을 하는 것으로 계자 권선과 함께 전자석을 이루며 계철에 의해 고정된다.

㈏ 계자 권선 : 계자 권선은 계자 철심에 감은 권선으로, 이 권선에 전류가 흐르면 기자력에 의해 자속이 발생한다.

㈐ 계철 : 계철은 계자 상호간을 자기적으로 연결하고 자속을 통과시킴과 동시에 계자 철심을 기계적으로 고정시켜 직류기의 외형을 형성한다.

㈑ 자극편 : 자극편은 공극을 통하여 계자 자속을 전기자 표면에 적당히 분포시키는 역할을 한다.

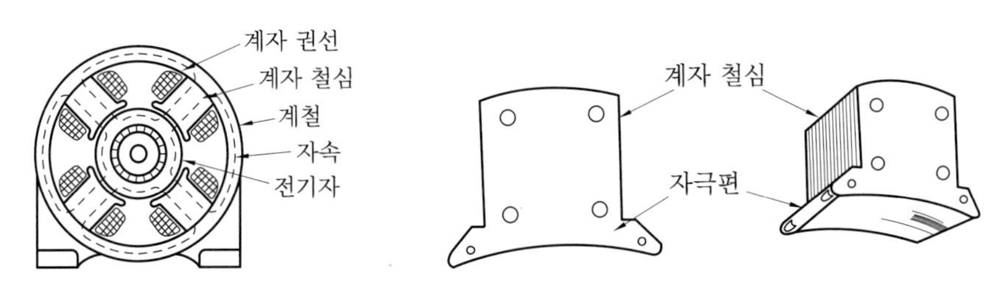

[그림 8-3] 직류 발전기의 계자

② 전기자 (armature)

전기자는 직류기에서 회전하는 부분으로 계자에서 발생된 자속을 끊어 유도 기전력을 만든다. 전기자 철심과 전기자 권선으로 구성되어 있다.

(가) 전기자 철심 : 전기자 철심은 계자, 공극과 함께 자기 회로를 만드는 부분으로 자속에 대하여 저항이 작은 회로를 형성하기 위해 철을 사용한다. 이 철도 도체는 자기장 중에서 회전하면 전압이 유도되어 전류가 흐르게 되는데 이 전류를 와전류라 한다. 와전류가 흐르게 되면 철심에 열이 발생하여 전력 손실이 발생하고 직류기의 효율을 떨어뜨리게 되는데 이를 방지하기 위해 두께 0.35 mm, 0.5 mm 또는 0.75 mm의 **성층 철심**을 사용한다. 또한 전기자가 회전하면서 전기자 철심 내부에 자속 방향이 변하게 되면 히스테리시스 손이 발생하며, 이로 인한 손실을 줄이기 위해 함유량 3~4 %의 **규소 강판**을 사용한다.

(나) 전기자 권선 : 전기자 권선은 전기자에 감긴 권선으로 소전류인 경우는 둥근 동선을 사용하고, 대전류에서는 평각 동선을 사용한다. 전기자 권선에 유도되는 기전력은 전기자 권선법에 따라 달라진다.

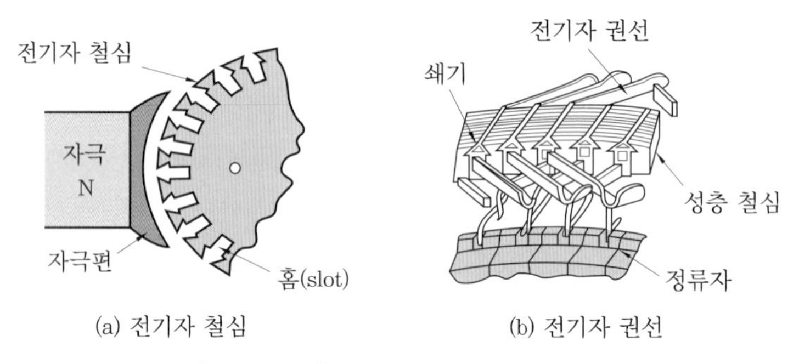

(a) 전기자 철심 (b) 전기자 권선

[그림 8-4] 직류 발전기의 전기자

③ 정류자 (commutator)

정류자는 브러시와 접촉하여 전기자 권선에서 유도되는 교류 기전력을 직류로 바꿔 주는 부분으로 직류기에서 가장 중요한 부분이다. 운전 중 항상 브러시와 접촉하여 마찰이 생기므로 전기적으로나 기계적으로 충분히 견딜 수 있도록 튼튼하게 만들어야 한다.

(가) 정류자편 : 쐐기 모양의 경동제로 정류 시 브러시와 접촉하는 부분이다. 직류 파형에 근사한 값을 얻으려면 정류자편의 수가 많아야 한다.

(나) 브러시 : 정류자면에 접촉하여 전기자 권선과 외부 회로를 연결하는 것으로 정류를 양호하게 하기 위해 정류자와의 접촉 저항이 큰 탄소 브러시 또는 흑연 브러시를 사용한다.

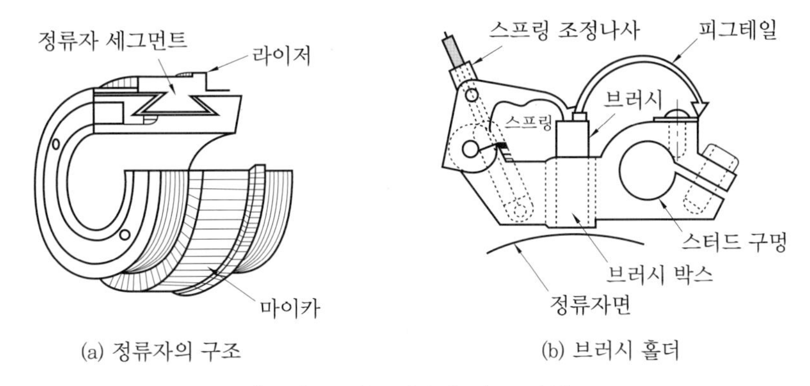

(a) 정류자의 구조　　　(b) 브러시 홀더

[그림 8-5] 정류자 및 브러시

④ 직류기의 기타 구성 요소

이들의 요소 이외에 계철, 공극, 브러시 홀더 등이 직류기를 구성하고 있는 요소들이다.

㈎ 계철 : 직류기의 바깥 틀을 형성하여 자극이나 베어링, 브래킷을 지지하는 역할을 한다.

㈏ 공극 : 자극편과 전기자 사이를 공극이라 하며, 공기를 통하여 자기 회로가 구성된다. 일반적으로 소형기는 3 mm, 대형기는 6~8 mm 정도이다.

㈐ 브러시 홀더 : 브러시 홀더는 [그림 8-5]와 같이 브러시를 바른 위치로 유지하게 하고 스프링에 의하여 적당한 압력으로 정류자면에 접촉시키는 장치이다.

(3) 전기자 권선법

전기자 철심에 일정한 법칙에 따라 코일을 권선하는 방법을 전기자 권선법이라 한다. 전기자 권선에 발생하는 기전력은 전기자 권선의 배치 방법에 따라 달라지는데, 각각의 코일에 유도된 기전력이 서로 합해지도록 접속하여 브러시 양단에 나타나도록 한다. 전기자 권선법의 종류는 다음과 같다.

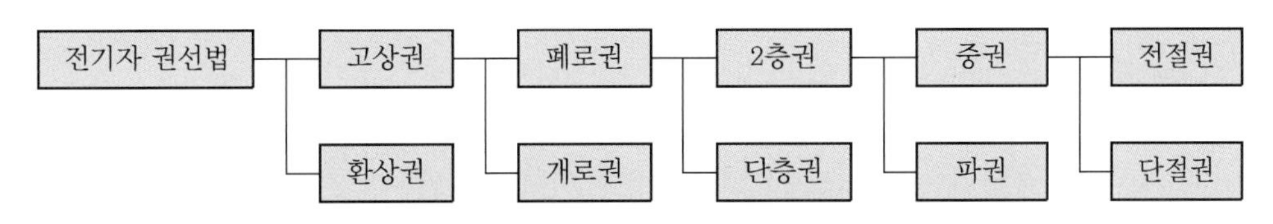

[그림 8-6] 전기자 권선법의 종류

① 환상권과 고상권

환상권(ring winding)은 [그림 8-7] (a)와 같이 전기자 철심의 안팎에 링 모양으로 코일을 감은 것이다. 내부의 도체는 기전력을 유도하는 역할을 하지 못하기 때문에 발전에 기여하지 못해 비경제적이며, 제작이나 수리가 어려워 현재는 사용하지 않는다. **고상권**(drum winding)은 [그림 8-7] (b)와 같이 도체를 전기자 표면에만 감은 것으로 도체가 유효하게 사용되고 정형화된 형권 코일을 사용할 수 있어 제작이나 수리가 용이하다. 직류기의 전기자 권선은 모두 고상권을 사용한다.

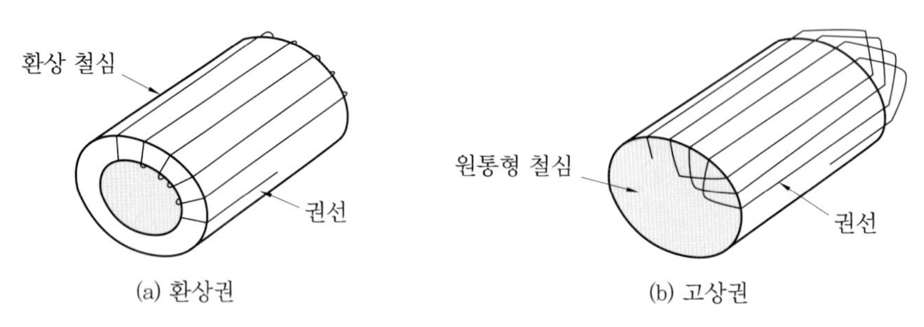

(a) 환상권 (b) 고상권

[그림 8-7] 환상권과 고상권

② 개로권과 폐로권

개로권(open circuit winding)은 몇 개의 독립된 권선을 철심에 감는 것으로 각 독립 권선은 정류자에 접속되어 있으며, 브러시를 통하여 외부 회로와 연결되어 있을 때만 폐회로를 구성한다. 반면 **폐로권**(closed circuit winding)은 임의의 출발점에서 권선하여 다시 원위치로 돌아오는 권선 방법으로 전기자 권선 자신이 폐회로를 형성하기 때문에 모든 권선에서 발생된 기전력을 이용할 수 있다. 이러한 이유로 개로권은 사용되지 않고 폐로권만이 사용된다.

③ 단층권과 2층권

[그림 8-8] (a)와 같이 1개의 슬롯에 1개의 코일변을 감는 것을 **단층권**(single-layer winding)이라 하고, [그림 8-8] (b)와 같이 1개의 슬롯에 2개의 코일변을 상하로 감는 것을 **2층권**(double-layer winding)이라 한다. 2층권은 권선의 제작 및 작업이 간단하므로 주로 사용된다.

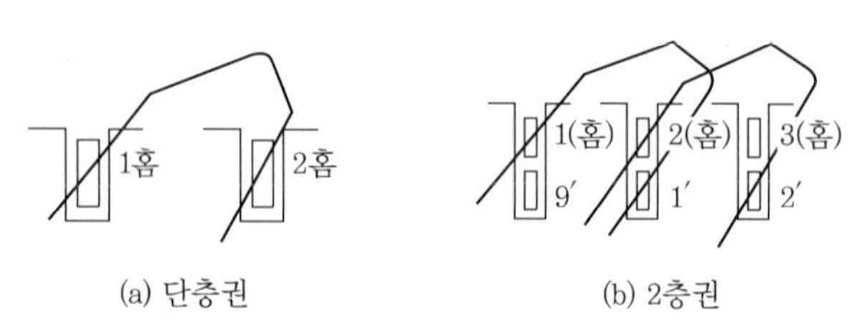

(a) 단층권 (b) 2층권

[그림 8-8] 단층권과 2층권

④ 중권과 파권

중권(lap winding)은 전기적으로 서로 연결되는 2개의 코일이 옆의 정류자편으로 연결되도록 감는 권선법이며, **파권**(wave winding)은 전기적으로 연결되어 있는 2개의 코일이 마주보는 정류자편에 연결되도록 물결파 모양으로 배열하는 것이다. 중권은 병렬 회로와 같은 특성을 가지며 대전류, 저전압에 사용되고, 파권은 직렬의 형태로 권선이 증가하며 소전류, 고전압에 주로 사용된다.

[그림 8-9] (a)는 중권을 축방향으로 잘라서 전개한 권선도를 나타낸 것이고, [그림 8-9] (b)는 파권을 전개한 권선도를 나타낸 것이다.

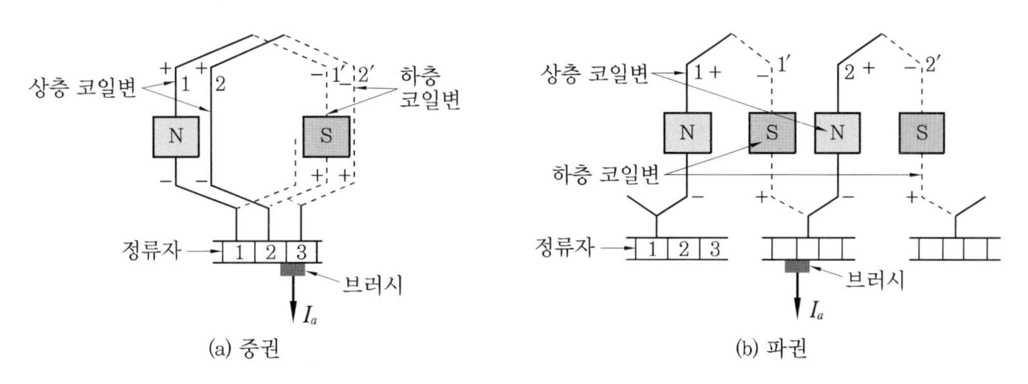

[그림 8-9] 중권과 파권

직류기에 대한 전기자 권선법의 중권과 파권을 [표 8-1]에 비교하였다.

[표 8-1] 중권과 파권의 비교

항목	중권	파권
전기자 병렬 회로 수	극수 P와 같음 ($a=p$)	항상 2 ($a=2$)
브러시 수	극수 P와 같음 ($b=p$)	2개 또는 극수만큼 둘 수 있다.
전기적 특징	저전압, 대전류용	고전압, 소전류용
균압 고리	필요	불필요

중권에서는 전기자 병렬 회로 수가 많아 각 회로간 기전력의 불균형이 발생하기 쉽기 때문에 전위차 방지를 위한 결선이 필요하다. 이를 **균압 고리(균압환)**라 하며, 브러시 간 전위차로 인한 불꽃 발생을 방지할 수 있다. 파권에서는 전기자 병렬 회로 수가 항상 2개이므로 회로 간 기전력의 불균일이 생기지 않아 균압 고리가 필요 없다.

⑤ **전절권과 단절권**

전기자 코일간의 간격이 자극의 간격과 같은 권선법을 **전절권**이라 하고, 전기자 코일간의 간격이 자극의 간격보다 짧은 권선법을 **단절권**이라 한다. 전절권은 권선 한 쌍의 위상차가 180°이고, 단절권은 권선 한 쌍의 위상차가 180°보다 작다.

8-2 직류 발전기의 이론 및 종류

(1) 직류 발전기의 유도 기전력

[그림 8-10]과 같은 직류 발전기에서 전기자의 권선이 자속을 끊을 때 도체 1개에 발생하는 유도 기전력은 자속 밀도(B), 도체의 길이(l), 도체가 자속을 수직으로 끊은 속도(v)에 비례한다. 이때 전기자의 분당 회전 속도를 N[rpm]이라 한다면 도체의 수직 운동 속도 v는 다음과 같이 나타낼 수 있다.

$$v = 2\pi r \cdot \frac{N}{60} = \frac{\pi DN}{60} [\text{m/s}] \qquad \text{식 (8.2)}$$

여기서, v : 도체의 수직 운동 속도 (m/s)
N 전기자의 회전 속도 (rpm)
r 전기자의 반지름 (m)
D 전기자의 지름 (m)

그러므로 도체 1개에 발생하는 유도 기전력은 다음과 같이 다시 정리될 수 있다.

$$e = Blv = Bl \cdot \frac{2\pi rN}{60} [\text{N}] \qquad \text{식 (8.3)}$$

여기서, e : 유도 기전력 (V)
B : 자속 밀도 (Wb/m^2)
l : 도체의 유효 길이 (m)

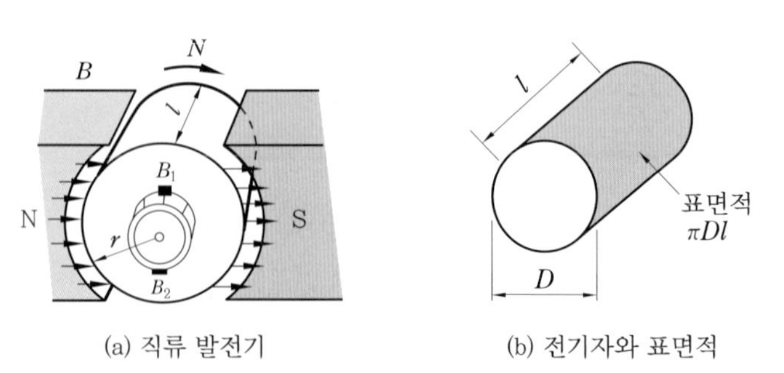

(a) 직류 발전기　　(b) 전기자와 표면적

[그림 8-10] 직류 발전기의 유도 기전력

1개의 극에서 발생한 자속을 ϕ라 하면 총 자속은 극수와 자속의 곱으로 나타낼 수 있고, 자속 밀도는 전기자 표면의 면적당 총 자속으로 나타낼 수 있으므로 이를 식으로 정리하면 다음과 같다.

$$B = \frac{P\phi}{2\pi rl} = \frac{P\phi}{\pi Dl}\ [\mathrm{Wb/m^2}] \qquad \text{식 (8.4)}$$

여기서, B : 자속 밀도 ($\mathrm{Wb/m^2}$)
P : 극수, ϕ : 자속 (Wb)

이때 전기자의 한 극에서 발생되는 유도 기전력은 도체 1개에 발생하는 유도 기전력과 직렬 도체의 곱으로 나타낼 수 있고, 직렬 도체의 개수는 총 도체 수를 병렬 회로 수로 나눈 값과 같으므로 이를 다음과 같이 식으로 정리할 수 있다.

$$E = e \times \frac{Z}{a}\ [\mathrm{V}] \qquad \text{식 (8.5)}$$

여기서, E : 한 극에서 만드는 유도 기전력 (V)
Z : 총 도체 수 (전기자 도선의 수)
a : 전기자 권선의 병렬 회로 수

그러므로 브러시 양단에 발생하는 직류 발전기의 유도 기전력은 다음과 같으며, 직류 발전기의 유도 기전력은 회전수와 자속에 비례함을 알 수 있다.

$$E = \frac{PZ}{60a}\phi N = K\phi N\ [\mathrm{V}] \qquad \text{식 (8.6)}$$

여기서, K : 기계적 상수

(2) 전기자 반작용

직류기의 전기자 권선에 전류가 흐르면 전기자에는 전기자 전류에 의한 자기장이 형성된다. 이때 전기자가 회전하면서 전기자 전류에 의한 자기장이 계자 전류에 의한 주자속의 분포에 영향을 주게 되는데 이를 **전기자 반작용**(armature reaction)이라 한다.

① 전기자 반작용의 영향

[그림 8-11]에서는 직류기의 전기자 반작용에 의한 편자 작용과 중성축의 이동을 보여 주고 있다.

전기자 반작용에 의한 자속 밀도 분포의 변화는 중성축을 기준으로 전기자 전류의 방향에 따라 증가하는 영역과 감소하는 영역으로 나누어진다. 이로 인해 자속 분포가 어느 한쪽으로 기울어지는데 이러한 현상을 **편자 작용**이라 한다. 이는 중성축이 발전기에서는 회전 방향으로, 전동기에서는 회전 방향의 반대 방향으로 이동하게 되는 결과를 야기한다.

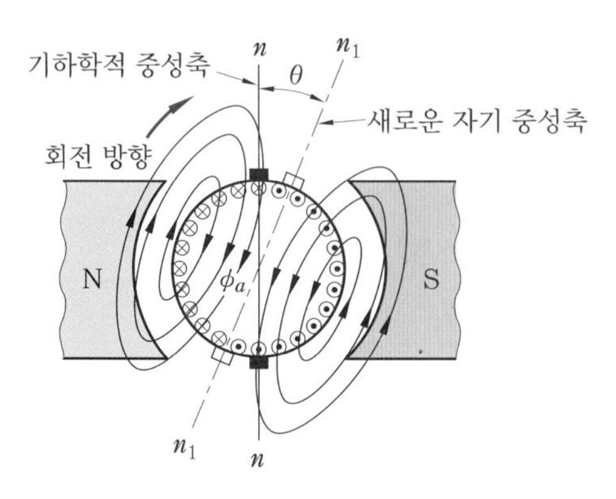

• n : 기하학적 중성축 혹은 무부하 중성선이라 한다.

• n_1 : 전기적 중성축 혹은 부하 중선선이라 한다.

[그림 8-11] 전기자 반작용에 의한 편자 작용

② 전기자 반작용 방지책

전기자 반작용을 감소시키기 위해 [그림 8-12]와 같이 **보극과 보상 권선**을 설치한다. 보상 권선은 자극편에 전기자 도체와 평행하게 홈을 파고 여기에 권선을 감아서 전기자 권선과 직렬로 접속한다. 이때 전기자 전류와 보상 권선에 흐르는 전류는 서로 반대가 되어 전기자의 기자력은 상쇄된다. 보극은 N극과 S극의 중간인 기하학적 중성축에 극을 추가하여 전기자 전류에 의해 만들어지는 자속의 반대 방향으로 자속을 발생시켜 전기자 반작용을 상쇄하는 것이다. 이는 중성축의 이동을 방지할 수 있다.

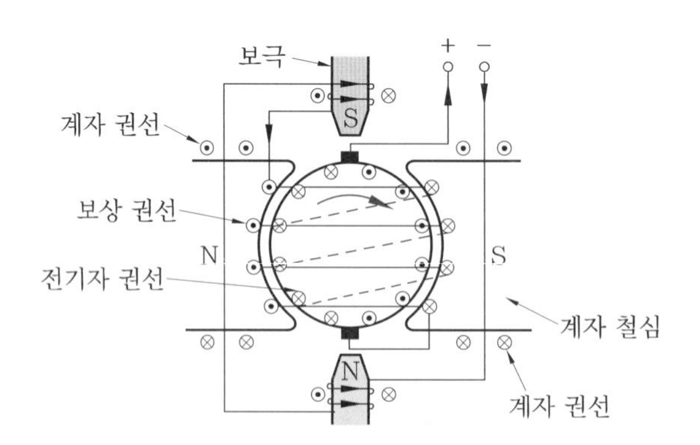

[그림 8-12] 보극과 보상 권선

전기자 반작용을 감소시키기 위한 방법을 다음과 같이 정리한다.

㈎ 전기자 전류를 감소시키기 위해 자기 회로의 저항을 크게 한다.

㈏ 계자 기자력을 크게 하여 계자 자속을 증가시킨다.

㈐ 보상 권선을 설치하여 그 기자력으로 전기자 기자력을 상쇄시킨다.

㈑ 중성축의 이동을 방지하기 위해 보극을 설치한다.

(3) 정류 작용

전기자 도체가 브러시를 통과할 때마다 전기자 도체의 전류는 반대 방향으로 바뀐다. 그러므로 전기자 권선에 유도되는 기전력은 교류이며, 이 교류를 정류자에 의해 직류 기전력으로 변환하는데 이를 정류라고 한다. 정류자편과 브러시에 전류가 흐를 때, 손실로 인한 불꽃이 발생하기도 하는데 이를 방지하고 양호한 정류를 얻기 위해 다음과 같은 방법을 사용한다.

㈎ 리액턴스 전압을 상쇄시키기 위해 중성축에 보극을 설치한다.

㈏ 접촉 저항이 큰 브러시를 사용하여 정류 코일의 단락 전류를 억제한다.

㈐ 정류 주기를 크게 한다.

정류 중인 전류의 변화를 시간에 따라 나타낸 곡선을 정류 곡선이라 하며, 이는 [그림 8-13]과 같다. 정류는 그 형태에 따라 직선 정류, 사인파 정류, 부족 정류, 과 정류로 나누어진다.

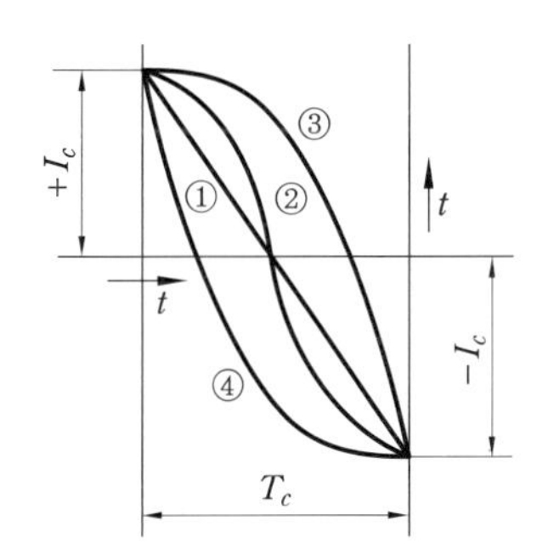

① 직선 정류 : 이상적인 정류로 손실이 발생하지 않는 정류이다.
② 사인파 정류 : 정현파 정류라고 하며, 손실이 적고 불꽃이 없는 양호한 정류이다.
③ 부족 정류 : 브러시 후단에서 불꽃이 발생하는 정류이며, 정류 말기에 변화율이 크다.
④ 과 정류 : 브러시 전단에서 불꽃이 발생하는 정류이며, 정류 초기에 변화율이 크다.

[그림 8-13] 정류 곡선

(4) 직류 발전기의 종류

직류 발전기에 사용되는 자석의 종류에는 전자석과 영구자석이 있는데 대부분 전자석을 사용하고 있다. 발전기 계자의 권선에 전류를 흘려서 전자석이 되는 현상을 여자

(excitation)라고 하는데, 이 여자 방식에 의해서 직류 발전기를 분류하는 것이 일반적이다. 직류기의 여자 방식은 타여자 방식과 자여자 방식으로 나눌 수 있으며, 자여자 방식은 다시 직권, 분권, 복권으로 구분된다.

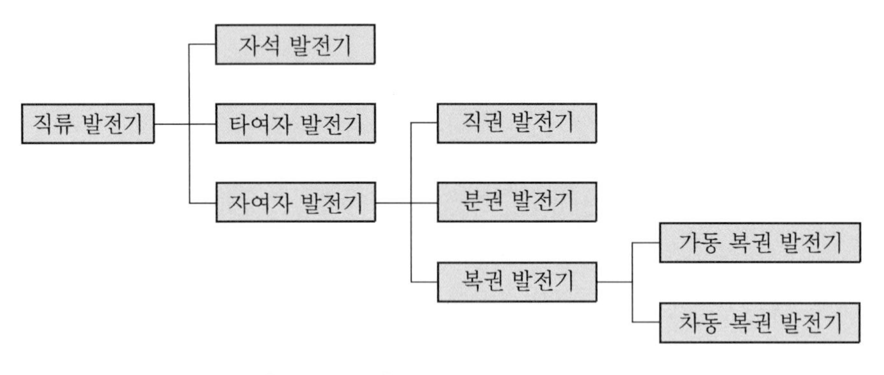

[그림 8-14] 직류 발전기의 종류

① 자석 발전기

영구 자석을 계자로 사용한 것으로 소형의 특수 발전기에 사용된다.

② 타여자 발전기

여자 전류를 외부의 독립된 직류 전원으로부터 얻는 방식이다.

③ 자여자 발전기

발전기 자체에서 발생한 기전력에 의해 여자 전류를 공급하는 방식으로 가장 널리 사용되고 있다. 계자 권선과 전기자 권선의 연결 형태에 따라 직권, 분권, 복권으로 분류된다.

(가) 직권 발전기 : 계자 권선과 전기자 권선이 직렬로 연결되어 부하 전류를 그대로 여자 전류로 사용한다.

(나) 분권 발전기 : 계자 권선과 전기자 권선이 병렬로 연결되어 있으며, 여자 전류를 부하 전류와 별도로 취하는 방법이다.

(다) 복권 발전기 : 직권 계자 권선과 복권 계자 권선을 모두 가지고 있는 방식으로 두 계자 권선의 자극 방향에 따라 가동 복권과 차동 복권으로 분류되고, 분권 권선의 접속 방법에 따라 내분권, 외분권으로 구분된다.

8-3 직류 발전기의 특성 및 운전

직류 발전기에는 여러 종류가 있으며, 서로 다른 특성을 가지고 있으므로 용도에 따라 적당한 특성을 선정하여 사용해야 한다. 그 특성을 보기 쉽도록 무부하 특성 곡선, 부하 특성 곡선, 외부 특성 곡선 등으로 나타낸다.

(1) 타여자 발전기의 특성

타여자 발전기는 전기자가 외부 계자에서 발생하는 자속을 받아 유도 기전력을 생산하며, 부하가 연결된 등가 회로는 다음과 같다.

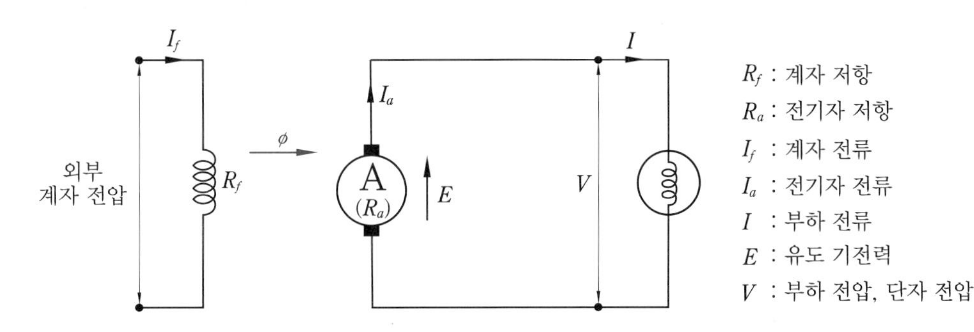

[그림 8-15] 타여자 발전기의 등가 회로

① 타여자 발전기의 등가 회로

타여자 발전기의 유도 기전력 E는 단자 전압 V와 전기자에 의한 전압 강하 I_aR_a, 전기자 반작용에 의한 전압 강하 e_a 및 브러시에 의한 전압 강하 e_b의 합과 같으며, 이 때 전기자 전류 I_a는 부하 전류 I와 같다. 또한 e_a 및 e_b는 매우 작은 값으로 별도의 언급이 없으면 무시할 수 있다. 이를 식으로 정리하면 다음과 같다.

$$E = V + I_aR_a + (e_a + e_b)$$
$$(I_a = I)$$
식 (8.7)

타여자 발전기의 등가 회로에서 부하가 없으면 전기자 측의 회로가 개로되므로 부하전류가 흐르지 않는다. 이때는 전류에 의한 저항 강하 성분이 존재하지 않기 때문에 유도 기전력 E와 단자 전압 V는 같다.

② 타여자 발전기의 무부하 특성

타여자 발전기의 회전 속도를 정격으로 유지하고, 무부하로 운전하였을 때 계자 전류 I_f와 유도 기전력 E에 대한 관계를 무부하 특성이라 한다. 계자 전류 I_f를 0에서부터 서서히 증가시키면 처음에는 이에 비례하여 유도 기전력 E가 증가하지만 철심의 자기포화로 인해 어느 순간 기전력은 더 이상 증가하지 않는다. 타여자 발전기의 무부하 특성 곡선은 [그림 8-16] (a)와 같다.

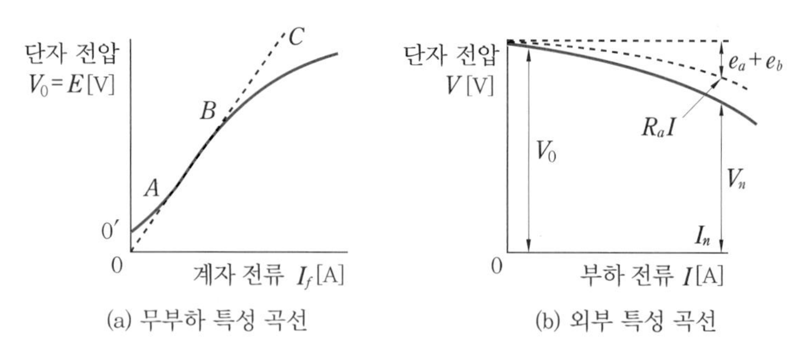

[그림 8-16] 타여자 발전기의 특성 곡선

③ 타여자 발전기의 외부 특성

타여자 발전기를 정격 속도로 운전하고 정격 부하를 가하였을 때 정격 전압이 발생하도록 계자 저항기를 조정한다. 그리고 계자 저항과 회전 속도를 일정하게 하고 부하 저항을 변화시켰을 때 부하 전류 I와 단자 전압 V의 관계를 외부 특성이라 한다. 이때 회전 속도와 계자 전류가 일정하기 때문에 유도 기전력의 크기는 변함이 없으며, 부하를 증가시키면 부하 전류가 증가하면서 단자 전압은 감소하는 특성을 나타낸다. 타여자 발전기의 외부 특성 곡선은 [그림 8-16] (b)와 같다.

(2) 직권 발전기의 특성

직권 발전기는 전기자와 연결된 직권 계자의 잔류자속에 의해 기동하며, 부하 전류로 여자되기 때문에 직권 계자 전류와 전기자 전류 및 부하 전류가 서로 같다.

① 직권 발전기의 등가 회로

직권 발전기의 유도 기전력 E는 단자 전압 V, 전기자 저항에 의한 저항 강하 I_aR_a, 직권 계자 저항의 저항 강하 I_sR_s의 합으로 나타낼 수 있으며, 이는 다음과 같은 식으로 나타낼 수 있다.

$$E = V + I_aR_a + I_sR_s \text{ 또는 } E = V + (R_a + R_s)I_a$$
$$(I_a = I_s = I) \qquad \text{식 (8.8)}$$

부하가 연결된 직권 발전기의 등가 회로는 [그림 8-17]과 같다. 부하가 없으면 회로는 개로가 되어 전류가 흐르지 않는다.

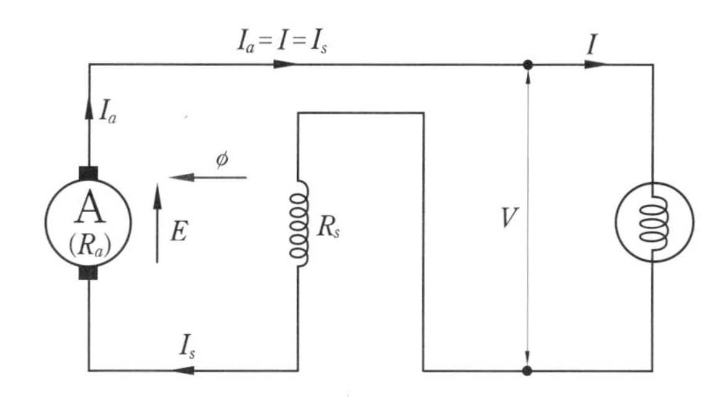

[그림 8-17] 직권 발전기의 등가 회로

② 직권 발전기의 무부하 특성

직권 발전기는 무부하 시에는 계자 권선에 전류가 흐르지 않아 무부하 특성 곡선을 얻을 수 없다. 그러므로 무부하 특성 곡선을 얻으려면 직권 계자 권선을 임시로 직렬 회로에서 분리하여 다른 전원에 의해 타여자 상태로 무부하 특성을 얻어야 한다.

③ 직권 발전기의 외부 특성

직권 발전기는 부하 전류가 증가하면 계자 전류가 증가하고, 자속이 증가하여 유도 기전력이 증가하는 특성을 나타낸다. 이에 따라 단자 전압도 상승하여 [그림 8-18]과 같은 외부 특성 곡선을 나타낸다.

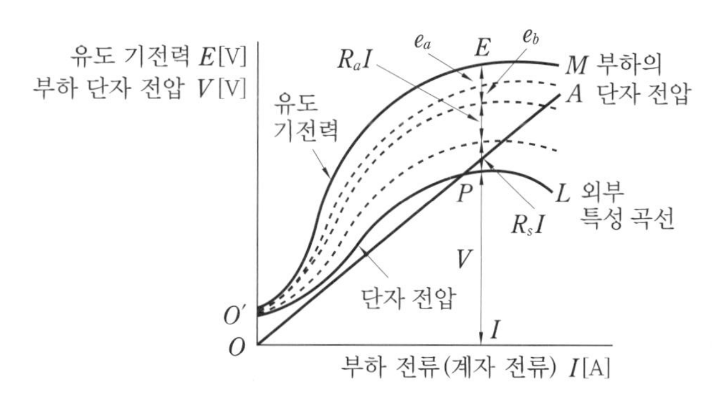

[그림 8-18] 직권 발전기의 특성 곡선

(3) 분권 발전기의 특성

분권 발전기는 전기자와 계자 권선이 병렬로 연결되어 있어 자기 자신의 전기자에서 발생한 기전력으로 계자 권선에 전류를 공급한다. 분권 발전기의 전기자 전류는 계자 전류와 부하 전류의 합과 같다.

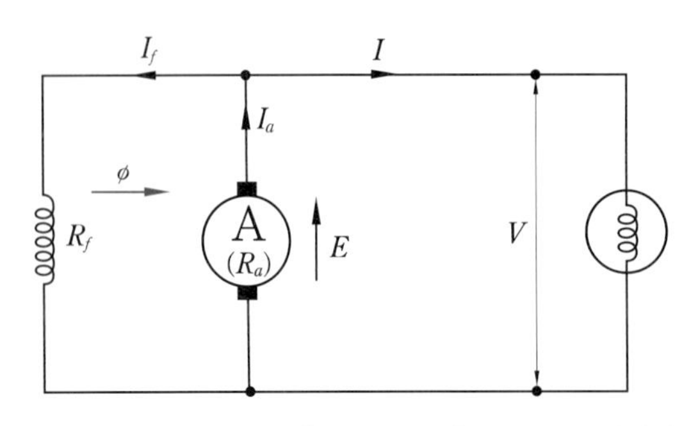

[그림 8-19] 분권 발전기의 등가 회로

① 분권 발전기의 등가 회로

분권 발전기의 등가 회로는 [그림 8-19]와 같다. 전기자 전류 I_a는 병렬 계자 전류 I_f와 부하 전류 I로 나누어지므로 유도 기전력 E는 단자 전압 V, 전기자 저항에 의한 전압 강하 I_aR_a의 합으로 나타낼 수 있으며, 이는 다음과 같은 식으로 나타낼 수 있다.

$$\left.\begin{aligned} &E = V + I_aR_a \\ &\quad (I_a = I + I_f) \\ &I_f = \frac{V}{R_f} \end{aligned}\right\} \qquad \text{식 (8.9)}$$

분권 발전기 회로에서 단자 전압 V와 분권 계자 권선 양단에 걸리는 전압 V_f의 값은 동일하다. 그러므로 분권 계자 전류 I_f는 단자 전압과 분권 계자 저항의 관계로 나타낼 수 있다.

② 분권 발전기의 무부하 특성

분권 발전기의 등가 회로에서 부하가 없으면 폐로가 형성되지 않아 부하 측으로 전류가 흐르지 않는다. 이때 계자에 잔류자속이 있다면 전기자에 흐르는 전류는 계자 측으로 흐를 것이므로 계자 측에 고전압이 걸리게 된다. 이로 인해 계자 회로가 손상되어 발전 불능 상태가 될 수 있기 때문에 무부하 운전은 하지 않는다.

③ 분권 발전기의 외부 특성

분권 발전기의 등가 회로에서 계자 전류 I_f는 상대적으로 매우 작은 값을 가지기 때문에 전기자 전류와 부하 전류를 거의 같다고 가정하면 단자 전압 $V = E - IR_a$이라는 식이 성립한다. 이때 부하가 증가하여 부하 전류가 증가하면 단자 전압 V는 감소한다. 그러므로 분권 발전기의 외부 특성 곡선은 [그림 8-20]과 같이 나타낼 수 있다.

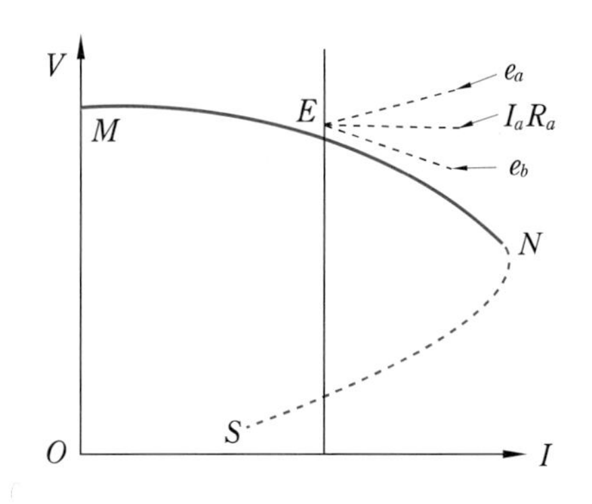

[그림 8-20] 분권 발전기의 특성 곡선

(4) 복권 발전기의 특성

복권 발전기는 분권과 직권의 두 계자 권선을 가지고 있어 분권 발전기의 특성과 직권 발전기의 특성을 동시에 가지고 있다. 이는 권선의 접속 방법에 따라 내분권과 외분권으로 나누어지고 직권 계자 권선과 복권 계자 권선의 자속 방향에 따라 가동 복권과 차동 복권으로 나누어지며, 가동 복권은 직권 권선의 권수 선정에 따라 과복권과 평복권으로 나누어진다.

① 복권 발전기의 등가 회로

복권 발전기는 권선의 접속 방법에 따라 내분권과 외분권으로 나누어지며, 그 등가 회로는 [그림 8-21]과 같다. 내분권 발전기에서는 직권 계자 전류 I_s와 부하 전류 I가 같으며, 외분권 발전기에서는 직권 계자 전류 I_s와 전기자 전류 I_a가 같다.

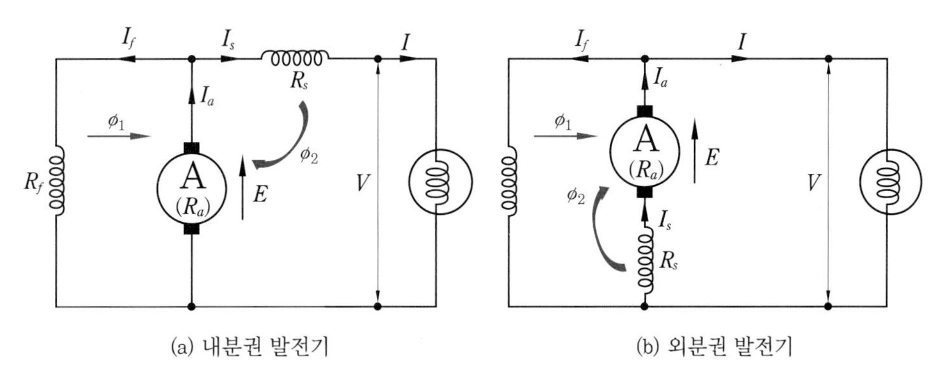

[그림 8-21] 복권 발전기의 등가 회로

이때 내분권 발전기와 외분권 발전기는 다음과 같은 관계식으로 정리된다.

내분권 발전기 : $E = V + I_a R_a + I_s R_s$

외분권 발전기 : $E = V + I_a (R_a + R_s)$ 식 (8.10)

② 가동 복권 발전기

분권 발전기에서는 부하가 증가하면 전압 강하가 증가하여 단자 전압이 감소하지만, 가동 복권 발전기에서는 직권 계자 권선에 의한 기자력이 분권 계자 권선의 기자력과 합성되어 유도 기전력의 증가를 나타낸다. 이때 직권 계자 권선에 의한 기자력의 증가 정도에 따라 평복권 발전기와 과복권 발전기로 분류한다.

(가) 평복권 발전기 : 전기자 회로의 내부 전압 강하 $I_a R_a$와 직권 계자 권선의 저항 강하 $I_s R_s$의 합이 직권 계자에 의한 유도 기전력과 같도록 설계하여 무부하 전압과 전부하 전압이 같은 특성을 가진다.

(나) 과복권 발전기 : 직권 계자 권선의 기자력을 평복권의 경우보다 크게 설계하여 전부하 전압이 무부하 전압보다 높은 특성을 가진다.

③ 차동 복권 발전기

분권 계자 권선의 기자력이 직권 계자 권선의 기자력에 의해 감소되게 한 것으로 부하의 증가에 따라 단자 전압이 현저하게 감소되는 특성을 가진다. 부하 저항을 어느 정도 감소시켜도 전류는 일정하게 되는 **수하 특성**을 가진다.

④ 복권 발전기의 외부 특성 곡선

평복권 발전기는 부하가 증가해도 전압이 일정하므로 일반적인 직류 전원 및 전기 기계의 여자 전원으로 사용되며, 과복권 발전기는 배전선의 저항에 의한 전압 강하 보상용으로 사용된다. 차동 복권 발전기는 수하 특성을 가지므로 용접기용 전원으로 이용된다. [그림 8-22]는 복권 발전기의 외부 특성 곡선을 나타낸다.

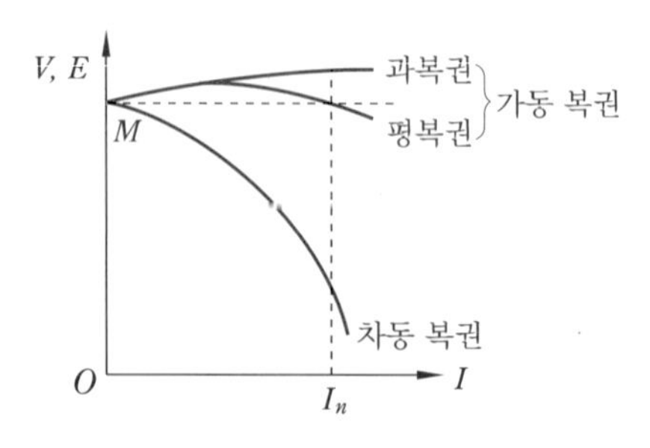

[그림 8-22] 복권 발전기의 특성 곡선

(5) 직류 발전기의 운전

① 직류 발전기의 기동

직류 발전기를 기동할 때 다음 사항을 점검한 후 운전한다.

(가) 베어링 오일이 충분한가?

(나) 정류자면이 손상되지 않았는가?

(다) 브러시가 정확하게 중성축상에 설치되어 있는가?

(라) 브러시가 적당한 압력으로 정류자면에 접촉하고 있는가?

② 직류 발전기의 병렬 운전

1대의 발전기로 용량이 부족하거나 부하 변동의 폭이 큰 경우, 예비기 또는 점검, 수리의 목적으로 운영할 때는 2대 이상의 발전기를 병렬로 연결하여 공통 부하에 전력을 인가하기 위해 병렬 운전을 한다. 직류 발전기의 병렬 운전 조건은 다음과 같다.

(가) 정격 전압 및 극성이 같을 것

(나) 외부 특성 곡선이 수하 특성일 것

(다) 용량이 다를 경우 % 부하 전류로 나타낸 외부 특성 곡선이 거의 일치할 것

③ 균압 모선

직권 발전기의 외부 특성은 부하 전류가 증가하면 단자 전압이 높아지는 특성이 있다. 같은 용량의 직권 발전기 2대가 병렬 운전 중 어떤 원인으로 한쪽 발전기의 단자 전압이 증가하게 되면 안정한 병렬 운전을 할 수 없게 된다. 그러므로 안정된 병렬 운전을 하기 위해 [그림 8-23]과 같이 두 발전기의 직권 계자 권선이 접속된 전기자 측의 끝을 균압 모선으로 연결하여 계자 전압을 일정하게 해야 한다.

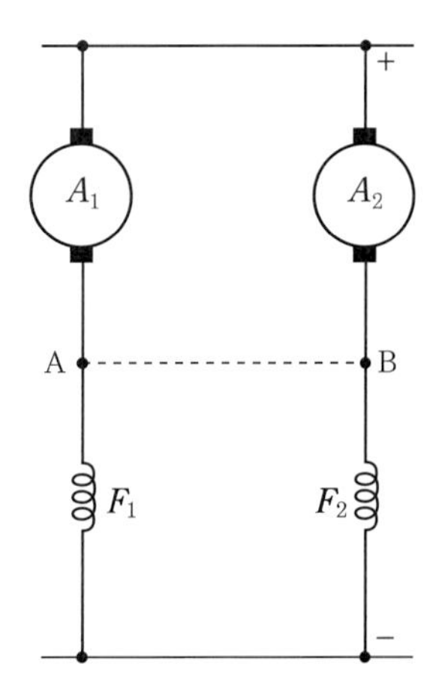

[그림 8-23] 직권 발전기의 병렬 운전

8-4 직류 전동기의 이론 및 종류

(1) 직류 전동기의 원리

직류 전동기는 직류 전력을 받아서 기계적인 회전력을 발생하는 전기 기기이다. [그림 8-24]와 같이 자기장 중에 있는 코일에 직류 전압을 가해 주면 플레밍의 왼손 법칙에 따라 도체는 회전한다.

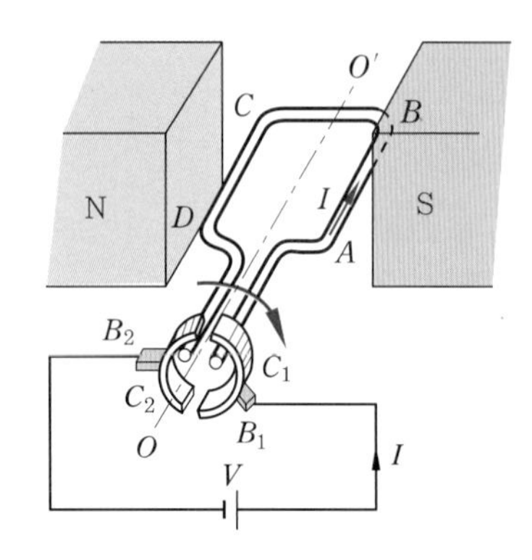

[그림 8-24] 직류 전동기의 원리

(2) 직류 전동기의 종류

직류 전동기의 구조는 직류 발전기와 동일하며, 그 종류도 발전기의 경우와 같이 계자 권선과 전기자 권선의 접속 방법에 따라 분류된다.

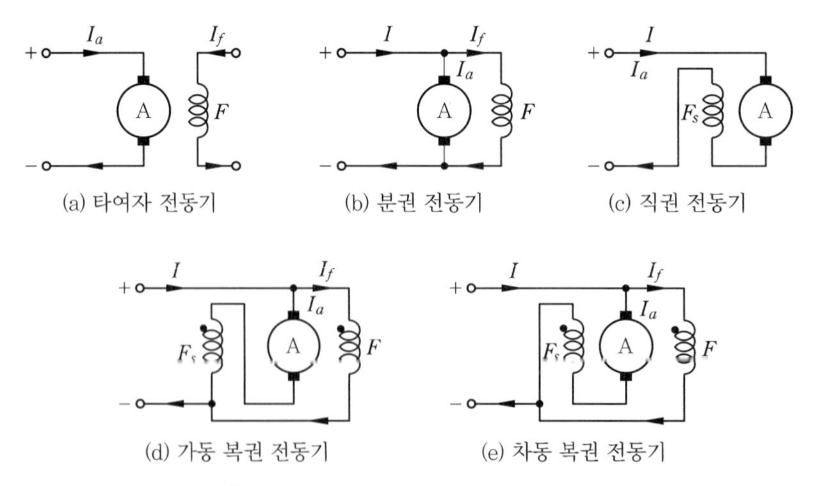

[그림 8-25] 직류 전동기의 종류

분권 전동기의 등가 회로에서 단자 전압 V는 다음과 같이 표시되며, 직류 전원이 있는 선박용 펌프 및 환기용 송풍기 용도로 사용된다.

$$V = E + I_a R_a \quad \text{식 (8.11)}$$

직권 전동기의 단자 전압은 식 (8.12)와 같으며 전차, 권상기, 크레인과 같이 가동 횟수가 빈번하고 토크의 변동이 심한 부하에 사용된다.

$$V = E + I_a R_a + I_s R_s = E + I_a (R_a + R_b) \quad \text{식 (8.12)}$$

이 밖에 타여자 전동기는 압연기 및 정속도 엘리베이터용으로, 가동 복권 전동기는 크레인, 공작 기계 및 공기 압축기 등의 용도로 사용된다.

(3) 직류 전동기의 이론

① 역기전력 및 회전 속도

전동기가 회전하면 도체는 자속을 계속 끊고 있기 때문에 전기자 도체는 발전기의 도체와 같이 작용하여 유도 기전력이 발생한다. 이때 유도 기전력의 방향은 플레밍의 오른손 법칙에 의해 결정되며, 전기자 전류 I_a에 반대하는 방향으로 발생하므로 역기전력이라고 한다.

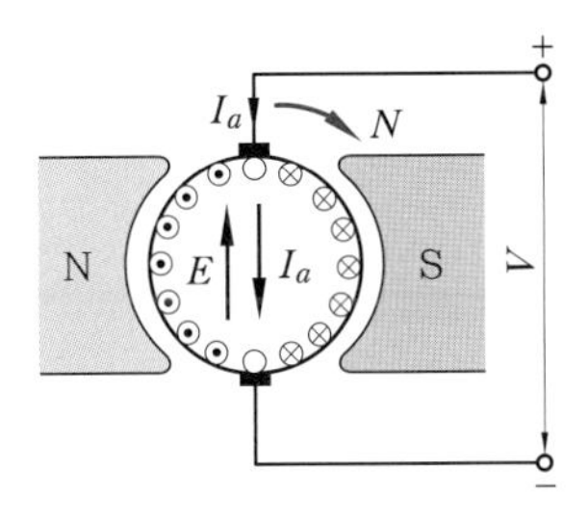

[그림 8-26] 직류 전동기의 역기전력

이때 발생하는 역기전력 E는 식 (8.6)과 같으며, 전기자 전류 I_a는 식 (8.11)로부터 다음과 같이 유도할 수 있다.

$$I_a = \frac{V - E}{R_a} \quad \text{식 (8.13)}$$

또한 식 (8.6)과 (8.11)로부터 회전 속도 N은 다음 식과 같이 정리된다.

$$N = \frac{1}{K} \cdot \frac{V - I_a R_a}{\phi} \quad [\text{rpm}] \quad \text{식 (8.14)}$$

② **토크 및 출력**

전동기의 토크는 회전력, 즉 전동기를 움직이는 힘을 의미하며 τ라고 쓰고 타우라고 읽는다. 단위는 [N·m] 혹은 [kg·m]이다. 전동기의 기계적 출력은 다음과 같이 전동기의 회전력과 단위시간당 회전 각도(수), 즉 토크와 각속도의 곱으로 나타낼 수 있다.

$$P = \omega\tau = 2\pi f\tau = 2\pi n\tau = 2\pi\frac{N}{60}\tau[\mathrm{W}]$$ 식 (8.15)

또한 전동기의 전기적 출력은 $P = EI_a$로 나타낼 수 있어 식 (8.15)와의 관계로부터 토크 τ를 다음과 같이 유도할 수 있다.

기계적 출력=전기적 출력

$$\omega\tau = EI_a$$

$$\tau = \frac{EI_a}{\omega} = \frac{P}{\frac{2\pi}{60}N} = 9.55\times\frac{P}{N}\ [\mathrm{N\cdot m}]$$

또는

$$\tau = \frac{EI_a}{\omega} = \frac{\frac{PZ\phi N}{60a}\times I_a}{\frac{2\pi N}{60}} = \frac{PZ}{2\pi a}\phi I_a\ [\mathrm{N\cdot m}]$$

$$\therefore \tau = K_T\phi I_a\ (K_T : \text{기계적 상수})$$ 식 (8.16)

8-5 직류 전동기의 특성 및 운전

(1) 속도 및 토크 특성

전동기의 부하 변화에 따른 속도와 토크의 특성 변화를 의미한다. 단자 전압과 계자 저항을 일정하게 유지하였을 때, 부하 전류와의 관계를 표시한다.

① **분권 전동기의 속도 및 토크 특성**

분권 전동기는 단자 전압, 계자 전류를 일정하게 유지하면 자속이 거의 일정하며, 부하가 증가하면 내부 전압 강하 I_aR_a가 증가한다. 그러므로 식 (8.14)에 따라 속도가 감소하는 특성을 가진다.

또한 식 (8.16)에 의해 토크 τ는 전기자 전류 I_a에 비례하는 특성을 가지고 있음을 알 수 있다.

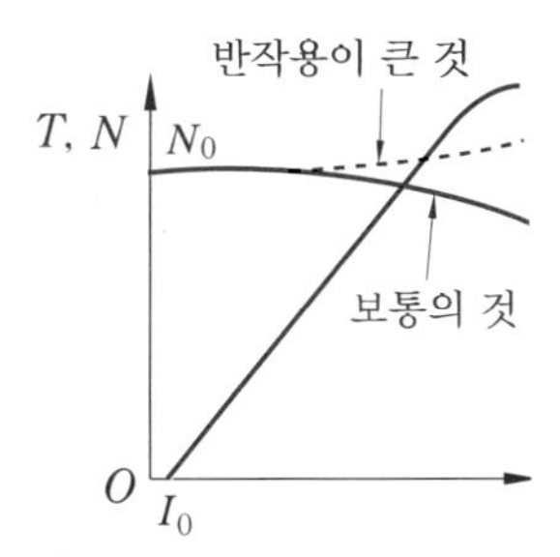

[그림 8-27] 분권 전동기의 특성 곡선

② 직권 전동기의 속도 및 토크 특성

직권 전동기는 계자 권선과 전기자 권선이 직렬로 접속되어 있기 때문에 계자 전류와 전기자 전류와 부하 전류가 같다. 즉 부하 전류가 증가하면 계자 전류도 증가하는 특성을 가지고 있으며, 이는 자속의 크기를 결정한다. 식 (8.14)에 의하면 속도는 자속에 반비례하는데 직권 발전기에서는 전기자 전류가 자속에 관여하므로 속도와 전기자 전류간의 관계는 반비례하며, 이는 속도와 부하 전류의 관계와 동일하다. 토크에 관한 식 (8.16)에 의하면 토크는 자속과 전기자 전류의 곱에 비례하는데 전기자 전류가 자속에 관여하므로 토크 τ는 전기자 전류 I_a^2에 비례한다. 즉 $\tau \propto I_a^2$이다.

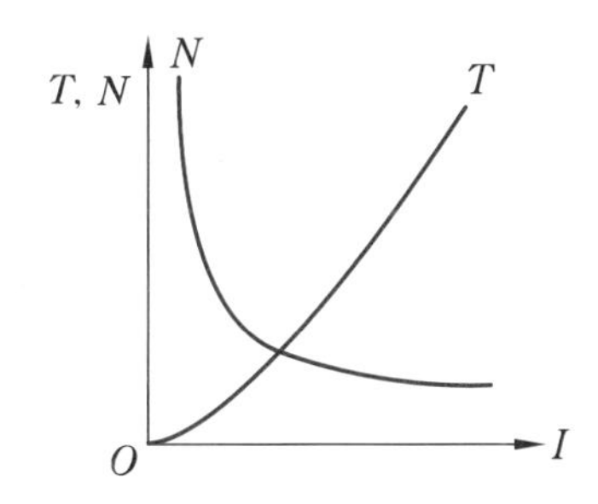

[그림 8-28] 직권 전동기의 특성 곡선

③ 복권 전동기의 속도 및 토크 특성

가동 복권 전동기의 속도 및 토크 특성은 분권 전동기와 직권 전동기의 중간 특성을 가지고 있으며, 직권 계자 기자력과 분권 계자 기자력의 크기에 따라 분권 전동기 또는 직권 전동기에 가까운 특성이 된다. 차동 복권 전동기는 직권 계자 기자력이 분권 계자 기자력을 상쇄하도록 접속되어 있으므로 부하 전류가 증가함에 따라 자속이 감소하여 속도를 상승시키는 작용을 한다.

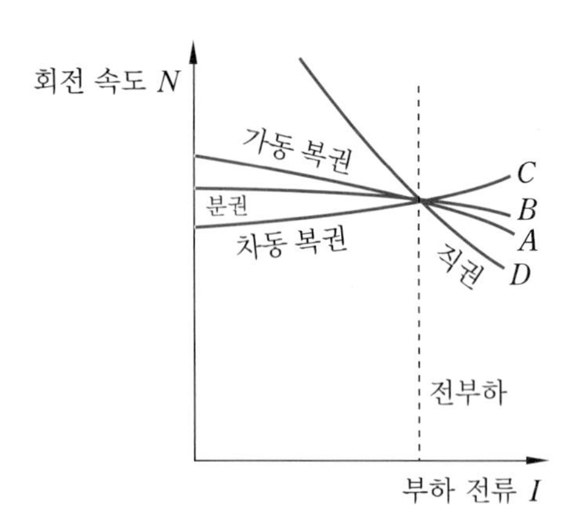

[그림 8-29] 복권 전동기의 특성 곡선

(2) 기동 및 회전 방향

정지 상태에 있는 전동기를 운전 상태로 하는 것을 기동이라 한다. 직류 전동기의 기동법에는 전전압 기동, 저항 기동 및 감압 기동이 있다.

① 전전압 기동

특별한 장치를 사용하지 않고 전동기를 직접 전원에 연결하여 기동시키는 방법이다. 식 (8.13)에 의하면 전동기 기동 초기에 E는 0이므로 I_a가 매우 크게 된다. 이와 같은 대전류는 전기자 권선 및 브러시에 큰 손상을 주기 때문에 파손의 우려가 있다. 그러므로 전전압 기동은 0.5[kW] 이하의 분권 전동기나 1[kW] 이하의 직권 전동기에 한해 사용한다.

② 저항 기동

직류 전동기의 가장 일반적인 기동 방법으로 과대한 기동 전류를 억제하기 위해 전기자와 직렬로 가변 저항기를 설치하여 기동 전류를 제한한다.

③ 감압 기동

기동시의 전원 전압을 낮추어서 기동 전류를 제한하는 방법으로 전압을 0으로부터 점점 높여서 전동기를 기동시키는 방법이다. 기동 저항은 필요로 하지 않는다.

(3) 속도 제어

식 (8.14)와 같이 전동기의 속도에 관여하는 변수는 자속 ϕ, 단자 전압 V, 전기자 저항 R_a이다. 그러므로 직류 전동기의 속도 제어 방법은 **계자 제어법, 저항 제어법, 전압 제어법** 3가지로 분류할 수 있다.

① 계자 제어법

계자 저항기 R_f로 계자 전류 I_f를 조정하여 자속 Φ를 변화시키는 방법이다. 직류 전동기의 속도 $N=\frac{1}{K}\cdot\frac{V-I_aR_a}{\phi}$에서 전압과 전기자 저항값은 고정시키고 자속만 변화시키기 때문에 출력은 변하지 않아 정 출력 제어라고도 한다. 하지만 자속은 변하기 때문에 토크 식 $\tau=K_T\phi I_a$에 의해 토크는 변한다.

② 저항 제어법

전기자 회로에 저항 R을 넣고 이것을 가감하여 속도를 제어하는 방법이다. 이 방식은 계자 전류보다 훨씬 큰 전기자 전류 I_a가 흐르기 때문에 저항 손실 I_a^2R이 커 효율이 좋지 않다. 또한 분권 전동기나 타여자 전동기에서 속도 변동률이 크게 되어 특성이 나빠지고 속도 제어의 범위가 좁아 별로 사용하지 않는다.

③ 전압 제어법

전기자에 가해지는 단자 전압을 변화시켜 회전 속도를 조정하는 방법으로 주로 타여자 전동기에 사용하며, 가장 광범위하고 효율이 좋고 원활하게 속도 제어가 되는 방식이다. 직류 전동기의 속도 $N=\frac{1}{K}\cdot\frac{V-I_aR_a}{\phi}$에서 전압이 변하므로 출력이 변하지만 자속은 일정하기 때문에 토크는 변하지 않는 정 토크 제어 특성을 가진다. 전압 제어법에는 워드-레너드 방식, 정지 레너드 방식, 일그너 방식, 초퍼 제어 방식 등이 있다.

(4) 전기 제동

회전하고 있는 전동기를 정지시키거나 회전 속도를 어느 정도 이상으로 상승하지 못하게 하는 것을 제동이라 한다. 제동 방식에는 기계적 제동과 전기적 제동이 있으며 전기적 제동에는 발전 제동, 회생 제동, 역전 제동 등이 있다.

① 발전 제동

운전 중인 전동기를 전원에서 분리하면 관성에 의해 전기자는 계속 회전하고, 이때 역기전력이 발생하여 발전기로 작용하게 된다. 이때 전기자의 운동 에너지를 전기적인 에너지로 변환하고 이것을 저항에서 열에너지로 소비시켜 제동하는 방식을 발전 제동이라 한다.

② 회생 제동

전동기가 갖는 운동 에너지를 전기 에너지로 변환하고, 이것을 전원으로 반환하여 제동하는 방법을 회생 제동이라 한다. 회생 제동은 고개를 내려가는 전차의 양화기가 짐을 내릴 때 등에 적용할 수 있으며 경제적으로 유효한 제동 방법이다.

③ 역전 제동

전동기를 전원에 접속된 상태에서 전기자의 접속을 반대로 하고, 회전 방향과 반대 방향으로 토크를 발생시켜서 급속히 정지하는 방법을 역전 제동이라 한다. 이 방법은 전환하는 순간에 과대한 전류가 흐르며, 정지를 목적으로 하는 경우 정지 직전 전원을 분리시켜야 한다.

8-6 직류기의 손실 및 효율

(1) 손실

발전기는 운동 에너지를 전기 에너지로 변환하고, 전동기는 전기 에너지를 운동 에너지로 변환하는 전기 기기이다. 이들은 에너지 변환 과정에서 일부 에너지가 없어지는 손실이 된다. 직류기의 손실은 다음과 같이 분류된다.

① 동손

전기자 권선과 계자 권선 등의 저항 중에 전류가 흘러서 발생하는 줄열에 의한 손실이다. 부하 전류 및 여자 전류에 의한 손실로 부하에 따라 그 크기가 달라지기 때문에 부하손 혹은 가변손이라 한다.

② 철손

기기 운전 시 부하와 무관하게 철심 안에서 발생하는 손실로 히스테리시스 손과 와류손이 있다. 무부하 시에도 발생하는 손실이기 때문에 무부하손 혹은 고정손이라 한다.

③ 기계손

기기가 회전할 때 발생하는 손실로 축과 베어링, 브러시와 정류자 등의 마찰에 의한 마찰손과 공기 중에서 전기자가 회전할 때 공기와의 마찰에 의해 발생하는 풍손이 있다. 기계의 속도가 일정하면 부하 전류에 관계없이 거의 일정한 값이다.

④ 표유 부하손

측정이나 계산에 의하여 구할 수 있는 손실 이외에 부하가 걸렸을 때 도체 또는 금속 내부에서 발생하는 손실이다. 부하에 비례하여 증감한다.

(2) 효율

전기 기기의 입력과 출력의 비를 효율이라 하며, 다음과 같이 발전기의 효율과 전동기의 효율을 구분한다.

$$\text{발전기의 효율 : 효율} = \frac{\text{출력}}{\text{출력}+\text{손실}}\ [\mathrm{W}]$$

$$\text{전동기의 효율 : 효율} = \frac{\text{입력}-\text{손실}}{\text{입력}}\ [\mathrm{W}]$$

식 (8.17)

위 식으로부터 전기 기기에서는 손실을 알면 주어진 출력 또는 입력에 대한 효율을 구할 수 있음을 알 수 있다.

(3) 전압 변동률

발전기를 정격 속도, 정격 전류 및 정격 출력으로 운전하고 속도를 일정하게 유지하면서 정격 부하에서 무부하로 하였을 때, 전압이 변동하는 비율을 **전압 변동률**이라 한다. 전압 변동률은 ε로 나타낸다.

$$\varepsilon = \frac{V_0 - V_n}{V_n} \times 100\ \%$$

식 (8.18)

여기서, V_0 : 무부하 전압 (V)
V_n : 정격 전압 (V)

(4) 속도 변동률

전동기를 정격 전압, 정격 부하에서 정격 회전수가 되도록 계자 저항기를 조정한 상태에서 무부하로 하였을 때, 회전수가 변동하는 비율을 속도 변동률이라 한다.

$$\varepsilon' = \frac{N_0 - N_n}{N_n} \times 100\ \%$$

식 (8.19)

여기서, N_0 : 무부하에서의 회전수 (rpm)
N_n : 정격 부하에서의 회전수 (rpm)

>>> 제8장

연습문제

1. 직류기의 3요소는 무엇인가?

2. 전기 기계를 제작할 때 철심을 성층하는 가장 큰 이유는 무엇인가?

3. 전기 기계의 브러시의 구비 조건에는 어떤 것들이 있는가?

4. 직류 발전기에서 전기자 반작용을 없애는 방법에는 어떤 것들이 있는가?

5. 직권 및 과복권 발전기의 병렬 운전을 안전하게 하기 위해서 두 발전기의 전기자와 직권 권선의 접촉점에 연결하는 것을 무엇이라 하는가?

6. 직류 발전기의 정격 전압이 200[V]이고 무부하 전압이 210[V]일 때 이 발전기의 전압 변동률은 몇 %인가?

7. 직류 전동기의 회전 방향을 바꾸기 위한 방법을 서술하시오.

8. 직류 전동기의 속도 제어 방법을 3가지 쓰시오.

9. 직류 분권 전동기의 운전 중 계자 저항기의 저항을 증가하면 속도는 어떻게 되겠는가?

10. 200[V], 25[kW] 분권 직류 발전기의 전부하 효율은 몇 %인가? (단, 손실은 2[kW]이다.)

Chapter 09

동기기

동기기는 일정한 주파수와 극수에 따라 결정되는 동기 속도로 회전하는 교류기를 말하며, 동기 발전기와 동기 전동기가 있다. 우리가 사용하는 상용 전력은 대부분 교류이며 발전소에서 사용하는 발전기가 동기 발전기이다. 동기 전동기는 동기 발전기와 구조가 같고 정속도 특성을 가지고 있으며 전력계통의 전류 세기, 역률 등을 조정할 수 있는 동기 조상기로 사용될 수도 있다. 이 장에서는 동기기의 원리와 구조, 이론 및 운전 특성, 특징 및 용도 등에 대해 알아보기로 한다.

9-1 동기 발전기의 원리 및 구조

(1) 동기 발전기의 원리

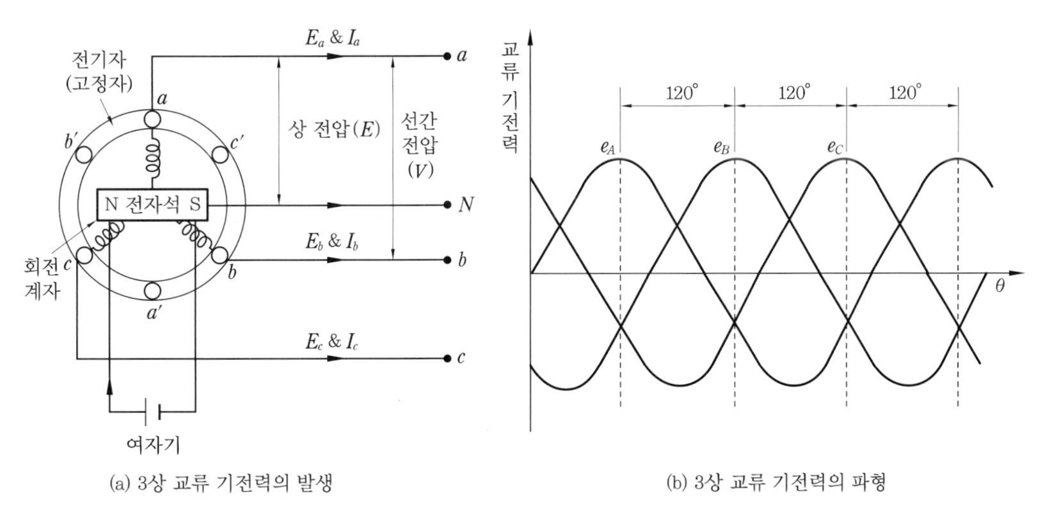

(a) 3상 교류 기전력의 발생

(b) 3상 교류 기전력의 파형

[그림 9-1] 동기 발전기의 원리

원동기에 접속된 회전자 권선에 직류 전원을 공급하여 여자시킨 후 이를 일정 속도로 회전시키면 고정자인 전기자 권선이 자속을 끊으면서 전자 유도 법칙에 의해 유도 기전력이 발생된다. 이때 발생된 교류 기전력을 외부의 부하에 공급하는 기기를 동기 발전기라 한다.

① **교류 기전력의 발생**

[그림 9-1] (a)와 같이 고정자의 슬롯에 전기자 권선 aa', bb', cc'를 위상이 120° 차이나도록 배치하고 여자기에 의해 전자석이 된 회전 계자를 원동기로 회전시키면 단자 a, b, c에는 [그림 9-2] (b)와 같이 크기가 같고 위상이 120° 차이나는 3상 교류 기전력이 발생한다.

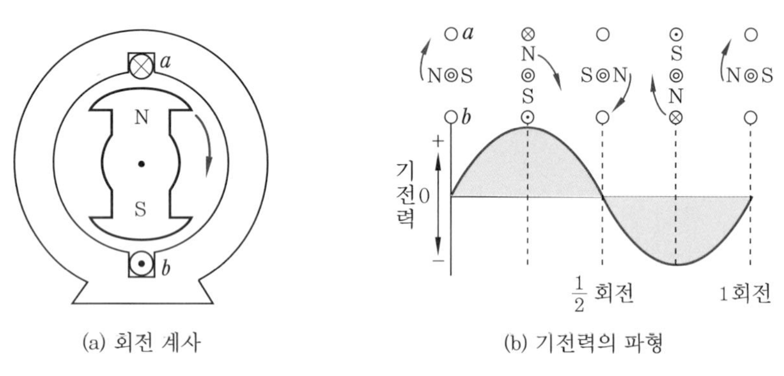

(a) 회전 계자 (b) 기전력의 파형

[그림 9-2] 회전자의 극수와 주파수

② **동기 속도**

[그림 9-2] (a)와 같이 2극의 회전자가 1초 동안 1회전하면 1 cycle을 완료하면서 1[Hz]의 주파수가 발생된다. 4극의 회전자가 1초 동안 1회전하면 2 cycle을 완료하게 되고 이때 주파수는 2[Hz]가 발생하게 된다. 즉 1회전마다 $\frac{P}{2}$[Hz]의 교류 기전력이 발생하게 된다. 그러므로 회전자가 1초 동안에 n_s[rps] 회전한다면 주파수 $f=\frac{P}{2}n_s$ [Hz]이며, $f=\frac{P}{2}\cdot\frac{N_s}{60}$ [Hz]로부터 $N_s=\frac{120f}{P}$[rpm]이 된다. 이때 속도 N_s를 **동기 속도**라고 한다.

$$N_s=\frac{120f}{P}\,[\text{rpm}] \qquad \text{식 (9.1)}$$

여기서, P : 극수, f : 주파수(Hz), N_s : 동기 속도(rpm)

③ **극수와 회전수**

극수가 P인 동기 발전기에서는 1회전할 때마다 $\frac{P}{2}$cycle의 교류 기전력이 발생한다. 우리나라의 교류 전력 주파수는 60[Hz]이므로 동기 발전기도 이 주파수의 교류 기전력을 낸다. 동기 발전기의 회전수는 원동기의 회전수로 정하며 터빈 발전기에서는 거의 2극을 사용한다. 수차 발전기에서는 용량 및 낙차에 따라 광범위한 극수가 사용된다.

[표 9-1] 극수와 회전수

극수	회전수(rpm)	극수	회전수(rpm)
2	3600	16	450
4	1800	20	360
6	1200	24	300
8	900	32	225
10	720	48	150
12	600		

④ 유도 기전력

동기 발전기에서 공극에 발생하는 자속 분포 곡선은 [그림 9-3] B와 같이 정현파로 나타나고 전기자 도체의 유효 길이를 l[m], 내경을 D[m], 계자의 이동 속도를 v [m/s]라 하면 한 개의 전기자 도체에 유도되는 기전력은 e와 같은 정현파가 된다.

이때 전기자 도체 1개에 유도되는 기전력의 순싯값 e는 다음과 같이 나타낼 수 있다.

$$e = Blv\,[\mathrm{V}] \qquad \text{식 (9.2)}$$

여기서, B : 자속 밀도(Wb/m^2), l : 도체 유효 길이(m), v : 이동 속도(m/s)

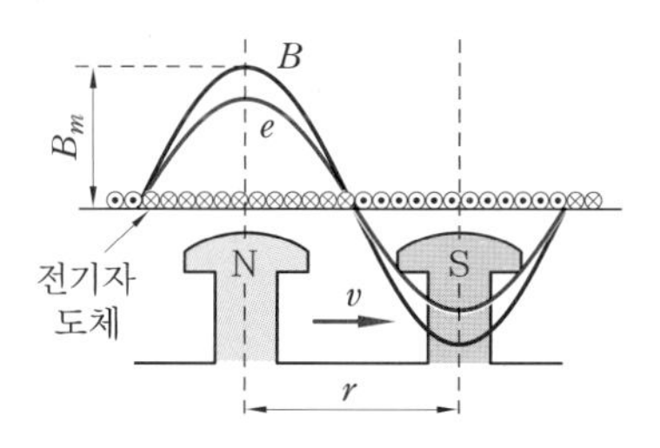

[그림 9-3] 유도 기전력의 파형

또한, 1상의 유도 기전력은 같은 상에 직렬로 접속된 코일의 권수와 권선 계수 등을 반영하여 다음과 같은 식으로 나타낸다.

$$E = 4.44\,kfn\phi = 4.44\,k_d\,k_p\,fn\phi\,[\mathrm{V}] \qquad \text{식 (9.3)}$$

여기서, n : 코일의 권수, ϕ : 1극의 자속(Wb)
k : 권선 계수(0.9~0.95), k_d : 분포 계수
k_p : 단절 계수

(2) 동기 발전기의 종류와 구조

동기 발전기는 회전자의 형식, 원동기의 종류, 여자 방식에 의해 분류될 수 있으며 고정자와 회전자의 두 부분으로 되어 있다. 고정자는 전기자 철심, 전기자 권선, 고정자 프레임으로 구성되어 있고, 회전자는 자극 철심, 계자 권선, 회전자 계철과 축으로 구성되어 있다. 이외에 동기 발전기의 계자 권선에 여자 전류를 공급하는 **여자기**가 필요하다.

① 회전자의 형식에 의한 분류

(가) 회전 계자형 : 전기자가 고정되어 있고 계자가 회전하는 일반 전력용 3상 발전기이다. 전기자가 고정되어 있기 때문에 고전압용으로 적합하고 절연이 용이하며, 대전류용으로 주로 이용된다.

(나) 회전 전기자형 : 전기자가 회전하고 계자가 고정되어 있는 형식으로 그 구조가 직류 발전기와 유사하다. 저압 소용량 발전기에 사용되고 대용량의 발전기에는 사용되시 않는다.

(다) 유도자형 : 계자와 전기자를 고정하고 유도자를 회전자로 한 것으로 고조파 발전기용으로 사용된다.

② 원동기의 종류에 의한 분류

원동기란 자연에 존재하는 에너지원을 이용하여 필요한 동력을 발생시키는 장치를 말하며, 원동기의 종류에 따라 디젤 발전기, 터빈 발전기, 수차 발전기로 구분된다.

[표 9-2] 원동기의 종류에 따른 발전기의 비교

발전기	원동기	극수	회전 속도
디젤 발전기	내연 기관	8~48극	150~900 rpm
터빈 발전기	증기 터빈	2~4극	1800~3600 rpm
수차 발전기	수차	6극 이상	200~1000 rpm

③ 여자 방식에 의한 분류

여자 방식에 따라 직류 여자기 부착 교류 발전기, 브러시리스 교류 발전기, 자려식 교류 발전기로 분류된다.

④ 고정자

동기 발전기의 고정자는 전기자로 전기자 철심과 전기자 권선으로 구성되어 있다. 전기자 철심은 와전류 손실을 감소시키기 위해 0.35~0.5 mm의 규소강판을 성층하여 사용한다. 또한 전기자 철심에는 [그림 9-4] (a)와 같이 전기자 권선을 설치하는 슬롯이 있는데, 이 슬롯 안에 코일을 절연하여 삽입하고 쐐기로 고정하여 코일이 이탈되는 것을 방지한다. [그림 9-4] (b)에서 코일 간 간격을 코일 피치라 하고, 실제 자속을 끊는데 기여하는 부분을 코일 변, 그렇지 못한 끝부분을 코일 단이라 한다.

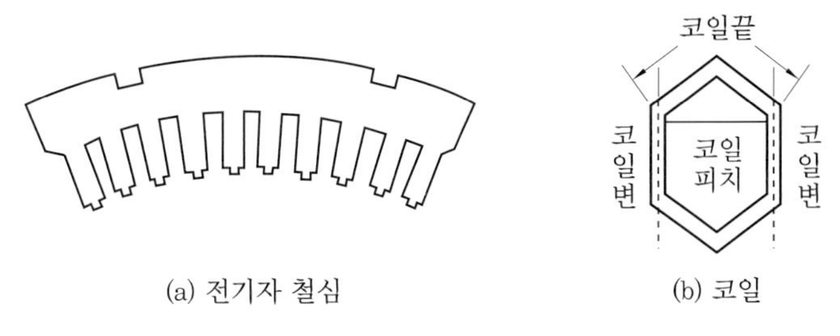

(a) 전기자 철심 (b) 코일

[그림 9-4] 전기자의 철심과 코일

⑤ 회전자

회전자로 사용되는 계자는 [그림 9-5]와 같이 철극형(돌극형)과 원통형(비돌극형)이 있다. 철극형은 공극이 불균일하고 극수가 많아 수차 발전기나 디젤 발전기 같은 중속 및 저속 발전기에 사용되며, 원통형은 공극이 균일하고 극수가 적어 터빈 발전기와 같은 고속 발전기용으로 사용된다.

계자의 자극 철심은 두께 1.6~3.2 mm의 연강판을 성층하여 제작하고 이를 자속의 통로가 되는 회전자 계철에 설치하여 사용한다.

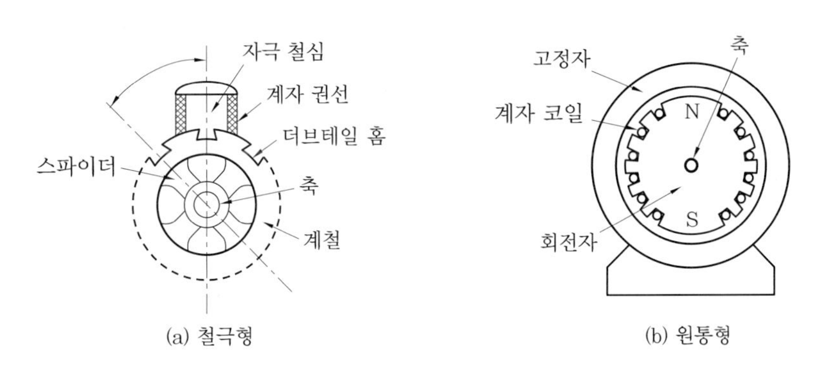

(a) 철극형 (b) 원통형

[그림 9-5] 동기 발전기의 회전자

⑥ 여자기

동기 발전기의 계자 권선에 직류 전류를 공급하여 계자 철심을 자화시키는 직류 전원 공급 장치를 여자기라 한다. 여자기의 용량은 동기 발전기의 출력과 회전수로 정해지나 대체로 발전기 용량의 0.3~4 % 정도이다. 전압은 용량이 작은 것은 110[V], 큰 것은 220[V]가 표준이다. 여자기의 운전은 동기 발전기의 축에 직결하는 방식이 가장 널리 쓰이며 전동기로 운전하는 방법, 전용의 원동기로 운전하는 방법이 있다.

9-2 동기기의 권선법 및 권선 계수

(1) 집중권과 분포권

동기기의 전기자 권선법은 슬롯에 권선을 감는 방법에 따라 **집중권**과 **분포권**으로 분류된다. 집중권은 [그림 9-6] (a)와 같이 **매극 매상**의 코일을 1개의 슬롯에 집중해서 감는 방법이고, 분포권은 [그림 9-6] (b)와 같이 매극 매상의 코일을 2개 이상의 슬롯에 분산하여 감는 방법이다. 이때 매극 매상의 슬롯 수는 다음과 같은 식으로 구할 수 있다.

$$q = \frac{\text{총 슬롯 수}}{\text{극수} \times \text{상수}} \qquad \text{식 (9.4)}$$

여기서, q : 매극(각극) 매상(각상)의 슬롯 수

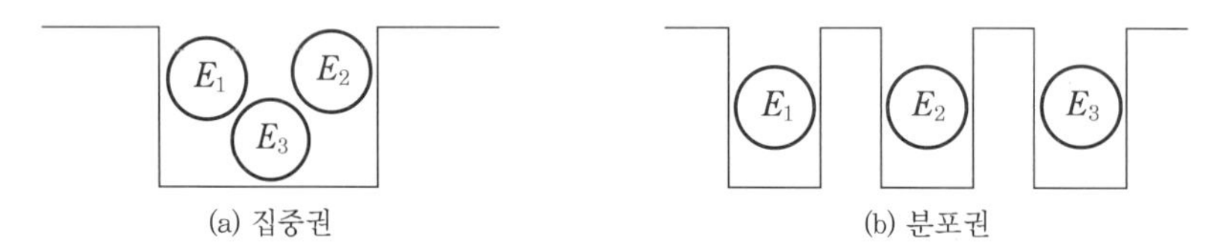

(a) 집중권 (b) 분포권

[그림 9-6] 동기 발전기의 전기자 권선법

① 집중권

[그림 9-6] (a)와 같이 하나의 슬롯에 매극 매상의 코일이 집중되어 있을 때 각 상에서 유도되는 기전력의 합 E_r' 은 그 크기가 같고 위상차가 없기 때문에 다음과 같이 대수합으로 나타낸다.

$$E_r' = E_1 + E_2 + E_3 \qquad \text{식 (9.5)}$$

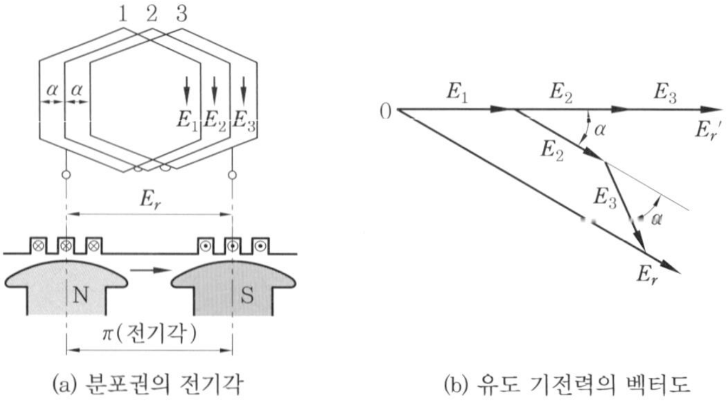

(a) 분포권의 전기각 (b) 유도 기전력의 벡터도

[그림 9-7] 집중권과 분포권

② 분포권

[그림 9-6] (b)와 같이 전기자 권선을 분포권으로 감게 되면 [그림 9-7]과 같이 코일 간에 슬롯의 간격 α 만큼 위상차가 발생하기 때문에 각 상에서 발생하는 유도 기전력의 합은 식 (9.6)과 같이 벡터 합으로 나타난다. 이때 그 유도 기전력의 합 E_r은 집중권으로 권선했을 때보다 감소하게 된다. 하지만 분포권으로 권선하면 고조파 성분이 감소하여 기전력의 파형이 개선되고 권선의 누설 리액턴스가 감소되며 전기자에 발생되는 열을 고루 분포시켜 과열을 방지하는 이점이 있어 주로 분포권을 사용한다.

$$E_r = \dot{E}_1 + \dot{E}_2 + \dot{E}_3 \qquad \text{식 (9.6)}$$

③ 분포 계수

집중권의 합성 유도 기전력과 분포권의 합성 유도 기전력의 비를 분포 계수라 하며, 이는 분포권일 때의 유도 기전력의 감소 비율이라고 정의할 수 있다. 분포 계수 k_d는 식 (9.7)과 같이 나타낼 수 있으며 일반적으로 분포 계수는 0.96 정도이다.

$$k_d = \frac{\text{분포권의 합성 기전력 } E_r}{\text{집중권의 합성 기전력 } E_r{}'} = \frac{\sin\frac{\pi}{2m}}{q\sin\frac{\pi}{2mq}} \qquad \text{식 (9.7)}$$

여기서, q : 매극 매상당 슬롯 수
m : 상수

(2) 전절권과 단절권

동기기의 전기자 슬롯에 권선을 감을 때 코일의 간격(코일 피치)이 자극의 간격(자극 피치)과 같은 것을 전절권이라 하고 자극의 간격보다 작은 것을 단절권이라 한다.

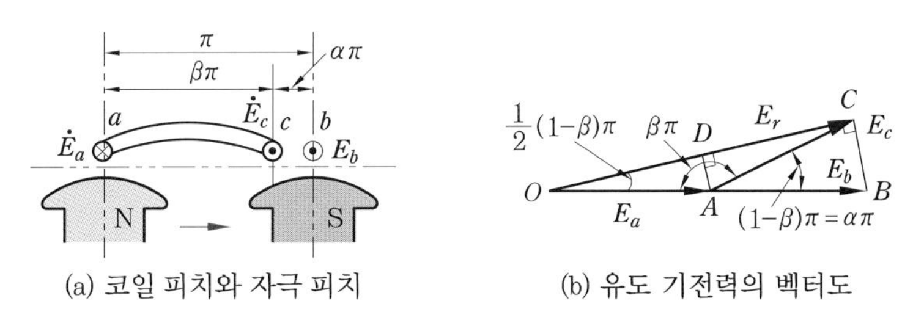

(a) 코일 피치와 자극 피치　　(b) 유도 기전력의 벡터도

[그림 9-8] 전절권과 단절권

① 전절권

코일 피치와 자극 피치는 π로 같으며, 양 코일 변에서 발생하는 유도 기전력은 크기

가 같고 동상이다. [그림 9-8] (a)의 $\dot{E}_a$와 $\dot{E}_b$는 코일 a, b에서 발생하는 유도 기전력이며, 이는 [그림 9-8] (b)와 같이 벡터 $\overrightarrow{OB}$ 로 나타낼 수 있다.

② 단절권

코일 피치가 자극 피치보다 β만큼 작다. 여기서 β는 권선 피치와 자극 피치의 비로 1보다 작은 값이다. 이때 양쪽 코일 a와 c에서 발생하는 유도 기전력 $\dot{E}_a$와 $\dot{E}_c$ 사이에는 [그림 9-8] (b)와 같이 $(1-\beta)\pi$ 만큼의 위상차가 생긴다. 따라서 코일의 양쪽 끝에서 발생하는 합성 유도 기전력은 [그림 9-8] (b)와 같이 벡터 $\overrightarrow{OC}$ 로 나타낼 수 있다.

③ 단절 계수

[그림 9-8] (b)와 같이 단절권을 사용하면 전절권을 사용할 때보다 유도 기전력이 감소하는데 이때 유도 기전력의 감소 비율을 단절 계수 k_p라 하고, β를 단절 비율이라 한다. 실제 빌전기에서 단질 비율 $\beta=\frac{5}{6}$이고, 단질 계수는 약 0.96 정도이다. 단질 계수는 전절권의 합성 기전력 E_a+E_b와 단절권의 합성 기전력 E_r의 비로 나타내며, 다음 식과 같이 정리된다.

$$k_p=\frac{E_r}{E_a+E_b}=\frac{\overrightarrow{OC}}{\overrightarrow{OB}}=\frac{\overrightarrow{OD}}{\overrightarrow{OA}}=\frac{E_a\cos\frac{(1-\beta)\pi}{2}}{E_a}=\cos\frac{(1-\beta)\pi}{2}=\sin\frac{\beta}{2}\pi$$

$$\therefore\ k_p=\sin\frac{\beta}{2}\pi \qquad \text{식 (9.8)}$$

이와 같이 단절권을 사용하면 유도 기전력은 감소하지만 전절권에 비해 고조파 제거, 파형 개선의 효과가 있고 코일 단부 단축에 의한 동량 감소를 통해 기계 길이를 단축 할 수 있어 단절권을 주로 사용한다.

[표 9-3] 단절권 계수의 값

β	1.0	17/18	14/15	11/12	8/9	13/15	5/6	12/15	7/9	9/12	11/15
k_p	1.0	0.996	0.995	0.991	0.985	0.978	0.966	0.951	0.940	0.924	0.914

(3) 전기자 코일의 접속법

동기기의 전기자 코일의 접속 방법에는 직류기와 같이 중권, 파권 및 쇄권이 있으며, 일반적으로 2층권의 중권으로 감는다.

9-3 동기 발전기의 이론 및 특성

(1) 전기자 반작용

3상 동기기가 회전하면 전기자에 기전력이 유도되며, 부하를 걸면 3상 전류가 흘러 전기자에 회전 자기장이 생긴다. 이 회전 자기장은 계자 자속에 영향을 주게 되는데 이와 같이 3상 부하 전류에 의한 자속이 주 자속에 영향을 주는 현상을 전기자 반작용이라 한다. 전기자 반작용은 유도 기전력과 전기자 전류의 위상에 따라 횡축 작용과 직축 작용으로 나눌 수 있다.

① 교차 자화 작용(횡축 반작용)

저항 부하, 즉 역률이 1일 때 유도 기전력과 전류는 동상이고, 자극의 바로 위에 있는 도체의 전류가 최대가 된다. 이때 회전 자기장의 축은 자극과 직각으로 작용하며 [그림 9-9]와 같이 회전 방향에 대해 전방으로 감자 작용이, 후방으로 증자 작용이 생긴다. 이와 같이 전기자 반작용이 계자 자속의 작용 축과 전기적으로 90°의 방향, 즉 횡축 방향으로 작용하므로 교차 자화 작용 또는 횡축 반작용이라 한다.

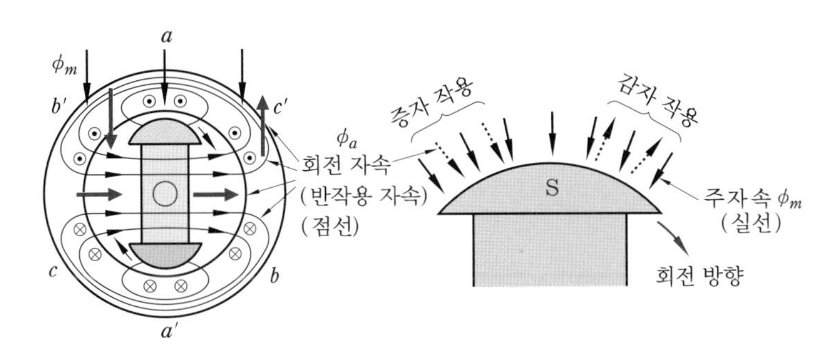

[그림 9-9] 교차 자화 작용

② 감자 작용(직축 반작용)

역률이 0인 인덕턴스 부하, 즉 전류의 위상이 유도 기전력보다 90°뒤질 때는 전압이 0일 때 전류가 최대이며 도체 사이에 자극이 있는 순간이다. 이때의 전기자 기자력은 계자의 작용 축, 즉 직축 방향으로 작용하나 그 방향이 계자의 작용 방향과 반대가 되어 감자 작용을 한다.

③ 증자 작용(자화 작용)

역률이 0인 커패시턴스 부하, 즉 전류의 위상이 유도 기전력보다 90° 앞설 때는 전기자 기자력과 계자의 작용축이 일치하여 증자 작용을 한다.

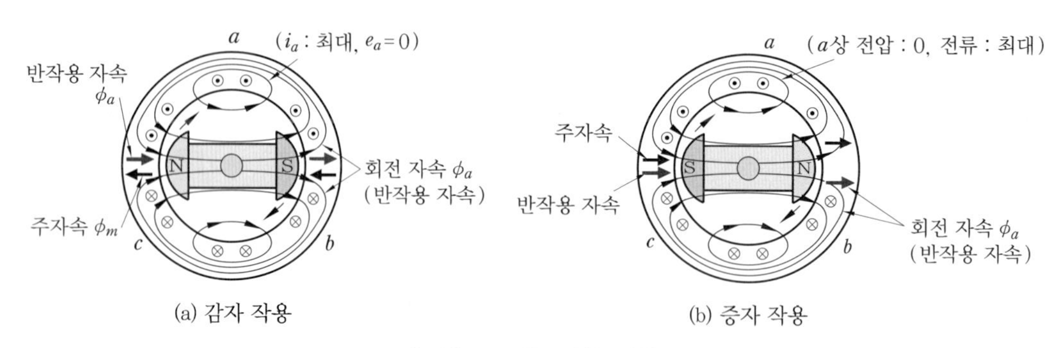

[그림 9-10] 직축 작용

(2) 동기 발전기의 등가 회로

동기기 1상에 대한 등가 저항과 동기 리액턴스의 합으로 동기 임피던스를 구하면 동기 발전기의 등가 회로를 작성할 수 있다.

① 전기자 반작용 리액턴스

전기자 반작용에 의한 증자 및 감자 작용은 기전력을 증감시키며, 이에 따른 전압의 변화는 리액턴스 x_a에 의한 전압 강하 $\dot{V}_x$로 나타낸다. 이때 리액턴스 x_a를 반작용 리액턴스라 한다. 주자 속에 의한 유도 기전력을 $\dot{E}$라고 하면 발전기에 나타나는 단자 전압 $\dot{V}$는 다음과 같은 식으로 정리된다.

$$\left.\begin{aligned} &\dot{V} = \dot{E} - \dot{V}_x \,[\mathrm{V}] \\ &\dot{V}_x = jx_a\dot{I} \ [\mathrm{V}] \\ &\dot{V} = \dot{E} - jx_a\dot{I} \ [\mathrm{V}] \end{aligned}\right\} \qquad \text{식 (9.9)}$$

② 전기자 누설 리액턴스

전기자 전류로 만들어지는 자속 중에는 전기자 권선만 쇄교하고 계자 철심을 자로로 하지 않는 자속을 전기자 누설 자속이라고 한다. 이 누설 자속은 전기자 권선과 쇄교하여 누설 인덕턴스를 가지게 되며, 이로 인한 권선의 유도성 리액턴스 $x_l = \omega L$을 누설 리액턴스라고 한다.

③ 동기 리액턴스와 동기 임피던스

전기자 전류가 흘러서 만들어지는 전기자 반작용 리액턴스 x_a와 전기자 누설 리액턴스 x_l의 합을 동기 리액턴스 x_s라 한다. 또한 전기자 권선은 등가 저항 r_a를 가지고 있으며, 이때의 임피던스를 동기 임피던스 $\dot{Z}_s$라 한다.

$$x_s = x_a + x_l [\Omega]$$
$$\dot{Z} = r_a + jx_s [\Omega]$$
식 (9.10)

[그림 9-11]은 동기 발전기의 등가 회로와 유도 기전력의 벡터도를 나타낸다. [그림 9-11] (a)에서 유도 기전력 $\dot{E}$는 다음과 같이 나타낸다.

$$\dot{E} = \dot{V} + \dot{V}_{ra} + \dot{V}_x = \dot{V} + \dot{V}_z = \dot{V} + (r_a + jx_s)\dot{I} = \dot{V} + \dot{Z}_s\dot{I} \text{ [V]}$$ 식 (9.11)

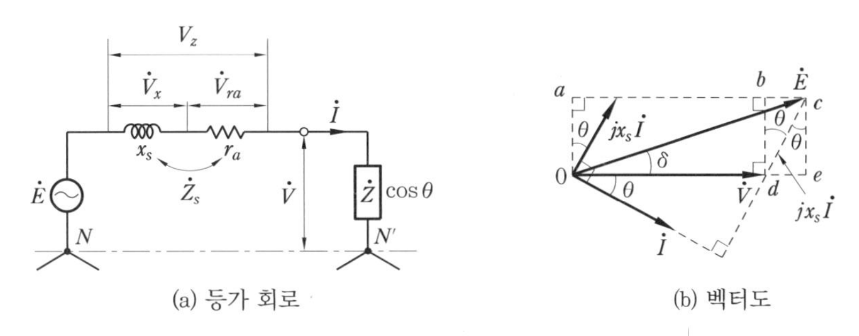

[그림 9-11] 동기 발전기의 등가 회로와 벡터도

(3) 동기 발전기의 출력

① 동기 발전기의 동기 임피던스 $\dot{Z}_s$는 등가 저항 r_a와 동기 리액턴스 x_s의 벡터 합으로 나타내지만, 동기 리액턴스는 등가 저항을 무시할 수 있을 정도로 매우 크므로 동기 임피던스는 동기 리액턴스와 실용상 거의 같다. 그러므로 [그림 9-11] (b)에서처럼 $\dot{Z}_s \fallingdotseq jx_s$로 나타낼 수 있다.

[그림 9-11]에서 3상 동기 발전기의 1상당 출력 P_s는 다음과 같다.

$$P_s = VI\cos\theta \text{ [W]}$$ 식 (9.12)

그리고 [그림 9-11] (b)의 벡터도에서 $Ix_s\cos\theta$는 $E\sin\delta$와 같다. 이를 식 (9.12)에 대입하면 출력 P_s는 다음 식 (9.13)과 같이 나타낼 수 있다.

$$P_s = \frac{EV\sin\delta}{x_s} \text{ [W]}$$ 식 (9.13)

여기서, V와 E의 위상각 δ를 **부하각**이라 하고, V와 I간 위상각을 **역률각**이라 한다. 출력 P_s는 V, E 및 x_s가 일정하면 $\sin\delta$에 비례하며, 부하각 δ는 보통 45°보다 작고 전부하일 때 20° 정도 된다. 선간의 기전력과 단자 전압을 각각 E_l, V_l이라 하면

$E = \frac{E_l}{\sqrt{3}}$, $V = \frac{V_l}{\sqrt{3}}$ 이므로 3상 전체 출력 P_3는 다음과 같다.

$$P_3 = 3VI\cos\theta = 3 \times \frac{V_l}{\sqrt{3}} \times \frac{E_l}{\sqrt{3}} \times \frac{\sin\delta}{x_s} = \frac{V_l E_l}{x_s}\sin\delta \ \ [\mathrm{W}] \qquad \text{식 (9.14)}$$

(4) 동기 발전기의 특성

동기 발전기의 특성을 나타내는 특성 곡선에는 [그림 9-12]와 같이 무부하 포화 곡선과 단락 곡선이 있다.

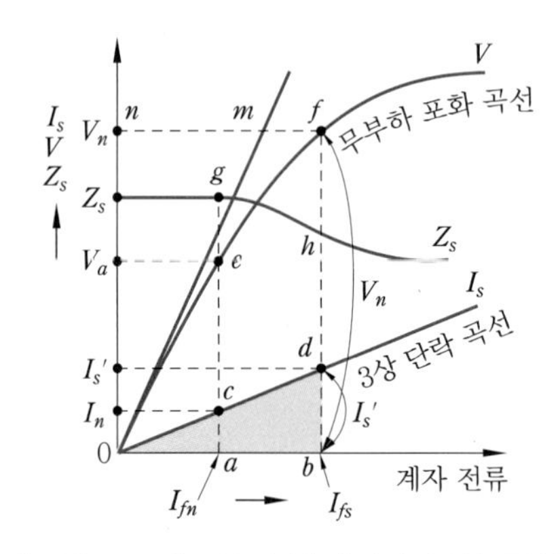

[그림 9-12] 동기 발전기의 특성 곡선

① 무부하 포화 곡선

동기 발전기가 무부하 상태이고, 정격 속도로 운전할 때 계자 전류 I_f와 무부하 단자 전압 V의 관계를 나타낸 곡선을 무부하 포화 곡선이라 한다. 전압이 낮을 때 V는 계자 전류에 비례하여 증가하지만 V가 커지면 히스테리시스 현상으로 인해 정격 전류가 포화된다. 포화의 정도를 나타내는 것을 **포화율**이라 하며, $\frac{\overline{fm}}{\overline{nm}}$ 으로 표시한다.

② 단락 곡선

동기 발전기의 전기자 권선을 단락하고 정격 속도로 운전할 때 단락 전류 I_s와 계자 전류 I_f의 관계를 나타내는 곡선을 단락 곡선이라 한다. 단락 전류는 전류가 크므로 전기자 반작용의 영향을 받지 않기 때문에 철심의 포화가 없이 직선이 된다.

㈎ 지속 단락 전류

지속 단락 전류 $I_s = \frac{V}{\sqrt{3}\,x_s}$ [A]는 동기 리액턴스 x_s로 제한되며, 정격 전류의 1~2배 정도 된다.

(나) 돌발 단락 전류

돌발 단락 전류 $I_s{}' = \dfrac{V}{\sqrt{3}\,x_l}$[A]는 누설 리액턴스 x_l로 제한되며, 대단히 큰 전류가 되지만 수 [Hz] 뒤에 반작용이 나타나 지속 단락 전류로 된다.

(5) 동기 임피던스와 단락비

① 동기 임피던스

동기 임피던스 $Z_s = \dfrac{V_n}{\sqrt{3}\,I_s}$[Ω]으로 나타낼 수 있는데, [그림 9-12]와 같이 정격 전압 V_n에서 철심이 포화되면 V_n이 감소하여 동기 임피던스 Z_s는 감소한다.

② 퍼센트 동기 임피던스

정격 상전압 E_n에 대한 임피던스 강하 I_nZ_s의 비를 **퍼센트 동기 임피던스**라고 한다. 이는 다음과 같이 여러 가지 식으로 정리될 수 있다.

$$\left.\begin{aligned} \%Z_s &= \frac{I_nZ_s}{E_n}\times 100 \\ \%Z_s &= \frac{I_n}{I_s}\times 100 \\ \%Z_s &= \frac{1}{K_s}\times 100 \\ \%Z_s &= \frac{PZ_s}{10\,V^2} \end{aligned}\right\} \qquad \text{식 (9.15)}$$

③ 단락비

무부하에서 정격 전압 V_n을 발생시키는데 필요한 계자 전류 I_{fs}와 정격 전류와 같은 단락 전류를 흘려주는 데 필요한 계자 전류 I_{fn}의 비를 단락비 K_s라고 한다.

$$K_s = \frac{I_{fs}}{I_{fn}} = \frac{I_s}{I_n} = \frac{100}{\%Z_s} \qquad \text{식 (9.16)}$$

단락비는 동기기의 특성을 결정하는 중요한 상수 중의 하나이며, 수차 발전기의 단락비는 0.9~1.2 정도이고 터빈 발전기에서는 0.6~1.0 정도로 된 것이 많다. 단락비가 큰 동기기는 다음과 같은 특성을 가지고 있다.

(가) 퍼센트 임피던스가 작다. 그러므로 동기 임피던스가 작다.

㈏ 전압 강하가 작다. 그러므로 전압 변동률도 작으며 계통의 안정도가 좋다.
㈐ 전기자 반작용이 작아 출력이 좋으며 과부하 내량이 크다.
㈑ 계자 자속이 크다. 그러므로 계자 철심이 크다.
㈒ 기기의 중량과 부피가 크며 가격이 올라간다.
㈓ 철손이 크고 효율이 나쁘다.

(6) 외부 특성 곡선과 전압 변동률

① 외부 특성 곡선

발전기를 정격 속도로 운전하고 지정한 역률의 정격 전류가 흐를 때, 정격 전압이 되도록 계자 전류를 정하고, 계자 전류를 그대로 유지하면서 부하 전류를 변화시켰을 때의 단자 전압과 부하 전류의 관계를 나타낸 곡선을 외부 특성 곡선이라 한다. [그림 9-13]에서 지역률 0.8일 때는 부하가 증가하면 단자 전압은 현저하게 떨어지고, 진역률 0.8에서는 부하가 증가하면 반대로 단자 전압이 올라간다. 그러나 역률이 1인 경우 부하가 증가하면 단자 전압이 감소하나 그 정도가 작다.

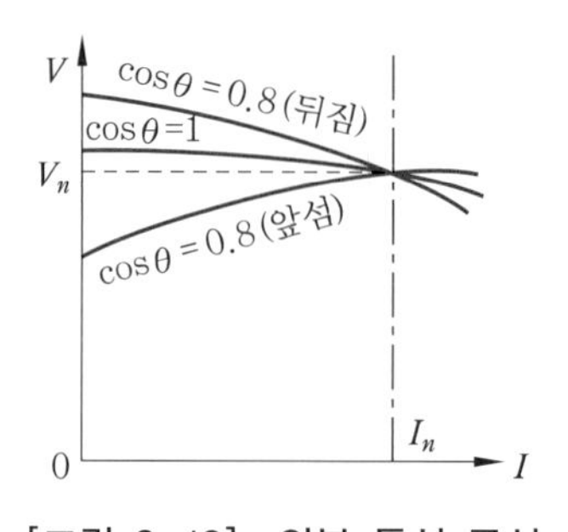

[그림 9-13] 외부 특성 곡선

② 전압 변동률

동기 발전기의 정격 단자 전압을 V_n이라 하고, 무부하 단자 전압을 V_0라 하면 전압 변동률 ε은 다음과 같이 나타낼 수 있다.

$$\varepsilon = \frac{V_0 - V_n}{V_n} \times 100\ \% \qquad \text{식 (9.17)}$$

[그림 9-13] 외부 특성 곡선에 의하면 전압 변동률이 (+), 즉 $V_0 > V_n$일 때 전압과 유도 기전력은 감소하고, 이는 자속이 감소됨을 의미하며 유도성 부하임을 나타낸다. 반대로 전압 변동률이 (−), 즉 $V_0 < V_n$이면 전압과 유도 기전력이 증가하고 자속이 증가하며 이는 용량성 부하임을 나타낸다.

(7) 자기 여자

① 충전 전류와 자기 여자

무여자로 운전하고 있는 동기 발전기에 무부하의 장거리 송전선을 접속하면 발전기의 잔류 자기에 의한 전압 때문에 $\frac{\pi}{2}$만큼 앞선 전류가 흐른다. 이때 전기자 반작용은 자화 작용을 하게 되고, **충전 전류** I_c는 증가한다. 충전 전류란 장거리 송전 시 공기가 유전체가 되어 전선과 대지 사이에 정전 용량이 발생하여 흐르는 전류를 말하며, 다음 식과 같이 나타낸다.

$$I_c = 2\pi f CV[\mathrm{A}] \qquad \text{식 (9.18)}$$

여기서, C : 선간, 대지간 정전 용량

이와 같이 앞선 전류에 의한 증자 작용으로 인해 단자 전압이 계속해서 높아지는 현상을 **자기 여자**라고 하며, 지상 전류를 흘려 상쇄시켜야 한다.

② 자기 여자 방지법

㈎ 발전기 병렬접속 : 동기 리액턴스가 감소하고 단락비가 증가하며 전기자 반작용이 감소한다. 그러므로 증자 작용을 억제한다.

㈏ 동기 조상기 접속 : 무부하로 운전하는 동기기를 동기 조상기라 하며 지상 전류를 취할 수 있다.

㈐ 수전단에 변압기 접속 : 여자 전류 중 지상 전류인 자화 전류에 의해 진상 전류를 상쇄시킨다.

㈑ 단락비가 큰 발전기 사용 : 전기자 반작용이 감소되므로 증자 작용을 감소시킬 수 있다.

㈒ 리액턴스 병렬접속 : 수전단에 분로 리액터를 설치하여 감자 작용을 통해 증자 작용을 감소시킨다.

9-4 동기 발전기의 병렬 운전

(1) 병렬 운전에 필요한 조건

1대의 동기 발전기에 부하가 증가하면 발전기 1대를 같은 모선에 추가 접속하여 병렬로 운전하게 된다. 또한 대용량 발전기 1대를 설치하는 것보다 소용량 발전기를 2대 이상 설치하면 고효율 운전을 할 수 있다. 동기 발전기를 병렬 운전시키기 위해서는 다음과 같이 구비해야 할 조건이 있다.

① 기전력의 크기가 같을 것

병렬로 연결된 동기 발전기에서 발생되는 기전력의 크기는 계자 자속의 변화에 의해 달라질 수 있고, 이로 인해 기전력의 크기가 서로 다르면 발전기 내부에 **무효 순환 전류**가 흐른다. 무효 순환 전류는 두 발전기 내부를 순환하여 흐르기 때문에 권선의 소손이 발생한다.

② 기전력의 위상이 같을 것

각 동기 발전기에서 발생하는 유도 기전력의 위상이 다르면 위상차에 해당하는 **유효 횡류(동기화 전류)**가 흐른다. 이는 두 발전기 사이에 발생되는 전류를 처음 상태로 돌리려는 성질을 가지고 있으며, 전기자 동손을 증가시켜 과열의 원인이 된다.

③ 기전력의 주파수가 같을 것

각 동기 발전기의 기전력의 주파수가 서로 다르면 기전력의 위상이 일치하지 않는 구간이 발생하고, 동기화 전류가 교대로 주기적으로 흘러 난조의 원인이 된다.

④ 기전력의 파형이 같을 것

각 동기 발전기에서 발생하는 기전력의 실횻값이 같고 같은 위상이라도 그 파형이 다르면 각 순시의 기전력의 크기가 같지 않기 때문에 고조파 무효 순환 전류가 흐른다. 이것이 증대되면 전기자 권선의 저항손이 증가하여 과열의 원인이 된다.

(2) 병렬 운전 시 원동기에 필요한 조건

① 균일한 각속도를 가질 것

병렬 운전하고 있는 발전기의 회전수가 서로 같아도 1회전 중에 대한 각속도가 균일하지 않으면 순시적으로 기전력의 크기와 위상에 차이가 생기므로 두 발전기 사이에 고조파 횡류가 흐른다.

② 적당한 속도 조정률을 가질 것

속도 변동률이 작을수록 부하 분담의 변동이 커져 안정된 병렬 운전이 어렵게 되므로 병렬 운전용 발전기의 원동기는 어느 정도의 속도 변동률을 가져야 한다.

(3) 난조

① 난조

동기 발전기의 병렬 운전 중 부하가 급변하면 발전기는 동기화력에 의해 새로운 부하에 대응하는 속도가 되려고 한다. 이때 회전자의 관성으로 인해 새로운 부하에 대응하는 속도에 이르지 않고 새로운 속도 중심으로 전후로 진동이 일어나는데 이를 난조라고 한다.

② 난조 발생의 원인과 방지

난조를 방지하기 위해 다음과 같은 방법을 사용한다.

(가) 원동기의 조속기 감도가 지나치게 예민한 경우 : 조속기를 적당히 조정해서 난조를 충분히 방지할 수 있다.

(나) 원동기의 토크에 고조파 토크를 포함하는 경우 : 디젤 기관 등에서 일어나는 난조로 회전부의 플라이휠 효과를 적당히 선정해서 방지할 수 있다.

(다) 전기자 회로의 저항이 상당히 큰 값으로 되는 경우 : 회로의 저항을 작게 하거나 리액턴스를 삽입하여 방지할 수 있다.

③ 제동 권선

동기기 자극면에 홈을 파고 농형 권선을 설치한 것을 제동 권선이라 하며, 속도가 변화할 때 제동 권선이 자속을 끊어 제동력을 발생시켜 난조를 방지한다. 또한 불평형 부하시의 전류 전압 파형을 개선하고 송전선의 불평형 단락 시 이상 전압을 방지한다.

9-5 동기 전동기의 원리 및 기동

(1) 동기 전동기의 원리

동기 전동기는 직류로 여자된 회전자극과 전기자 권선에서 발생되는 회전자계 사이의 흡인력에 의한 토크 발생으로 동기 속도로 회전하는 기기이다.

① 회전 원리

[그림 9-14] (a)와 같은 3상 교류 전압을 동기 전동기의 고정자 3상 권선에 흘려주면 고정자 회전 자장은 동기 속도로 회전하고, [그림 9-14] (b)와 같이 자극은 Ⓝ, Ⓢ로 나타난다.

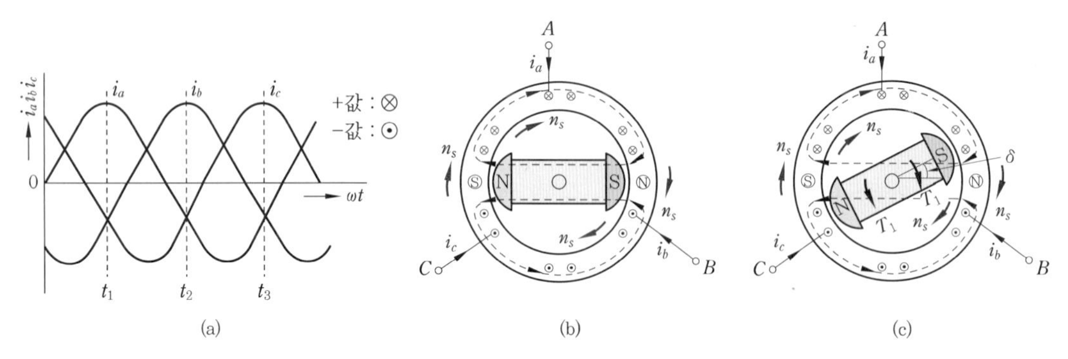

[그림 9-14] 3상 동기 전동기의 회전 원리

이때 회전자를 고정자 회전 자기장과 같은 방향, 같은 속도로 돌려주면 [그림 9-14] (b)에서 회전자 자극 N과 고정자 회전 자장의 자극 Ⓢ, 회전자 자극 S와 고정자 회전 자장의 자극 Ⓝ이 서로 흡인력을 갖고 같은 동기 속도로 회전한다. 부하를 걸면 [그림 9-14] (c)와 같이 부하 토크에 대응하는 전동기의 도크 T_1이 빌생하어 순간적으로 부하각 δ만큼 회전자가 순간적으로 밀린 상태가 되지만, N과 Ⓢ, S와 Ⓝ의 흡인력으로 계속 동기 속도로 회전하게 된다.

② 회전 속도

동기 전동기는 일반적으로 철극 회전 계자형의 구조이며, 동기 속도로 회전하는 정속도 전동기이다. 동기 속도 N_S는 다음과 같이 나타낸다.

$$N_S = \frac{120f}{p}[\text{rpm}] \qquad \text{식 (9.19)}$$

여기서, p : 회전계자의 극수

(2) 동기 전동기의 기동 방법

동기 전동기는 정지하고 있을 때 기동 토크가 0이므로 회전 계자가 회전 자기장을 따라 갈 수 있도록 어떠한 방법으로 기동 토크를 내개해서 기동시키든지 기동용 전동기로 기동시키든지 해야 한다.

① 자기 기동법

회전자 자극의 표면에 [그림 9-15]와 같이 **기동 권선(제동 권선)**을 설치하고 고정자 권선에 3상 교류를 인가하면 고정자에는 회전자장이 발생하므로, 기동 권선이 자속을 절단함으로써 기전력이 유도되어 전류가 흐른다. 이 전류와 회전 자장의 상호 작용에 의해 기동 권선에는 회전 자장과 같은 방향의 토크가 발생하며, 이로 인해 회전자는 동기 속도 근처까지 도달하게 된다.

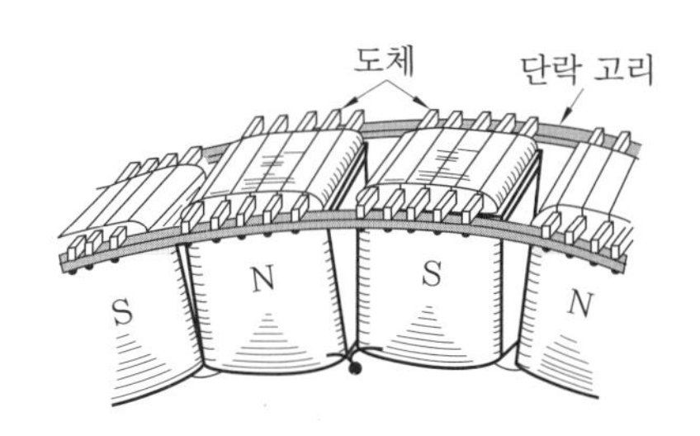

[그림 9-15] 기동 권선(제동 권선)

이때 전전압 기동을 하게 되면 큰 기동 전류가 흘러 전기자의 과열을 초래하므로 기동 전류를 작게 하기 위해 기동 보상기, 직렬 리액터 또는 변압기 탭에 의하여 정격 전압의 30~50 % 정도의 저전압을 가하여 기동하고, 속도가 빨라지면 전전압을 가하도록 한다.

② 기동 전동기법

기동 전동기로 유도 전동기를 연결하여 기동시키는 방법이다. 동기기의 회전 자기장 속도보다 유도기가 연결된 계자의 회전 속도를 크게 하여 기동시킨 후 유도 전동기를 분리시키면 회전자가 동기 속도 N_S를 따라 회전하게 된다. 이때 유도 전동기의 극수는 동기기의 자극수보다 2극 적은 것을 사용한다.

9-6 동기 전동기의 이론 및 특성

(1) 동기 전동기의 등가 회로

운전 중에 있는 동기 전동기는 동기 발전기와 같이 회전 자기장에 의해 전기자 권선에 유도 기전력이 발생한다. 이 기전력의 방향은 전동기에 가해 준 전압과 반대 방향이므로 **역기전력**이라고 한다. 이때 전기자 권선에는 전류가 흐르고 전기자 반작용과 누설 자속에 의한 동기 리액턴스 x_s와 전기자 권선 저항 r_a가 발생하므로, 이를 고려하여 동기 전동기의 1상에 대한 등가 회로를 그리면 [그림 9-16] (a)와 같다.

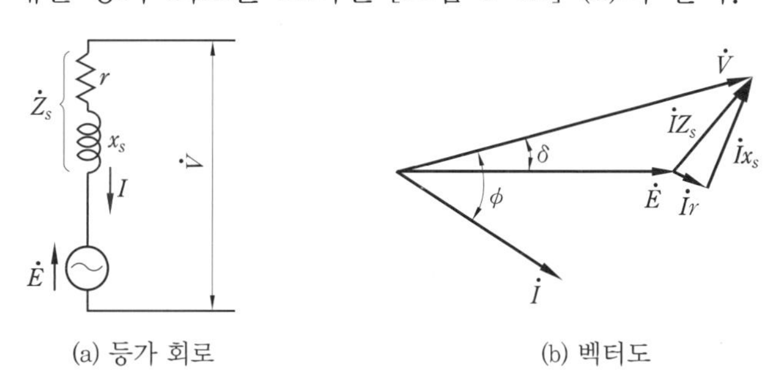

[그림 9-16] 동기 전동기의 등가 회로와 벡터도

그림에서 $\dot{V}$는 공급 단자 전압, $\dot{E}$는 역기전력, $\dot{I}$는 전기자 전류를 나타낸다. 동기 임피던스 $\dot{Z}_s = r_a + jx_a$ 일 때, 이 회로는 다음과 같은 식으로 나타낼 수 있으며 이에 대한 벡터도는 [그림 9-16] (b)와 같다.

$$\dot{V} = \dot{E} + \dot{I}Z_s = \dot{E} + \dot{I}(r_a + jx_a) \text{ [V]} \qquad \text{식 (9.20)}$$

(2) 동기 전동기의 전기자 반작용

동기 전동기의 전기자 권선에 전류가 흐르면 동기 발전기와 같이 전기자 반작용이 발생한다.

[그림 9-17] (a)는 공급 전압과 전류가 동상일 때, (b)는 전류가 공급 전압보다 $\frac{\pi}{2}$ 만큼 늦을 때, (c)는 전류가 공급 전압보다 $\frac{\pi}{2}$ 만큼 앞설 때의 전기자 자속과 계자극과의 관계를 각각 나타내며, (a)에서는 교차 자화 작용을, (b)에서는 증자 작용을, (c)에서는 감자 작용을 하게 된다. 즉 동기 발전기의 전기자 반작용은 동기 발전기와 반대가 된다.

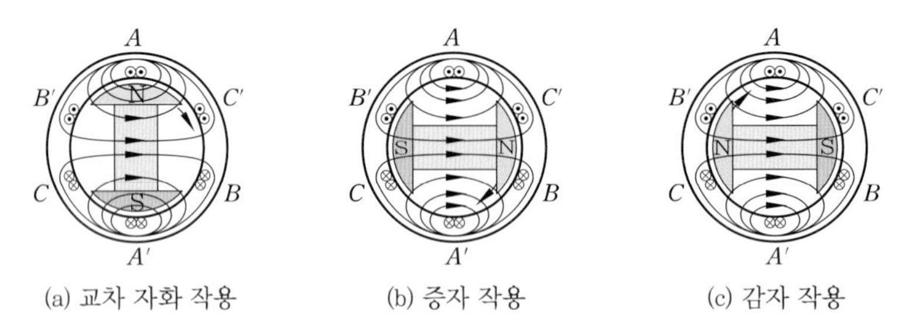

[그림 9-17] 동기 전동기의 전기자 반작용

(3) 동기 전동기의 입력, 출력 및 토크

동기 전동기의 전기자 권선 저항 r_a는 동기 리액턴스 x_s에 비해 매우 작으므로 실용상 r_a를 무시하여 [그림 9-18] (a)와 같이 동기 전동기 1상에 대한 등가 회로를 나타낸다. 이에 대한 벡터도는 [그림 9-18] (b)와 같다.

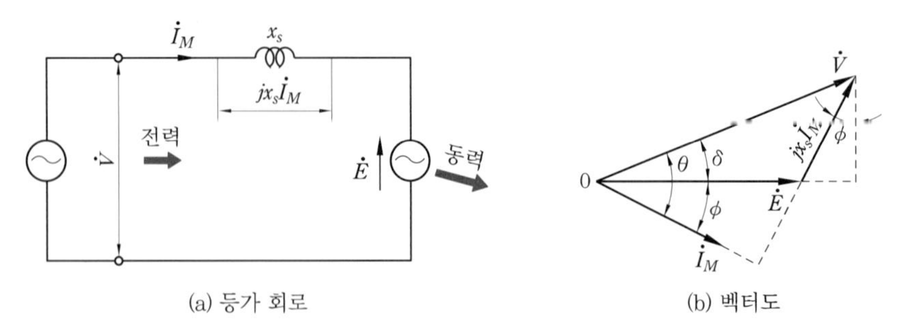

[그림 9-18] 동기 전동기 실용상의 등가 회로와 벡터도

① **입력**

[그림 9-18] (b)의 벡터도에서 전동기의 역률은 $\cos\theta$ 이므로 3상 동기 전동기의 1상의 입력 P_1은 다음과 같다.

$$P_1 = VI_M \cos\theta \text{ [W]} \qquad \text{식 (9.21)}$$

② **출력**

[그림 9-18] (b)의 벡터도에서 3상 동기 전동기 1상의 출력 P_2는 다음과 같다. 여기서, $I_M \cos\phi = \frac{V\sin\delta}{x_s}$ 와 같으므로 전동기의 출력은 $\sin\delta$에 비례함을 알 수 있다.

$$P_2 = EI_M \cos\phi = \frac{EV\sin\delta}{x_s} \text{ [W]} \qquad \text{식 (9.22)}$$

③ **토크**

동기 속도를 N_S[rpm], 주파수를 f[Hz]라고 하면 회전자의 각속도 $\omega = \frac{2\pi N_S}{60}$ [rad/s]가 되며, 이때 전동기의 기계적 출력은 $P = \omega\tau$로 나타낼 수 있다. 이를 전동기의 전기적 출력과 비교하면 $\omega\tau = \frac{VE}{x_s}\sin\delta$ 로 나타낼 수 있고, 이로부터 다음 식과 같이 전동기의 토크를 나타낼 수 있다.

$$\tau = \frac{V_l E_l \sin\delta}{\omega x_s} \text{ [N·m]} \qquad \text{식 (9.23)}$$

그러므로 [그림 9-19]와 같이 부하각 δ가 커짐에 따라 τ는 커지게 되고, $\delta = \frac{\pi}{2}$ [rad]에서 최대 토크 τ_m이 발생한다.

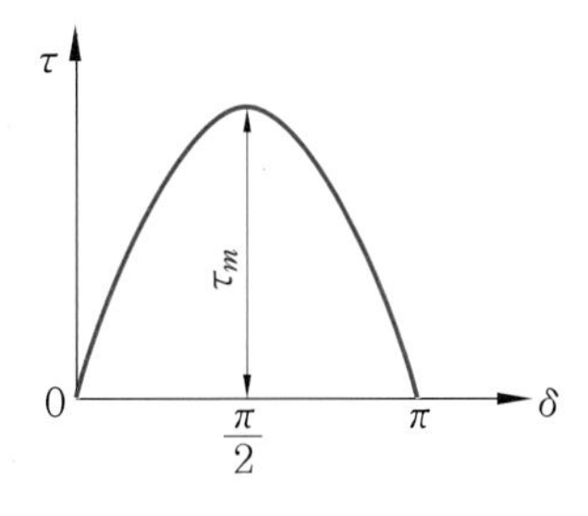

[그림 9-19] 부하각과 토크

(4) 위상 특성 곡선 (V곡선)

공급 전압과 부하가 일정한 상태에서 계자 전류를 변화시키면 전기자 전류의 공급 전압에 대한 위상과 세기가 변한다. 이때 계자 전류 I_f와 전기자 전류 I의 관계를 나타내는 곡선을 **위상 특성 곡선** 또는 **V곡선**이라 한다. [그림 9-20]에서 알 수 있는 바와 같이 계자 전류가 증가하면 자속이 증가하여 전압 V보다 앞선 진상 전류가 흐르고, 계자 전류가 감소하면 자속이 감소하여 전압 V보다 뒤진 지상 전류가 흐른다. 부하가 증가하면 부하 전류는 증가하므로 V곡선은 위로 증가하며, 이들 곡선의 최저점은 역률 1에 해당하는 지점이다. 즉, 이 곡선에서 이 지점을 기준으로 오른쪽은 앞선 역률, 왼쪽은 뒤진 역률의 범위가 되며, 이와 같은 특성을 이용하여 동기 전동기를 부하의 역률을 개선하는 **동기 조상기**로 사용한다.

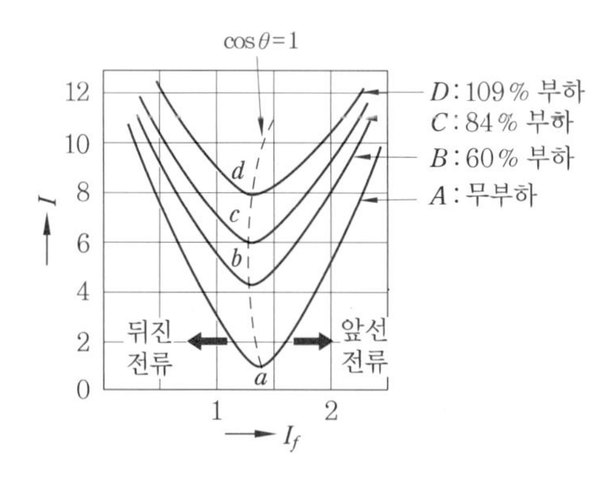

[그림 9-20] 위상 특성 곡선

9-7 동기 전동기의 특징 및 용도

(1) 동기 전동기의 특징

동기 전동기는 전원 주파수와 극수로 결정되는 동기 속도로 운전하기 때문에 주파수가 변하지 않는 한 항상 일정한 속도로 운전할 수 있다.

① 동기 전동기의 장점

(가) 부하의 변화로 속도가 변하지 않는다.

(나) 역률 1로 운전할 수 있으므로 역률이 양호하다.

(다) 유도 전동기는 용량이 클 경우 동기 전동기에 비해 특성이 나쁘기 때문에 비교적 가벼운 기동 토크가 필요한 저속도 운전 시 동기 전동기가 유리하다.

㈑ 유도 전동기보다 효율이 좋다.
㈒ 공극이 넓으므로 기계적 구조의 설계가 편리하고 수리 점검에도 용이하다.
㈓ 전압의 변동에 대한 토크의 변동이 적다.

② 동기 전동기의 단점

㈎ 여자기가 필요하므로 별도의 직류 전원 장치가 필요하다.
㈏ 기동 방법이 복잡하고 기동 토크가 작다.
㈐ 취급이 복잡하고 난조와 동기 이탈의 염려가 있다.
㈑ 어느 용량 이하에서는 고가이다.

(2) 동기 전동기의 용도

기동법이 복잡하므로 기동, 정지를 자주 해야 하는 경우에는 부적합하지만 각종 압축기와 같이 저속도가 필요하거나 저압으로 다량의 공기를 보내는 송풍기로서 동기 전동기가 적합하다. 또한 펌프의 운전, 선박 전기 추진용, 분쇄기 압연기 등의 부하에도 동기 전동기를 사용하여 역률을 좋게 할 수 있다.

(3) 동기 조상기

동기 전동기는 무부하 상태로 계자 전류를 가감해 주면 역률의 조정이 가능하다. 이와 같은 특성을 이용하여 전력 계통의 전압 조정과 역률을 개선하기 위해 송전 계통에 접속한 무부하의 동기 전동기를 동기 조상기라 한다.

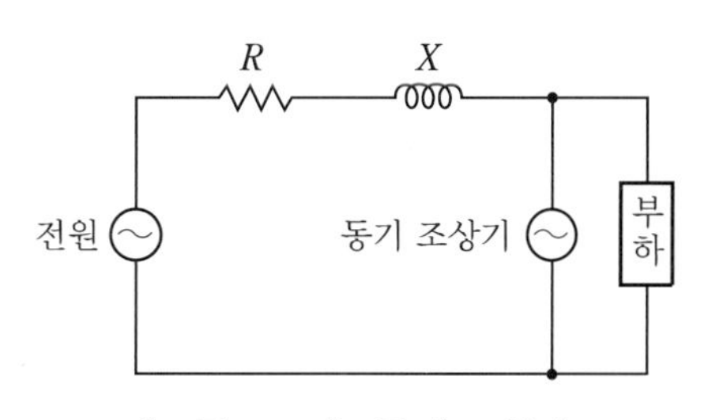

[그림 9-21] 동기 조상기

[그림 9-21]과 같이 부하와 병렬로 동기 조상기를 접속하여 과여자로 운전하면 앞선 전류를 흘려주는 일종의 콘덴서로 작용하고, 부족 여자로 운전하면 뒤진 전류가 흘러 일종의 리액터로 작용한다. 이는 계통의 역률을 개선하고 단자 전압의 이상 상승을 방지한다.

>>> 제9장

연습문제

1. 주파수 60[Hz]를 내는 발전용 원동기인 터빈 발전기의 최고 속도는 얼마인가?

2. 회전자의 반지름이 1m인 60[Hz], 24극의 동기 발전기가 있다. 주변 속도는 얼마인가?

3. 6극 3상 60[Hz]의 동기 발전기에 72개의 슬롯이 있을 때 분포 계수는 얼마인가?

4. 3상 동기 발전기의 기전력에 대하여 $\frac{\pi}{2}$[rad] 앞선 전기자 전류가 흐르면 전기자 반작용은 어떻게 되는가?

5. 정격 전압 6600[V], 정격 출력 3000[kVA]의 3상 동기 발전기의 정격 전류는 얼마인가?

6. 동기 발전기의 단락비가 크다는 것은 무엇을 의미하는지 나열하시오.

7. 동기 전동기의 난조 방지 및 기동 작용을 목적으로 설치하는 것은 무엇인가?

8. 6000[V], 60[Hz], 3600[rpm], 720[kW] 3상 동기 전동기의 전부하 토크는 몇 [N·m]인가?

9. 동기 조상기를 과여자로 사용하면 어떻게 되겠는가?

Chapter 10

변압기

변압기는 발전소에서 발전된 전력을 수전단에 필요로 하는 전압으로 변환하는 전기기기로써 일정 크기의 교류 전압을 받아 전자 유도 작용에 의해 다른 크기의 교류 전압으로 변환하는 정지기이다. 이 장에서는 변압기의 원리 및 구조, 특성 및 종류 그리고 손실과 효율 등에 대해 알아보기로 한다.

10-1 변압기의 원리 및 구조

(1) 변압기의 원리

[그림 10-1] (a)와 같이 얇은 규소 강판을 성층시켜 만든 철심 양단에 권선을 감고 1차 측 권선에 교류 전압을 공급하면 전자 유도 법칙에 의해 전류가 흐르면서 자속이 발생하고, 이 자속이 2차 측 권선과 쇄교하면서 유도 기전력이 발생하게 된다. 즉 서로 독립되어 있는 권선에 자속이 쇄교하면서 전압을 유도하게 되는 것이다.

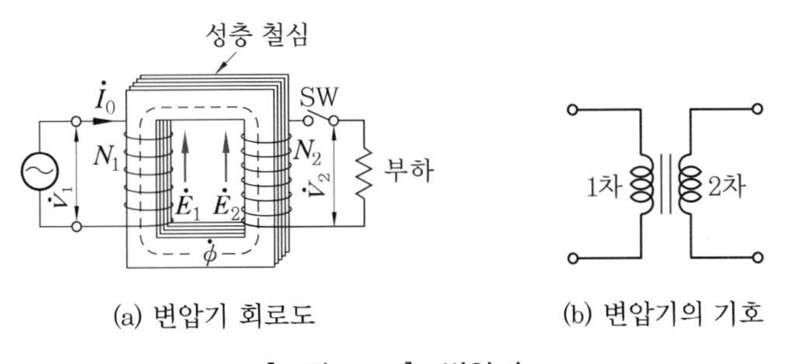

(a) 변압기 회로도 (b) 변압기의 기호

[그림 10-1] 변압기

이때 전원이 인가되는 권선을 1차 권선이라 하고, 부하가 연결되는 권선을 2차 권선이라 한다. 1차 권수와 2차 권수, 1차 권선의 유도 기전력과 2차 권선의 유도 기전력, 그리고 1차 측에 흐르는 전류와 2차 측에 흐르는 전류의 관계는 다음과 같다.

$$\frac{N_1}{N_2} = \frac{E_1}{E_2} = \frac{V_1}{V_2} = \frac{I_2}{I_1} = a \qquad \text{식 (10.1)}$$

식 (10.1)에서 a를 **권수비**라 하며, 이 식으로부터 권수비를 조정하면 2차 전압을 조정할 수 있다는 것을 알 수 있다.

① 이상 변압기

변압기 철심의 누설이 없고 권선의 저항이 없다는 가정을 둔 이상 변압기의 유도 기전력은 전자 유도 법칙에 의해 구할 수 있다. 유도 기전력은 자속의 시간적 변화율에 의해 발생하므로 자속을 시간에 대해 미분하여 유도 기전력의 실횻값을 구하면 다음 식과 같이 정리된다.

$$\begin{aligned} &\text{1차 유도 기전력 } E_1 = \frac{1}{\sqrt{2}} \omega N_1 \phi_m = 4.44 f N_1 \phi_m \,[\mathrm{V}] \\ &\text{2차 유도 기전력 } E_2 = \frac{1}{\sqrt{2}} \omega N_2 \phi_m = 4.44 f N_2 \phi_m \,[\mathrm{V}] \end{aligned} \qquad \text{식 (10.2)}$$

[그림 10-2] (a)와 같은 변압기의 2차 측을 개방하고, 1차 측에 전압 V_1을 인가하면 권선에는 무부하 전류 I_0가 흐르고, 이 전류에 의해 철심 중에는 교번 자속 ϕ가 발생한다. 이 자속은 1차 및 2차 권선과 쇄교하여 유도 기전력 e_1과 e_2를 발생하는데, 이때 자속 ϕ는 전압 V_1보다 $\frac{\pi}{2}$ 늦고 무부하 전류 I_0와 동상이다. 또한 유도 기전력 e_1은 1차 측 전압 V_1과 그 크기가 같고 방향이 반대인 π만큼의 위상차를 갖는다.

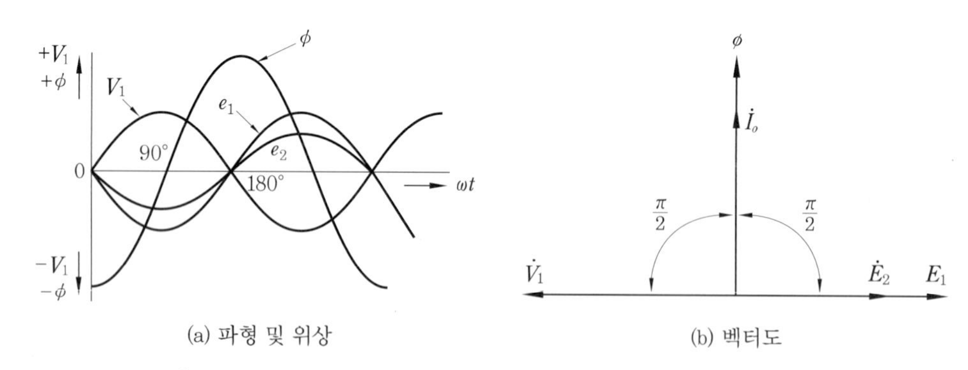

[그림 10-2] 이상 변압기의 무부하 시의 전압, 전류 및 자속

② 실제 변압기

이상 변압기에서는 1차 및 2차 측 권선의 저항을 생략하고 변압기의 손실이 없는 것으로 전제하였지만, 실제 변압기 권선에는 저항이 있기 때문에 동손과 전압 강하가 발생한다. 또한 철심을 통해서 쇄교하지 않는 누설 자속, 철심의 포화, 철손 등에 의해 그 전압과 전류가 이상 변압기와 같지 않다. 실제 변압기의 등가 회로는 [그림 10-3]과 같다.

실제 변압기에서는 1차 권선과 2차 권선의 내부를 통과하여 변압 작용에 관여하는 주자속이 존재하지만, 권선의 일부만을 통과하는 누설 자속도 존재한다. 이와 같은 누설 자속은 누설 리액턴스가 되어 권선의 저항과 함께 전압 강하를 일으킨다. 그러므로 [그림 10-3]과 같이 1차 측과 2차 측에 누설 임피던스로 작용하며, 1차 측의 임피던스 $Z_1 = r_1 + jx_1\,[\Omega]$을 1차 임피던스, 2차 측의 임피던스 $Z_2 = r_2 + jx_2\,[\Omega]$을 2차 임피던스라 한다.

$$a = \frac{E_1}{E_2} = \frac{I_2}{I_1} = \sqrt{\frac{Z_1}{Z_2}} = \sqrt{\frac{r_1}{r_2}} = \sqrt{\frac{x_1}{x_2}} \qquad \text{식 (10.3)}$$

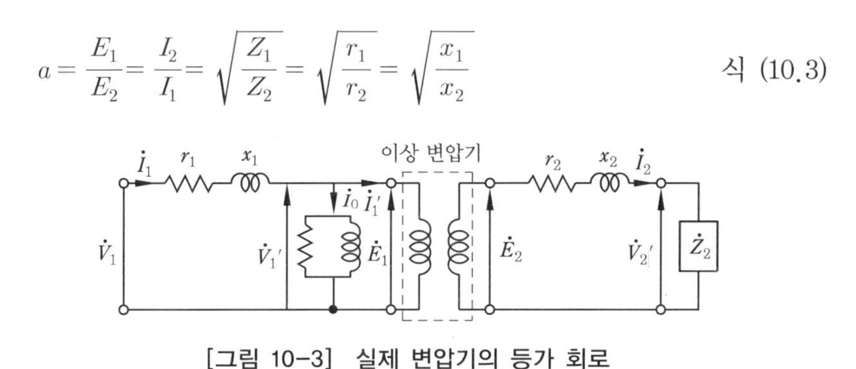

[그림 10-3] 실제 변압기의 등가 회로

③ 여자 전류

실제 변압기에서 2차 측을 개방한 무부하 상태로 1차 측에 전압을 인가하면 철심의 자기 포화 현상과 히스테리시스 현상으로 인해 자속을 만드는 여자 전류에는 왜형파가 발생한다. 이때 발생하는 전류는 부하 시나 무부하 시나 항상 같은 값이므로 무부하 전류 I_0라 한다. 무부하 전류는 자속을 발생시키는 **자화 전류** I_{om}과 철손을 발생시키는 **철손 전류** I_{0w}의 성분으로 구성되는데, 자화 전류는 순수한 자속을 만드는 데만 소요되는 전류로 자속과 동위상이고 전압보다 위상이 $\frac{\pi}{2}$ 뒤진 **무효 전류**이며, 철손 전류는 전압과 동상인 **유효 전류**이다. 무부하 전류는 여자 전류라고도 한다.

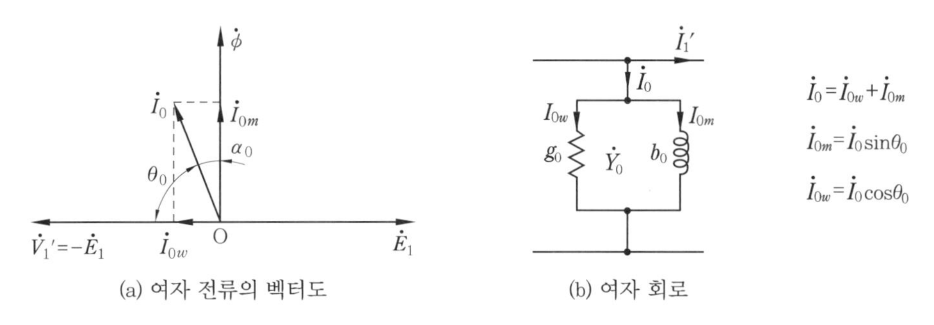

[그림 10-4] 여자 전류의 벡터도와 여자 회로

(2) 변압기의 등가 회로

변압기의 실제 회로는 [그림 10-3]과 같이 1차 측 회로와 2차 측 회로가 서로 분리되어 있지만 전자 유도 작용에 의해 1차 측의 전력이 2차 측으로 전달되므로 하나의 단일 회로인 등가 회로로 변형시켜 전기적 특성을 해석한다. 이때 2차 측 회로를 1차 측 회로로 환산하거나, 1차 측 회로를 2차 측 회로로 환산하여 해석한다.

① 1차 측에서 환산한 등가 회로 (2차 회로를 1차 회로로 환산)

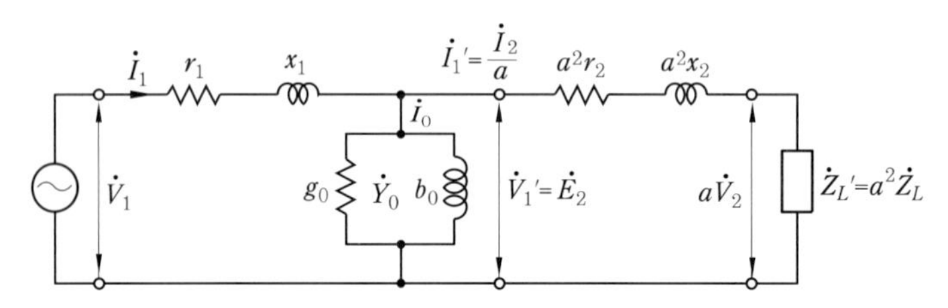

[그림 10-5] 1차 측에서 환산한 등가 회로

[그림 10-5]는 변압기의 2차 권수가 1차 권수의 a 배일 때, 2차 회로를 1차 회로로 환산한 등가 회로이다. 이때 1차 회로로 환산된 2차 측 파라미터들은 다음과 같다.

$$\dot{V}_1' = a\dot{V}_2 \quad \dot{I}_1' = \frac{1}{a}\dot{I}_2 \quad r_1' = a^2 r_2 \quad x_1' = a^2 x_2 \quad \dot{Z}_L' = a^2 \dot{Z}_L \qquad \text{식 (10.4)}$$

② 2차 측에서 환산한 등가 회로 (1차 회로를 2차 회로로 환산)

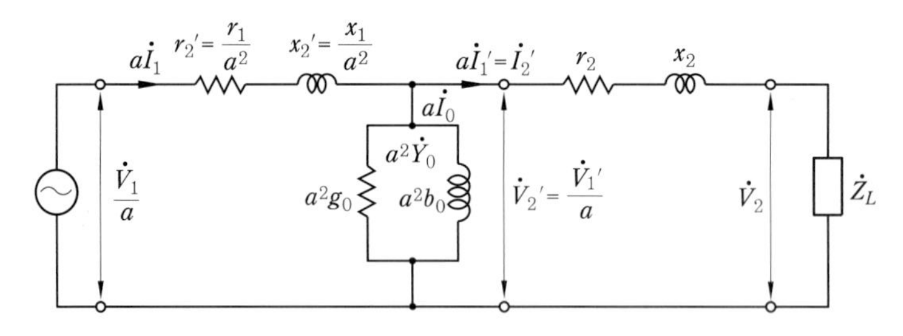

[그림 10-6] 2차 측에서 환산한 등가 회로

[그림 10-6]은 변압기의 1차 권수가 2차 권수의 $\frac{1}{a}$ 배일 때, 1차 회로를 2차 회로로 환산한 등가 회로이다. 이때 2차 회로로 환산된 1차 측 파라미터들은 다음과 같다.

$$\dot{V}_2' = \frac{1}{a}\dot{V}_1' \quad \dot{I}_2' = a\dot{I}_1' \quad r_2' = \frac{1}{a^2} r_1 \quad x_2' = \frac{1}{a^2} x_1 \quad \dot{Z}_L = \frac{1}{a^2} \dot{Z}_L' \qquad \text{식 (10.5)}$$

③ 변압기의 벡터도

변압기의 등가 회로로부터 전류와 전압의 관계를 식으로 정리하면 다음과 같다.

$$\dot{V}_1 = \dot{V}_1' + (r_1 + jx_1)\dot{I}_1 = -\dot{E}_1 + (r_1 + jx_1)\dot{I}_1$$

$$\dot{V}_2 = \dot{E}_2 - (r_2 + jx_2)\dot{I}_2 = \dot{I}_2\dot{Z}_L \qquad \text{식 (10.6)}$$

$$\dot{I}_1 = \dot{I}_0 + \dot{I}_1'$$

또한 변압기의 전류와 전압의 관계를 벡터도로 그리면 [그림 10-7]과 같이 나타낼 수 있다.

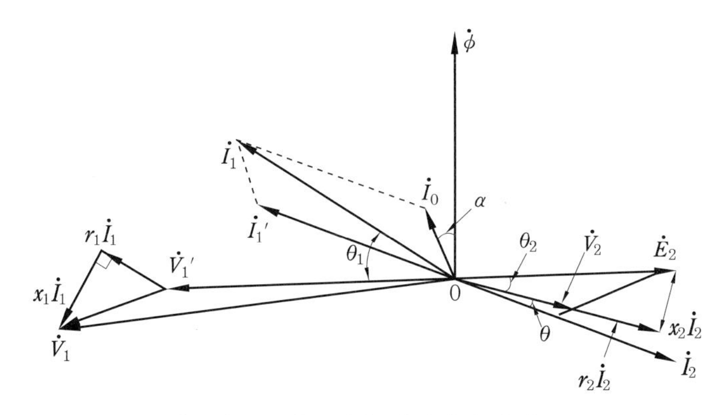

[그림 10-7] 실제 변압기의 벡터도

(3) 변압기의 구조

변압기의 구조는 전력의 크기와 상수에 따라 달라진다. 변압기는 자속이 통과하는 철심, 전류가 흐르는 권선, 철심과 권선을 삽입한 외함, 절연을 위한 변압기유, 외함과 권선의 연결선을 절연하는 부싱 및 냉각장치 등으로 구성되어 있다.

① 철심 및 권선

변압기의 철심은 자기 회로를 구성하여 전압을 변환하는 역할을 하며, 철심의 재료는 투자율이 높고 히스테리시스 손이 적은 규소 강판을 사용한다. 규소의 함유량은 3~4 %이며 와류손을 적게 하기 위해 0.3~0.35 mm 두께의 강판을 성층하여 제작한다.

변압기의 권선에는 직권과 형권 두 종류가 있는데, 직권은 철심에 절연을 하고 그 위에 피복 전선으로 저압 권선, 절연, 고압 권선의 순으로 권선을 하는 소형 변압기에 주로 사용된다. 형권은 목재 권형 또는 절연통 위에 코일을 감고 절연을 하여 조립하는 권선이며 주로 중·대형 변압기에 사용된다.

② 부싱 및 외함

부싱은 전기 기기의 구출선을 외함에서 끌어내는 절연 단자로서 변압기의 본체를 절연유로 가득 찬 외함 안에 넣고 적당한 위치에서 단자를 외부로 인출한다. 내부 절연 구조에 따라 단일형 부싱, 콤파운드 부싱, 유입 부싱, 콘덴서 부싱 등으로 구분된다.

외함은 공기가 닿는 방열 면적이 클수록 냉각 효과가 커지므로 15[kVA] 용량까지는 표면이 평활한 주철제를 용접해서 사용하지만 20[kVA] 이상이 되면 표면에 주름이 있는 외함을 사용해야 한다. 대용량의 변압기는 평판 외함에 방열판을 용접하여 방열 면적을 증가시키고 기름의 대류를 원활히 하여 냉각 효과를 높여 사용한다.

③ 변압기유

변압기는 철심과 권선의 절연 및 냉각을 위해 외함 내부에 변압기 본체를 삽입하고 절연유를 채운다. 이때 변압기유는 주변의 온도나 부하의 변화에 따라 호흡 작용에 의한 수분의 흡수나 기름의 산화 작용과 같은 열화 현상이 일어나기 때문에 다음과 같은 조건을 갖춰야 한다.

(가) 절연 내력이 클 것
(나) 인화점이 높을 것
(다) 화학적으로 안정할 것
(라) 응고점이 낮을 것
(마) 비열과 열전도도가 크며, 냉각 작용이 좋을 것
(바) 고온에서 석출물이 생기거나 산화하지 않을 것

④ 콘서베이터

변압기 내부와 외부의 압력 차이에 의해 공기가 출입하게 되는 현상을 변압기의 호흡작용이라 한다. 이 호흡 작용에 의해 변압기 내부에 습기가 침투하게 되면 변압기유의 절연 내력이 떨어지고 산화 작용을 일으키는 원인이 된다. 이를 방지하기 위해 브리더와 콘서베이터를 설치한다.

(가) 콘서베이터 : 변압기 위에 설치한 기름통으로 기름과 공기의 접촉을 최소화하여 열화를 방지한다.
(나) 브리더 : 변압기의 호흡 작용 시 일어나는 수분의 침투를 막기 위해 흡수제인 실리카 겔로 공기 중의 수분을 흡수시킨다.

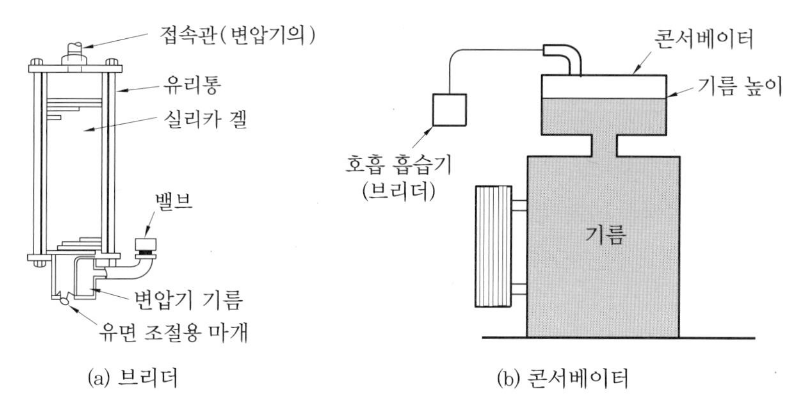

(a) 브리더 (b) 콘서베이터

[그림 10-8] 변압기의 열화 방지 장치

⑤ 냉각 방식

변압기의 손실은 열의 형태로 발생하여 변압기의 온도를 상승시킨다. 이러한 온도 상승 방지를 위해 다음과 같은 냉각 방식을 사용한다.

㈎ 건식 자랭식(AN) : 변압기 본체가 공기에 의해 자연적으로 냉각되도록 한 것

㈏ 건식 풍랭식(AF) : 송풍기를 사용하여 강제 통풍시키는 방식

㈐ 유입 자랭식(ONAN) : 기름의 대류 작용으로 열을 외부에 발산시키는 방식

㈑ 유입 풍랭식(ONAF) : 방열기가 붙은 유입 변압기에 송풍기로 강제 통풍시키는 방식

㈒ 송유 풍랭식(OAAF) : 외함 내에 들어있는 기름을 펌프를 이용하여 외부에 있는 냉각장치로 보내 냉각시킨 후, 냉각된 기름을 다시 외함의 내부로 공급하는 방식

10-2 변압기의 이론 및 특성

(1) 변압기의 정격

변압기의 정격이란 전압, 전류, 주파수, 역률과 같은 지정된 조건하에 사용할 수 있도록 보장된 사용 한도로서 피상 전력으로 나타내고 정격 용량이라 한다.

① 정격 용량

변압기의 2차 단자 사이의 정격 출력을 말하며, [VA], [kVA], [MVA]로 표시한다. 정격 2차 전압과 정격 2차 전류의 곱으로 나타낸다.

② 정격 전압

변압기 2차 권선의 단자 전압을 말하며, 이 전압에서 정격 출력을 내게 된다. 정격

1차 전압은 정격 2차 권선에 권수비를 곱하여 나타낸다.

③ 정격 전류

정격 1차 전류란 이것과 정격 1차 전압에서 정격 용량과 같은 피상 전력이 되는 전류를 말하고, 정격 2차 전류를 권수비로 나누어 구한다. 정격 2차 전류란 이것과 정격 2차 전압에서 정격 용량이 되는 전류를 말하며, 정격 용량을 정격 2차 전압으로 나누어 나타낸다.

④ 정격 주파수 및 정격 역률

변압기가 지정된 값으로 사용할 수 있도록 제작된 주파수 및 역률의 값을 말한다.

(2) 변압기의 손실

변압기의 1차 측에서 2차 측으로 전력을 변환할 때 발생하는 내부 에너지 손실을 말하며 무부하손과 부하손으로 나눌 수 있다.

① 무부하손

변압기 2차 측을 개방하고 1차 측에 정격 전압을 가할 때 생기는 손실로 철손, 여자 전류에 의한 구리손, 절연물의 유전체손 및 표유 무부하손이 있다. 철손 외 나머지 손실은 매우 작기 때문에 대부분 철손이 차지한다. 부하에 무관하게 발생하는 일정한 손실이기 때문에 무부하손 또는 고정손이라 한다.

(가) 히스테리시스 손 : 철심의 히스테리시스 현상에 의해 생기는 손실을 말하며, 규소 강판을 철심 재료로 사용하여 손실을 방지한다.

(나) 와류손 : 자속의 변화로 인해 철심 단면에 유도되는 맴돌이 전류에 의한 손실이다. 철심 강판 두께의 제곱에 비례하기 때문에 얇은 강판을 성층하여 손실을 최소화 한다.

- 히스테리시스 손 : $P_h = \sigma_h f B_m^{\ 1.6} \sim \sigma_h f B_m^{\ 2}$ [W/kg]
- 와류손 : $P_e = \sigma_e (t f k_f B_m)^2$ [W/kg] 식 (10.7)

여기서, σ_h, σ_e : 재료 상수

f : 주파수

t : 강판 두께

B_m : 최대 자속 밀도

k_f : 기전력의 파형률

② **부하손**

변압기에 부하가 연결되었을 때 부하 전류에 의해 발생하는 손실로 동손, 표유 부하손이 있으며, 부하에 따라 그 값이 변하므로 부하손 또는 가변손이라고 한다. 정격일 때와 $\frac{1}{m}$ 부하일 때로 나누어 구할 수 있다.

정격일 때 부하손 $P_c = {I_{1n}}^2 r_{21} = {I_{2n}}^2 r_{12}$ [W] 식 (10.8)

여기서, I_{1n} : 1차 정격 전류(A) I_{2n} : 2차 정격 전류(A)
r_{21} : 2차를 1차로 환산한 저항(Ω) r_{12} : 1차를 2차로 환산한 저항(Ω)
$P_c' = \left(\frac{1}{m}\right)^2 P_c$ [W]

③ **단락 시험**

변압기 2차 측을 단락하고 전원 전압을 서서히 증가시켜 1차 측에 흐르는 전류가 정격 전류와 동등한 단락 전류가 흐르도록 V_{1s}를 인가한다. 인가된 전압 V_{1s}는 1차 및 2차 권선의 임피던스에 걸리는 전압이 되며, 이를 **임피던스 전압**이라 한다. 또한 임피던스 전압을 가했을 때의 입력은 동손이 되며, 이를 **임피던스 와트**라고 한다.

(3) 변압기의 효율

효율은 일반적으로 입력 P_1에 따른 출력 P_2의 비를 의미하며, 손실을 산출해야 효율의 계산이 가능하다. 변압기에서 효율은 실측 효율, 규약 효율, 전일 효율로 구분된다.

① **실측 효율** : 입력과 출력을 실제의 부하 상태에서 실측하여 구한 효율이다.

$$\eta = \frac{P_2}{P_1} \times 100\ \% \qquad \text{식 (10.9)}$$

② **규약 효율** : 무부하 시험이나 단락 시험을 한 결과를 이용하여 일정한 규약 하에서 산출하는 효율로, 변압기의 효율은 규약 효율을 표준으로 하고 있다. 규약 효율은 정격 2차 전압 및 정격 주파수에 대한 출력과 전체 손실이 주어지면 다음과 같이 나타낼 수 있다.

$$\eta = \frac{\text{출력}}{\text{출력} + \text{전체 손실}} \times 100\ \% = \frac{V_2 I_2 \cos\theta}{V_2 I_2 \cos\theta + P_i + P_c} \times 100\ \%$$

식 (10.10)

여기서, V_2 : 2차 전압(V), I_2 : 2차 전류(A), $\cos\theta$: 부하 역률, P_i : 철손(W)
$P_c = I^2 r$: 동손(W)

위 식 (10.10)은 부하율을 고려하지 않은 전부하 효율이며, 이때 출력 $P = V_2 I_2 \cos\theta$ [W]이므로 부하율 $\frac{1}{m}$을 고려하면 다음과 같은 식으로 나타낼 수 있다.

$$\eta = \frac{\frac{1}{m} V_2 I_2 \cos\theta}{\frac{1}{m} V_2 I_2 \cos\theta + P_i + \left(\frac{1}{m}\right)^2 P_c} \times 100\% \qquad \text{식 (10.11)}$$

③ **최대 효율 조건**

변압기에서 효율이 최대가 되는 조건은 철손 P_i와 동손 P_c가 같을 때이다.

$$P_i = \left(\frac{1}{m}\right)^2 P_c \qquad \text{식 (10.12)}$$

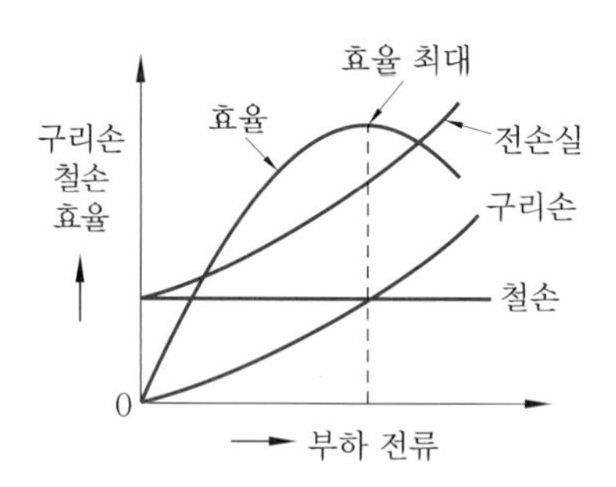

[그림 10-9] 변압기의 손실과 효율

④ **전일 효율**

전일 효율은 하루 24시간 동안의 적산 출력과 적산 입력의 비로 나타내며 다음의 식과 같이 구한다. 철손은 부하와 무관하게 24시간 발생하며, 동손은 운전하는 시간 동안 발생하는 손실이다.

$$\eta = \frac{\sum V_2 I_2 \cos\theta \cdot T}{\sum V_2 I_2 \cos\theta \cdot T + 24P_i + \sum P_c \cdot T} \times 100\% \qquad \text{식 (10.13)}$$

여기서 T는 시간을 의미한다.

(4) 전압 변동률

무부하 상태에서의 출력 전압 V_{20}과 정격 부하 상태에서의 출력 전압 V_{2n}의 차이를 **전압 강하** e라 하며, 전압 강하를 정격 부하에서의 출력 전압으로 나눈 값을 **전압 변동률**이라 한다. 전압 변동률은 ε으로 나타내며 다음과 같이 계산한다.

$$\varepsilon = \frac{V_{20} - V_{2n}}{V_{2n}} \times 100$$ 식 (10.14)

여기서, V_{20} : 무부하 전압 V_{2n} : 정격 전압

다음 [그림 10-10] (a)는 변압기의 간이 등가 회로이며, 이를 바탕으로 무부하 전압과 정격 전압, 전압 강하 상호간의 관계를 벡터도로 나타내면 [그림 10-10] (b)와 같다.

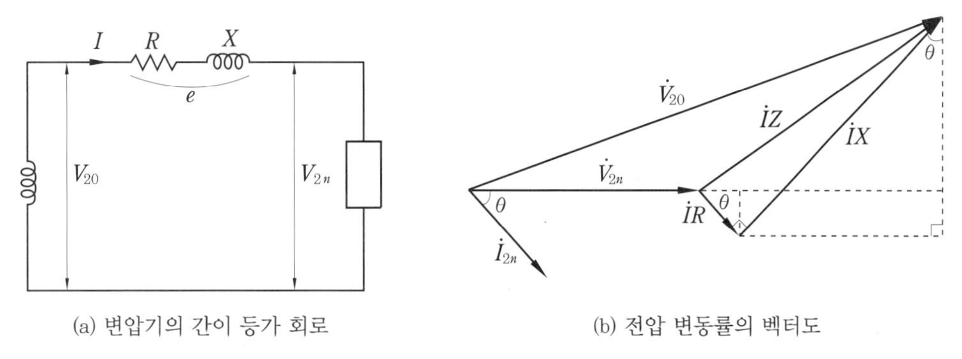

(a) 변압기의 간이 등가 회로 (b) 전압 변동률의 벡터도

[그림 10-10] 변압기의 전압 변동률

이 그림에서 무부하 전압 V_{20}는 전압 강하 e와 2차 측 정격 전압 V_{2n}의 벡터 합으로 나타낼 수 있으며, 전압 강하는 **저항 강하** $V_R(=\dot{I}R)$과 **리액턴스 강하** $V_L(=\dot{I}X)$의 벡터 합으로 나타낼 수 있다. 여기서 V_{2n}을 100 %로 하여 저항 강하와 리액턴스 강하를 백분율로 나타낼 때 이를 "% 저항 강하"와 "% 리액턴스 강하"라 하고 다음과 같이 나타낸다.

$$\left.\begin{aligned} &\%\ \text{저항 강하} : p = \frac{IR}{V_{2n}} \times 100\,\% \\ &\%\ \text{리액턴스 강하} : q = \frac{IX}{V_{2n}} \times 100\,\% \\ &\%\ \text{임피던스 강하} : Z = \sqrt{p^2 + q^2} \\ &\text{단락 전류} : I_s = \frac{V_{1n}}{V_s} \times I_{1n} = \frac{100}{Z} I_{1n} \end{aligned}\right\}$$ 식 (10.15)

또한 [그림 10-10]의 벡터도에서 전압 강하 $e \fallingdotseq IR\cos\theta + IX\sin\theta$ 로 나타낼 수 있으므로 전압 변동률은 다음과 같은 식으로도 나타낼 수 있다.

$$\varepsilon = p\cos\theta \pm q\sin\theta\,[\%]$$ 식 (10.16)

여기서, 역률이 앞선 역률(진상)인 경우 (−), 뒤진 역률(지상)인 경우 (+)로 부호를 적용해야 한다.

10-3 변압기의 결선 및 병렬 운전

(1) 변압기의 극성

변압기의 극성은 1차 단자와 2차 단자에 유도되는 기전력의 상대적인 방향을 나타내는 말이며, 3상 결선이나 병렬 운전을 할 경우 극성을 맞추어야 한다. 유도 기전력의 방향은 권선을 감는 방법에 따라 달라진다.

① 감극성

[그림 10-11] (a)와 같이 1차 권선에서 발생하는 유도 기전력 E_1과 2차 권선에서 발생하는 유도 기전력 E_2의 방향이 동일한 극성이 되는 변압기를 감극성 변압기라고 한다. 우리나라에서는 감극성이 표준으로 되어 있다.

② 가극성

[그림 10-11] (b)와 같이 2차 권선을 감는 방법을 [그림 10-11] (a)와 반대로 하면 2차 측 극성이 반대로 된다. 이와 같이 유도 기전력 E_1과 E_2의 방향이 반대로 되는 변압기를 가극성 변압기라고 한다.

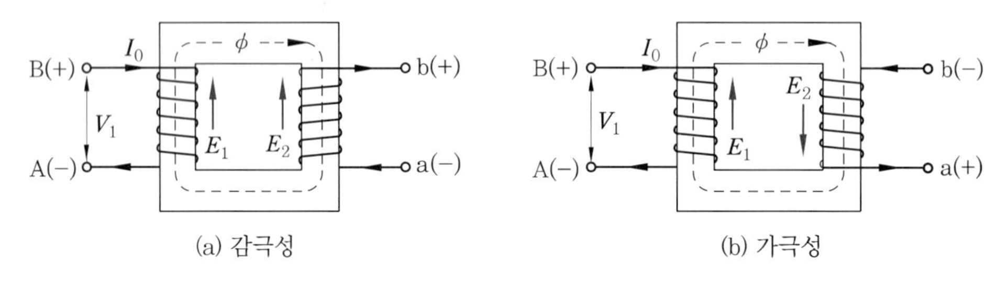

(a) 감극성 (b) 가극성

[그림 10-11] 변압기의 극성

③ 극성 시험과 기호

[그림 10-12] (a)와 같이 고압 측에는 대문자로 U, V, 저압 측에는 소문자로 u, v라는 단자 기호를 써서 극성을 표시한다. U와 V가 같은 방향이면 감극성이고 대각선 방향이면 가극성이다. 또한 [그림 10-12] (b)와 같이 변압기 1차 측과 2차 측의 전압을 각각 V_1, V_2라고 하였을 때 1차 측과 2차 측간 측정된 전압값 V가 $V_1 - V_2$의 값이면 감극성, $V_1 + V_2$의 값이면 가극성이다.

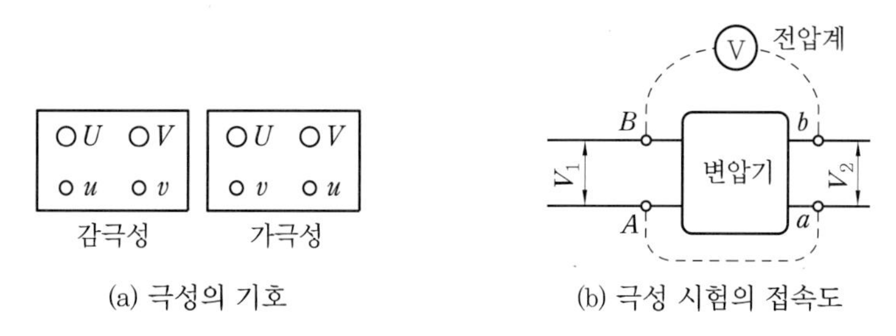

(a) 극성의 기호 (b) 극성 시험의 접속도

[그림 10-12] 극성 시험 및 기호

(2) 단상 변압기의 3상 결선

단상 전압을 3상 전압으로 변환시키기 위해 단상 변압기 3대를 3상 결선하여 사용한다. 3상 변압을 하려면 각 변압기의 용량, 주파수, 정격 전압, 권선 저항, 누설 리액턴스 및 여자 전류가 서로 같아야 한다. 3상 결선 방법에는 $\Delta-\Delta$ 결선, $Y-Y$ 결선, $\Delta-Y$ 결선, $Y-\Delta$ 결선이 있으며 단상 변압기 2대로 3상 변압하는 $V-V$ 결선 방식이 있다.

① Y 결선과 Δ 결선

[그림 10-13] (a)는 변압기 3대를 Y 결선한 것으로, 이때 상전류 I_p와 선전류 I_l은 같다. 하지만 선간 전압 V_l은 두 상의 위상차를 고려한 벡터 합으로 나타나기 때문에 상전압 V_p의 $\sqrt{3}$ 배가 된다.

[그림 10-13] (b)는 변압기 3대를 Δ 결선한 것으로, 상전압 V_p와 선간 전압 V_l은 같은 값을 갖지만, 선전류 I_l은 두 상의 상전류 I_p의 벡터 합으로 나타나기 때문에 상전류의 $\sqrt{3}$ 배가 된다.

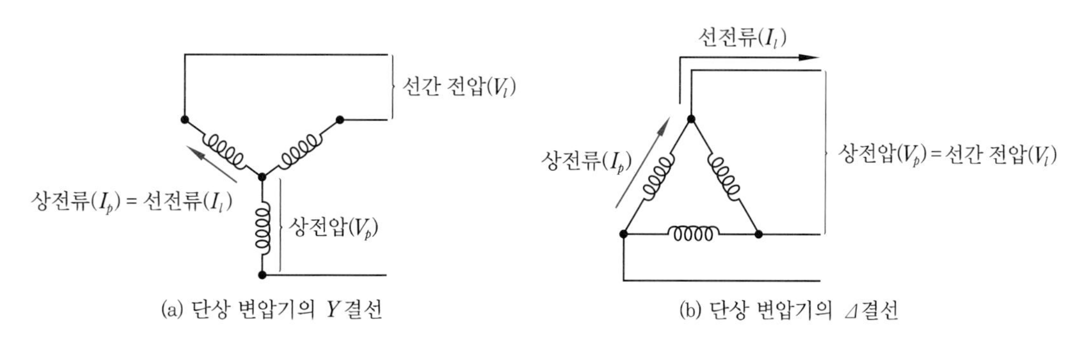

(a) 단상 변압기의 Y 결선 (b) 단상 변압기의 Δ 결선

[그림 10-13] 단상 변압기의 결선

② $Y-Y$ 결선

단상 변압기 3대를 [그림 10-14] (a)와 같이 1차와 2차 모두 Y 결선한 것으로 이 결선법은 중성점을 접지할 수 있고, 권선 전압이 선간 전압의 $\frac{1}{\sqrt{3}}$ 이 되므로 절연이

용이하다. 하지만 중성점이 접지될 경우 선로에 제3고조파를 포함한 전류가 흘러 통신 장애를 일으킬 수 있다.

③ $\Delta-\Delta$ 결선

[그림 10-14] (b)와 같이 3개의 단상 변압기 1차와 2차 모두 Δ 결선한 것이다. 이 결선법은 제3고조파가 발생하지 않아 통신 장애가 없고, 변압기 3대 중 1대가 고장이 나도 나머지 2대를 V 결선하여 송전을 계속할 수 있다는 장점이 있다. 그러나 이 방식은 중성점을 접지할 수 없어 지락 사고 시 보호가 곤란하며, 선간 전압과 권선 전압이 서로 같아 고압인 경우 절연에 문제가 있어 30[kV] 이하의 배전용 변압기에 주로 사용된다.

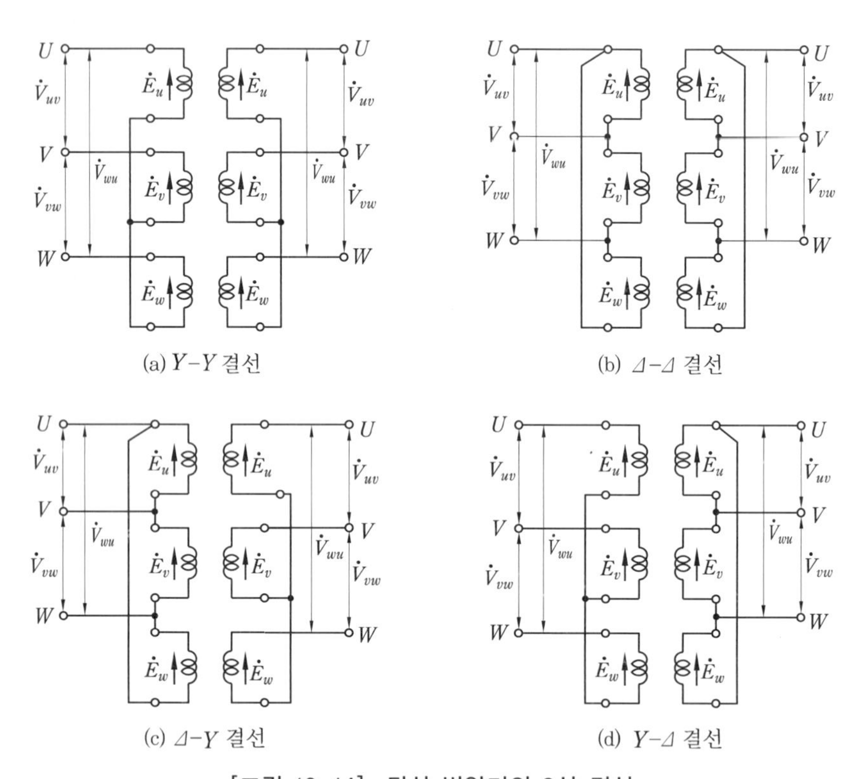

(a) $Y-Y$ 결선 (b) $\Delta-\Delta$ 결선

(c) $\Delta-Y$ 결선 (d) $Y-\Delta$ 결선

[그림 10-14] 단상 변압기의 3상 결선

④ $\Delta-Y$, $Y-\Delta$ 결선

이 결선법은 Y 결선 측에 중성점 접지가 가능하며, Δ 결선에서 통신선 장해를 발생시키는 3고조파 성분이 내부에 순환하여 선로에 흐르지 않는다는 장점이 있다. [그림 10-14] (c)와 같이 변압기 1차 측은 Δ 결선, 2차 측은 Y 결선한 것을 $\Delta-Y$ 결선이라 하고, [그림 10-14] (d)와 같이 변압기 1차 측을 Y 결선, 2차 측을 Δ 결선한 것을

$Y-\Delta$ 결선이라 한다. $\Delta-Y$ 결선은 발전소용 변압기와 같이 낮은 전압을 높은 전압으로 올리는 **승압용 변압기**에 주로 사용되고, 반대로 $Y-\Delta$ 결선은 수전단 변전소용 변압기와 같이 높은 전압을 낮은 전압으로 내리는 **강압용 변압기**에 주로 사용된다. 이 결선법은 1차와 2차 선간 전압 사이에 30°의 위상차가 있는 것이 특징이다.

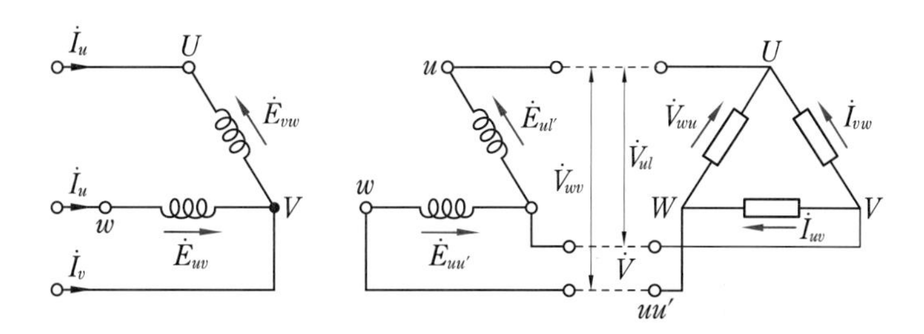

[그림 10-15] $V-V$ 결선

⑤ $V-V$ **결선**

$V-V$ 결선은 $\Delta-\Delta$ 결선으로 3상 변압을 하는 경우 1대의 변압기가 고장이 나면 이를 제거하고 남은 2대의 변압기를 이용하여 3상 변압을 계속하는 3상 결선 방식이다. 이때 V결선한 변압기의 최대 출력은 변압기 1대의 $\sqrt{3}$배가 되며, 이는 변압기 2대의 용량을 합한 것의 $\dfrac{\sqrt{3}}{2}$배로 줄어들게 된다. 그러므로 **이용률**은 86.6 %가 된다. 또한 그 출력은 Δ결선으로 운영할 때보다 $\dfrac{\sqrt{3}}{3}$배로 줄어들게 되어 **출력비**는 57.7 %가 된다.

(3) 변압기의 병렬 운전

변압기의 부하가 증가하여 용량을 늘려야 하거나 부하의 변동 범위가 큰 경우 효율 범위를 유지하기 위해 새로운 변압기를 기존의 변압기와 병렬로 운전할 필요가 있다. 변압기가 안정적인 병렬 운전을 하기 위해서 다음의 조건들을 구비해야 한다.

① **단상 변압기의 병렬 운전 조건**

㈎ 각 변압기의 극성이 같을 것 : 변압기를 병렬 운전할 때 가장 중요한 사항으로 극성이 반대면 2차 권선의 순환 회로에 2차 기전력의 합이 인가되어 순환 전류가 흘러서 변압기의 권선이 소손된다.

㈏ 각 변압기의 권수비가 같고 1차 및 2차의 정격 전압이 같을 것 : 권수비가 서로 다르면 2차 유도 기전력의 크기가 달라지고, 이로 인해 1차 권선에 순환 전류가 흐르면서 권선이 가열된다.

㈐ 각 변압기의 퍼센트 임피던스 강하가 같을 것 : 퍼센트 임피던스 강하가 다르면 부하의 분담에 불평형이 생긴다.

㈑ 각 변압기의 내부 저항과 리액턴스 비가 같을 것 : 내부 저항과 리액턴스의 비가 같지 않으면 전류 간에 위상차가 발생하여 변압기의 동손이 증가한다.

[표 10-1] 3상 변압기군의 병렬 운전 조합

병렬 운전 가능 조합	병렬 운전 불가능 조합
$\Delta-\Delta$와 $\Delta-\Delta$	$\Delta-\Delta$와 $\Delta-Y$
$Y-Y$와 $Y-Y$	$\Delta-Y$와 $Y-Y$
$Y-\Delta$와 $Y-\Delta$	
$\Delta-Y$와 $\Delta-Y$	
$\Delta-\Delta$와 $Y-Y$	
$\Delta-Y$와 $Y-\Delta$	

② 3상 변압기군의 병렬 운전

3상 변압기군을 병렬 운전할 경우에는 상회전의 방향과 1, 2차 선간 유도 기전력의 위상 변위가 같은 것끼리 병렬 운전해야 하고, 각 군의 임피던스가 그 용량에 반비례해야 한다. [표 10-1]은 병렬 운전을 할 수 있는 결선과 할 수 없는 결선을 조합한 것이다. 이와 같이 3상 변압기군의 병렬 운전은 단상 변압기의 병렬 운전 조건 외에 이와 같은 조건이 더 만족되어야 한다.

(4) 상수 변환

송배전 계통과 산업현장에서는 대부분 3상 전력을 사용하지만 부하의 종류에 따라 상수 변환이 필요하다. 변압기의 상수 변환 방법은 **스코트 결선**, **우드브리지 결선**, **메이어 결선**과 같이 3상을 2상으로 변환하는 방법과 **환상 결선**, **2중 Y 결선**, **2중 Δ 결선**, **대각 결선**, **포크 결선**과 같이 3상을 6상으로 변환하는 방법이 있다.

① 스코트 결선

단상 변압기 2대를 이용하는 결선법으로 [그림 10-16]과 같이 결선하며, 그 결선 모양이 알파벳 T와 모양이 같아 T **결선**이라고도 한다. T좌 변압기 T_1의 1차 권선의 $\frac{\sqrt{3}}{2}$ 되는 지점에 탭을 내고, 다른 한 단자는 주좌 변압기 T_2의 1차 권선의 중점에 접속하여 1차 측에 평형 3상 전압을 인가하면 평형 2상 전압을 얻을 수 있다. 스코트 결선의 출력은 2차 정격 출력의 $\sqrt{3}$ 배가 되어 이용률은 V 결선과 동일한 86.6 %이다.

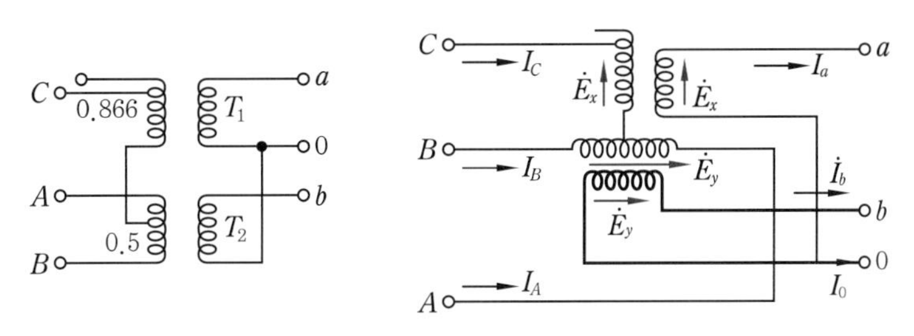

[그림 10-16] 스코트 결선

② 2중 Y결선, 2중 Δ 결선

[그림 10-17] (a)와 같이 1차의 3상을 2차 6상으로 변환하기 위해서 2차 측을 2중 Y결선으로 하거나 [그림 10-17] (b)와 같이 Δ 결선하여 6상 전압을 얻을 수 있다.

③ 대각 결선

[그림 10-17] (c)와 같이 변압기 2차 코일을 둘로 나누지 않고 각 2차 코일을 직접 평형 6상 부하의 서로 대응하는 단자 사이에 대각으로 결선하면 선간 전압이 6상 전압으로 된다.

④ 포크 결선

각 변압기의 2차 권선을 3등분한 9개의 코일을 이용하여 [그림 10-17] (d)와 같이 결선한 형태이다. 주로 수은 정류기의 전원에 활용한다.

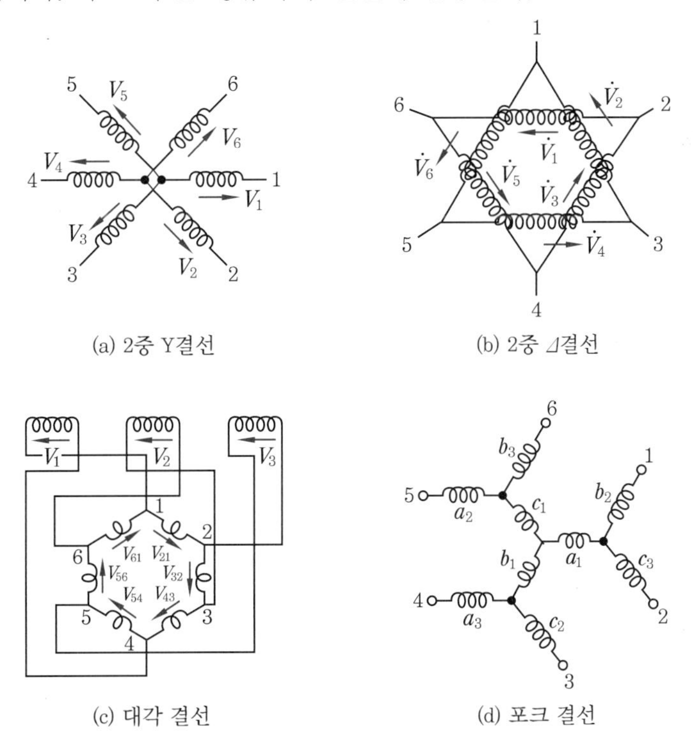

[그림 10-17] 3상, 6상간의 상수 변환 결선

10-4 변압기의 종류

(1) 3상 변압기

단상 변압기를 3상 결선하는 대신에 3상의 권선을 가지는 3상 변압기도 많이 사용되고 있다. 단상 변압기 3대를 사용하는 것과 3상 변압기 1대를 사용하는 것에 대해 비교하면 다음과 같은 차이가 있다.

① 3상 변압기의 장점

(가) 철심량이 15~20% 정도 절약되고 무게와 철손이 줄어 효율이 좋다.
(나) 부싱이나 유량이 적게 들어 경제적이다.
(다) 설치를 위한 공간 확보가 용이하고 결선이 쉽다.
(라) 소형, 경량화로 조립된 상태로 수송이 용이하다.
(마) 부하 시 텝 변환 장치를 채용하는 데 유리하다.

② 3상 변압기의 단점

(가) 단상 변압기에서는 $\Delta-\Delta$ 결선으로 운전 시 1대가 고장이 생겼을 때 V결선으로 운전이 가능하였으나 3상 변압기에서는 불가능하다.
(나) 고장 수리가 곤란하고 수선비가 증가한다.
(다) 신뢰도가 감소하고 예비기가 대용량이다.

(2) 단권변압기

단권변압기는 1차 권선과 2차 권선이 독립되어 있지 않고 권선의 일부를 공통 회로로 하고 있는 변압기로 배전 선로의 승압기, 기동 보상기, 형광등용 승압 변압기의 용도로 사용한다. 단권변압기는 자로의 단축으로 재료를 절약할 수 있고 동손이 감소되어 효율이 좋으며 누설 자속이 없어 전압 변동률이 작다. 하지만 저압 측에도 고압 측과 같이 절연을 해야 하며, 고압 측 전압이 높아지면 저압 측에서도 고전압을 받게 되므로 위험이 따른다.

(3) 누설 변압기

일반 전력용 변압기는 누설 자속을 적게 함으로써 누설 리액턴스를 되도록 적게 하여 전압 변동이 없도록 하려고 하지만 일정 전류를 유지시키기 위해 리액턴스를 증가시키는 경우가 있다. 이러한 특성을 가지도록 설계한 변압기를 누설 변압기라고 하며, 네온관 점등용 변압기나 아크 용접용 변압기의 용도로 사용한다.

(4) 계기용 변성기

고전압의 교류 회로 전압, 전류를 측정하고자 할 때 직접 고압 회로에 계기를 연결할 수 없으므로 계기용 변성기를 통해서 연결한다. 전압 측정 변성기는 **계기용 변압기**(potential transformer)를, 전류 측정 변성기는 **변류기**(current transformer)를 각각 이용한다.

(5) 그 외 변압기의 종류

① 용도에 따른 구분

(가) 전력용 변압기 : 발전소에서 만들어진 전력을 변전소로 송전할 때 사용

(나) 배전용 변압기 : 배전 선로에서 고압을 받아 변환시켜 수용가에 필요한 전압을 공급할 때 사용

② 구조에 따른 구분

(가) 공랭식 건식 변압기 : 공기에 의해 냉각되며 화재 및 폭발 위험성이 적고 보수 및 점검이 쉽다.

(나) 몰드 변압기 : 진공 상태에서 저압과 고압 권선의 주형을 만들고, 절연 재료로 에폭시 수지 등을 사용한다. 내구성과 난연성이 우수하다.

(다) 패드 변압기 : 지하의 절연 케이블로 전기를 공급하는 곳에 설치한다.

③ 철심과 권선과의 배치 위치에 따른 구분

(가) 내철형 변압기 : 권선이 철심의 외측을 감싸고 있는 변압기를 말하며, 저압 측 권선을 철심에 가까운 내측에 감고 그 외부에 고압 측 권선을 감는다. 단락 사고 시 대전류에 의해 발생하는 기계력에 대해 강하며, 수리하기가 편리하여 소용량에서 고압 대용량까지 널리 사용되고 있다.

(나) 외철형 변압기 : 내철형 변압기와 반대로 권선이 내측에 있고 철심이 외측에서 권선을 감고 있는 형식의 변압기로 저압 측 권선과 고압 측 권선을 겹쳐서 감는다. 외철형 변압기는 전기로, 전기화학용 등 중전압 대전류 변압기 및 대용량 변압기용으로 제작되고 있으며, 구조상 모든 철판을 제거하지 않으면 권선을 빼낼 수 없어 수리가 곤란하다.

(다) 권철심형 변압기 : 배전용으로 널리 사용되고 있으며 매우 기다란 규소띠강을 필요한 단면적이 될 때까지 성층하여 철심을 구성한다. 이것에 1차 및 2차 권선을 감아서 필요한 자속을 만들어 주기 때문에 철심의 손실이나 무부하 전류가 적어지는 특징을 가지고 있다.

10-5 변압기의 시험

(1) 온도 시험

변압기에 전부하를 연속적으로 가해서 권선이나 오일 등의 온도 상승을 시험하는 것으로 전구나 저항 등의 부하를 사용하는 실부하법이 있으나 전력이 낭비되어 비경제적이기 때문에 철손과 동손만을 공급해서 행하는 반환 부하법이 사용된다.

① 실부하법

변압기에 연속적으로 전부하를 걸어서 권선, 기름 등의 온도가 올라가는 상태를 시험하는 것이다. 전력이 많이 소비되므로 소형의 변압기에만 적용한다.

② 반환 부하법

전력을 소비하지 않고 온도가 올라가는 원인이 되는 철손과 동손만을 공급하여 시험하는 방법으로 보조 변압기를 이용하는 반환 부하법, 탭을 이용하는 반환 부하법, 3상 결선의 반환 부하법이 있다.

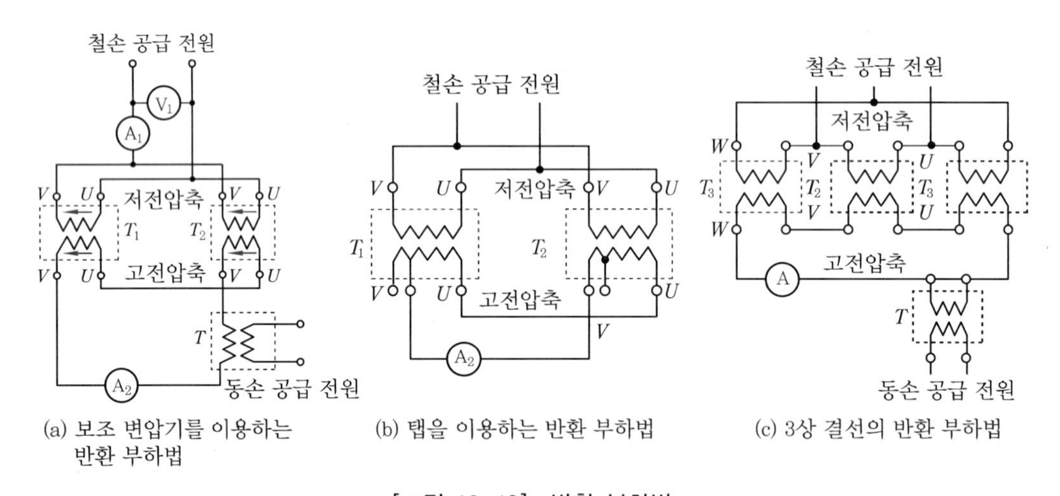

(a) 보조 변압기를 이용하는 반환 부하법 (b) 탭을 이용하는 반환 부하법 (c) 3상 결선의 반환 부하법

[그림 10-18] 반환 부하법

③ 온도의 측정

온도 시험에서 권선, 오일의 온도와 공기, 물 등과 같은 냉각매체의 온도와의 차이를 온도 상승이라 한다. 변압기에 정격 부하를 연속적으로 가했을 때 온도 상승 한도는 다음과 같다.

㈎ 권선의 온도 상승은 저항법으로 55℃ 이하일 것

(나) 절연 기름의 온도 상승은 온도계법으로 50℃ 이하일 것

(다) 기준 온도는 40℃를 기준으로 한다.

(2) 절연 내력 시험

권선과 대지 사이 또는 권선 사이의 절연 강도를 보증하는 시험으로 가압 시험, 유도 시험, 충격 시험이 있다.

① 변압기유 절연 파괴 시험

시험 용기에 변압기유를 넣어 지름이 같은 구상 전극을 사용하여 약 3 mm 정도 갭을 주고 상용 주파수를 갖는 전압을 가했을 때 파괴 전압이 30,000[V] 이상이면 좋다. 측정 회로는 [그림 10-19]와 같으며 유도 전압 조정기를 이용하여 전압을 올리고 전극 간 방전을 시켜 그때의 전압을 전압계로 측정한다.

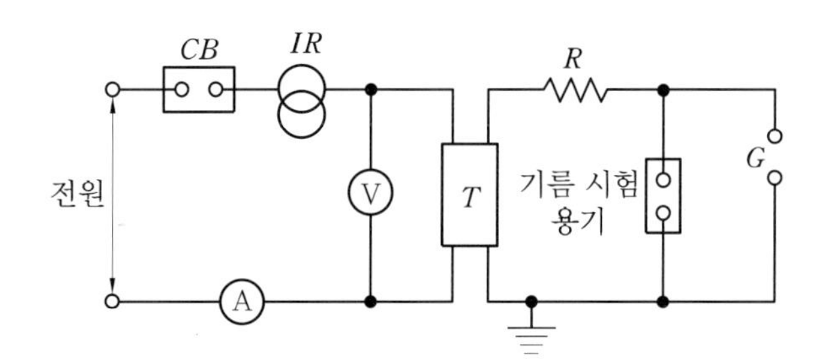

[그림 10-19] 변압기유의 절연 파괴 전압 시험

② 가압 시험

온도 시험 직후 변압기의 절연 저항이 적당함을 확인하고, 60[Hz]의 정현파에 가까운 전압으로 절연 내력을 시험하여 1분 동안 견디어야 한다.

③ 유도 시험

변압기의 층간 절연을 시험하기 위해 권선의 단자 사이에 정상 유도 전압의 2배 전압을 유도시켜서 유도 절연 시험을 한다. 유도 시험의 시간은 시험 전압의 주파수가 정격 주파수의 2배 이하일 경우 1분으로 하고 1배를 넘는 경우 식 (10.17)에 의해 산출된 시간에 의한다. 단, 최저 시간은 15초로 규정한다.

$$\text{시험 시간} = 120 \times \frac{\text{정격 주파수}}{\text{시험 주파수}} \text{ [s]} \qquad \text{식 (10.17)}$$

④ 충격 전압 시험

변압기에 번개와 같은 충격파 전압의 절연 파괴 시험이다.

(3) 절연물 구분

전기 기기의 권선 및 도전체 부분에 사용되는 절연물은 그 내열 특성에 따라 [표 10-2]와 같이 분류된다.

[표 10-2] 절연 재료의 내열성에 의한 분류

종류	최고 사용 온도(℃)	절연 재료
Y종	90℃	석면
A종	105℃	포말 수지
E종	120℃	에폭시
B종	130℃	유리 섬유+합성수지
F종	155℃	유리 섬유
H종	180℃	유리 섬유+실리콘 수지
C종	180℃ 이상	마이카, 유리

>>> 제10장

연습문제

1. 1차 전압 6600[V], 2차 전압 220[V], 주파수 60[Hz]의 변압기가 있다. 이 변압기의 권수비는 얼마인가?

2. 변압기의 2차 저항이 0.1[Ω]일 때 1차로 환산하면 250[Ω]이 된다. 이 변압기의 권수비는?

3. 권수비가 100인 변압기에 있어서 2차 측의 전류가 500[A]일 때 이것을 1차 측으로 환산하면 몇 [A]인가?

4. 변압기의 철심으로 규소 강판을 포개서 성층하여 사용하는 이유를 설명하시오.

5. 변압기의 임피던스 전압은 무엇을 의미하는가?

6. 변압기의 규약 효율을 나타내는 식을 쓰시오.

7. 변압기에서 퍼센트 저항 강하 4%, 리액턴스 강하 3%일 때 역률 0.6(진상)에서의 전압 변동률은 몇 %인가?

8. 변압기의 열화 방지를 위해 설치하는 것을 모두 쓰시오.

9. V 결선을 이용한 변압기의 결선은 Δ 결선을 이용할 때보다 이용률과 출력비가 각각 몇 %인가?

10. 권수비 20인 변압기의 저압 측 전압이 4[V]인 경우 극성 시험에서 가극성과 감극성의 전압 차이는 몇 [V]인가?

Chapter 11

유도기

유도 전동기는 전자 유도 법칙에 의해 작동하는 기기로 회전 자기장을 이용하여 회전한다. 생활 주변에서 쉽게 얻을 수 있는 3상이나 단상의 교류 전원을 이용하기 때문에 가장 널리 사용되고 있으며, 구조가 튼튼하고 가격이 싸며 취급과 운전이 쉽다는 장점이 있다. 이 장에서는 유도 전동기의 원리와 구조, 이론, 특성, 기동 방법 등에 대해 알아보기로 한다.

11-1 유도 전동기의 원리 및 구조

(1) 유도 전동기의 원리

[그림 11-1]과 같이 알루미늄으로 만든 원판을 그림과 같은 자석의 N극과 S극 사이에 놓고 화살표 방향으로 자석을 회전시키면 원판은 자석의 회전 속도보다 약간 느린 속도로 같은 방향으로 회전하게 된다. 이는 N극과 S극 사이의 자기장을 금속인 원판이 쇄교하면서 발생하는 기전력에 의한 현상이며, 유도 전동기는 이러한 현상을 응용한 장치이다. 이 원판을 아라고의 원판이라고 부른다.

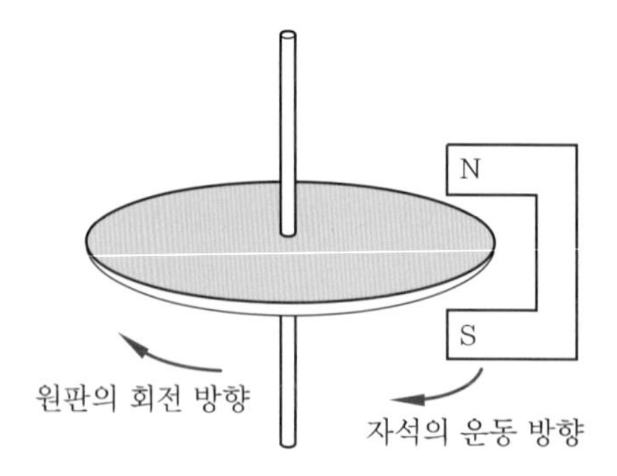

[그림 11-1] 아라고의 원판

① 회전 자기장

[그림 11-2]와 같이 코일 aa', bb', cc' 를 $\frac{2\pi}{3}$[rad]의 간격으로 배치하고 여기에 3

상 교류 전원을 인가하면 120°의 위상차를 가진 3상 교류 전류가 흐른다. 이때 각 코일에는 앙페르의 오른나사 법칙에 의해 회전 자기장이 발생한다.

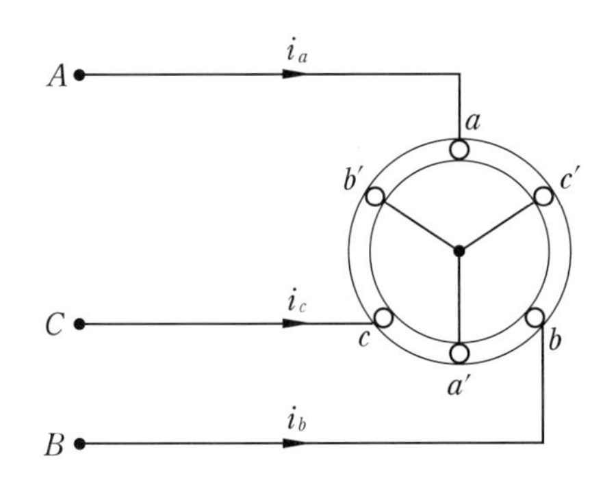

[그림 11-2] 3상 교류 전원의 권선 배치

이때 코일의 결선은 Y결선으로 하며, 각 코일에 흐르는 3상 전류는 [그림 11-3]과 같이 나타난다.

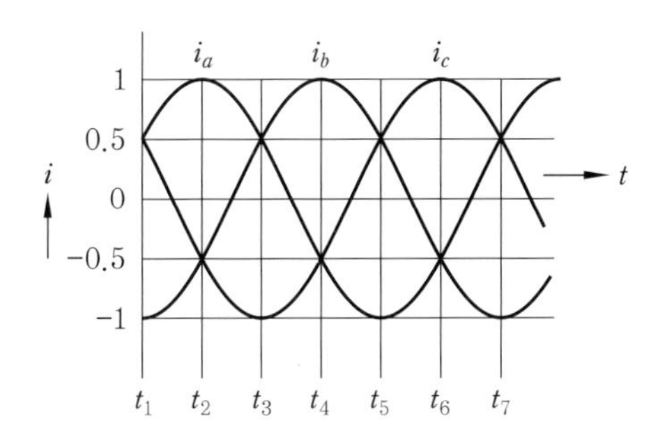

[그림 11-3] 3상 교류 전류

[그림 11-3]에서 시간에 따른 각 전류의 극성은 [표 11-1]과 같다.

[표 11-1] 시간에 따른 유도 전동기 각 상 전류의 극성 변화

시간	t_1	t_2	t_3	t_4	t_5	t_6	t_7
i_a	+	+	+	−	−	−	+
i_b	−	−	+	+	+	−	−
i_c	+	−	−	−	+	+	+

그러므로 코일에 흐르는 전류에 의해 만들어지는 합성 자속의 방향은 시간의 흐름에 따라 [그림 11-4]와 같이 회전하게 된다. 이와 같이 유도 전동기는 3상 교류에 의해 만들어지는 회전자계에 의해 회전자를 일정한 속도로 회전시킬 수 있다.

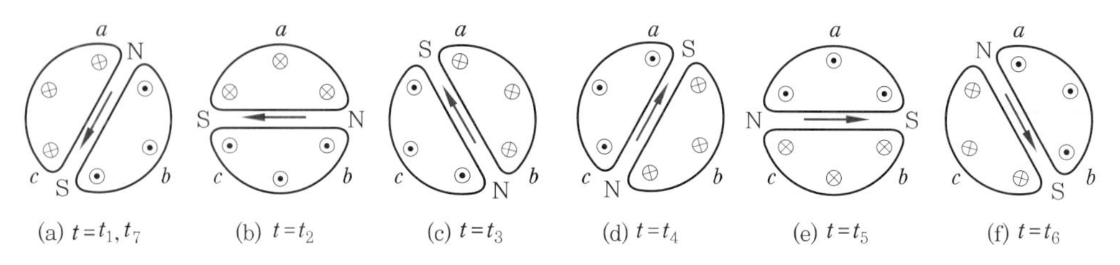

[그림 11-4] 2극의 회전 자기장

② 동기 속도

회전 자기장이 1회전하는데 걸리는 시간은 한 상이 최고점에서 다음 최고점까지 걸리는 시간, 즉 전원의 주기와 같다. 그러므로 초당 회전수 n_s는 전원의 주기 T의 역수로 나타내고 이는 주파수 f와 같다. 그러므로 자속이 회전하는 속도인 3상 유도 전동기의 속도는 다음과 같이 나타낼 수 있으며, 이를 동기 속도 N_S라 한다.

$$N_S = \frac{120f}{p} \qquad \text{식 (11.1)}$$

여기서, p : 극수, f : 전원 주파수(Hz)

(2) 유도 전동기의 구조

3상 유도 전동기는 3상 권선을 감은 고정자와 회전 자계에 의해 회전하는 회전자의 두 부분으로 구성되어 있다.

① 고정자

고정자는 3상 권선을 감아 회전 자계를 만들어 주는 부분으로, **고정자 프레임**과 **고정자 철심**, **고정자 권선**으로 되어 있다. 고정자 프레임은 전동기 전체를 지탱해주는 부분으로 전동기의 가장 바깥쪽에 위치하고 있으며, 고정자 철심은 원형 또는 부채꼴 모양으로 잘라낸 두께 0.35~0.5 mm 규소 강판을 성층하여 제작한다.

[그림 11-5] 3상 농형 유도 전동기

고정자 슬롯에 넣을 고정자 권선은 2층 중권으로 감은 3상 권선이며, 소형 전동기의 경우 일반적으로 4극이고 슬롯 수는 24개 또는 36개이다. 이때 1극 1상의 슬롯 수 N_{SP}는 다음과 같다.

$$N_{SP} = \frac{\text{슬롯 수}}{\text{극수} \times \text{상수}} \qquad \text{식 (11.2)}$$

② 회전자

고정자에서 발생하는 회전자계에 이끌려 회전하는 회전자는 **축**, **철심**, **권선**의 세 부분으로 구성되어 있으며, **농형 회전자**와 **권선형 회전자**로 구분된다. 회전자의 철심은 규소 강판을 성층하여 만들며, [그림 11-6]과 같이 원형으로 바깥둘레에 슬롯을 만든다.

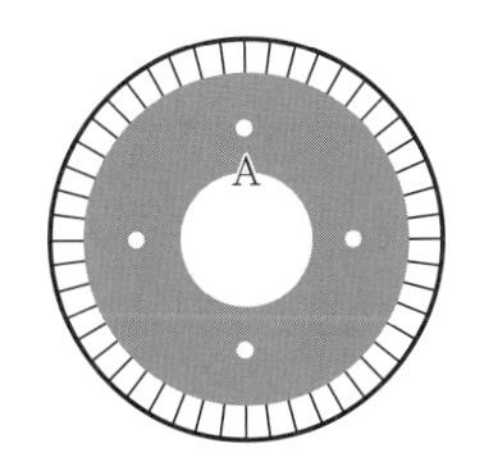

[그림 11-6] 회전자 철심

㈎ 농형 회전자 : 농형 회전자는 구리 또는 알루미늄 도체를 사용한 것으로 [그림 11-7]과 같이 도체의 양끝을 구리로 만든 **단락 고리**에 붙여 접속한다. 농형 회전자는 회전자의 홈이 축 방향에 평행하지 않고 비뚤어져 있는데 이는 자속을 끊을 때 발생하는 소음을 억제하고 기동 특성과 파형을 개선하는 효과가 있다. 농형 회전자는 구조가 간단하고 취급이 용이하나 기동 전류가 크고 회전력이 적은 특징이 있어 주로 소형 전동기에 사용된다.

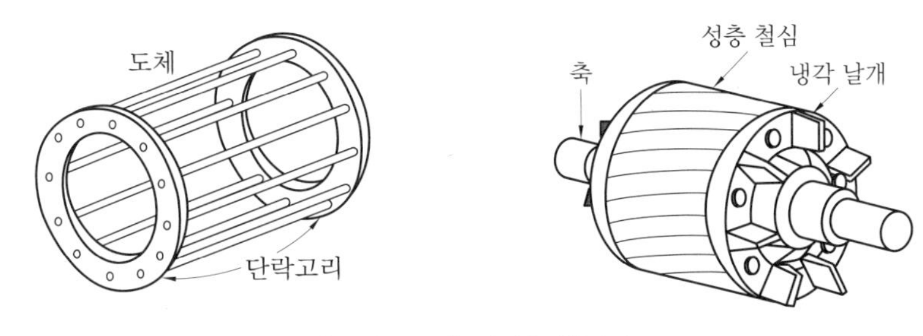

[그림 11-7] 농형 회전자

㈏ 권선형 회전자 : 권선형 회전자는 회전자 철심의 슬롯에 구리 도체를 넣어서 고정자 권선과 같이 3상 권선을 한 것이다. 권선형 회전자 내부 권선의 결선은 [그

림 11-8]과 같이 Y결선으로 하고 3상 권선의 세 단자는 각각 3개의 슬립링에 접속하여 브러시를 통해 외부에 있는 기동 저항기에 연결한다.

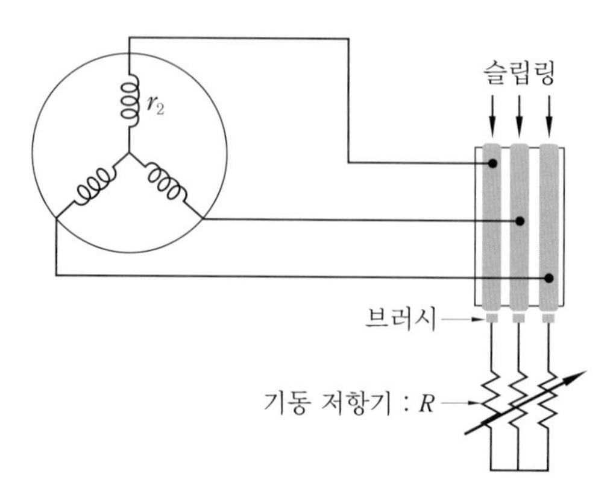

[그림 11-8] 권선형 유도 전동기의 기동 회로

기동 저항기를 이용하여 2차 저항을 가변하면 기동 전류를 전부하 전류의 100~150 % 정도로 제한할 수 있고 기동 토크를 개선하며, 속도 조정도 자유로이 할 수 있는 이점이 있다. 그러나 회전자의 구조가 복잡하고 운전이 까다로우며 효율과 능률이 떨어지는 단점이 있다.

③ 공극

유도 전동기의 고정자와 회전자 사이에는 자기 회로를 구성하는 공극이 있다. 공극이 넓으면 기계적으로는 안전하지만 전기적으로는 자기 저항이 매우 크기 때문에 여자 전류가 커지고 역률이 현저하게 떨어진다. 그러나 공극이 지나치게 좁으면 누설 리액턴스가 증가하여 출력이 감소하고 철손이 증가한다. 유도 전동기의 공극은 0.3~2.5 mm 정도로 한다.

(3) 유도 전동기의 종류

① 상의 수

유도 전동기는 상의 수에 따라 단상 유도 전동기와 3상 유도 전동기로 분류되며, 단상 유도 전동기는 반발 기동형, 콘덴서 기동형, 분상 기동형, 셰이딩 코일형 등이 있다.

② 회전자의 구조

3상 유도 전동기는 회전자의 구조에 따라 농형 유도 전동기, 권선형 유도 전동기로 분류된다.

③ 겉모양, 보호 방법, 통풍 방법

이외에 유도 전동기는 겉모양에 따라 개방형과 반밀폐형, 보호 방법에 따라 방진형, 방적형, 방수형과 방폭형, 그리고 통풍 방법에 따라 자기 통풍식과 타력 통풍식으로 구분된다.

11-2 3상 유도 전동기의 이론

(1) 유도 전동기의 작용

변압기에서는 1차 권선에 흐르는 전류에 의해 발생한 교번 자속이 2차 권선과 쇄교하여 2차 권선에 기전력을 유도하였다. 유도 전동기도 이와 같이 1차 권선에 흐르는 전류에 의한 회전자속이 2차 권선과 쇄교하고 전자 유도 작용으로 2차 권선에 전압을 유도하며 이에 따라 2차 전류가 흘러 2차 전류와 회전자속 사이에 발생하는 전자력에 의해 토크가 발생한다. 이와 같이 유도 전동기의 자속, 전압, 전류 등의 관계는 변압기와 작용이 비슷하기 때문에 유도 전동기의 고정자 측을 1차 측, 회전자 측을 2차 측이라 한다. 그러나 변압기는 정지하고 있는 정지기고 유도 전동기는 회전하는 회전기라는 점이 다르다.

(2) 회전수와 슬립

유도 전동기의 2차 측인 회전자가 동기 속도로 회전한다면 2차 도체와 회전자계의 상대 속도가 0이 되고, 이때 2차 도체는 자속을 끊지 못하기 때문에 2차 측에 전압이 유도되지 않는다. 즉, 2차 회로에 전류가 흐르지 않고 토크도 발생하지 않으므로 회전자의 속도는 동기 속도 이하이어야 한다.

① 슬립

3상 유도 전동기는 항상 회전 자기장의 동기 속도 N_S와 회전자의 속도 N 사이에 차이가 생기며, 이 차이와 동기 속도와의 비를 슬립 s이라고 한다.

$$s = \frac{N_S - N}{N_S} \qquad \text{식 (11.3)}$$

슬립은 3상 유도 전동기의 속도를 나타내는 한 방법이며, 슬립이 커지면 회전자의 속도는 감소하고 슬립이 작아지면 속도는 증가한다.

$$\left.\begin{aligned} N_S - N &= s \cdot N_s[\text{rpm}] \\ N &= (1-s) \cdot N_S[\text{rpm}] \\ N &= \frac{120f(1-s)}{p}[\text{rpm}] \end{aligned}\right\} \qquad \text{식 (11.4)}$$

② 회전자의 상태에 따른 유도 전동기의 슬립

전동기의 회전자가 정지해 있을 때 슬립 s는 1이 되고, 동기 속도로 회전한다면 슬립 s는 0이 된다. 그러므로 회전하고 있는 유도 전동기의 슬립은 $0 < s < 1$이 되며, 소형 전동기의 경우 5~10 %, 중·대형 전동기의 경우는 2.5~5 %가 된다.

(3) 회전자의 유도 기전력과 주파수

① 전동기가 정지하고 있는 경우

유도 전동기는 변압기의 작용과 유사하므로 1차 권선에서 1상의 직렬 권선 횟수를 N_1, 1극당 평균 자속을 ϕ, 주파수를 f_1이라고 하면 1차 권선의 1상에 유도되는 기전력 E_1은 다음과 같다.

$$E_1 = 4.44k_{w1}f_1N_1\phi[\text{V}] \qquad \text{식 (11.5)}$$

여기서, k_{w1} : 1차 권선 계수, f_1 : 전원의 주파수
N_1 : 1상에 직렬로 감긴 권선 수, ϕ : 1극당의 평균 자속

회전자가 정지하고 있을 때에는 1차 권선을 쇄교하는 회전자계가 2차 권선도 동일한 속도로 쇄교하기 때문에 2차 권선의 1상에 유도되는 기전력의 실횻값 E_2는 다음 식 (11.6)과 같다. 이때 1차 측과 2차 측의 주파수간에는 $f_2 = sf_1$과 같은 관계가 있다.

$$E_2 = 4.44k_{w2}f_2N_2\phi = 4.44k_{w2}f_1N_2\phi[\text{V}] \qquad \text{식 (11.6)}$$

여기서, k_{w2} : 2차 권선 계수
f_2 : 2차 권선에 유도되는 기전력의 주파수
N_2 : 2차 권선에 직렬로 감긴 권선 수
ϕ : 1극당의 평균 자속

식 (11.5)와 (11.6)을 비교하면 정지 시 권수비 a는 식 (11.7)과 같다.

$$\frac{E_1}{E_2} = \frac{k_{w1}f_1N_1}{k_{w2}f_2N_2} = \frac{k_{w1}N_1}{k_{w2}N_2} = a \qquad \text{식 (11.7)}$$

② 전동기가 회전하고 있는 경우

회전자가 N[rpm]의 속도로 회전하고 있는 경우 동기 속도와 회전자의 속도와의 차, 즉 상대 속도는 $N_S - N = sN_S$와 같이 나타낸다. 이 상대 속도는 회전자가 정지하고 있을 때보다 s배가 크므로, 2차 측의 주파수와 2차 측의 유도 기전력은 다음과 같이 나타낼 수 있다.

$$f_2 = sf_1[\text{Hz}]$$
$$E_{2s} = sE_2[\text{V}] \qquad \text{식 (11.8)}$$

여기서, sf_1은 슬립 주파수라 하고 $E_{2s} = sE_2$는 슬립 s에서의 회전자의 유도 기전력이라고 한다.

(4) 유도 기전력과 여자 전류

유도 전동기의 1차 측인 고정자 권선에 3상 전류를 흘려주면 고정자 권선에 전류가 흐르면서 회전 자기장이 만들어진다. 이때 회전 자기장이 만들어주는 전류를 여자 전류 I_0라고 한다. 여자 전류 I_0와 유도 기전력 E_1의 상관 벡터도는 다음과 같다.

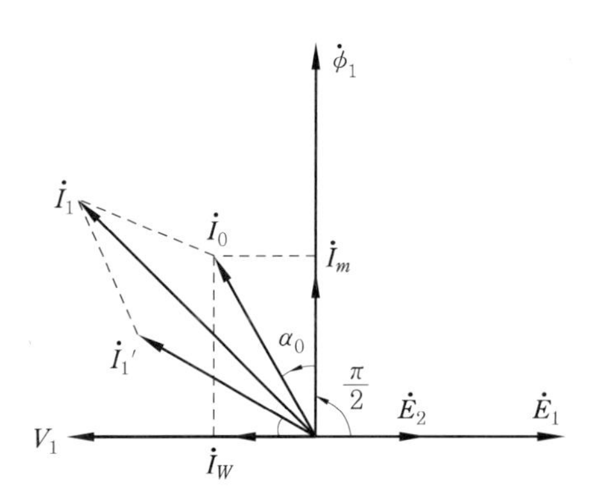

[그림 11-9] 여자 전류와 유도 기전력의 상관 벡터도

(5) 유도 전동기의 등가 회로

3상 유도 전동기의 등가 회로는 변압기의 등가 회로와 유사하다. 이를 통해 전류, 전력, 효율 등을 쉽게 계산할 수 있다.

① 정지 중인 유도 전동기의 회로

정지해 있는 유도 전동기의 회로는 [그림 11-10]과 같이 나타낼 수 있다.

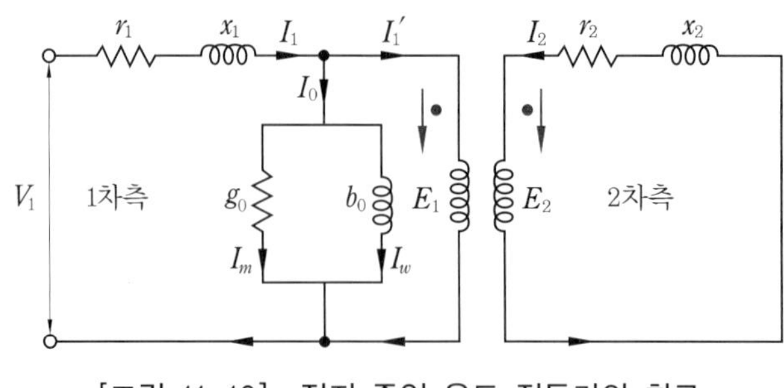

[그림 11-10] 정지 중인 유도 전동기의 회로

정지 중에 슬립 $s=1$이 되며, 이때 2차 측인 회전자 도체에 흐르는 2차 전류는 식 (11.9)와 같다.

$$I_2 = \frac{E_2}{\sqrt{r_2^2 + x_2^2}} \qquad \text{식 (11.9)}$$

② 운전 중인 유도 전동기의 회로

유도 전동기가 슬립 s로 회전하고 있을 때 2차 유도 기전력은 sE_2이고, 2차 리액턴스는 sx_2, 2차 저항은 r_2이므로 운전 중인 유도 전동기의 등가 회로는 [그림 11-11]과 같다.

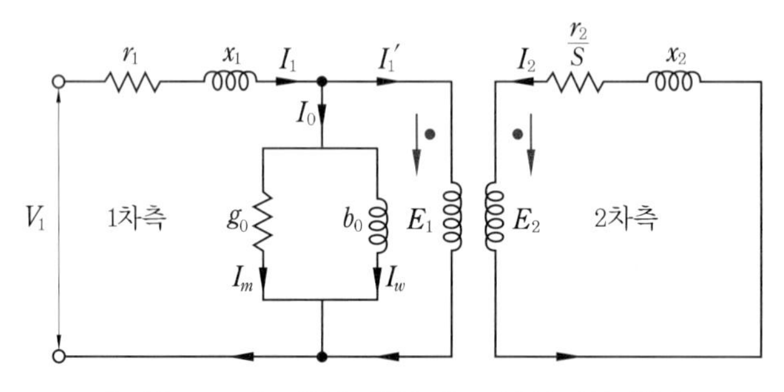

[그림 11-11] 운전 중인 유도 전동기의 회로

이때 2차 전류 I_2는 다음과 같이 산출된다.

$$I_2 = \frac{sE_2}{\sqrt{r_2^2 + (sx_2)^2}} = \frac{E_2}{\sqrt{\left(\frac{r_2}{s}\right)^2 + x_2^2}} \text{ [A]} \qquad \text{식 (11.10)}$$

위 식 (11.10)과 [그림 11-11]로부터 유도 전동기의 2차 측 회로는 [그림 11-12]와 같이 변형시킬 수 있으며, 이로부터 유도 전동기의 부하 저항을 슬립과 2차 저항으로 나타낼 수 있다.

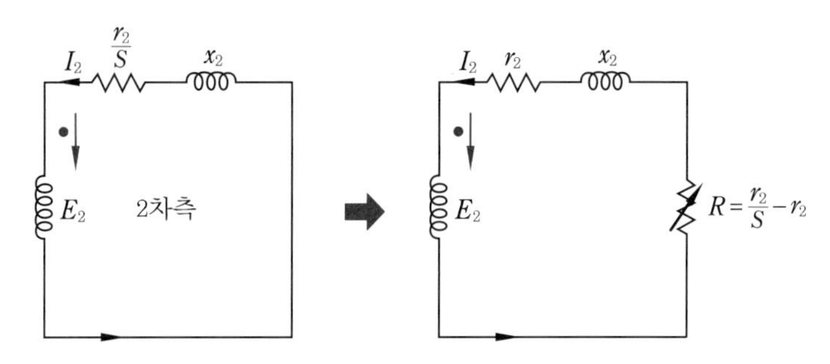

[그림 11-12] 등가 임피던스 회로

(6) 전력의 변환

유도 전동기 1차 입력의 대부분은 2차 입력이 되고, 2차 입력에서 발생하는 손실의 대부분은 2차 동손이 되어 없어지며, 나머지가 기계적인 출력으로 된다.

① 2차 입력

유도 전동기의 2차 입력 P_2는 2차 측 유도 기전력 E_2, 2차 전류 I_2, 그리고 역률 $\cos\theta$의 곱으로 나타낼 수 있다. I_2는 식 (11.10)으로부터 $I_2 = \dfrac{E_2}{\sqrt{\left(\frac{r_2}{s}\right)^2 + {x_2}^2}}$ [A]임을 유도 하였고, 역률 $\cos\theta = \dfrac{\frac{r_2}{s}}{\sqrt{\left(\frac{r_2}{s}\right)^2 + {x_2}^2}}$ 이다. 즉 2차 입력 $P_2 = E_2 I_2 \cos\theta$는 다음과 같이 정리할 수 있다.

$$P_2 = \frac{E_2}{\sqrt{\left(\frac{r_2}{s}\right)^2 + {x_2}^2}} \times \frac{E_2}{\sqrt{\left(\frac{r_2}{s}\right)^2 + {x_2}^2}} \times \frac{r_2}{s} = {I_2}^2 \times r_2 \times \frac{1}{s} = \frac{P_{C2}}{s} \text{ [W]}$$

식 (11.11)

여기서 ${I_2}^2 \times r_2$는 동손 P_{C2}이다.

② 2차 동손

위 식 (11.11)로부터 2차 동손 P_{C2}는 슬립과 2차 입력의 곱 sP_2로 나타낼 수 있음을 알 수 있다. 즉, 2차 입력에 슬립 s를 곱한 만큼의 전력이 2차 전체 저항손이 되어 없어진다. 또한 $s = \dfrac{P_{C2}}{P_2}$에서 슬립은 2차 전체 저항손에 비례하기 때문에 2차 권선의 저항이 적으면 슬립도 적게 됨을 알 수 있다.

③ **2차 출력**

유도 전동기의 기계적 출력 P_0는 2차 입력 P_2에서 2차 동손 P_{C2}를 뺀 값이다.

$$P_0 = P_2 - P_{C2} = P_2 - sP_2 = (1-s)P_2\,[\mathrm{W}] \qquad 식\ (11.12)$$

또한, 다음과 같이 부하 저항의 형태로 나타낼 수 있다.

$$P_0 = (1-s)\times {I_2}^2 \times \frac{r_2}{s} = {I_2}^2 \times \left(\frac{1-s}{s}\times r_2\right)[\mathrm{W}] \qquad 식\ (11.13)$$

여기서 $\frac{1-s}{s}\times r_2$는 부하 저항 R과 같다.

④ **2차 입력, 2차 동손, 2차 출력과 슬립 s와의 관계**

위 식들로부터 2차 입력, 2차 동손, 2차 출력간의 비는 다음과 같이 정리할 수 있다.

$$P_2 : sP_s : (1-s)P_2 = 1 : s : 1-s \qquad 식\ (11.14)$$

⑤ **토크와 동기 와트**

전동기의 기계적인 출력은 일반적으로 각속도와 토크의 곱으로 나타낸다. 그러므로 전동기가 토크 τ[N·m], 회전수 n[rps]로 회전하고 있는 경우 기계적 출력 P_0는 다음과 같이 나타낼 수 있다.

$$P_0 = \omega\tau = 2\pi\frac{N}{60}\tau \qquad 식\ (11.15)$$

위 식으로부터 토크와 회전수와 출력에 관한 식을 정리하면 식 (11.16)과 같다.

$$\tau = \frac{60P_0}{2\pi N} = 9.55\times\frac{P_0}{N} = 9.55\times\frac{P_2}{N_S}\,[\mathrm{N\cdot m}] \qquad 식\ (11.16)$$

이와 같이 토크 τ는 2차 입력 P_2에 비례함을 알 수 있으며, P_2로 토크를 나타낸 것을 동기 와트로 나타낸 토크라 한다. 동기 와트란 동기 속도 하에서 전동기의 회전력을 의미하며 [W]로 전동기의 토크를 표시한 것이다.

(7) 손실과 효율

① **손실**

유도 전동기의 손실은 고정손, 직접 부하손, 표유 부하손으로 분류된다. 고정손은 철손, 베어링 마찰손, 브러시 마찰손, 풍손 등이 있으며, 직접 부하손으로는 1차 권선의 저항손, 2차 회로의 저항손, 브러시 전기손 등이 있다. 이외에 부하가 걸리면 측정하기 곤란한 약간의 손실이 생기는데 이를 표유 부하손이라 한다.

② 효율

유도 전동기의 효율도 다른 기기와 같이 입력과 출력에 대한 비로 표시된다. 그러므로 유도 전동기의 2차 효율 η은 다음과 같이 나타낼 수 있다.

$$\eta = \frac{P_0}{P_2} \times 100 = (1-s) \times 100 = \frac{N}{N_S} \times 100\ \% \qquad \text{식 (11.17)}$$

11-3 3상 유도 전동기의 특성

(1) 속도 특성

유도 전동기의 1차 전류, 2차 전류, 토크, 기계적 출력, 역률, 효율 등은 슬립 s의 함수로 표시된다. 1차 전압을 일정하게 하고 슬립 또는 속도에 의하여 이들의 값이 어떻게 변하는가를 나타내는 곡선을 **속도 특성 곡선**이라고 한다.

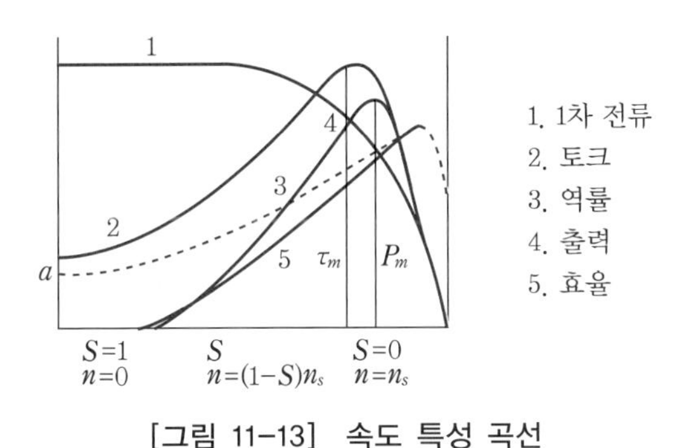

[그림 11-13] 속도 특성 곡선

① 슬립과 전류의 관계

유도 전동기의 2차 전류 I_2는 식 (11.10)에 의하면 전동기가 기동하는 순간, 즉 슬립 $s \fallingdotseq 1$의 근처에서는 슬립에 무관하게 거의 일정한 값을 갖는다. 전동기가 운전을 시작하게 되면 슬립 s는 감소하며, $s \fallingdotseq 0$의 근처에서는 $I_2 \fallingdotseq \frac{sE_2}{r_2}$가 되어 I_2는 거의 s에 비례한다.

② 슬립과 토크의 관계

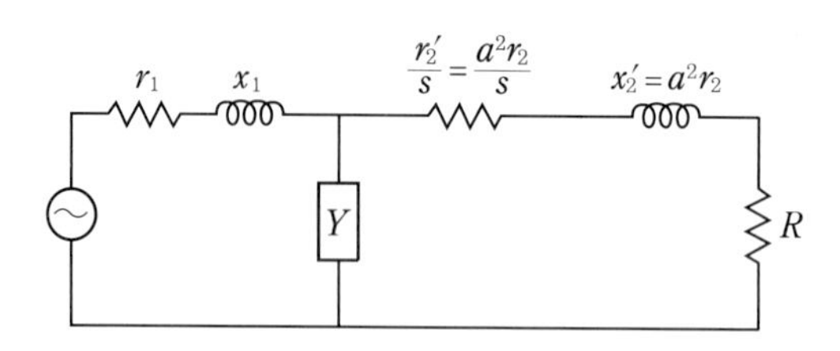

[그림 11-14] 운전 시 유도 전동기 등가 회로

[그림 11-14]와 같은 유도 전동기간의 등가 회로에서 슬립 s가 일정하면, 토크는 공급 전압 V_1의 제곱에 비례한다.

$$\tau = \frac{60}{2\pi N_S} P_2 = \frac{60}{2\pi N_S} \cdot \frac{{V_1}^2 \cdot \frac{{r_2}'}{s}}{\left(r_1 + \frac{{r_2}'}{s}\right)^2 + (x_1 + {x_2}')^2} \text{ [N·m]} \quad \text{식 (11.18)}$$

전류와 토크를 슬립 s에 대해 추적하면 이 곡선의 모양은 대략 [그림 11-15]와 같다.

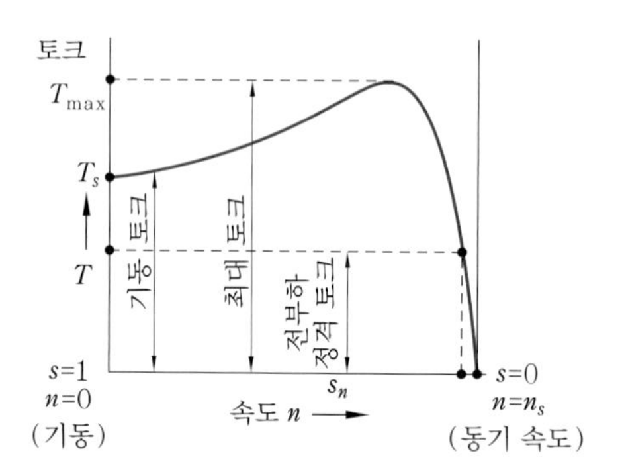

[그림 11-15] 속도 토크 곡선

속도 토크 곡선에서 **기동 토크**는 $s = 1$일 때의 토크이며, 공급 전압의 제곱에 비례한다. **전부하 토크**는 슬립 s가 0에 가까워지는 부근으로 2차 전류가 sE_2에 비례하게 된다. 최대 토크가 발생하는 조건은 식 (11.18)에서 분모가 최소일 때이므로 분모를 슬립 s에 대해 미분하면 $s = \frac{r_2}{\sqrt{{r_1}^2 + (x_1 + x_2)^2}}$ 이다. 이때 r_1과 x_1은 x_2에 비해 매우 작으므로 $s \fallingdotseq \frac{r_2}{x_2}$이며 **최대 토크 값** τ_{max}는 다음과 같은 식으로 나타낼 수 있다.

$$\tau_{\max} = k\frac{{E_2}^2}{2x_2} \qquad \text{식 (11.19)}$$

이 식으로부터 최대 토크는 2차 저항 및 슬립과 무관하다는 것을 유추할 수 있다.

(2) 출력 특성

유도 전동기에 기계적인 부하를 가했을 때 그 출력에 의한 전류, 토크, 속도, 효율, 역률 등의 변화를 나타내는 곡선을 출력 특성 곡선이라 한다.

유도 전동기는 무부하 전류가 많이 흐르므로 역률이 낮다. 슬립은 약 5% 정도로 거의 동기 속도로 운전하게 되며, 그 속도가 거의 일정한 정속도 전동기이다.

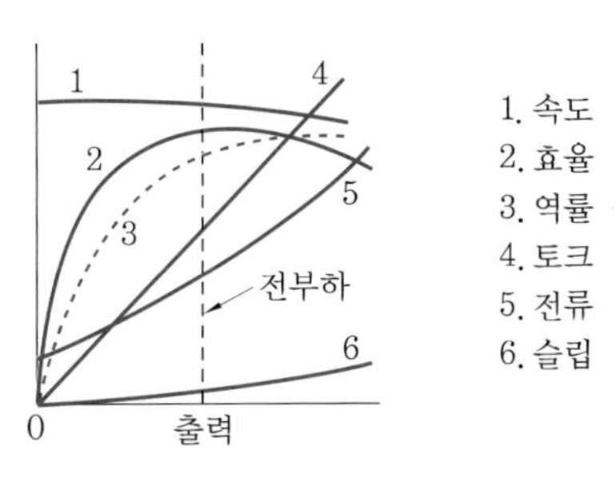

[그림 11-16] 출력 특성 곡선

(3) 비례 추이

유도 전동기의 2차 측 전류와 토크는 식 (11.10)과 (11.18)에서 보는 바와 같이 $\frac{r_2}{s}$의 함수이다. 즉 r_2와 s가 변해도 그 비만 일정하면 I_2와 τ는 변하지 않는다는 것을 알 수 있다. r_2를 m배하면 같은 크기의 I_2와 τ는 슬립이 ms일 때 생기게 된다. [그림 11-17]은 2차 회로 저항의 변화에 따른 토크 슬립 곡선을 나타낸 것이며, 이와 같이 일정한 전압 하에서 같은 전류, 같은 토크에 대한 슬립이 2차 저항에 비례해서 추이하는 현상을 비례 추이라고 한다.

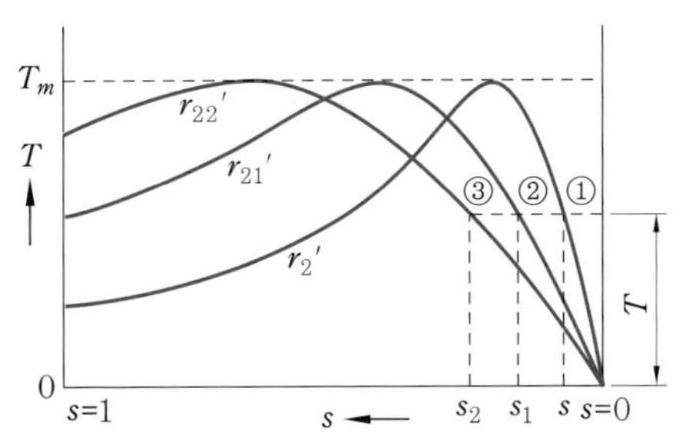

[그림 11-17] 비례 추이 곡선

이러한 토크의 비례 추이는 2차 회로의 저항을 조정할 수 없는 농형 유도 전동기에는 응용할 수 없으나, 권선형 유도 전동기와 같이 2차 회로의 저항을 가변할 수 있는 경우에는 2차 저항 r_2를 조정함으로써 기동 토크를 가감할 수 있다. 다만, 최대 토크의 크기는 일정하며 최대 토크의 발생 시점은 조정이 가능하다. 이와 같은 비례 추이의 성질은 전류, 역률, 1차 입력 등에 적용된다.

(4) 원선도

유도 전동기의 특성을 실부하 시험을 하지 않아도 등기 회로를 바탕으로 한 **원선도**에 의해 전부하 전류, 역률, 효율, 슬립, 토크 등을 구할 수 있다. 원선도는 가변 저항의 전류 벡터의 궤적을 종축은 유효 전류, 횡축은 무효 전류로 하여 작성한 것이다. 이 때 1차 전류의 크기와 방향에 따라 벡터 궤적은 반원의 형태로 나타난다.

① 원선도 작성에 필요한 시험

㈎ 무부하 시험 : 철손, 무부하 전류, 여자 어드미턴스

㈏ 구속 시험 : 동손, 누설 임피던스 측정

㈐ 권선 저항 측정

② 원선도

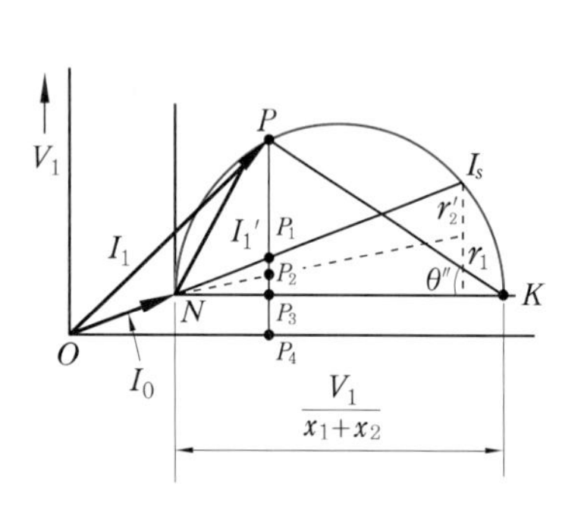

$\overline{PP_1}$	2차 출력
$\overline{P_1P_2}$	2차 동손
$\overline{PP_2}$	2차 입력
$\overline{P_2P_3}$	1차 동손
$\overline{P_3P_4}$	철손
$\overline{PP_4}$	1차 입력

$\frac{\overline{PP_1}}{\overline{PP_4}}$	전부하 효율
$\frac{\overline{PP_1}}{\overline{PP_2}}$	2차 효율
$\frac{\overline{P_1P_2}}{\overline{PP_2}}$	슬립
$\frac{\overline{PP_4}}{\overline{OP}}$	역률

[그림 11-18] 원선도

11-4 3상 유도 전동기의 기동

(1) 농형 유도 전동기의 기동법

유도 전동기 기동 시 정격 전압을 가하면 회전자 권선에는 큰 기전력이 유기되므로 회전자에는 정격 전류의 5배 이상의 큰 전류가 흘러 권선을 가열시키고 전원 계통에 나쁜 영향을 주게 된다. 그러므로 안전한 기동을 위해 기동 전류를 제한하고 기동 토크를 크게 할 필요가 있다.

① 전전압 기동

기동 장치를 따로 쓰지 않고 직접 정격 전압을 가하여 기동하는 방법으로 직입 기동이라고도 한다. 보통 3.7[kW] 이하의 소형 유도 전동기에 적용되는 방식이다.

② $Y-\Delta$ 기동

전동기 용량이 5[kW] 이상이면 기동 전류값이 크기 때문에 $Y-\Delta$ 기동 방식이 채용되며, 보통 10~15[kW] 정도의 전동기에 쓰이는 방식이다.

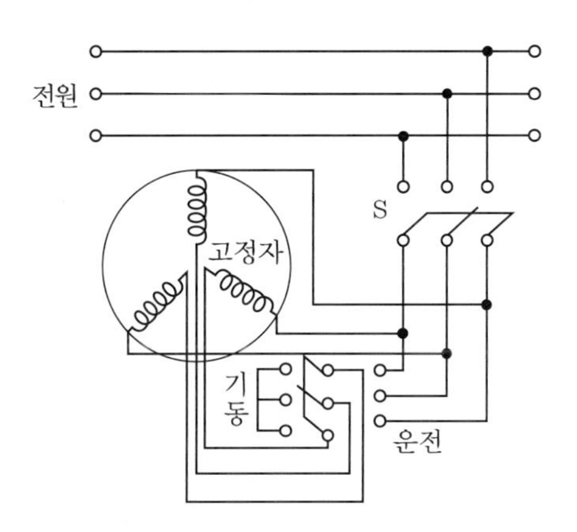

[그림 11-19] $Y-\Delta$ 기동 회로

전동기 기동 시 고정자 권선을 Y결선으로 하면 1차 각 상의 권선에는 정격 전압의 $\frac{1}{\sqrt{3}}$의 전압이 가해지며, 이때 기동 전류는 $\frac{1}{3}$이 되므로 전부하 전류에 비해 200~250% 정도로 제한된다. 이후 속도가 전 속도에 도달할 때 Δ 결선으로 전환시키면 전전압이 가해진다. 토크는 전압의 제곱에 비례하므로 기동 토크도 $\frac{1}{3}$로 줄어들게 된다.

$$\left.\begin{aligned} V_p &= \frac{1}{\sqrt{3}} V_l \\ I_Y &= \frac{1}{3} I_\Delta \\ \tau_Y &= \frac{1}{3} \tau_\Delta \end{aligned}\right\} \qquad \text{식 (11.20)}$$

③ 리액터 기동법

전동기의 1차 측에 직렬로 철심이 든 리액터를 접속하고, 리액터에 의한 전압 강하를 이용하여 기동 전류를 제한하는 기동법이다. 기동 후 일정시간이 지나면 리액터 양단을 개폐기로 단락하여 전전압을 가한다. 펌프나 송풍기와 같이 부하 토크가 기동할 때는 작고, 가속하는 데 따라 늘어나는 부하에 동력을 공급하는 전동기에 적합하다. 이 기동법은 구조가 간단하므로 15[kW] 이하에서 자동 운전 또는 원격 제어를 할 때 사용된다.

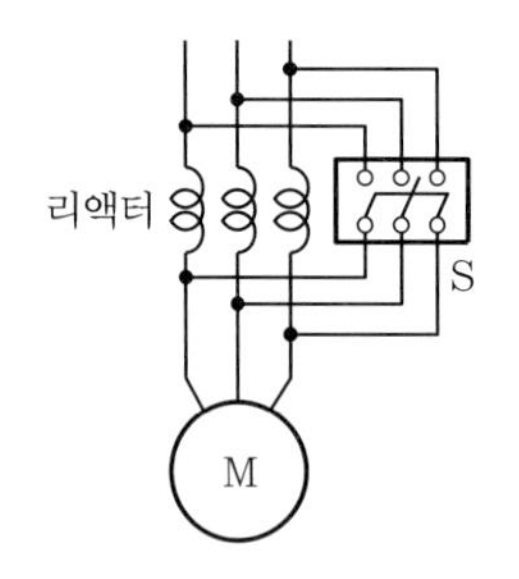

[그림 11-20] 리액터 기동

④ 기동 보상기법

단권변압기를 사용하여 공급 전압을 낮추어 기동하는 방법으로 15[kW] 이상의 전동기에 사용된다. 정격 전압의 40~85% 범위 안에서 2~4개의 탭을 내어 전동기의 용도에 따라 선택하여 사용하며, **콘돌퍼 기동**이라고 부른다.

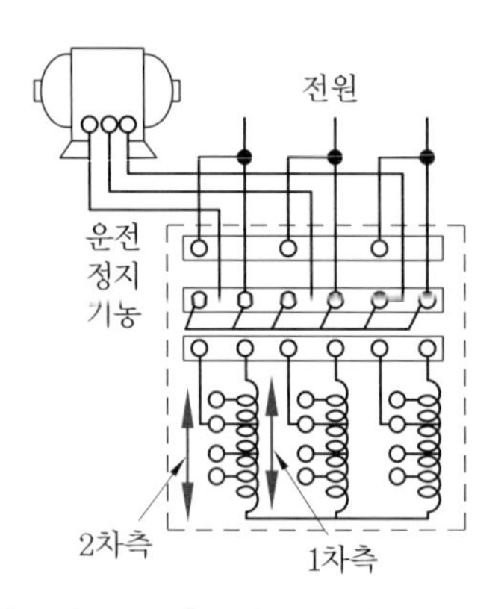

[그림 11-21] 기동 보상기 기동

(2) 권선형 유도 전동기의 기동 방법

권선형 유도 전동기의 회전자 측에 저항을 연결하면 비례 추이 특성에 의해 최대 토크 발생 시점을 조정할 수 있다. 그러므로 적당한 저항값을 인가하면 기동 전류를 제한하고 기동 시에 최대 토크가 되도록 할 수 있다.

(3) 회전 방향을 바꾸는 방법

3상 유도 전동기의 회전 방향을 바꾸려면 회전 자장의 회전 방향을 바꾸면 된다. [그림 11-22]와 같이 전원에 접속된 3개의 단자 중에서 임의의 2개를 바꾸어 접속하면 전동기의 회전 방향이 반대로 된다.

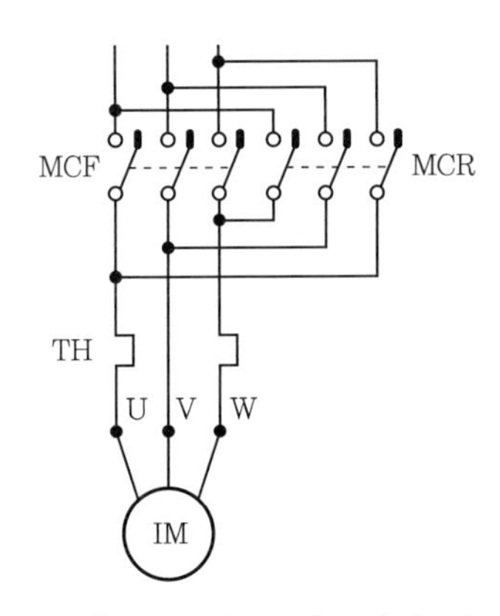

[그림 11-22] 3상 유도 전동기의 정·역 회로

(4) 유도 전동기의 속도 제어

유도 전동기의 속도 제어는 슬립, 극수, 주파수 등의 3가지 중 어느 하나를 변화시키면 제어가 된다.

① 2차 저항 조정법

2차 회로의 저항을 조정하여 비례 추이를 이용, 슬립 s로 속도를 제어하는 방법으로 권선형 유도 전동기의 속도 제어 방식이 있다. 슬립이 증가하면 회전자의 속도는 감소하므로 속도 변화가 용이하고, 간단한 방법이지만 2차 동손이 커져 효율이 좋지 않다는 단점이 있다. 기중기, 권상기 등 중용량 이하의 전동기에 널리 쓰이며, 속도 조정 범위는 약 4 % 정도이다.

② 주파수 변환법

전동기의 회전 속도 $N=(1-s)\dfrac{120f}{p}$ 이므로 슬립이 일정하다면 회전자 속도는 주파수에 비례한다. 주파수 변환법은 공극의 자속을 일정하게 유지하기 위해 공급 전압을 주파수에 비례해서 변환시켜야 한다. 주파수 변환기로는 **가변 전압 가변 주파수 전원 공급장치(VVVF)**를 사용한다. 선박 추진용 전동기나 인견 공장의 실 감는 데 사용하는 포트 모터가 이런 방식으로 속도 제어를 하고 있으며, 농형 유도 전동기의 속도 제어에 사용된다.

③ 극수 변환법

극수 변환에 의한 속도 변경은 같은 홈 속에 극수가 다른 2개의 독립된 권선을 넣거나 하나뿐인 권선의 접속을 바꾸어 주면서 극수를 변환시키는 방법이 있다. 대개 농형 전동기에 쓰이는 방법으로 권선형에는 거의 사용되지 않는다. 이 방법은 비교적 효율이 좋으므로 속도를 자주 바꿀 필요가 있는 소형의 권상기, 승강기, 원심 분리기, 공작 기계 등에 많이 사용된다.

직렬 종속법 : $N_0 = \dfrac{120f}{p_1 + p_2}$

차동 종속법 : $N_0 = \dfrac{120f}{p_1 - p_2}$ 식 (11.21)

④ 2차 여자법

권선형 유도 전동기의 2차 회로에 회전자의 주파수와 같은 주파수의 전압을 가하여 속도와 역률을 제어하는 방식을 2차 여자법이라 한다. 전동기의 속도를 동기 속도보다 크게 할 수도 있고 작게 할 수도 있으며, 속도 제어를 원활하게 넓은 범위에 걸쳐 간단하게 조작할 수 있지만 효율이 좋지 않은 단점이 있다.

(5) 제동 방법

전동기가 회전하고 있으면 전원을 차단시켜도 전동기의 관성 때문에 즉시 정지시킬 수 없다. 이때 운동 에너지를 원활하게 소비시키는 방법이 필요한데 이 방법을 제동(braking)이라고 한다.

① 발전 제동

전동기를 전원에서 분리시켜 전동기가 회전 전기자형 교류 발전기가 되도록 접속시키고 권선형 회전자인 경우 2차 측에 접속된 가변 저항기에서, 농형 회전자인 경우 농형 권선 내에서 발생된 교류 전력을 소비시켜 제동하는 방식을 발전 제동이라 한다. 대형의 천장 기중기나 케이블카 등에 많이 사용된다.

② **역상 제동**

전동기의 회전을 급속하게 정지시키는 경우에 사용되는 방식으로 회전 중인 전동기의 1차 권선에 있는 세 개의 단자 중 임의의 두 개의 단자 접속을 바꾸면 상회전의 순서가 반대로 되어 전동기는 제동된다. 제강 공장의 압연기용 전동기에 사용되며, 큰 전류가 흐르고 토크가 크기 때문에 저항이나 리액터를 삽입한다.

③ **회생 제동**

유도 전동기를 동기 속도보다 큰 속도로 회전시켜 유도 발전기가 되게 함으로써 발생 전력을 전원에 반환하면서 제동하는 방식이다. 케이블카, 광산의 권상기, 기중기 등에 사용되는 방식이며, 마찰에 의한 마모나 발열이 없고 전력을 회수할 수 있으므로 유리하다.

11-5 단상 유도 전동기

(1) 단상 유도 전동기의 특성

단상 유도 전동기는 단상 권선에 교류 전원이 공급되면 권선에 교류 전류가 흐르므로 자속도 전류에 따라 교번하면서 좌우로 크기와 방향이 바뀐다. 그러므로 단상 유도 전동기는 스스로 회전력이 발생하지 않아 기동 토크를 발생시키는 외부 요인이 필요하다. 단상 유도 전동기의 고정자는 주권선과 보조 권선으로 구성되며, 이 두 권선은 90°의 위상차를 가진다.

단상 유도 전동기는 전부하 전류와 무부하 전류의 비율이 매우 크고 역률과 효율이 나쁘며 중량도 무겁고 가격이 비싸다. 그러나 전원으로부터 간단하게 사용할 수 있어 가정용, 소공업용, 농업용 등 0.75[kW] 이하의 소출력용으로 많이 사용되며, 표준 출력은 100, 200, 400[W]이다.

(2) 단상 유도 전동기의 종류

단상 유도 전동기는 기동 방법에 따라 반발 기동형 전동기, 콘덴서 기동형 전동기, 분상 기동형 전동기, 셰이딩 코일형 전동기 등으로 분류된다.

① **반발 기동형 전동기**

반발 기동형 전동기의 고정자는 주권선이 되고, 회전자는 직류 전동기의 전기자와 거의 같은 모양의 권선과 정류자로 되어 있다. 기동 시 브러시를 통하여 외부에서 단락된 기동 토크에 의해 기동한다. 기동 토크가 크므로 펌프용, 공기압축기용으로 사용하며 값이 비싸고 정류자의 보수가 어렵다.

② 콘덴서 기동형 전동기

기동 토크를 크게 하기 위해 콘덴서를 기동 권선과 직렬로 연결한 전동기이다. [그림 11-23]과 같이 보조 권선에 직렬로 콘덴서를 접속하여 기동하고 기동이 완료되면 원심력 스위치 S에 의해 보조 권선이 개방된다.

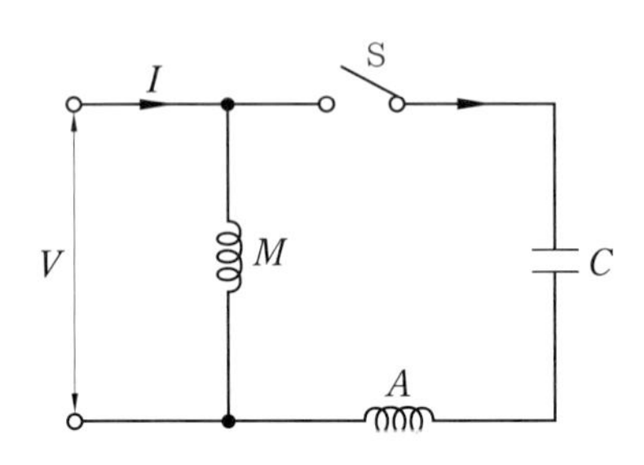

[그림 11-23] 콘덴서 기동형 전동기

기동 전류가 작고 기동 토크가 크기 때문에 200[W] 이상 컴프레서, 펌프, 공업용 세척기, 냉동기, 농기기, 컨베이어 용도로 사용된다.

③ 분상 기동형 전동기

주권선인 운전 권선과 보조 권선인 기동 권선이 병렬로 연결된 전동기로 보조 권선에는 가는 동선을 사용하여 저항을 증가시키고, 이로 인해 두 권선에 흐르는 전류의 위상차를 이용하여 기동하는 방식이다. 비교적 염가이며 재봉틀, 우물 펌프, 팬, 환풍기, 사무기기, 농기기 등에 사용된다.

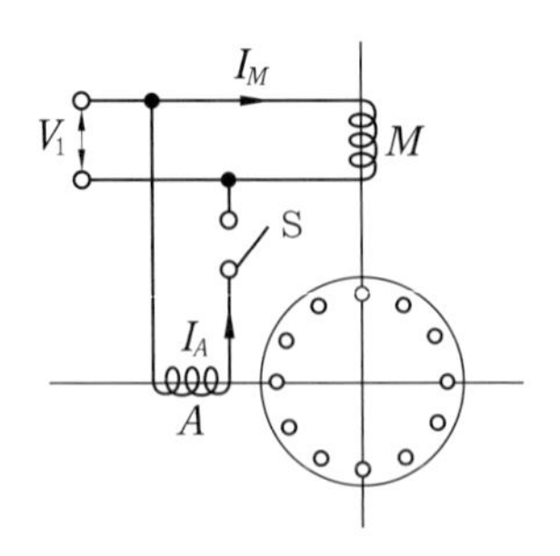

[그림 11-24] 분상 기동형 전동기

④ 셰이딩 코일형 전동기

회전자는 농형이며 고정자의 성층 철심은 [그림 11-25]와 같이 몇 개의 돌극으로 구성되어 있다. 이 돌극부에는 굵고 단락된 동선이 감겨 있는데, 이 단락된 동선을 셰이딩 코일이라 하며 보조 권선 역할을 한다. 이 셰이딩 코일에 의해 회전자계가 형성되면 토크가 발생하면서 회전한다.

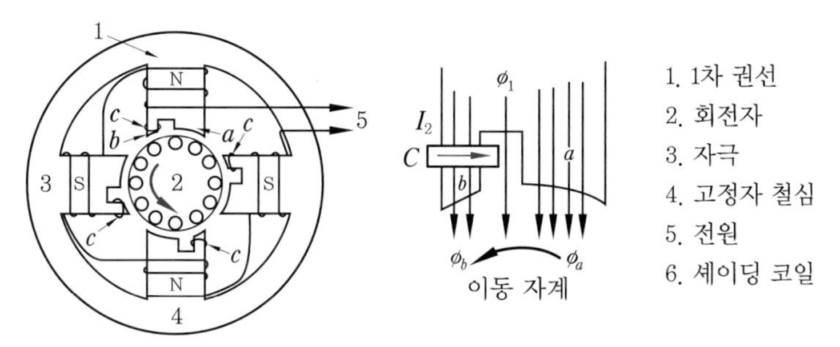

[그림 11-25] 셰이딩 코일형 전동기

셰이딩 코일형 전동기는 기동 토크가 매우 작고 운전 중에도 전류가 셰이딩 코일에 계속 흐르기 때문에 효율과 역률이 작다. 또한 구조가 간단하고 견고하여 소형 팬, 소형 선풍기, 레코드 플레이어 등에 사용되며 회전 방향을 변경할 수 없다는 단점이 있다.

[표 11-2] 각종 단상 유도 전동기의 비교

종류	구조	기동 토크
반발 기동형	정류자, 브러시 단락장치 부착	300 % 이상
콘덴서 기동형	콘덴서 원심력 스위치 부착	200 % 이상
분상 기동형	원심력 스위치 부착	125 % 이상
셰이딩 코일형	셰이딩 코일 부착	40~80 %

>>> 제11장

연습문제

1. 농형 회전자에 비뚤어진 홈을 사용하는 이유를 열거하시오.

2. 3상 60[Hz] 4극인 유도 전동기의 전부하 시 회전 속도는 1728rpm이다. 이때의 슬립은 몇 % 인가?

3. 60[Hz], 슬립 2%인 유도 전동기의 회전자 주파수는 몇 [Hz]인가?

4. 3상 유도 전동기의 1상에 300[V]를 가하여 운전하고 있을 때 2차 측 전압을 측정하였더니 6[V]로 나타났다. 이때의 슬립은 얼마인가?

5. 회전자 입력이 20[kW]이고 슬립이 3%인 3상 유도 전동기의 2차 동손은 몇 [kW]인가?

6. 3상 유도 전동기의 1차 입력이 100[kW], 1차 손실이 2[kW], 슬립이 5%일 때 기계적 출력은 몇 [kW]인가?

7. 출력 18[kW], 1800[rpm]으로 회전하는 전동기의 토크는 몇 [N·m]인가?

8. 일정 주파수의 전원에서 운전 중의 3상 유도 전동기의 전원 전압이 70%로 떨어지게 되면 부하의 토크는 몇 % 정도로 되는가?

9. 원선도 작성에 필요한 시험 3가지를 쓰시오.

10. 농형 유도 전동기의 속도 제어법과 권선형 유도 전동기의 속도 제어법을 구별하여 쓰시오.

Chapter 12

정류기와 전력용 반도체

우리가 사용하는 상용 전원은 대부분 전압 220[V], 주파수 60[Hz]를 사용하지만 특정한 동작을 요하는 전기 기기는 상용 전원과 다른 크기의 주파수와 전압이 필요하며, 때로는 직류 전원이 필요할 수도 있다. 이와 같이 어떤 형태의 전원을 다른 형태의 전원으로 변환시켜 주는 장치를 전력 변환기라고 하며, 전력용 반도체 소자를 조합하여 사용한다. 이 장에서는 전기 신호의 흐름을 바꾸거나 증폭시키는 등 전기 신호를 변환하는 기기인 정류기와 전력용 반도체 소자의 구조, 특성, 동작 원리 등에 대해 알아보기로 한다.

12-1 정류기

(1) 반도체

반도체는 도체와 절연체의 중간 성질을 갖는 원자로 대표적으로 실리콘(Si), 게르마늄(Ge), 셀렌(Se) 등이 있으며 정류, 증폭, 변환 등을 위해 사용된다.

① 진성 반도체

실리콘과 게르마늄과 같은 원자들은 외각 전자가 모두 4개가 되어 화학적으로 4가의 원자라는 공통점이 있다. 이 4가 원자들은 최외각의 전자 2개를 이웃하는 원자들과 공유 결합을 하고 있어 마치 외각 전자가 8개인 것처럼 안정하게 존재하고 있는데 이와 같이 공유 결합을 하고 있는 4가의 순수한 반도체를 진성 반도체라고 한다.

② 불순물 반도체

진성 반도체에 3가 또는 5가 원자를 도핑하면 전기적 성질이 다른 현상이 나타나는데, 이와 같이 만들어진 반도체를 불순물 반도체라고 하며 P형 반도체와 N형 반도체가 있다.

㈎ P형 반도체 : 4가의 진성 반도체에 3가 원자인 인듐(In), 알루미늄(Al), 갈륨(Ga) 등을 첨가하여 정공이 생기면 정공에 의해서 전기 전도가 이루어지는데 이러한

반도체를 P형 반도체라 한다.

(나) N형 반도체 : 4가의 진성 반도체에 5가 원자인 인(P), 안티몬(Sb), 비소(As) 등을 첨가하면 공유 결합을 통해서 1개의 전자가 남게 된다. 이 과잉 전자에 의해 전기 전도가 이루어지는 반도체를 N형 반도체라 한다.

③ PN 반도체 접합과 정류

P형과 N형 반도체를 접합시키고 P형 반도체 측에 (+), N형 반도체 측에 (-)의 순방향 전압을 가하면 전자와 정공의 이동으로 P형에서 N형으로 전류가 흐르게 된다. PN 접합에서는 한쪽 방향으로는 전류가 잘 통과하지만, 그 반대 방향으로는 전류가 거의 흐르지 않는데 이러한 현상을 정류라고 한다.

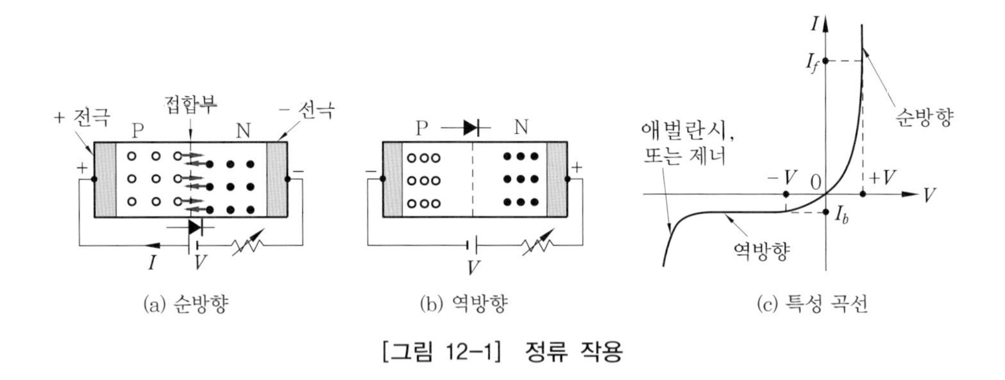

[그림 12-1] 정류 작용

(2) 정류 소자

① 다이오드

실리콘 다이오드는 PN 접합 작용에 의해 교류를 직류로 변환시켜 주는 대표적인 정류 소자이다. 순방향의 전압을 가하여 통전 상태로 하면 큰 전류에서도 전압 강하가 작아 효율이 좋고 전압의 변동도 작다. 역방향의 전압을 가한 경우 높은 전압에서도 역전류가 거의 흐르지 않아 매우 좋은 정류 특성을 가지고 있음을 알 수 있다.

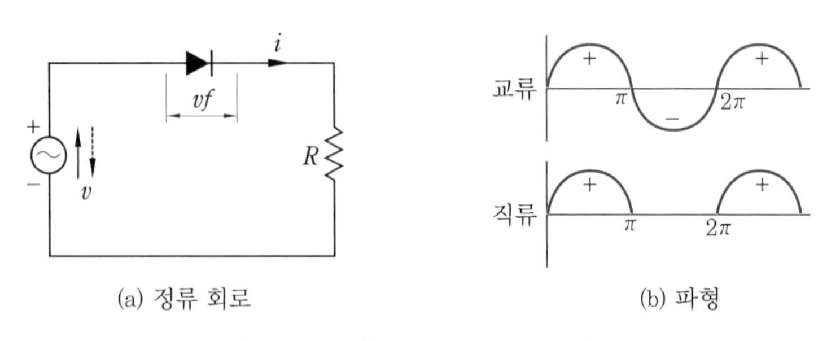

[그림 12-2] 정류 회로와 파형

② 특성

소자의 온도를 높이면 순방향의 전류와 역방향의 전류가 모두 증가한다. 높은 온도에서는 역방향의 누설 전류가 증가하여 특성을 나쁘게 하고 어느 정도의 온도를 넘으면 열적 파괴를 일으킬 염려가 있다. 그러므로 실리콘에서는 150℃ 정도를 최고 허용 온도로 한다. 실리콘 다이오드는 허용 온도가 높고 전류 밀도가 크며 역 내전압이 높기 때문에 전기 철도, 화학 공장이나 일반 가정용 전기 제품에 이르기까지 정류용 소자로 많이 사용된다.

(3) 단상 정류 회로

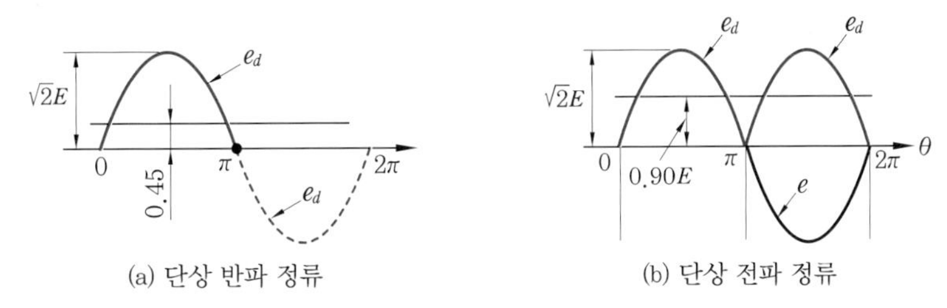

[그림 12-3] 단상 정류

① 단상 반파 정류

[그림 12-3] (a)와 같이 정현파가 다이오드를 통해 $0 \le \omega t \le \pi$ 구간에는 도통이 되지만 $\pi \le \omega t \le 2\pi$ 구간은 도통이 되지 않는 파형을 단상 반파 정류라고 하며, 평균 전압 E_{d0}는 $\frac{\sqrt{2}}{\pi}E = 0.45E\,[\mathrm{V}]$이다.

② 단상 전파 정류

[그림 12-3] (b)는 브리지 회로를 통해 정류된 정현파의 파형이다. 이때 입력 전압의 (+)와 (-) 전파는 부하에 모두 나타난다. 이를 단상 전파 정류라고 하며, 이때 평균 전압 E_{d0}는 반파 정류의 2배인 $\frac{2\sqrt{2}}{\pi}E = 0.9E\,[\mathrm{V}]$이다.

(4) 3상 정류 회로

① 3상 반파 정류

$\Delta - Y$ 변압기의 2차 측에 다이오드 D_1, D_2, D_3를 접속하고 Y결선의 중성점과 다이오드를 연결하면 [그림 12-4] (a)와 같이 3상 파형 중 (+) 반파만 나타난다. 이를 3상 반파 정류라고 하며, 평균 전압 E_{d0}는 $1.17E$[V]이다.

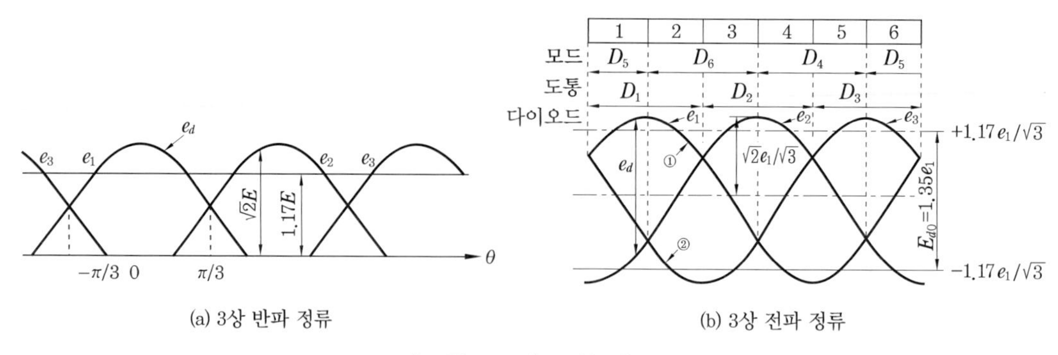

(a) 3상 반파 정류

(b) 3상 전파 정류

[그림 12-4] 3상 정류

② 3상 전파 전류

다이오드 6개를 브리지 형태로 각상에 연결하면 [그림 12-4] (b)와 같이 부하 저항에는 (+), (−) 전파를 정류할 수 있다. 이를 3상 전파 정류라고 하며, 평균 전압 E_{d0}는 $1.35E$[V]이다.

12-2 전력용 반도체

(1) 전력용 반도체 소자의 종류 및 특성

① SCR (Silicon Controled Rectifier)

SCR은 게이트 전극을 가진 역저지 3단자 사이리스터로 게이트 전류에 의해 턴 온 및 위상 제어가 된다. PNPN 구조이며, 대 전력 제어, 정류기, 전동기 속도 제어 등에 사용된다.

② SSS (Silicon Symmetrical Switch)

게이트가 없는 2단자 쌍방향 소자이며 조광 장치, 온도 제어 등의 교류 제어 회로에 사용된다.

③ SCS (Silicon Controled Switch)

역저지 4단자 사이리스터로서 게이트가 2개인 구조이다. 온 상태에서 오프 상태 또는 오프 상태에서 온 상태로 바꿀 수 있는 PNPN 접합의 4층 구조 실리콘 정류 제어 소자이다.

④ TRIAC (Tride Switch for AC)

쌍방향 3단자 소자이며 순방향 전류 또는 역방향 전류를 온 할 수 있는 교류 제어용 소자이다.

⑤ DIAC (Diode AC Switch)

쌍방향 2단자 소자이며 TRIAC이나 SCR의 게이트 트리거용으로 사용된다.

⑥ GTO (Gate Turn Off switch)

역저지 3단자 소자이며 자기 소호 특성이 있다. 직류 및 교류 제어용으로 사용된다.

⑦ LASCR (Light Activated Semiconductor Controlled Rectifier)

감광 역저지 3단자 사이리스터로서 광 스위치, 릴레이, 카운터 회로 등에 사용된다.

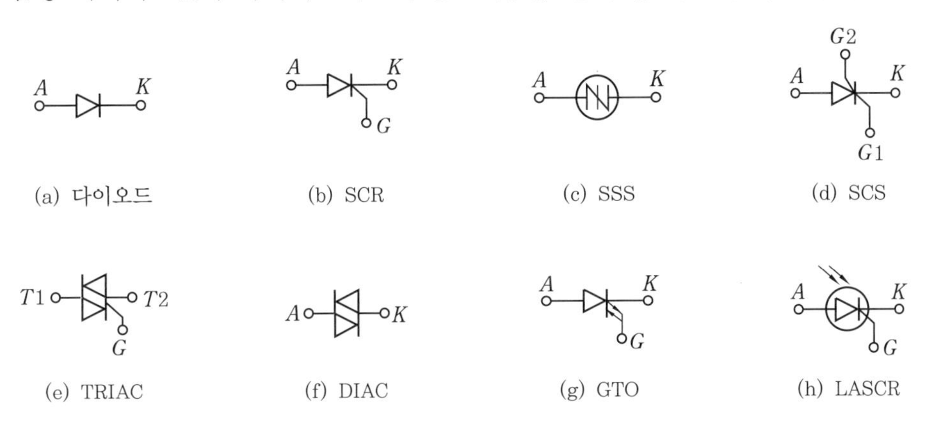

[그림 12-5] 전력용 반도체 소자의 기호

(2) 사이리스터 응용 회로 및 제어 장치

① 컨버터 (교류-교류 전력 변환기)

교류-교류 전력 제어 장치에는 주파수의 변화는 없고, 전압의 크기만을 바꿔주는 교류 전력 제어 장치와 주파수 및 전압의 크기까지 바꾸는 사이클로 컨버터가 있다.

[그림 12-6] (a)는 위상 제어를 통한 교류 전력 제어 회로이며, 역병렬로 접속된 SCR s_1과 s_2를 반주기마다 점호를 해주면 교류를 얻을 수 있다.

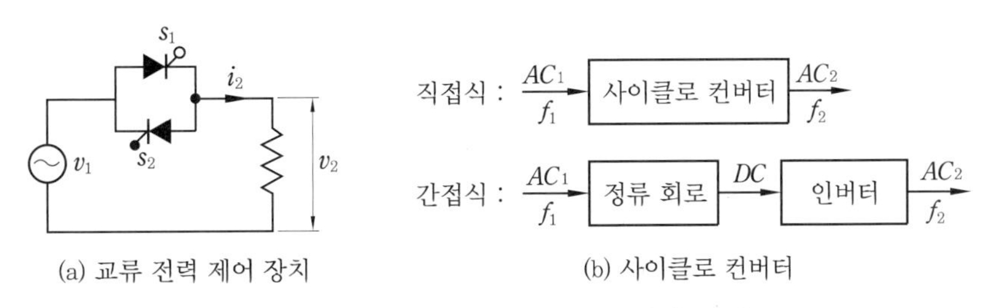

[그림 12-6] 교류-교류 전력 제어 장치

어느 주파수의 교류 전력을 다른 주파수의 교류 전력으로 변환하는 것을 주파수 변환이라 하며, [그림 12-6] (b)와 같이 정류 회로와 인버터를 결합시킨 간접식과 교류에서 교류로 변환시키는 직접식인 사이클로 컨버터가 있다.

② 인버터(직류-교류 전력 변환기)

전력용 반도체 소자를 이용하여 직류를 교류로 변환하는 장치를 인버터 또는 역변환 장치라고 한다.

[그림 12-7] (a)는 단상 인버터 회로로서 T_1, T_4와 T_2, T_3를 주기적으로 ON시켜 주면, 부하에는 직사각형파 교류 전압이 걸리게 된다. 반도체 소자에서는 역방향으로 전류가 흐를 수 없기 때문에 다이오드를 역병렬로 연결해 준다.

3상 교류에서 직류를 얻을 수 있듯이 이를 역변환하면 직류에서도 3상 교류를 얻을 수 있다. [그림 12-7] (b)는 대표적인 3상 교류를 얻는 인버터이다.

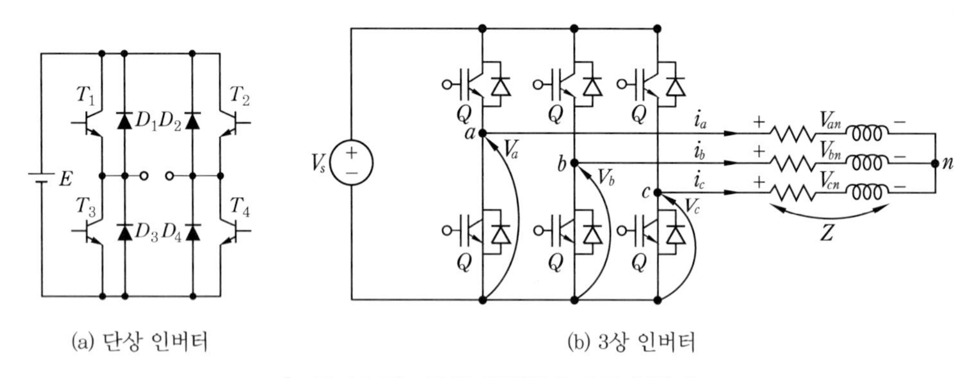

(a) 단상 인버터 (b) 3상 인버터

[그림 12-7] 단상 인버터와 3상 인버터

③ 초퍼(직류-직류 전력 변환기)

어떤 직류 전압을 입력으로 하여 크기가 다른 직류를 얻기 위한 회로를 직류 초퍼 회로라고 한다. 초퍼는 전동차, 트롤리 카, 선박용 호이스퍼, 지게차, 광산용 견인 전차의 전동 제어 등에 널리 응용된다. 전압을 낮추는 경우에는 강압형 초퍼가 쓰이고, 전압을 높이는 경우 승압형 초퍼가 사용된다.

>>> 제12장 연습문제

1. 반도체 PN 접합은 어떤 작용을 하는가?

2. 역저지 3단자 소자에는 어떤 것들이 있는가?

3. SCR을 역병렬로 접속한 것과 특성이 같은 소자는 무엇인가?

4. 교류 전압의 실횻값이 220[V]일 때 단상 반파 정류에 의하여 발생하는 직류 전압의 평균값은 몇 [V]인가?

5. 상전압 380[V]의 3상 반파 정류 회로의 직류 전압은 몇 [V]인가?

6. 교류 전동기를 직류 전동기처럼 속도 제어하려면 가변 주파수의 전원이 필요하다. 주파수 f_1에서 직류로 변환하지 않고 바로 주파수 f_2로 변환하는 변환기는 무엇인가?

7. 단상 전파 정류 회로의 전원 전압이 100[V]이고 부하 저항이 10[Ω]일 때 부하 전류는 몇 [A]인가?

Chapter 13

전기 설비 일반

전기 설비는 건축물의 용도와 그 외 사용 목적에 적합한 종합적인 전기 설비를 의미하며 건축물 내의 주거 환경을 구성하는 옥내 설비가 주를 이루며, 옥외 설비 및 기타 설비를 포함하고 있다.

최근 빌딩, 아파트, 공장 등의 많은 건축물들이 대규모화, 고층화, 스마트화, 고기능화, 인텔리전트화함에 따라 건축 설비의 중요성이 커지고 다양화, 복잡화가 가속되면서 건물에 대한 기능성, 쾌적성이 더욱 요구되는 추세에 있다.

최근에는 전기 설비에 AI를 도입하여 전원 설비, 전력 공급 설비, 정보 설비 및 방재 설비 등이 상호 조합되어 운용되고 있다.

13-1 전기 설비의 개요

(1) 전기 설비의 정의

전기 설비란 발전·송전·변전·배전 또는 전기 사용을 위하여 설치하는 기계·기구, 댐, 수로, 저수지, 전선로, 보안통신선로 등 기타의 설비를 말한다.

발전 설비는 전기 생산을 위한 수력 발전 설비(댐, 수로, 저수지), 화력 발전 설비, 원자력 발전 설비, 가스 터빈 발전 설비, 신재생 설비 등을 말한다.

송전 설비는 발전소에서 발전되어 승압된 154[kV] 이상의 특별고압 이상의 대전력을 철탑 등을 이용하여 수송하고, 수용가의 동력 설비에 전력을 공급하기 위하여 전압을 변성하는 변전 설비, 발전소에서 보내온 전력을 수용자에게 분배하거나 공급하는 배전 설비 및 전기 사용을 위하여 설치하는 전기 수용가 설비까지 말한다.

전기 설비에서 "제외되는 선박·차량 또는 항공기에 설치하는 것, 기타 영(領)으로 정한 것"은 다음과 같다.

① 전압 30[V] 미만의 전기 설비로서 전압 30[V] 이상의 전기 설비와 전기적으로 접속되어 있지 않을 것

② 당해 선박, 함선, 차량 또는 항공기가 그 기능을 유지하도록 하기 위하여 설치하는

전기 설비

③ 전기 통신 기본법이 적용되는 전기 통신 설비(수전을 위한 설비를 제외한다.)

[표 13-1] 전력 발생 및 소비

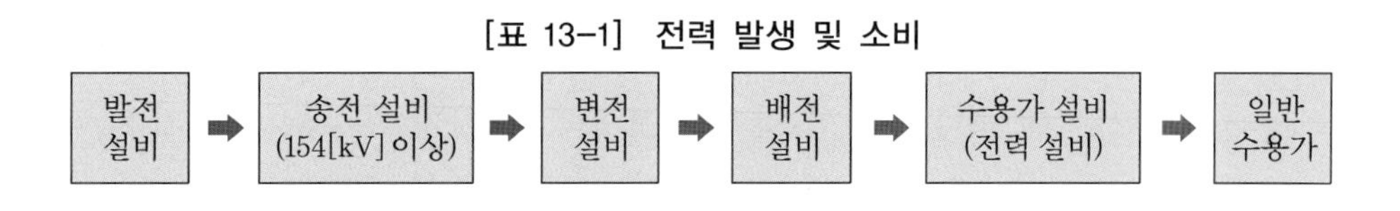

(2) 전기 설비의 분류

건축 설비는 크게 전기 설비와 기계 설비로 분류되며, 전기 설비는 전력 부하 설비, 전원 설비, 전원 공급 설비, 반송 설비, 정보 설비, 방재 설비, 기계 설비로는 공조 설비, 급·배수 설비, 위생 설비 등이 있으며 조합된 시스템 설비로 구성된다.

전기 설비는 일반적으로 교류 100[V] 이상의 전압으로서 강전으로 분류되는 전력 설비와 사용 전원을 축전지로 사용하거나 교류 60[V] 이하의 전압으로 공급 사용되어 약전으로 분류되는 정보 설비로 구성된다.

전기 사업법에서는 발전, 송전 변전, 배전 또는 전기 사용을 위하여 설치하는 기계·기구, 댐, 수로, 저수지, 전선로, 보안 통신 선로, 기타의 설비를 말한다고 정의되어 있다. 전기 설비를 분류하면 전기 사업법과 설비 내용에 따른 분류로 나눌 수 있다.

① 전기 사업법에 의한 전기 설비

전기 사업법은 전기 설비의 공사·유지 및 운용에 관하여 필요한 사항을 정하므로 공공의 안전을 확보하고 발전을 위한 댐·수로·저수지·발전·송전·변전·배전·보안 통신 선로, 전기를 사용하기 위하여 설치하는 수용 설비(수전, 구내 배전)까지를 말한다.

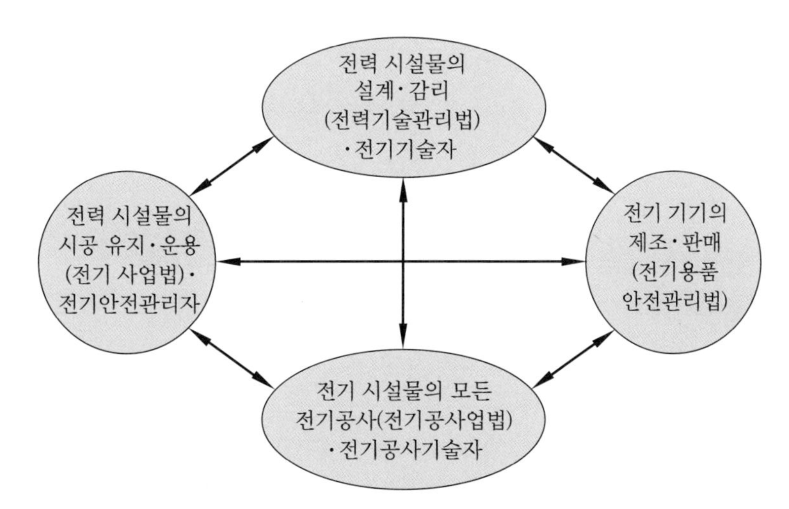

[그림 13-1] 전력 시설물 관련법 상호 관계

전기 사업법에 의한 전기 설비는 사업용 전기 설비, 자가용 전기 설비, 일반용 전기 설비의 3종류가 있다.

㈎ 사업용 전기 설비 : 사업용 전기 설비라 함은 전기 사업자가 전기 사업에 사용하는 전기 설비를 말한다. 예를 들면 전기 사업자가 일반의 수요에 응하여 전기를 공급할 목적으로 설치한 전기 설비를 말하며, 발전·변전·송전·배전 및 통신(전력용 보안)의 전기 설비 및 설비 관리를 행하는 사업소에 설치하는 전기 설비를 의미한다.

㈏ 자가용 전기 설비 : 자가용 전기 설비라 함은 사업용 전기 설비 및 일반용 전기 설비 이외의 전기 설비로 정의되며, 그 구체적인 적용 범위에 관해서는 각각 다음과 같이 취급되는 것으로 볼 수 있다.

㉠ 수전 전압이 600[V] 이상 고압으로 수전하는 전기 설비

㉡ 저압의 수전 전력 75[kW] 이상을 수전하여 동일 구내에서 그 전기를 사용하기 위한 전기 설비

㉢ 자가용 전기 설비의 설치 장소와 동일 구내에 설치하는 전기 설비는 용량에 관계없이 자가용 전기 설비에 포함된다.

㉣ 폭발성 또는 인화성 물질이 있어 전기 설비에 의한 사고 발생의 우려가 많은 20[kW] 이상의 전기 설비는 다음과 같다.

- 소방법에 의한 위험물 제조소 등에 설치하는 전기 설비
- 총포, 도검, 화약류 등 단속법에서 규정하는 화약류(장난감용 불꽃은 제외)를 제조하는 사업장
- 광산 보안법에 의한 갑종 탄광
- 안전관리법에 의한 위험물의 제조, 저장 장소에 설치하는 전기 설비
- 불특정 다수인이 모이는 다음의 장소
  - 극장, 영화관, 관람장 및 연예장 등의 공연장, 집회장 또는 공공회의장
  - 카바레, 나이트클럽, 댄스홀, 헬스클럽 및 기타 이에 분류되는 곳
  - 시장, 대규모 소매점, 도매 센터, 상점가, 예식장, 병원 또는 호텔

㉤ 자가용 전기 설비의 특징

- 전력회사와의 사이에 안전상의 책임 분계점을 설정한다.
- 책임 분계점 이후는 전기 설비 수용가 자신이 안전관리 담당자를 선임하여 안전관리의 책임을 지도록 하고 있다.
- 전기 설비에서는 고압 또는 특고압 수전 설비를 갖춘 건물 및 저압 수전 설비라도 비상용 발전 설비가 설치된 경우에는 자가용 전기 설비에 해당된다.

㈐ 일반용 전기 설비 : 일반용 전기 설비란 주택, 상점, 소규모 공장 등과 같이 소규모의 전기 설비로서 한정된 구역에서 전기를 사용하기 위한 설비로서 수전압이 600[V] 이하로서 수전 용량이 75[kW](제조업 또는 심야전력을 이용하는 전기 설비는 용량 100[kW] 미만)의 전력을 타인으로부터 수전하여 그 수전 장소 및 담·울타리 기타의 시설물로 타인의 출입을 제한하는 구역에서 그 전기를 사용하기 위한 전기 설비를 말한다.

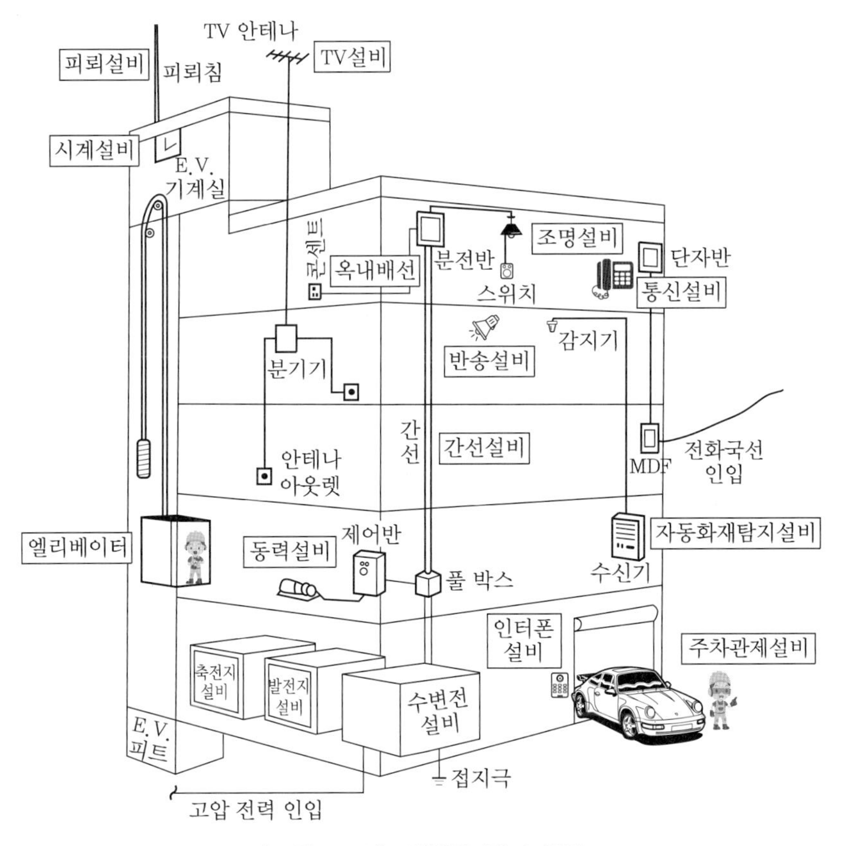

[그림 13-2] 일반용 전기 설비

② 기능에 의한 분류

㈎ 전원 설비 : 전기 에너지 공급원 설비(수전 설비, 변전 설비, 예비 발전 설비, 축전지 설비, 특수 전원 설비)

㉠ 수전 설비 : 전력회사로부터 전력을 수전하는 설비

㉡ 변전 설비 : 특고압을 부하에 알맞은 사용 전압으로 강압하고, 보호 기능을 갖고 있는 설비

㉢ 예비 발전 설비 : 정전 또는 비상시의 발전 설비

㉣ 축전지 설비 : 비상조명등, 감시제어용 직류 전원

㉤ 특수 전원 설비 : 축전지 설비와 컴퓨터용 전원 등에 정전압·정주파수 공급 장치 (CVCF) 및 무정전 장치(UPS) 등 특수 부하에 대한 전원 설비

(나) 전력 부하 설비 : 전기 에너지를 소비하는 설비(조명, 동력, 비상 조명, 비상 동력 등)

㉠ 조명 설비 : 일반 조명 설비, 옥외 조명 설비, 비상 조명 설비

㉡ 동력 설비 : 공기 조화, 급·배수, 냉·난방 위생, 엘리베이터, 소방용 동력 등의 설비에 전력을 공급하는 설비

㉢ 콘센트 설비 : 일반 및 비상용 콘센트 설비

이 밖에도 컴퓨터용, 주방용, 의료용 전원 등의 특수 부하 설비와 활주로 및 도로에 전열 설비를 하는 로드 히팅, 건물 내의 바닥 난방 등을 위한 패널 히팅 등의 부하 설비가 있다.

(다) 전력 공급 설비 : 전력을 부하에 공급하는 설비(플로어 덕트 설비, 배선 덕트, 케이블 래크 설비, 일반 간선 설비 등). 전력 공급 설비는 전원 설비와 부하 설비를 연결하는 것으로서 대용량으로 집합하여 보내는 간선 설비와 각 부하에 공급하는 분기 회로로 구분되며 다음과 같은 설비가 있다.

㉠ 플로어 덕트(floor doct) 설비 : 바닥 내에 덕트를 설치하여 배선하는 설비

㉡ 배선 덕트 : 전기 샤프트 내의 버스 덕트(bus duct) 설비를 포함해 다량의 배선을 시설하는 경우에 사용하는 설비

㉢ 일반 간선 설비 : 케이블 래크 설비와 전등 및 동력 등의 부하에 각각 배선을 집약하여 공급하는 배선 설비

(라) 감시 제어 설비 : 전력 공급 상태와 가동 상태 등을 감시·제어하는 설비(감시 제어 조작 제어, 중앙 감시 설비, 컴퓨터 제어 설비 등)

㉠ 감시 제어 설비의 종류

- 감시 제어 조작 설비 : 부하 설비의 기동, 정지, 역전, 속도 가변 등의 제어 및 상태 감시
- 중앙 감시 제어 설비 : 전등, 동력, 전원 설비 등을 원격 조작 및 원방 조작을 위해 시설하는 설비
- 컴퓨터 제어 설비 : 중앙 감시 제어 설비에 컴퓨터를 도입하여 종합 관리를 하는 시스템

㉡ 감시 제어 설비의 기능 : 자동 계측 기능, 감시 기능(유량, 전력량, 역률 등의 상태 감시) 제어 운용 가능, 정보 기능

(마) 반송 설비 : 사람이나 물품을 운반하는 설비(엘리베이터, 에스컬레이터, 덤웨이터, 곤돌라, 움직이는 보도 등)로서 다음과 같이 분류된다.

㉠ 엘리베이터(elevator) : 건물 내에서 사람이나 화물 등을 실은 케이지가 안내 레일을 따라 상하 수직 방향으로 이동하며 운송하는 설비
㉡ 에스컬레이터(escalator) : 건물 층 사이의 계단을 동력을 이용하여 연속적으로 승강시키는 설비
㉢ 덤웨이터(dumb waiter) : 서류, 요리 등을 운반하는 케이지, 바닥면적 1 m^2 이하, 높이 1.2 m 이하의 소형 엘리베이터 설비
㉣ 컨베이어(conveyor) : 원자재, 기계 부품, 포장된 화물 등을 연속적으로 운반하는 설비
㉤ 에어슈터(air-shutter) : 공기의 흐름을 이용하여 지름 4~8cm의 관속에 서류를 보내는 설비
㉥ 곤돌라(gondola) : 고층빌딩, 아파트의 옥상 및 교량 등에 시설하여 부피가 큰 물건 등을 운반하는 설비
㉦ 움직이는 보도 등

(바) 정보 통신 설비 : 정보 전달 설비(VAN, ISDN, BISDN, CATV, EAPBX, MODEM, LAN 등)
㉠ 확성 설비 : 음성을 증폭하여 다수의 사람에게 정보를 전달하는 설비
㉡ 전기 화재 설비 : 시간에 대한 정보 등을 전달하는 설비
㉢ 전화기 및 전자 교환 장치(EAPBX) : 건물 내·외부와의 음성 및 화상 통화 교환 수단의 설비
㉣ 인터폰 설비 : 건축물 내 부서 간 및 개인 간 음성 송수신을 위한 설비
㉤ TV 공청 안테나 설비 : 방송파를 수신하여 양질의 전파를 특정 장소에 있는 TV 수상기에 TV 전파를 배분하여 시청하게 하는 설비
㉥ 모뎀(MODEM) 및 LAN 설비 : 구내 외의 데이터 통신망 구축을 위한 설비
㉦ CATV 설비 : 난시청 해소, 자주방송 등을 위한 유선 설비
㉧ 근거리 통신망(LAN : Local Area Network) 설비 : 구내의 데이터 통신망 구축용의 설비
㉨ 부가가치 통신망(VAN : Value Added Network) 설비
㉩ 종합 정보 통신망(ISDN : Integrated Service Digital Network) 설비
㉪ 위성 통신 설비

(사) 방재 설비 : 재해 예방, 통보 역할을 담당하는 설비(자동 화재 탐지 설비, 비상 경보 설비, 방범 설비, 피뢰침 설비, 표시 설비, 항공 장애등 설비, 방폭 전기 설비, 피난 유도 설비, 비상용 조명 및 콘센트 설비, 누전 경보 설비 등)

방재 설비는 인재나 천재에 대한 방지 또는 감시 시스템으로써 인명이나 재산을 재해로부터 보호하기 위한 전기 설비로서 법령에 의해서 규제를 받고 있는 설비가 많다. 방재 설비를 설비 목적에 따라 분류하면

㉠ 자동 화재 탐지 설비 : 화재의 조기 발견과 자동 통보 기능을 갖춘 설비
㉡ 유도등 및 방송 설비 : 비상시에 피난을 유도하는 설비
㉢ 방범 설비 : 범죄의 예방 및 감시 설비
㉣ 피뢰 설비 : 건물을 뇌격으로부터 보호하는 설비
㉤ 항공장애등 설비 : 고층 건물에 설치되는 항공 장애등으로 항공기의 안전 비행을 위한 설비
㉥ 누전 경보 설비 : 누전으로 인한 화재 및 재난을 방지하기 위한 설비

㈊ 특수 장소의 전기 설비 : 최근에 설비가 다양화되면서 여러 가지 설비가 등장하고 있으며, 그 예로 습기가 많은 장소 또는 수분이 많은 장소의 전기 설비와 흥행장, 전기 울타리, 교통 신호, 파이프 라인 등의 전열 장치 시설, 심야 전기 기기, 전기 욕조 및 수중 조명 시설, 병원의 X선 발생 장치 등이 이에 속한다.

③ 전류의 크기에 의한 분류

㈎ 약전류 : 전기 시계 설비, 방송 설비, 자동 화재 탐지 설비, 배연·비상 통보 설비, 신호 표시 설비, 인터폰 설비, 전화 설비, 라디오 설비, TV 공청 설비 등
㈏ 강전류 : 전등 설비, 동력 설비, 간설 설비, 구내 배전 설비, 축전지 설비, 자가발전 설비, 피뢰침 설비, 접지 설비 등

13-2 KEC 일반 사항

한국전기설비규정(Korea Electro-technical Code, KEC)은 전기설비기술기준 고시에서 정하는 전기 설비의 안전 성능과 기술적 요구 사항을 구체적으로 정한 것을 목적으로 한다.

(1) 적용 범위

한국전기설비규정은 저압 전기 설비, 고압·특고압 전기 설비, 전기 철도 설비, 분산형 전원 설비, 발전용 화력 설비, 발전용 수력 설비 등 그 밖에 기술 기준에서 정하는 전기 설비와 같은 전기 설비에 적용한다.

또한, 인축의 감전에 대한 보호와 전기 설비 계통, 시설물, 발전용 수력 설비, 발전용

화력 설비, 발전 설비 용접 등의 안전에 필요한 성능과 기술적인 요구 사항에 대하여 적용한다. 전압의 구분은 [표 13-2]와 같다.

[표 13-2] 전압의 구분

전압의 구분	교류	직류
저압	1[kV] 이하	1.5[kV] 이하
고압	1[kV] 초과 7[kV] 이하	1.5[kV] 초과 7[kV] 이하
특고압	7[kV] 이상	

(2) 안전을 위한 보호

안전을 위한 보호의 기본 요구 사항은 전기 설비를 적절히 사용할 때 발생할 수 있는 위험과 장애로부터 인축 및 재산을 안전하게 보호함을 목적으로 하고 있다. 가축의 안전을 제공하기 위한 요구 사항은 가축을 사육하는 장소에 적용할 수 있다.

① 감전에 대한 보호

일반적으로 직접 접촉을 방지하는 것으로, 전기 설비의 충전부에 인축이 접촉하여 일어날 수 있는 위험으로부터 보호되어야 하는 것이 **기본 보호**이다.

㈎ 인축의 몸을 통해 전류가 흐르는 것을 방지한다.

㈏ 인축의 몸에 흐르는 전류를 위험하지 않는 값 이하로 제한한다.

또한, 노출 도전부에 인축이 접촉하여 일어날 수 있는 위험으로부터 보호되어야 하는 것이 **고장 보호**이다. 고장 보호의 방법에는 크게 3가지로 분류한다.

① 인축의 몸을 통해 고장 전류가 흐르는 것을 방지하는 것이다.

② 인축의 몸에 흐르는 고장 전류를 위험하지 않은 값 이하로 제한하는 것이다.

③ 마지막으로 인축의 몸에 흐르는 고장 전류의 지속 시간을 위험하지 않은 시간까지로 제한하는 것이다.

② 열 영향에 대한 보호

㈎ 고온 또는 전기 아크로 인해 가연물이 발화 또는 손상되지 않도록 전기 설비를 설치하여야 한다.

㈏ 정상적으로 전기 기기가 작동할 때 인축이 화상을 입지 않도록 하여야 한다.

③ 과전류에 대한 보호

㈎ 도체에서 발생할 수 있는 과전류에 의한 과열 또는 전기·기계적 응력에 의한 위험으로부터 인축의 상해를 방지하고 재산을 보호하여야 한다.

(나) 과전류가 흐르는 것을 방지하거나 과전류의 지속 시간을 위험하지 않은 시간까지로 제한함으로써 보호할 수 있다.

④ 고장 전류에 대한 보호

(가) 고장 전류가 흐르는 도체 및 다른 부분은 고장 전류로 인해 하용 온도 상승 한계에 도달하지 않도록 하여야 한다.

(나) 도체를 포함한 전기 설비는 인축의 상해 또는 재산의 손실을 방지하기 위하여 보호 장치가 구비되어야 한다.

(다) 도체는 과전류에 따른 고장으로 인해 발생하는 문제들에 대하여 보호되어야 한다.

⑤ 과전압 및 전자기 장애에 대한 대책

(가) 회로의 충전부 사이의 결함으로 발생한 전압에 의한 고장으로 인한 인축의 상해가 없도록 보호하여야 한다.

(나) 저전압과 뒤이은 전압 회복의 영향으로 발생하는 상해로부터 인축을 보호하여야 한다.

(다) 설비는 규정된 환경에서 그 기능을 제대로 수행하기 위해 전자기 장애로부터 적절한 수준의 내성을 가져야 한다.

(라) 설비를 설계할 때는 설비 또는 설치 기기에서 발생되는 전자기 방사량이 설비 내의 전기 사용 기기와 상호 연결 기기들이 함께 사용되는 데 적합한지를 고려하여야 한다.

⑥ 전원 공급 중단에 대한 보호

전원 공급 중단으로 인해 위험과 피해가 예상되면, 설비 또는 설치 기기에 적절한 보호 장치를 구비하여야 한다.

(3) 전로의 절연

전로는 다음 이외에는 대지로부터 절연하여야 한다.

① 수용 장소의 인입구의 접지
② 고압 또는 특고압과 저압의 혼촉에 의한 위험방지 시설
③ 피뢰기의 접지
④ 특고압 가공 전선로의 지지물에 시설하는 저압 기계 기구 등의 시설
⑤ 옥내에 시설하는 저압 전로에 접지 공사를 하는 경우의 접지점
⑥ 계기용 변성기의 2차측 전로에 접지 공사를 하는 경우의 접지점 등이다.

제13장 연습문제

1. 전기 설비의 정의를 간단히 설명하시오.

2. 고압과 특고압에 대해 설명하시오.

3. 정격 전압에 대해 설명하시오.

4. 절연 저항에 대해 쓰시오.

5. 충전부에서 대지 또는 고장점의 접지된 부분으로 흐르는 전류는 무엇인가?

Chapter 14

배선 재료 · 공구

전선은 일반적으로 사용 상태에서의 온도에 견딜 수 있어야 하고 설치 장소의 환경 조건에 적절하고 발생할 수 있는 전기·기계적 응력에 견디는 능력이 있는 한국산업표준(KS)에 적합한 것을 선정하여야 한다.

14-1 전선과 케이블

(1) 전선 일반 사항

① 전선의 구비 조건

㈎ 가요성이 좋아야 한다.

㈏ 도전율이 높아야 한다.

㈐ 내구성이 뛰어나고, 기계적 강도(인장 강도)가 커야 한다.

㈑ 비중이 낮아야 한다.

㈒ 재료를 구하기 쉽고 가격이 저렴해야 한다.

㈓ 공사하기 쉬워야 한다.

② 전선의 구분

전선은 일반적으로 단선과 연선으로 나눌 수 있다. 지름이 커지면 가요성이 불리한 관계로 연선을 사용한다. 최근에는 KEC 규격에 의한 전선을 사용한다.

㈎ 단선은 전선의 도체가 한 가닥으로 이루어진 전선이다. 단면이 원형, 사각형, 각 형, 홈붙이형 등이 있으며 각각 용도에 따라 구분 사용한다. 단선의 도체 지름은 mm로 나타내며, 옥내 배선에는 가요성이 좋은 연동선을 많이 사용한다.

㈏ 연선은 여러 단선을 필요한 굵기에 따라 합쳐 꼰 전선을 의미한다. 전류 용량이나 기계적인 강도가 큰 장소에 사용할 경우 혹은 가요성이 요구되는 장소에 사용된다.

③ 전선의 굵기 표시 방법

㈎ 단선은 옥내 배선(연동선)에서는 도체의 단면적 크기인 mm^2 단위를 사용하고 경동선은 도체의 지름 크기인 mm 단위를 사용한다. 연선은 도체의 단면적인 mm^2 단위를 사용한다.

㈏ 인장 강도가 커서 송배전용 가공 전선로에 **경동선**을 주로 사용하며, 전기 저항이 작고 부드러운 성질이 있어서 주로 옥내 배선에는 **연동선**을 사용한다. 또한, [그림 14-1]과 같이 경동선은 $\frac{1}{55}[\Omega \, mm^2/m]$, 연동선은 $\frac{1}{58}[\Omega \, mm^2/m]$의 고유 저항을 나타낸다.

$a = \pi r^2$

a : 전선 한 가닥에 단면적
r : 소선의 반지름

(a)

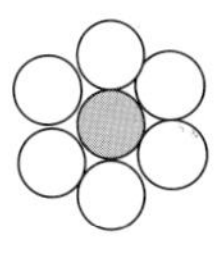

$A = aN$

A : 연선의 총 단면적
a : 전선 한 가닥에 단면적
N : 총 소선의 수

(b)

[그림 14-1] 단선과 연선

연선의 구성은 중심 소선 1가닥을 중심으로 총수에 6의 배수만큼 층마다 증가하는데,

총 소선 수는 $N = 3n(n+1)+1$[개]
여기서, n : 전선의 층수

로 구할 수 있다.

연선의 바깥지름은 $D = (1+2n)d$[mm]
여기서, d : 전선 한 가닥의 지름(mm)

연선의 총 단면적 $A = aN[mm^2]$
여기서, a : 전선 한 가닥의 단면적(mm^2)

을 각각 구할 수 있다.

(2) 전선의 종류

① 나전선

금속선에 피복으로 절연하지 않은 전선이다. 금속선을 소선으로 하여 구성된 연선

을 사용하여야 한다. (단, 버스 덕트의 도체, 기타의 구부리기 어려운 전선, 라이팅 덕트의 도체 및 절연 트롤리선의 도체는 제외한다.)

㈎ 전기로용(電氣爐用)으로 애자 사용 배선 공사를 하는 경우
㈏ 절연물이 열로 인하여 열화(熱火)할 염려가 있을 경우
㈐ 절연물이 부식하기 쉬운 장소에서 사용하는 애자 사용 배선일 경우
㈑ 저압 접촉 전선으로 사용하는 애자 사용 배선 또는 트롤리버스 덕트 배선일 경우
㈒ 가공 송전선, 가공 지선, 보호선, 보호망 전력 보안 통신용 약전류 전선일 경우

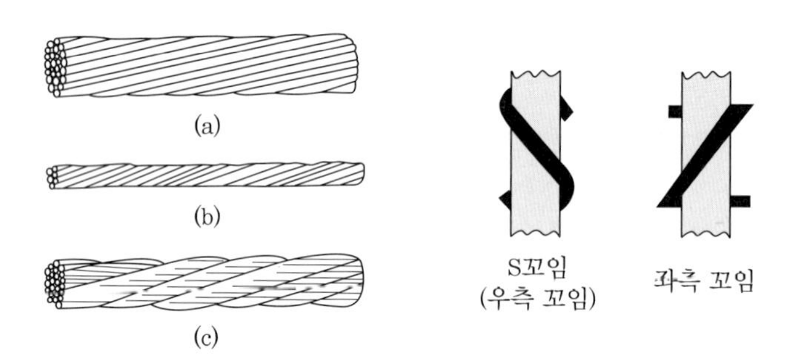

[그림 14-2] 나전선의 종류

② 절연 전선

절연 전선은 "전기용품 안전관리법"에 적용 받는 것 이외에는 KS C IEC에 적합한 것으로 전선 피복의 재질과 기능에 따라 다음과 같은 종류가 있다.

㈎ 450/750[V] 비닐 절연 전선
㈏ 450/750[V] 저독 난연 폴리올레핀 절연 전선
㈐ 750[V] 고무 절연 전선

그 외의 것은 한국전기기술기준위원회 표준 KEC S 1501-2009의 501.02에 적합한 특고압 절연 전선, 고압 절연 전선, 600[V]급 저압 절연 전선 또는 옥외용 비닐 절연 전선을 사용한다. 전선의 식별을 위한 색상은 [표 14-1]과 같다.

[표 14-1] 전선의 색상

상(phase)	색상
L1	갈색
L2	검정색
L3	회색
N	파란색
보호 도체	녹색-노란색

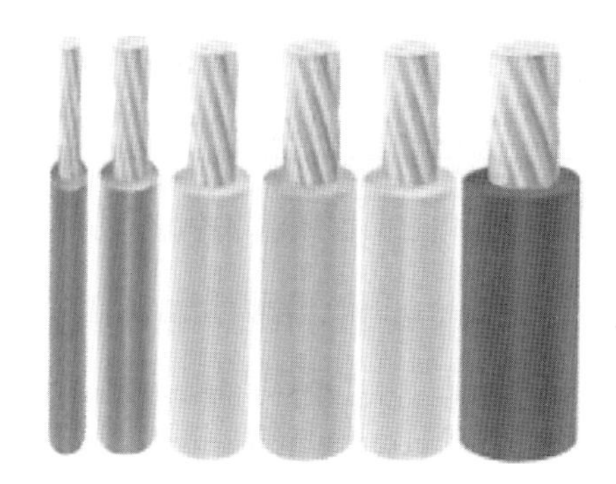

[그림 14-3] 절연 전선의 종류

③ 전선의 굵기 선정

(가) 허용 전류 : 정상적으로 흘릴 수 있는 최대 전류로 허용 전류가 클수록 전선의 굵기는 굵어진다.

(나) 전압 강하 : 사용하는 전압보다 떨어지는 현상

(다) 기계적 강도 : 80% 이상 유지(20% 이상 감소하면 안 된다.)

④ 정격 전압 450/750[V] 이하 염화비닐 절연 케이블

(가) 배선용 비닐 절연 전선(KS C IEC 60227-3) 및 배선용 비닐시스 케이블(KS C IEC 60227-4)

[표 14-2] 배선용 비닐 절연 전선 및 비닐시스 케이블

약호	종류
NR	450/750[V] 일반용 단심 비닐 절연 전선
NF	450/750[V] 일반용 유연성 단심 비닐 절연 전선
NRI(70)	300/500[V] 기기 배선용 단심 비닐 절연 전선(70°)
NFI(70)	300/500[V] 기기 배선용 유연성 단심 비닐 절연 전선(70°)
NRI(90)	300/500[V] 기기 배선용 단심 비닐 절연 전선(90°)
NFI(90)	300/500[V] 기기 배선용 유연성 단심 비닐 절연 전선(90°)
LPS	300/500[V] 연질 비닐시스 케이블

(나) 유연성 비닐 코드 케이블(KS C IEC 60227-5)

[표 14-3] 유연성 비닐 케이블(코드)

약호	종류
FTC	300/300[V] 평형 금사 코드
FSC	300/300[V] 평형 비닐 코드

CIC	300/300[V] 실내 장식 전등 기구용 코드
LPC	300/300[V] 연질 비닐시스 코드
OPC	300/500[V] 범용 비닐시스 코드
HLPC	300/300[V] 내열성 연질 비닐시스 코드(90°)
HOPC	300/500[V] 내열성 범용 비닐시스 코드(90°)

⑤ **정격 전압 450/750[V] 이하 고무 절연 케이블 :** 고무 코드, 유연성 케이블(KS C IEC 60227-4)

[표 14-4] 고무 코드, 유연성 케이블

약호	종류
BRC	300/300[V] 편조 고무 코드
ORSC	300/500[V] 범용 고무시스 코드
OPSC	300/500[V] 범용 클로로프렌, 합성 고무시스 코드
HPSC	450/750[V] 경질 클로로프렌, 합성 고무시스 유연성 케이블
PCSC	300/500[V] 장식 전등 기구용 클로로프렌, 합성 고무시스 케이블
PCSCF	

⑥ **정격 전압 1~3[V] 압출 성형 절연 전력 케이블(KS C IEC 60502-1)**

[표 14-5] 1[kV] 및 3[kV] 케이블

약호	종류
VV	0.6/1[kV] 비닐 절연 비닐시스 케이블
CVV	0.6/1[kV] 비닐 절연 비닐시스 제어 케이블
VCT	0.6/1[kV] 비닐 절연 캡타이어 케이블
CV1	0.6/1[kV] 가교 폴리에틸렌 절연 비닐시스 케이블
CE1	0.6/1[kV] 가교 폴리에틸렌 절연 폴리에틸렌시스 케이블
HFCO	0.6/1[kV] 가교 폴리에틸렌 절연 저독성 난연 폴리올레핀시스 전력 케이블
HFCCO	0.6/1[kV] 가교 폴리에틸렌 절연 저독성 난연 폴리올레핀시스 제어 케이블
CCV	0.6/1[kV] 제어용 가교 폴리에틸렌 절연 비닐시스 케이블
CCE	0.6/1[kV] 제어용 가교 폴리에틸렌 절연 폴리에틸렌시스 케이블
PV	0.6/1[kV] EP 고무 절연 비닐시스 케이블
PN	0.6/1[kV] EP 고무 절연 클로로프렌시스 케이블
PNCT	0.6/1[kV] EP 고무 절연 클로로프렌 캡타이어 케이블

14-2 배선 재료

(1) 개폐기 및 점멸기

① 나이프 스위치

저압의 전기 회로 개폐에 쓰는 칼날처럼 생긴 스위치를 말한다. 일반용에는 사용할 수 없고, 전기실과 같이 취급자만 출입하는 장소의 배전반이나 분전반에 사용된다.

② 커버 나이프 스위치

전등, 전열 및 동력용의 인입 개폐기 또는 분기 개폐기로 사용되며, 2P·3P를 각각 단투형과 쌍투형으로 만들고 있다.

(가) 단극 단투형(SPST), 2극 단투형(DPST), 3극 단투형(TPST)

(나) 단극 쌍투형(SPDT), 2극 쌍투형(DPDT), 3극 쌍투형(TPDT)

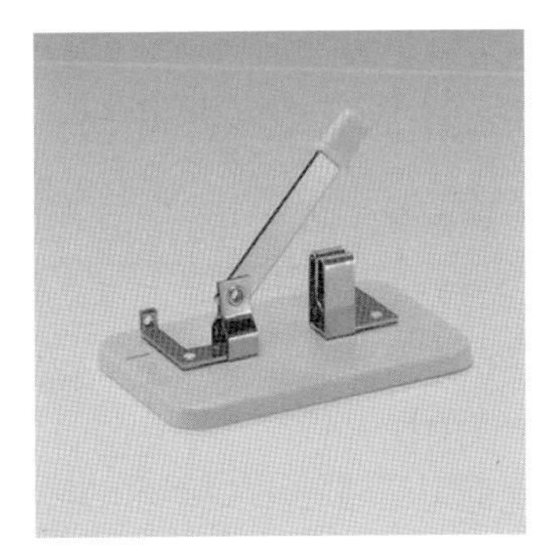
(a) 나이프 스위치

(b) 커버 나이프 단투형(TPST)

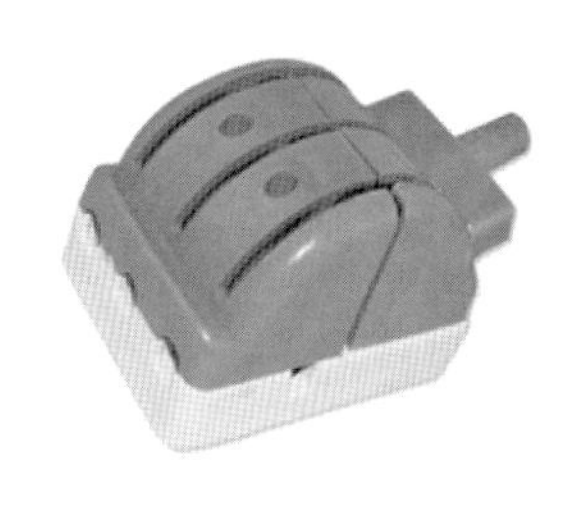
(c) 커버 나이프 쌍투형(TPDT)

[그림 14-4] 나이프 스위치

③ 점멸기(snap switch)

옥내 소형 스위치는 전등이나 소형 전기 기구의 점멸에 사용되는 스위치로 사용 장소와 목적에 따라 그 종류가 많으며, 일반 가정에 사용되는 점멸기는 다음과 같다.

(가) 텀블러 스위치(tumbler switch) : 노브(knob)를 위·아래로 또는 좌·우로 움직여 점멸하는 것으로, 현재 가장 많이 사용하고 있으며, 노출형과 매입형이 있다.

(나) 3로·4로 스위치 : 3로 스위치(3-way switch)와 4로 스위치(4-way switch)는 전환 스위치의 한 종류로 둘 이상의 곳에서 전등을 자유롭게 점멸할 수 있는 스위치이다.

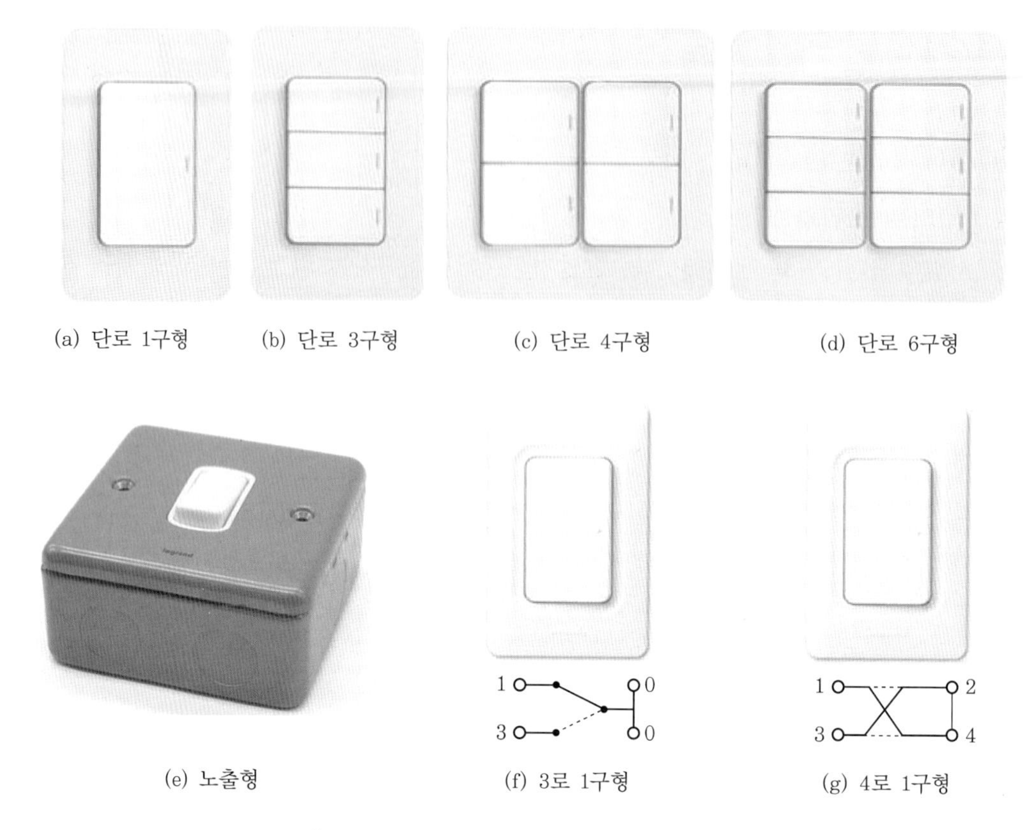

(a) 단로 1구형 (b) 단로 3구형 (c) 단로 4구형 (d) 단로 6구형

(e) 노출형 (f) 3로 1구형 (g) 4로 1구형

[그림 14-5] 매립·노출형 텀블러 스위치

(다) 누름단추 스위치(push-button switch) : 단추 스위치라고도 한다. 이것은 전등용에 쓰일 경우, 2개의 단추가 있어서 위의 것을 누르면 점등과 동시에 밑에 있는 빨간색 단추가 튀어나오는 연동 장치(interlocking device)로 되어 있다.

(라) 펜던트 스위치(pendant switch) : 전등을 하나씩 따로 점멸하는 곳에 사용하고 코드 끝에 붙여 버튼식으로 점멸하게 되어 있다. 이 스위치는 그림과 같이 빨간색 단추를 누르면 개로가 되고, 하얀색 단추가 반대쪽에 튀어나와서 점멸의 표시가 되도록 만들어져 있다.

(마) 캐노피 스위치(canopy switch) : 풀 스위치의 한 종류이다. 그림과 같이 조명 기구의 캐노피(플랜지라고도 함) 안에 스위치가 시설되어 있는 것으로, 벽 또는 기둥에 붙이면 편리하다.

(바) 플로트 스위치 : 수조나 물탱크의 수위를 조절하는 스위치이다.

(사) 전자 개폐기 스위치(마그넷) : 전동기의 자동 조작 및 원방 조작용 등에 사용된다.

(아) 코드 스위치(cord switch) : 전기 기구의 코드 도중에 넣어 회로를 개폐하는 것으로, 중간 스위치(throughout switch)라고도 한다.

㈓ 일광 스위치 : 정원등, 방범등 및 가로등을 주위의 조도(밝기)에 의하여 자동적으로 점멸하는 스위치이다.

㈔ 도어 스위치(door switch) : 문의 개폐로 전등을 점멸하는 스위치인데 화장실, 냉장고 등에 사용된다. 문에 달거나 문기둥에 매입하여 문을 열고 닫음에 따라 자동적으로 회로를 개폐하는 것이다.

㈕ 로터리 스위치(rotary switch) : 회전 스위치라고 하며, 벽이나 기둥에 붙여 전등의 점멸용에 주로 사용되나, 때로는 전기 기계 기구에 부속되어 조작 개폐기로 이용된다. 즉, 저항선, 전구 등을 직렬이나 병렬로 접속 변경하여 발열량을 조절하거나, 광도를 강하게 하고 약하게 하는 것이다.

㈖ 타임 스위치 : 시계를 내장한 스위치로 지정한 시간부터 또는 일정시간 후 점멸한다.

(a) 누름단추 (b) 펜던트 (c) 캐노피 (d) 플로트

(e) 마그넷 (f) 코드 (g) 타임 (h) 도어 (i) 로터리

[그림 14-6] 각종 스위치

(2) 소켓과 접속기

① 콘센트

벽 또는 기둥의 표면에 붙여 시설하는 노출형 콘센트와 벽이나 기둥에 매입하여 시설하는 매입형 콘센트가 있다. 용도에 따라서는 다음과 같은 종류들이 있다.

㈎ 방수용 콘센트 : 가옥의 외부 등에 시설하는 것으로, 사용하지 않을 때에는 물이 들어가지 않도록 마개로 덮어 둘 수 있는 구조로 되어 있다.

(나) 시계용 콘센트(clock outlet) : 콘센트 위에 시계를 거는 갈고리가 달려 있다.

(다) 선풍기용 콘센트(fan outlet) : 무거운 선풍기를 지지할 수 있는 볼트가 달려 있어서 이것에 선풍기를 고정시킨다.

(라) 플로어 콘센트 : 플로어 덕트 공사 등에 사용한다.

(마) 턴 로크 콘센트 : 트위스트 콘센트라고 하며, 콘센트가 끼운 플러그가 빠지는 것을 방지하기 위하여 플러그를 끼우고 약 90°쯤 돌려 두면 빠지지 않도록 되어 있다.

(a) 일반 매립형 (b) 방수용 (c) 시계용

(d) 일반 노출형 (e) 플로어형 (f) 턴 로크형

[그림 14-7] 각종 콘센트

② 접속 플러그(plug)

(가) 코드 접속기(코드 커넥터) : 코드와 코드의 접속 또는 사용 기구의 이동 접속에 사용하는 것으로 삽입 플러그와 커넥터 보디로 구성되어 있다.

(나) 멀티 탭(multi tap) : 하나의 콘센트에 둘 또는 세 가지의 기구를 사용할 때 끼울 수 있다.

(다) 테이블 탭(table tap) : 코드의 길이가 짧을 때 연장하여 사용하는 것으로 익스텐션 코드(extension cord)라 하고, 동시에 많은 소용량의 전기 기구를 사용할 경우에 사용되는 것이다.

(라) 아이언 플러그(iron plug) : 전기다리미, 온탕기 등에 사용하는 것으로, 코드의 한쪽은 꽂임 플러그로 되어 있어서 전원 콘센트에 연결하고, 한쪽은 아이언 플러그가 달려서 전기 기구용 콘센트에 끼운다.

(a) 코드 접속기

(b) 멀티 탭

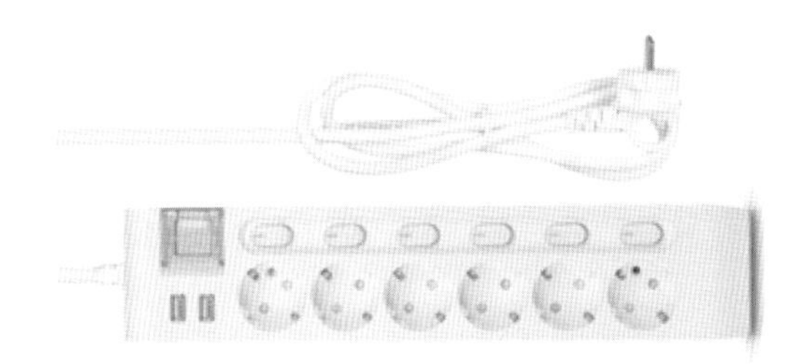

(c) 테이블 탭

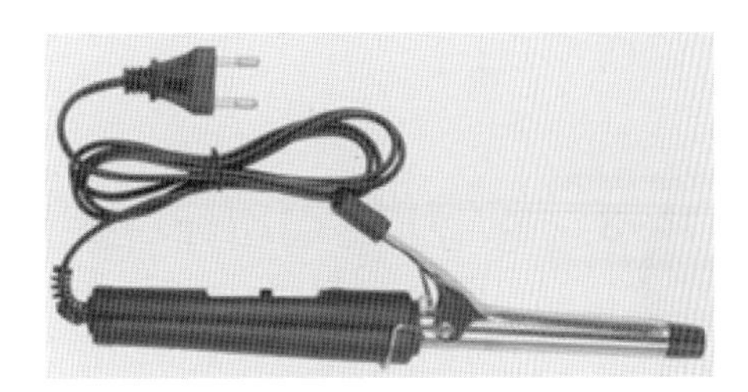

(d) 아이언 플러그

[그림 14-8] 각종 플러그

③ 소켓 및 리셉터클

소켓은 전선의 끝에 접속하여 백열전구를 끼워 사용하며, 리셉터클은 벽이나 천장 등에 고정시켜 소켓처럼 사용하는 배선 기구이다. 정격은 250[V], 6[A]이다.

㈎ 키 소켓 : 점멸 장치가 있는 소켓이다.

㈏ 키리스 소켓 : 점멸 장치가 없는 소켓이다.

㈐ 리셉터클 : 코드 없이 천장에 직접 부착하는 소켓이다.

㈑ 로젯 소켓 : 천장에 코드를 매달기 위해 사용하는 소켓이다.

(a) 키

(b) 키리스

(c) 리셉터클

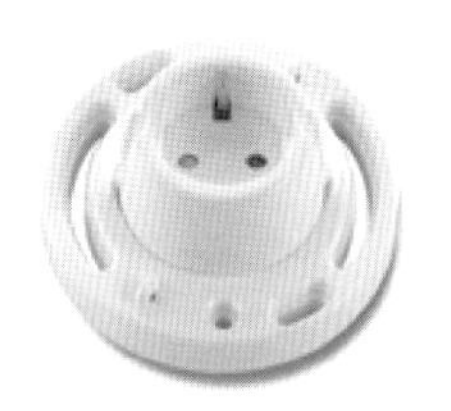

(d) 로젯

[그림 14-9] 각종 소켓

(3) 차단(기) 장치

① 과전류 차단기

퓨즈(fuse), 차단기(breaker)

② 누전 차단기

전로에 지락 사고가 일어났을 때 자동적으로 전로를 차단하는 장치이다.

③ 전류 제한기

전기의 정액 수용가가 계약 용량을 초과하여 사용하면 자동적으로 회로가 차단되어 경보를 하는 것이다.

14-3 전기 설비에 관련된 공구

(1) 측정 계기

① 게이지(gauge)

(가) 마이크로미터(micrometer) : 전선의 굵기·철판·구리판 등의 두께를 측정하는 것으로 그림과 같이 원형 눈금(circular scale)과 축 눈금(shaft scale)을 합하여 읽는다.

(나) 와이어 게이지(wire gauge) : 전선의 굵기를 측정하는 공구이다. 측정할 전선을 홈에 끼워 맞는 곳의 홈의 숫자가 전선의 굵기를 나타낸다.

(다) 버니어 캘리퍼스 : 전선관 등의 관 안지름, 바깥지름, 두께를 측정하는 공구이다.

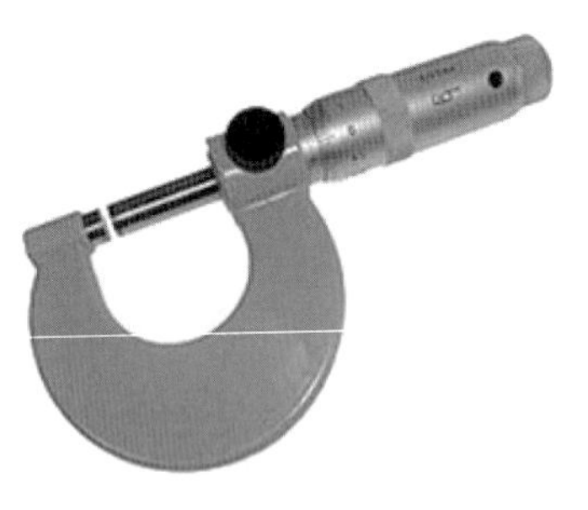

(a) 마이크로미터

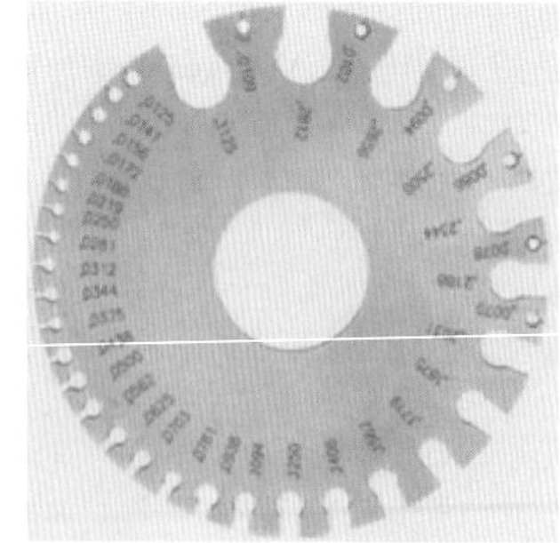

(b) 와이어 게이지

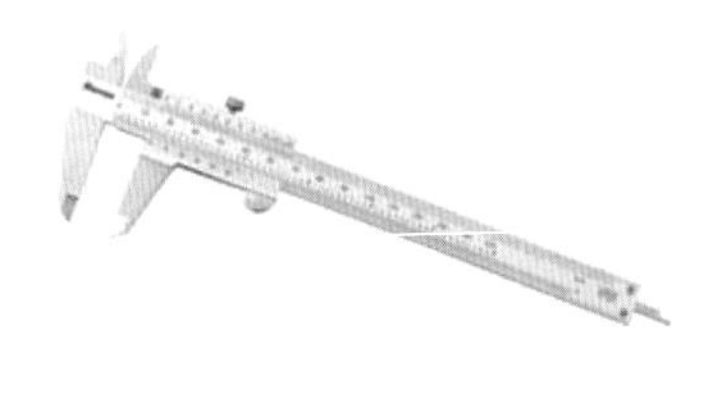

(c) 버니어 캘리퍼스

[그림 14-10] 각종 게이지

② 측정 계기

(가) 전압 및 회로 점검 : 훅 미터, 멀티 테스터

(나) 절연 저항 측정 : 메거(megger), 저압은 500[V]급 메거를 사용한다.

(다) 접지 저항 측정 : 어스 테스터(earth tester), 콜라우슈 브리지(Kohlrausch bridge)를 사용한다.

(라) 중전 유무 조사 : 네온 검전기를 사용한다. 전압이나 전류의 크기는 측정할 수 없다.

(마) 도통 시험 : 테스터, 마그넷 벨, 메거 등이 있다.

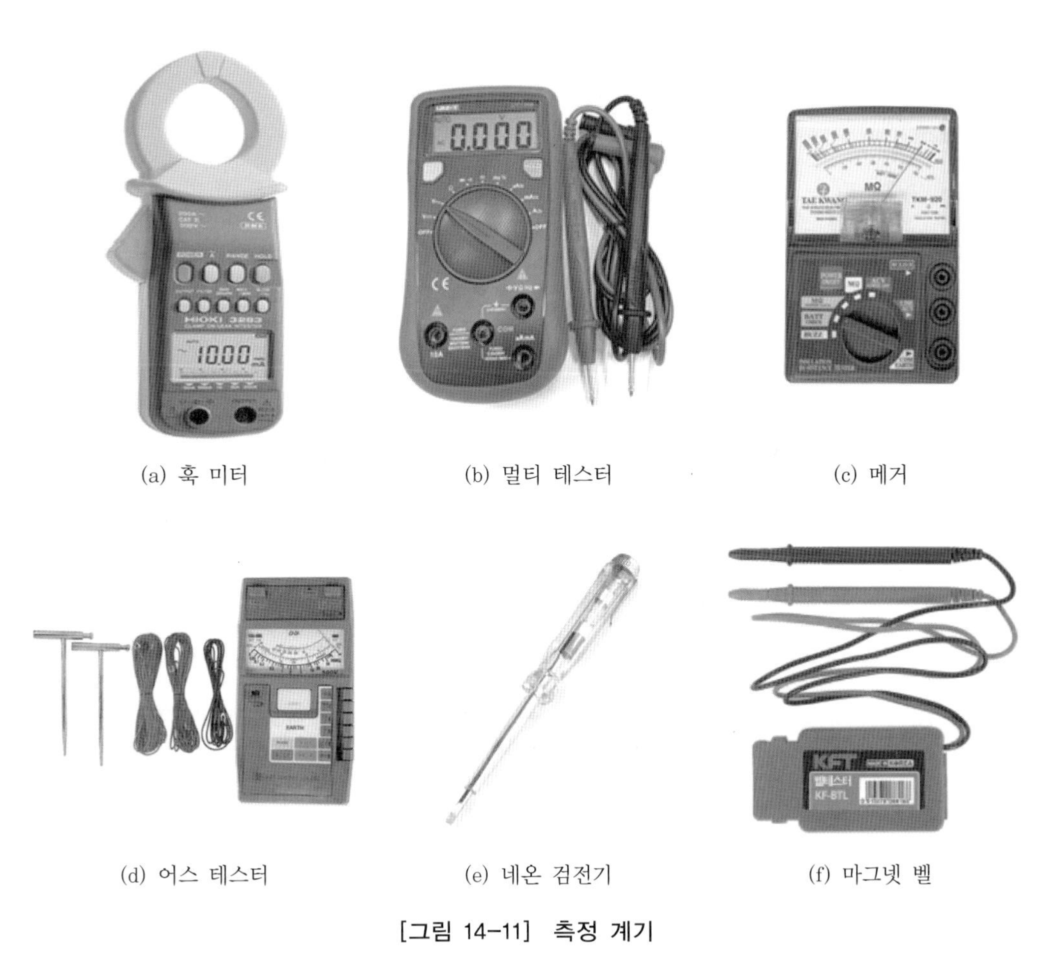

(a) 훅 미터　(b) 멀티 테스터　(c) 메거

(d) 어스 테스터　(e) 네온 검전기　(f) 마그넷 벨

[그림 14-11] 측정 계기

(2) 공구

① 펜치(cutting plier)

전선의 절단, 전선 접속, 전선 바인드 등에 사용하는 것으로, 전기 공사에는 절대적으로 필요한 것이다. 펜치의 크기는 150 mm, 175 mm, 200 mm의 세 가지가 있는데 150 mm는 소기구의 전선 접속, 175 mm는 옥내 일반 공사, 200 mm는 옥외 공사에 적합하다.

② **나이프**(jack knife)

전선의 피복을 벗길 때에 사용한다.

③ **와이어 스트리퍼**(wire striper)

절연 전선의 피복 절연물을 벗기는 자동 고무로서, 도체의 손상 없이 정확한 길이의 피복 절연물을 쉽게 처리할 수 있다.

④ **토치 램프**(torch lamp)

전선 접속의 납땜과 합성수지관의 가공에 열을 가할 때 사용한다.

⑤ **드라이브이트 툴**(driveit tool)

드라이브 핀을 콘크리트에 경제적으로 박는 공구인데, 이것은 화약의 폭발력을 이용한 것이므로 취급자는 보안상 훈련을 받아야 한다.

⑥ **클리퍼**(cliper, cable cutte)

굵은 전선을 절단할 때 사용하는 가위이다.

⑦ **스패너**(spanner)

너트를 죄는데 사용하는 것으로, 너트의 크기에 적용되는 여러 가지 치수가 있다.

⑧ **프레셔 툴**(pressure tool)

큰 건물의 공사에서 드라이브 핀을 콘크리트에 박는 공구이다. 화약의 폭발력을 이용하기 때문에 취급자는 보안상 훈련을 받아야 한다.

⑨ **파이프 바이스**(pipe vise)

금속관을 절단할 때에나 금속관에 나사를 낼 때 파이프를 고정시키는 것이다.

⑩ **오스터**(oster)

금속관 끝에 나사를 내는 파이프 나사절삭기로서, 손잡이가 달린 래칫(ratchet)과 나사 날의 다이스(dies)로 구성된다.

⑪ **녹 아웃 펀치**(knock out punch)

배전반, 분전반 등의 배관을 변경하거나, 이미 설치되어 있는 캐비닛에 구멍을 뚫을 때 필요한 공구이다.

⑫ **파이프 렌치(pipe wrench)**

금속관을 커플링으로 접속할 때 금속관과 커플링을 물고 죄는 것이다.

⑬ **리머(reamer)**

금속관을 쇠톱이나 커터로 끊은 다음, 관 안에 날카로운 것을 다듬는 것이다.

⑭ **벤더**

금속관을 구부리는 공구이다. 히키라고도 한다.

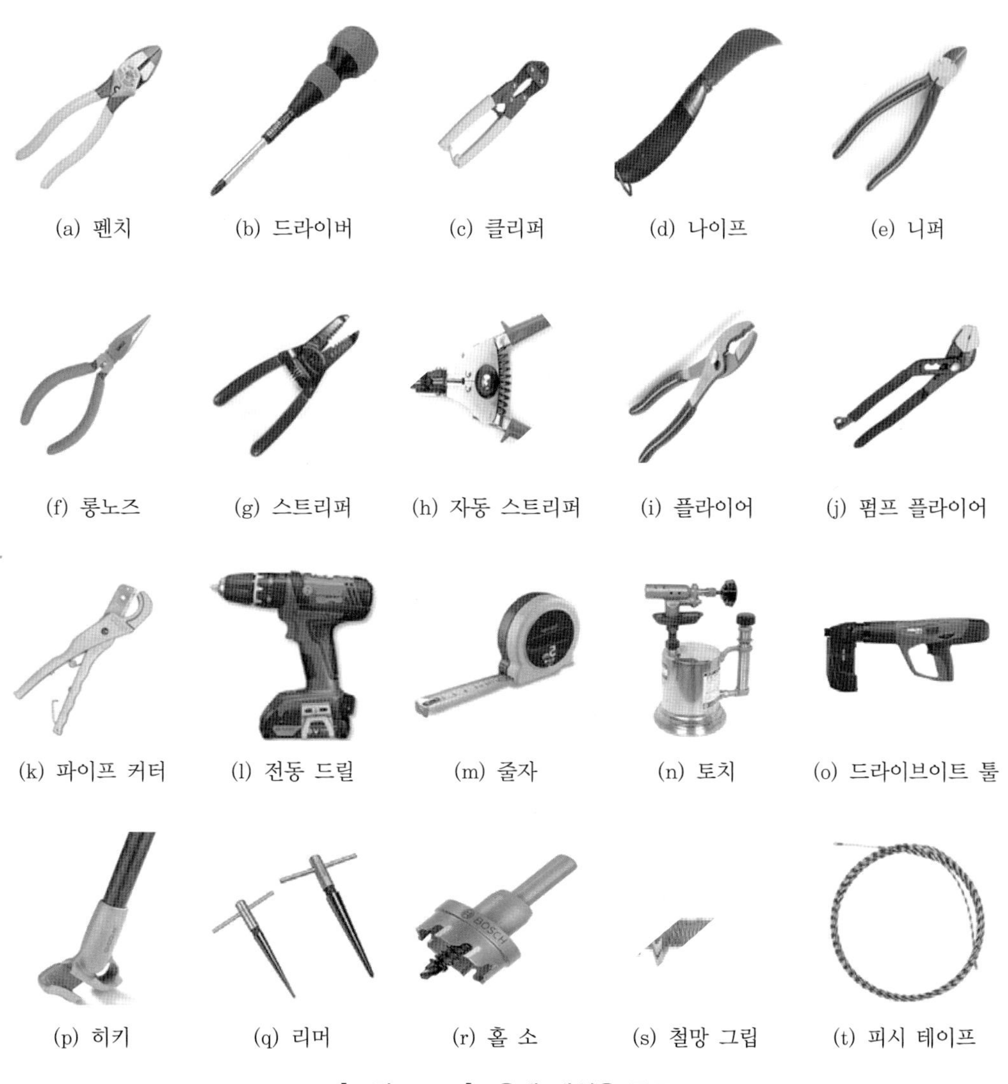

(a) 펜치 (b) 드라이버 (c) 클리퍼 (d) 나이프 (e) 니퍼

(f) 롱노즈 (g) 스트리퍼 (h) 자동 스트리퍼 (i) 플라이어 (j) 펌프 플라이어

(k) 파이프 커터 (l) 전동 드릴 (m) 줄자 (n) 토치 (o) 드라이브이트 툴

(p) 히키 (q) 리머 (r) 홀 소 (s) 철망 그립 (t) 피시 테이프

[그림 14-12] 옥내 배선용 공구

제14장

연습문제

1. 전선 및 케이블의 구비 조건을 쓰시오.

2. 전선의 식별에 있어서 L1, L2, L3의 색상을 쓰시오.

3. 일반적으로 가정용, 옥내용으로 자주 사용되는 절연 전선은?

4. 다음과 같은 전선의 표시 약호에 대한 우리말 명칭을 쓰시오.
   (1) DV (2) OW (3) GV (4) RB

5. 일반적으로 인장 강도가 커서 가공 전선로에 주로 사용하는 구리선은?

6. ACSR 약호의 명칭은?

7. 코드 상호간 또는 캡타이어 케이블 상호간을 접속하는 경우 가장 많이 사용되는 기구는 무엇인가?

8. 하나의 콘센트에 둘 또는 세 가지 기계·기구를 끼워서 사용할 때 사용되는 것은 무엇인가?

9. 옥내 배선 공사에서 절연 전선의 피복을 벗길 때 사용하면 편리한 공구는 무엇인가?

10. 녹아웃 펀치와 같은 용도로 배전반이나 분전반 등에 구멍을 뚫을 때 사용하는 공구는 무엇인가?

Chapter 15

전선의 접속

전선의 허용 전류에 의하여 접속 부분의 온도 상승 값이 접속부 이외의 온도 상승 값을 넘지 않도록 접속하여야 한다.

15-1 전선의 각종 접속 방법

(1) 전선의 피복 벗기기

절연 전선의 피복을 벗길 때는 칼 또는 와이어 스트리퍼를 사용하여야 하고 피복 벗기기는 연필 모양으로 벗겨야 하며, 심선에 상처가 나지 않아야 한다. 약 20°의 각도로 칼날을 피복에 대고 벗긴다.

(2) 전선의 접속 일반 사항

① 전선 접속 조건

㈎ 전선 접속점의 인장 강도(전선의 세기)는 80 % 이상 유지되어야 한다(20 % 이상 감소시키지 말 것).

㈏ 전선의 전기 저항을 증가시키지 말아야 한다(특수 접속 방법 외에는 접속부에 필히 납땜을 할 것).

㈐ 접속부는 절연 테이프를 감아서 원래 전선 그대로와 같게 절연이 되도록 해야 한다.

㈑ 알루미늄(Al)을 접속할 때는 고시된 규격에 맞는 접속관 등의 접속 기구를 사용하여야 한다.

㈒ 알루미늄(Al) 전선과 구리선의 접속 시 전기적인 부식이 생기지 않도록 한다.

② 코드 상호, 캡타이어 케이블 상호 또는 이들 상호를 접속하는 경우 접속 방법

㈎ 코드 접속기, 접속함 및 기타 기구를 사용해야 한다.

㈏ 접속점에는 조명기구 및 기타 전기 기계 기구의 중량이 걸리지 않도록 한다.

③ **코드 또는 캡타이어 케이블과 기계 기구와 접속**

㈎ 충전 부분이 노출되지 않는 구조의 단자 금구에 나사로 고정하거나 또는 기구용 플러그 등을 사용한다.

㈏ 기구 단자가 누름나사형, 클램프형 또는 이와 유사한 구조로 된 것을 제외하고 단면적 6 mm^2를 초과하는 코드 및 캡타이어 케이블에는 터미널 러그를 부착한다.

㈐ 코드와 형광등 기구의 리드선과 접속은 전선 접속기로 접속한다.

④ **구리(銅) 전선과 전기 기계 기구 단자의 접속**

㈎ 전선을 나사로 고정할 경우에 진동 등으로 헐거워질 우려가 있는 장소는 2중 너트, 스프링 와셔 및 나사 풀림 방지 기구가 있는 것을 사용한다.

㈏ 전선을 1가닥만 접속할 수 있는 구조의 단자는 2가닥 이상의 전선을 접속하지 않는다.

㈐ 기구 단자가 누름나사형, 클램프형이거나 이와 유사한 구조가 아닌 경우는 단면적 10 mm^2를 초과하는 단선 또는 단면적 6 mm^2를 초과하는 연선에 터미널 러그를 부착한다.

㈑ 터미널 러그는 납땜으로 전선을 부착하여야 하며, 접속점에는 장력이 걸리지 않도록 시설한다.

(3) 전선의 접속 방법

① **구리(銅) 전선의 접속**

㈎ 트위스트(직선) 접속

㉠ 단면적 6 mm^2 이하의 가는 단선을 직선으로 접속하는 방법이다.

㉡ 피복을 벗긴 부분을 서로 맞대어 2~3회 꼰 후 전선의 끝을 각각 상대편 전선에 5~6회 정도 감아서 접속한다.

㉢ 접속이 끝난 후에는 선을 곧게 펴주고, 펜치 2개를 사용하여 감은 부분을 꽉 조여주면 효과적이다.

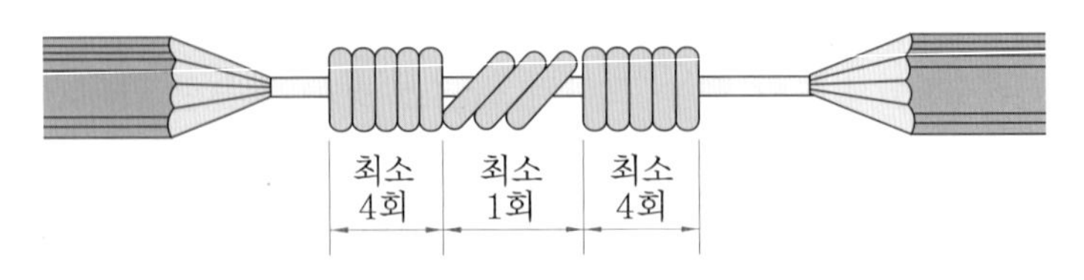

[그림 15-1] 트위스트 직선 접속

㈏ 트위스트(분기) 접속

㉠ 분기 접속은 본선에서 선을 분기할 때 사용하는 접속 방법이다. 단면적 6 mm^2 이하의 가는 단선에 적용한다.

㉡ 본선을 30 mm, 분기선을 120 mm 정도의 길이로 심선의 피복을 벗긴 후 심선을 잘 닦아 이물질을 제거하고 곧게 편다.

㉢ 본선과 분기선을 나란히 대고 펜치로 피복 부분을 잡고, 피복 끝 부분으로부터 10 mm 정도 되는 곳에서 손으로 분기선을 본선에 1회 감은 후 수직으로 세운다.

㉣ 본선에 5회 이상 헐겁지 않도록 조밀하게 감는다.

㉤ 감고 남은 부분을 잘라낸 후 끝은 펜치로 오므려 준다.

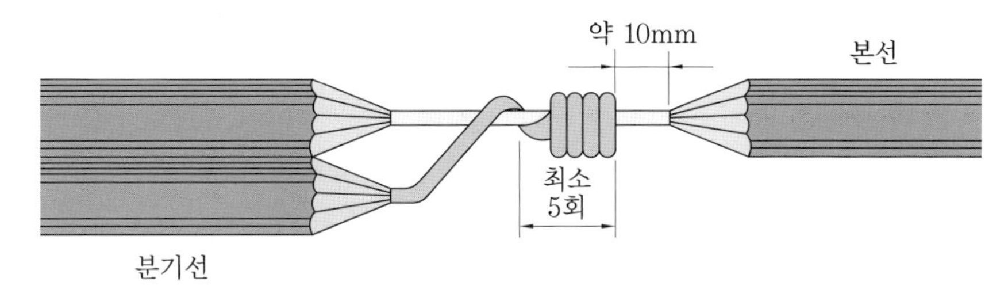

[그림 15-2] 트위스트 분기 접속

㈐ 브리타니아(직선) 접속

㉠ 단면적 10 mm^2 이상의 굵은 단선을 직선으로 접속하는 방법이다.

㉡ 이 접속법은 단선을 직접 서로 꼬아서 접속하는 형태가 아닌 별도의 연결선과 첨선을 이용한 접속 방법이다.

㉢ 연결선과 첨선은 1.0~1.2 mm 굵기의 나동선(피복이 없이 도체로만 되어 있는 전선)을 주로 사용한다.

㉣ 두 단선의 접속 부분을 겹친 후 120 mm 길이의 첨선을 댄다.

㉤ 1~1.2 mm 굵기 정도 되는 연결선의 중간을 전선 접속 부분의 중앙에 위치하고 2회 정도 헐겁게 감는다.

㉥ 각각 양쪽을 조밀하게 감아주고 감은 전체의 길이가 단선 지름의 15배 이상이 되도록 한다.

㉦ 펜치를 사용하여 두 심선의 남은 끝을 각각 위로 세우고 양 끝의 연결선을 본선에만 5회 정도 감고, 첨선과 함께 꼬아서 8 mm 정도 남기고 자른다.

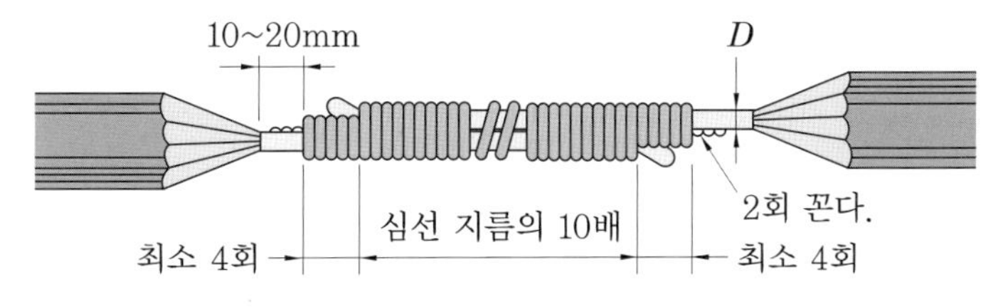

[그림 15-3] 브리타니아 직선 접속

㈑ 종단(쥐꼬리) 접속

㉠ 박스 안에서 굵기가 같은 가는 단선(1.5~4 mm^2)을 2~3가닥 모아 서로 접속할 때 이용하는 접속법이다.

㉡ 접속 방법은 접속한 부분에 테이프를 감는 방법과 박스용 커넥터를 끼워주는 방법이 있다. 전선의 굵기가 다르거나 3가닥일 경우 각각 접속 방법이 달라진다.

㉢ 접속하고자 하는 단선을 각각 약 40 mm 정도 피복을 벗긴다.

㉣ 두 단선을 피복 있는 곳에서 약 5 mm 정도 되는 부분에서 40° 또는 45° 정도씩 벌린다.

㉤ 피복 부분을 펜치로 잡고 엄지와 인지를 이용하여 1회 비튼다. 또 다른 펜치를 사용하여 꼰 심선의 끝을 잡고 심선을 잡아당기면서 2~4회 정도 꼬아준다.

㉥ 접속 마무리로 커넥터를 끼울 경우 2~3회 정도 꼰 다음 잘라낸다. 절연 테이프를 사용할 경우 4회 이상 꼰 다음 5 mm 정도 길이로 구부려 준다.

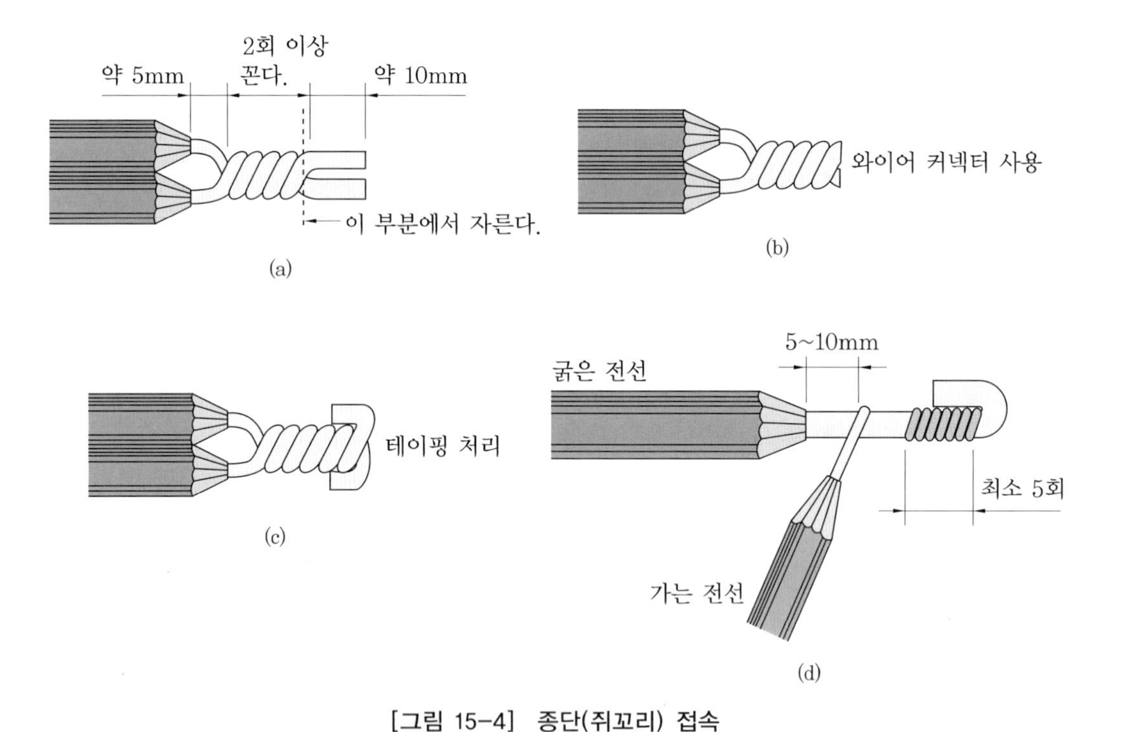

[그림 15-4] 종단(쥐꼬리) 접속

㈒ 링 슬리브(ring sleeve) 접속

㉠ 접속하려는 심선을 2~3가닥을 모아 2~3회 꼰 다음 알루미늄, 구리용 링 슬리브를 씌우고 압착 펜치로 압착하여 접속하는 방법이다. 링 슬리브는 급속이기 때문에 절연을 위해 비닐제 캡이 필요하다.

㉡ 슬리브는 피복을 벗긴 곳에서부터 약 5 mm 정도 되는 곳에 위치하도록 한다.
㉢ 압착 펜치로 슬리브의 와이어 부분을 힘을 주어 압착한다.

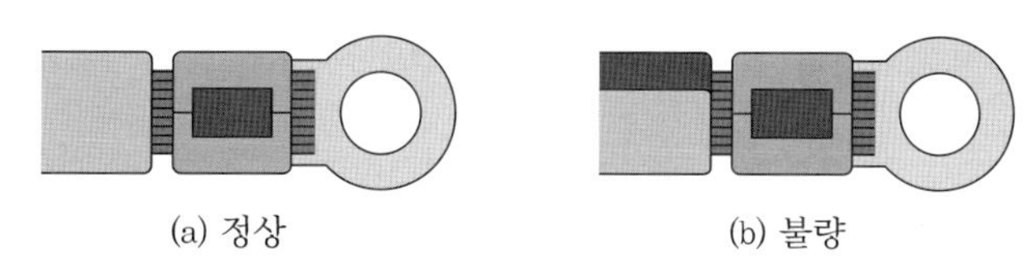

[그림 15-5] 링 슬리브 접속

② 알루미늄 전선의 접속

(가) 직선 접속

㉠ 주로 인입선과 인입구 배선과의 접속 등과 같이 장력이 걸리지 않는 장소에 사용한다.
㉡ 전선 접속기는 알루미늄 전선, 동전선 공용이다.

(나) 분기 접속

㉠ 주로 간선에서 분기하는 경우 등에 사용한다.
㉡ 전선 접속기는 그 단면 형태에 따라 C형, E형, H형 등의 종류가 있고, 알루미늄 전선 전용의 것 및 알루미늄 전선, 동전선 공용의 것 등 여러 가지 종류가 있다.

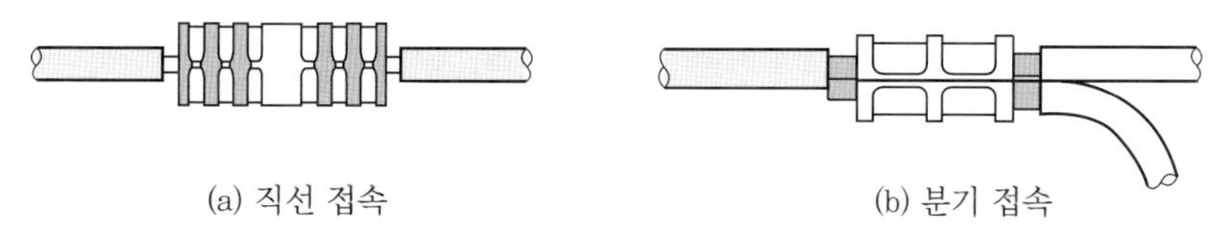

[그림 15-6] 전선의 접속

(다) 종단 접속

㉠ 종단 겹침용 슬리브에 의한 접속
㉡ 비틀어 꽂은 형의 전선 접속기에 의한 접속 : 주로 가는 전선을 박스 안 등에서 접속할 때에 사용한다.

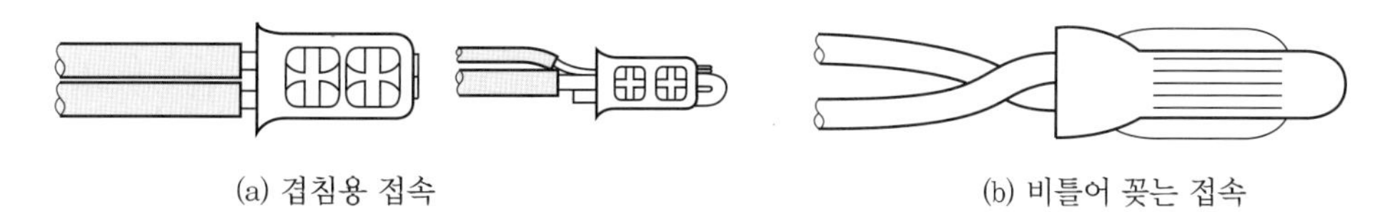

[그림 15-7] 종단 접속

15-2 전선과 기구 단자와의 접속

(1) 옥내에서 전선을 병렬로 사용하는 경우

① 병렬로 사용하는 각 전선의 굵기는 구리 50 mm^2 이상 또는 알루미늄 70 mm^2 이상이고, 동일한 도체, 동일한 굵기, 동일한 길이이어야 한다.

② 공급점 및 수전점에서 전선의 접속은 같은 극(極)의 각 전선은 동일한 터미널 러그에 완전히 접속한다. 또한, 같은 극인 각 전선의 터미널 러그는 동일한 도체에 2개 이상의 리벳 또는 2개 이상의 나사로 헐거워지지 않도록 확실하게 접속한다.

③ 병렬로 사용하는 전선은 각각에 퓨즈를 장치하지 말아야 한다(공용 퓨즈는 지장이 없다).

(2) 절연 테이프의 종류

① 고무테이프(rubber tape)

㈎ 절연성 혼합물을 압연·가황한 후 그 표면에 고무풀을 칠하여 만든다.

㈏ 규격은 두께 0.9 mm, 너비 19 mm로 한 타래의 길이는 8 m 이상으로 되어 있다.

② 비닐 테이프

㈎ 염화 비닐 컴파운드로 만든다. 규격은 두께 0.15, 0.20, 0.25 mm의 세 가지가 있으며, 너비 19 mm로 한 타래 길이 10 m, 20 m로 되어 있다.

㈏ 테이프의 색은 흑색, 백색, 회색, 파랑, 녹색, 노랑, 갈색, 주황, 빨강의 총 9종류로 되어 있다.

③ 리노 테이프

바이어스 테이프(bias tape)에 절연성 니스를 몇 차례 바르고 다시 건조시켜 만든다. 이 테이프는 점착성이 없으나 절연성, 내온성 및 내유성이 있으므로, 연피 케이블의 접속에는 반드시 사용된다.

④ 자기 융착 테이프

이것은 합성수지와 합성고무를 주성분으로 만든 판상의 것을 압연하여 적당한 격리물과 함께 감아서 만든다. 이 테이프는 내오존성, 내수성, 내약품성, 내온성이 우수해서 오래도록 열화되지 않기 때문에 비닐 외장 케이블 및 클로로프렌 외장 케이블의 접속에 사용된다.

>>> 제15장

연습문제

1. 가는 단선($6mm^2$)을 직선으로 접속할 경우 전선의 강도는 몇 % 이상 감소시키지 않아야 하는가?

2. 절연 전선을 서로 접속할 때 사용하는 방법으로 알맞은 것을 쓰시오.

3. 기구 단자에 전선 접속 시 진동 등으로 헐거워지는 염려가 있는 곳에 사용되는 것은 무엇인가?

4. 기구 단자에 전선 접속 시 나사를 덜 죄었을 경우 발생할 수 있는 위험 요소는 무엇인가?

5. 전선 접속 시 사용되는 슬리브(sleeve)의 종류를 모두 쓰시오.

6. 옥내 배선에서 주로 사용하는 직선 접속 및 분기 접속 방법은 어떤 것을 사용하여 접속하는가?

7. 전선을 종단 겹침용 슬리브에 의해 종단 접속할 경우 소정의 압축 공구를 사용하여 보통 몇 개소를 압착하는가?

8. 알루미늄 전선의 접속 방법을 모두 쓰시오.

9. 박스 내에서 가는 전선을 접속할 때의 접속 방법으로 가장 적합한 것은?

10. 굵기가 같은 두 단선의 쥐꼬리 접속에서 와이어 커넥터를 사용하는 경우에는 심선을 몇 회 정도 꼰 다음 끝을 잘라내야 하는가?

Chapter 16

옥내 배선 공사 Ⅰ

전선 및 케이블의 종류에 따른 배선 설비의 설치방법은 [표 16-1]에 따르며, 교류 회로의 전기자기적 영향(맴돌이 전류 방지)과 같은 외부적인 영향을 고려하여야 한다.

16-1 전선관 시스템

(1) 배선 설비의 설치방법

[표 16-1] 전선 및 케이블의 종류에 따른 배선 설비의 공사방법(KEC 232.2-1)

전선 및 케이블		공사방법							
		케이블 공사			전선관 시스템	케이블 트렁킹 시스템 (몰드형, 바닥 매입형 포함)	케이블 덕팅 시스템	케이블 트레이 시스템 (래더, 브래킷 등 포함)	애자 공사
		비고정	직접 고정	지지선					
나전선		−	−	−	−	−	−	−	+
절연 전선 b		−	−	−	+	+a	+	−	+
케이블 (외장 및 무기질 절연물을 포함)	다심	+	+	+	+	+	+	+	0
	단심	0	+	+	+	+	+	+	0

+ : 사용할 수 있다.
− : 사용할 수 없다.
0 : 적용할 수 없거나 실용상 일반적으로 사용할 수 없다.
a : 케이블 트렁킹 시스템이 IP4X 또는 IPXXD급 이상의 보호 조건을 제공하고, 도구 등을 사용하여 강제적으로 덮개를 제거할 수 있는 경우에 한하여 절연 전선을 사용할 수 있다.
b : 보호 도체 또는 보호 본딩 도체로 사용되는 절연 전선은 적절하다면 어떠한 절연 방법이든 사용할 수 있고, 전선관 시스템, 트렁킹 시스템 또는 덕팅 시스템에 배치하지 않아도 된다.

(2) 금속관(steel conduit) 공사

강철재 전선관으로는 일반적으로 후강 전선관과 박강 전선관이 사용되고, 시설 장소에 따라 아주 두꺼운 특수 후강 전선과 아주 얇은 E.M.T(Electrical Metallic Tube) 전선관이 사용되기도 한다.

① 금속 전선관 배선의 특징

금속관 공사는 전개된 장소, 은폐 장소 어느 곳에서나 시설할 수 있으며 습기 또는 물기 있는 곳, 먼지 있는 곳 등에 시설한다.

(가) 전선이 기계적으로 완전히 보호된다.
(나) 단락, 접지 사고에 화재의 우려가 적다.
(다) 접지 공사를 완전히 하면 감전의 우려가 없다.
(라) 방습장치를 할 수 있으므로 전선을 내수적으로 시설할 수 있다.
(마) 건축 도중에 전선 피복이 손상받을 우려가 적다.
(바) 배선방법을 변경할 경우에 전선의 교환이 쉽다.

② 시설 조건(KEC 232.12.1)

(가) 전선은 절연 전선(옥외용 비닐 절연 전선을 제외한다)일 것
(나) 전선은 연선일 것. 다만, 다음의 것은 적용하지 않는다.
　㉠ 짧고 가는 금속관에 넣은 것
　㉡ 단면적 10 mm^2(알루미늄선은 단면적 16 mm^2) 이하의 것
(다) 전선은 금속관 안에서 접속점이 없도록 할 것

③ 관의 두께

(가) 콘크리트에 매입하는 것은 1.2 mm 이상, 기타의 경우는 1 mm 이상일 것
(나) 이음매(joint)가 없는 길이 4 m 이하의 것을 건조한 노출장소에 시설하는 경우는 0.5 mm 이상일 것

④ 관의 굵기 선정

(가) 동일 굵기의 절연 전선을 동일 관내에 넣는 경우의 금속관 굵기는 다음 전선관 굵기의 선정 표에 따라 선정되어야 한다.
(나) 관의 굴곡이 적어 쉽게 전선을 끌어낼 수 있는 경우는 동일 굵기로 단면적 10 mm^2 이하는 전선 단면적의 총합계가 관내 단면적의 48% 이하가 되도록 할 수 있다.(굵기가 다른 절연 전선을 동일한 관내에 넣는 경우 32% 이하)
(다) 금속 전선관의 종류(규격)

[표 16-2] 금속 전선관의 종류

종류	굵기(mm) (관의 호칭)	바깥지름(mm)	두께(mm)	안지름(mm)
후강 전선관	16	21.0	2.3	16.4
	22	26.5	2.3	21.9
	28	33.3	2.5	28.3
	36	41.9	2.5	36.9
	42	47.8	2.5	42.8
	54	59.6	2.8	54.0
	70	75.2	2.8	69.6
	82	87.9	2.8	82.3
	92	100.7	3.5	93.7
	104	133.4	3.5	106.4
박강 전선관	19	19.1	1.6	15.9
	25	25.4	1.6	22.2
	31	31.8	1.6	28.6
	39	38.1	1.6	34.9
	51	50.8	1.6	47.6
	63	63.5	2.0	59.5
	75	76.2	2.0	72.2

[비고] 안지름(바깥지름−두께×2)은 환산한 계산값이다.

(라) 전선관 사용 전선 : 전선은 절연 전선(OW선 제외)을 사용하고, 짧고 가는 금속관에 넣을 경우 또는 단면적 10 mm^2(알루미늄선은 6 mm^2 이하인 경우를 제외하고)는 연선을 사용해야 한다.

(마) 전자적 평형 : 전선을 2가닥 이상 병렬로 시설할 경우에는 전자적 평형이 되도록 왕복선을 같은 전선관 안에 넣어야 한다. 즉, 자력선을 상쇄시켜 와전류에 의한 금속관 가열을 방지해야 한다. 금속제가 아닌 전선관은 영향이 없다.

⑤ 금속관의 굴곡(굽힘 작업)

(가) 금속관을 구부릴 때 단면이 심하게 변형되지 않도록 구부려야 하고 구부러지는 전선관의 안쪽 반지름은 전선관 내경의 6배 이상으로 하여야 한다. 단, 전선관의 안지름이 25 mm 이하이고, 건조물의 구조상 부득이한 경우는 전선관의 내 단면이 현저하게 변형되지 않고 전선관에 크랙(crack)이 생기지 않을 정도까지 구부릴 수 있다.

(나) 아웃렛 박스 사이 또는 전선 인입구가 있는 기구 사이의 금속관은 3개소 초과하는 직각 또는 직각에 가까운 굴곡 개소를 만들어서는 안 된다. 즉, 3개소가 초과하는 굴곡 개소 발생 시 또는 전선관의 길이가 30m를 초과하면 풀 박스를 설치하

는 것이 바람직하다.

㈐ 유니버설 엘보(universal elbow), 티(T), 크로스(+) 등은 조영재에 은폐시켜서는 안 된다.

㈑ 금속관의 굽힘 작업은 벤더로 하고, 나사 내기는 다이스나 오스터를 사용한 후 와이어 브러시로 청소를 하여 준다(전선관 나사산의 각도는 80°). 절단된 전선관 안쪽은 전선의 손상방지를 위하여 리머로 다듬어 주어야 한다.

⑥ 금속관의 굴곡(굽힘 작업)

㈎ 금속관을 박스 또는 이와 유사한 것에 접속하려면 로크너트(lock nut) 2개를 박스나 캐비닛 양쪽에 대고 부싱을 전선관에 끼움으로써 전기적, 기계적으로 완전히 접속한다. 박스 또는 캐비닛의 녹아웃의 구멍이 로크너트보다 클 때에는 링 리듀서(ring reducer)를 써서 접속한다.

㈏ 금속관 상호의 접속은 커플링을 사용하고 견고하게 조여야 한다.

㈐ 금속관을 조영재에 따라서 시설하는 경우는 새들 또는 행어(hanger) 등으로 견고하게 지지하고, 그 간격을 2 m 이하로 하는 것이 바람직하다.

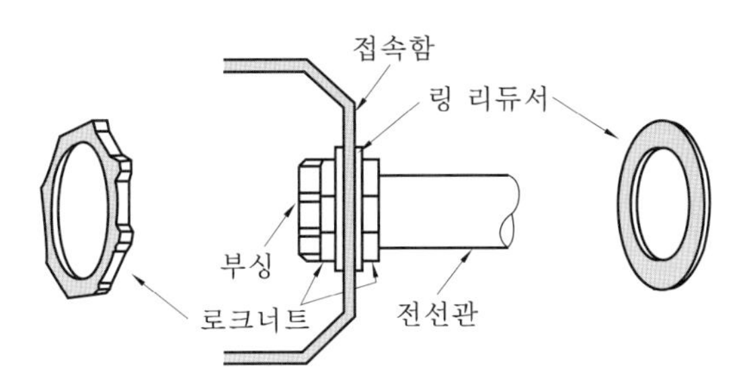

[그림 16-1] 금속관과 접속함의 접속

⑦ 금속관 전선 넣기

㈎ 관로가 짧고 구부러진 곳이 적을 때에는 전선을 직접 밀어 넣지만, 일반적으로는 피시 테이프(fish tape)를 넣어 그 끝에 전선을 매달고 반대편에서 끌어당긴다.

㈏ 피시 테이프는 너비 3.2~6.4 mm, 두께 0.8~1.5 mm의 평각 강철선이다.

㈐ 피시 테이프가 없으면 2.0~2.6 mm의 철선을 사용한다.

⑧ 매입 배관 공사

㈎ 관의 두께가 1.2 mm 이상 되어야 콘크리트에 매입할 수 있다. 기타의 장소에는 1.0 mm 이상으로 한다.

㈏ 이음매가 없고 4 m 이하인 것을 건조하고 전개된 곳에 시설하는 경우에는 관의 두께가 0.5 mm까지 가능하다. 직각으로 매입 배관할 때에는 노멀 밴드를 사용한다.

(다) 금속관은 직접 매입해서 배관해서는 안 된다. 단, 공사상 부득이한 경우 후강 전선관에 방수 및 방부 조치로 주트(황마)를 감거나 콘크리트로 감싸는 등의 방호 장치를 한 경우에는 직접 매입 배관을 할 수 있다.

⑨ 노출 배관 공사

(가) 굵은 금속관을 다수 배관할 때, 구부러지는 곳에는 풀 박스(pull box)를 사용하면 배관도 편하고 전선 넣기도 간편하다. 조영재에 따라 거리 2 m 이하마다 새들을 사용해서 고정시킨다.

(나) 여러 개의 굵은 금속관을 천장에 매달 때에는 그 지지점 간의 간격을 2~3 m로 하는 것이 적당하다.

⑩ 습기, 물기 있는 장소의 배관

금속관을 지중 또는 건물의 최하층 바닥 등에 매설하는 것은 가급적 피해야 한다. 습기가 많은 곳, 물기 있는 곳, 비에 젖는 곳에 시설하는 금속관은 다음과 같이 한다.

(가) 박스, 기타 부속품의 접속은 나사식이나 방수형으로 하고 베실, 가죽 등으로 패킹(packing)을 하거나, 나사 박은 곳에 페인트를 칠해야 한다.

(나) 물이 빠질 길이 없는 U자형 배관은 가급적 하지 말고, U자형 배관이 꼭 필요하면 최저부에 배수구를 만들어야 한다.

(다) 수평 배관은 배수되는 쪽으로 기울여 설치한다.

(라) 배수구는 수증기가 발생하는 곳에 시설하지 말아야 한다.

(마) 배수구는 뚜껑 있는 엘보 또는 박스를 사용하고, 이것을 적당히 열어 두어 그곳에서 배수되도록 하는 방법 등을 사용해야 한다.

(바) 건물 밖의 브래킷, 욕실, 부엌의 전등 기구의 플랜지 또는 이와 접하는 박스 안에서 전선을 접속하지 않는다.

(사) 물기, 습기가 없는 곳에서부터 전선의 접속점이 없이 이것들의 소켓 단자까지 끌고 갈 수 있도록 배선해야 한다.

⑪ 금속관 접지

관에는 규정에 준하여 접지 공사를 한다(KEC 211/140). 사용 전압이 400 V 이하로서 다음 중 하나에 해당하는 경우에는 그러하지 아니하다.

(가) 관의 길이가 4 m 이하인 것을 건조한 장소에 시설하는 경우

(나) 옥내 배선의 사용 전압이 직류 300 V 또는 교류 대지 전압 150 V 이하로서 그 전선을 넣는 관의 길이가 8 m 이하인 것을 사람이 쉽게 접촉할 우려가 없도록 시설하는 경우 또는 건조한 장소에 시설하는 경우

⑫ 금속 전선관 부속품

[표 16-3] 금속 전선관 부속품

재료명	용도	재료명	용도
노출 스위치 박스	노출 배관 공사에 사용되는 스위치 박스로 스위치나 콘센트 취부에 사용된다.	유니언 커플링	박강과 EMT 전선관을 상호 접속할 때 나사를 내지 않고 접속하는 나사 없는 커플링이다.
C형 엘보	노출 배관 공사에서 관을 직각으로 굽히는 곳에 사용된다.	4방출형 노출 박스	노출 배관 공사에 사용되는 박스로 전선 접속 및 조명 기구류를 취부할 때 사용된다.
T형 엘보	노출 배관 공사에서 관을 3방향으로 분기하는 곳에 사용하며, 4방향으로 분기하는 크로스 엘보가 있다.	부싱	전선의 절연 피복을 보호하기 위하여 금속관의 관 끝에 취부한다.
8각 아울렛 박스	전선 접속, 조명기구 등의 취부에 사용된다.	링 리듀서	금속관을 아웃렛 박스 등의 녹아웃에 취부할 때 관보다 지름이 큰 관계로 로크너트만으로는 고정 할 수 없을 때 보조적으로 사용한다.
4각 아울렛 박스	전선 접속, 조명기구, 콘센트, 스위치 등의 취부에 사용된다.	로크너트	박스에 금속관을 고정할 때 사용된다.
커플링	전선관 상호를 접속하는 것으로 내면에 나사가 있다.	새들	전선을 조영재에 고정할 때 사용한다.
접지 클램프	금속관과 접지선 사이의 접속에 사용된다.	앵글 박스 커넥터(방수)	박스에서 직각으로 구부러지는 곳에 노멀 밴드를 사용하지 못하는 곳에 사용한다.

 엔트런스 캡	저압 가공 인입선에 금속관 공사로 옮겨지는 곳 또는 금속관으로부터 전선을 뽑아 전동기 단자 부분에 접속할 때 전선을 보호하기 위해서 관 끝에 취부한다.	 터미널 캡	엔트런스 캡의 용도와 같다.

(3) 금속제 가요 전선관(flexible conduit) 공사

① 시설 조건(KEC 232.13.1)

가요 전선관(1종)은 두께 0.8 mm 이상의 아연 도금한 연강대를 약 반폭씩 겹쳐서 나선 모양으로 만들어 자유로이 구부리게 된 전선관이다.

㈎ 1종 가요 전선관은 조영재에 1 m 이하마다 박스와의 지지간격은 30 cm 이하로 새들을 씨시 고정시긴다.

㈏ 굽힘 작업을 할 때는 구부러지는 쪽의 안쪽 반지름은 가요 전선관 안지름의 6배 이상으로 하고 굴곡 시작점과 끝점 10 mm 이내 양쪽에 새들로 고정시켜야 한다.

㈐ 2종 가요 전선관의 굽힘 작업은 노출 장소 또는 점검이 가능한 은폐 장소에서 관을 시설하고 제거하는 것이 자유로운 경우는 안지름의 3배 이상, 관을 시설하고 제거하는 것이 자유롭지 않거나 점검이 불가능한 경우는 안지름의 6배 이상이어야 한다.

㈑ 1종 가요 전선관 공사는 굴곡이 많은 공사나 작은 증설 공사, 안전함과 전동기 사이의 공사, 엘리베이터의 공사, 기차·전차 안의 배선 등의 시설에 적당하다.

㈒ 박스와 가요 전선관의 접속은 스틀렛 박스 커넥터 또는 앵글 박스 커넥터를 사용하고 가요 전선관 상호의 접속은 플렉시블 커플링, 스플릿 커플링을 사용하며, 가요 전선관과 금속관의 접속은 콤비네이션 커플링을 사용한다.

㈓ 전선의 굵기 선정은 합성수지관·금속관 공사와 동일하다.

㈔ 접지 공사는 금속관 공사와 동일하다.

② 금속제 가요 전선관의 종류

금속제 가요 전선관은 일반 전선관과는 달리 가요성이 풍부하고 긴 것으로 관을 접속하는 일이 적고 자유롭게 배선할 수 있으므로 작은 증설 배선 안전함과 전동기 사이의 배선, 엘리베이터 배선, 기차나 전차 안의 배선 등에 많이 사용된다.

㈎ 제1종 금속제 가요 전선관 : 플렉시블 콘딧(flexible conduit)이라고 하며, [그림 16-2]와 같이 전면을 아연 도금한 두께는 0.8 mm 이상의 파상 연강대가 빈틈없이 나선형으로 감겨져 있으므로 유연성이 풍부하다.

(나) 제2종 금속제 가요 전선관 : 플렉시블 튜브(flexible tube)라고 하며, [그림 16-2]와 같이 아연 도금한 강대와 강대 사이에 별개의 파이버를 조합하여 감아서 만든 것으로 내면과 외면이 매끈하고 기밀성, 내열성, 내습성, 내진성, 기계적 강도가 우수하며 절단이 용이하다.

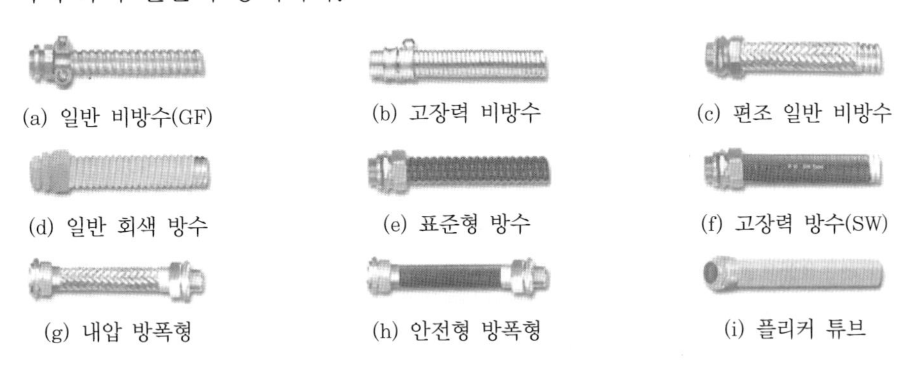

[그림 16-2] 금속제 가요 전선관

③ 금속제 가요 전선관의 크기

금속제 가요 전선관의 크기는 안지름에 가까운 홀수로 말하는데 13, 15, 19, 25, 31 mm 등이 있으며, 길이는 10, 15, 30 m로 되어 있다.

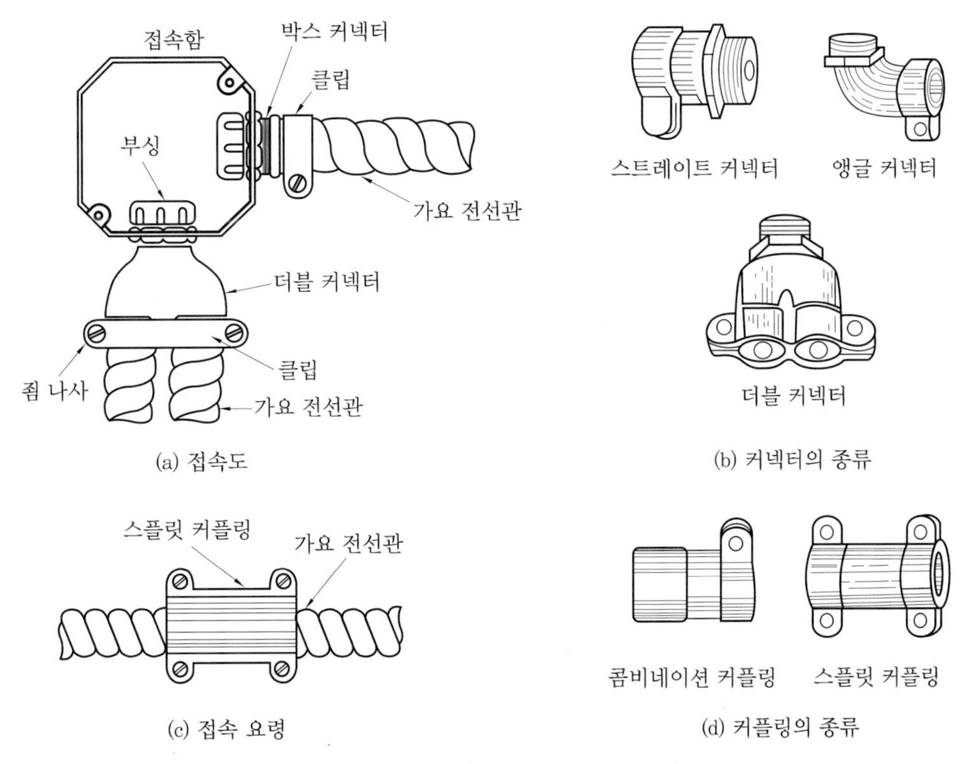

[그림 16-3] 금속제 가요 전선관의 부속품

④ 가요 전선관 및 부속품의 시설(KEC 232.13.3)

(가) 2종 금속제 가요 전선관을 사용하는 경우에 습기 많은 장소 또는 물기가 있는 장소에 시설하는 때에는 비닐 피복 2종 가요 전선관일 것

(나) 1종 금속제 가요 전선관에는 단면적 2.5 mm^2 이상의 나연동선을 전체 길이에 걸쳐 삽입 또는 첨가하여 그 나연동선과 1종 금속제 가요 전선관을 양쪽 끝에서 전기적으로 완전하게 접속할 것(단, 관의 길이가 4m 이하인 것을 시설하는 경우에는 그러하지 아니하다.)

⑤ 가요 전선관 지지점 및 접속점

(가) 가요 전선관 상호의 접속은 커플링으로 하여야 한다.

(나) 가요 전선관 박스 또는 캐비닛의 접속은 접속기로 접속하여야 한다.

(다) 가요 전선관을 금속관 배선 금속 몰드 배선 등과 연결하는 경우는 적당한 구조의 커플링, 접속기 등을 사용하고 양자를 기계적, 전기적으로 완전하게 접속하여야 한다.

㉠ 전선관의 상호 접속 : 스플릿 커플링(split coupling)

㉡ 금속 전선관의 접속 : 콤비네이션 커플링(combination coupling)

㉢ 박스와의 접속 : 스트레이트 커넥터, 앵글 커넥터, 더블 커넥터

(라) 가요 전선관을 새들 등으로 지지하는 경우에 지지점간의 거리는 다음 표의 값 이상이어야 한다.

[표 16-4] 지지점간의 거리

시설의 구분	지지점간의 거리(m)
조영재의 측면 또는 하면에 수평 방향으로 시설한 것	1 이하
사람이 접촉될 우려가 있는 것	1 이하
가요 전선관 상호 및 금속제 가요 전선관과 박스 기구와의 접속 개소	접속 개소에서 0.3 이하
기타	2 이하

(4) 합성수지관 공사

① 합성수지관 종류

(가) 경질 비닐 전선관(PVC conduit) : 경질 비닐관 공사는 금속관보다 가격이 싸고 시공이 용이하며 절연성이 좋고 내약품성·경량이고 녹슬지 않으며 대량 공급이 가능하여 많이 보급되고 있다. 그러나 열에 약하기 때문에 기계적 충격이나 중량물에 의한 압력 등 외력을 받을 우려가 없도록 시설해야 한다. 최근에는 이러한

부분을 보완하여 생산 제조되는 제품도 있다.

(나) 합성수지제 가요 전선관(PE 및 CD conduit) : roll로 되어 있고 무게가 가벼워 어려운 현장 여건에서도 운반 및 취급이 용이하며 금속 전선관에 비해 결로 현상이 적어 영하의 온도에서도 사용할 수 있다. PE 및 난연성 CD로 되어 있기 때문에 내약품성이 우수하고 가요성이 뛰어나므로 굴곡된 배관 작업에 적합하며, 관 내부의 마찰계수가 적어 전선 입선이 용이하다. 색상은 흑색, 적색, 청색, 황색, 녹색 5가지 종류가 있다.

② 합성수지관의 특징

(가) 누전의 우려가 없다.
(나) 내식성이다.
(다) 접지가 불필요하다.
(라) 외상을 받을 우려가 없다.
(마) 비자성체이다.
(바) 열에 약하다.
(사) 중량이 가볍고, 시공이 용이하다.
(아) 기계적 강도가 약하다.
(자) 파열될 염려가 있다.
(차) 피뢰기, 피뢰침의 접지선 보호에 적당하다.

③ 합성수지관의 호칭과 규격

[표 16-5] 경질 비닐 전선관의 규격

규격 (호칭)	표준 길이 (1본당)	사이즈(mm)	
		바깥지름	안지름
14	4.0 m	18±0.20	14
16	4.0 m	22±0.20	18
22	4.0 m	26±0.25	22
28	4.0 m	34±0.30	28
36	4.0 m	42±0.35	35
42	4.0 m	48±0.40	40
54	4.0 m	60±0.50	52
70	4.0 m	76±0.50	67
82	4.0 m	89±0.50	77.2

[표 16-6] PE 및 CD 전선관의 규격

규격 (호칭)	바깥지름(mm)		안지름(mm)	
	PE관	CD관	PE관	CD관
14	21.5	19.0	14.0	14.0
16	23.0	21.0	16.0	16.0
22	30.5	27.5	22.0	22.0
28	36.5	34.0	28.0	28.0
36	45.5	42.0	36.0	36.0
42	52.0	48.0	42.0	42.0

④ 시설 조건(KEC 232.11.1)

㈎ 절연 전선을 사용한다(단, 옥외용 비닐 절연 전선 제외).

㈏ 전선은 연선일 것(단, 다음의 것은 적용하지 않는다.)

㉠ 짧고 가는 합성수지관에 넣을 것

㉡ 단면적 10 mm^2 이하의 것(알루미늄선은 단면적 16 mm^2)

㈐ 전선은 합성수지관 안에서 접속점이 없도록 할 것

㈑ 중량물의 압력 또는 현저한 기계적 충격을 받을 우려가 없도록 시설할 것

⑤ 합성수지관의 부속품

㈎ 1호 커플링, TS 커플링, 2호 커플링 : 관 상호간의 접속용으로 사용한다.

㈏ 박스 커넥터 : 2호 커넥터로 관과 박스와의 접속에 사용한다.

㈐ 노말 밴드 : 직각으로 구부러지는 곳에서 관 상호간의 접속에 사용한다.

그리고 원형 노출 박스, 아울렛 박스, 엔트런스 캡, 새들, 콘크리트 박스 등은 금속관의 부속품과 같다.

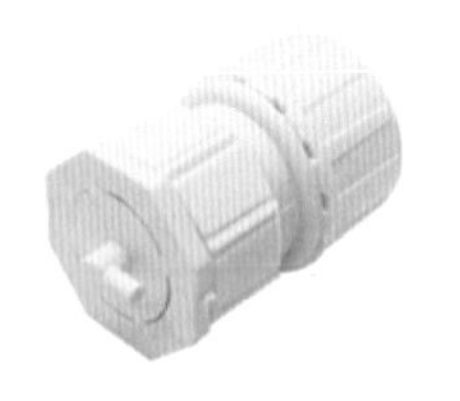

(a) 커넥터

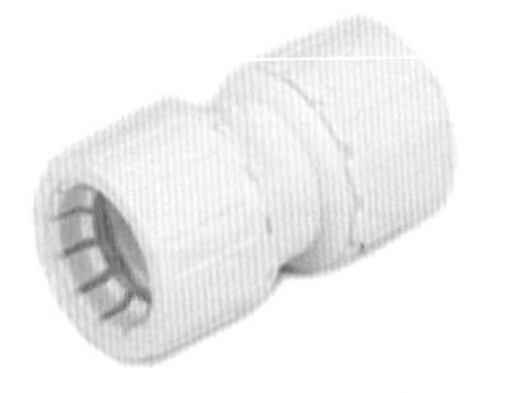

(b) 커플링

(c) 노말 밴드

[그림 16-4] 합성수지제 전선관의 부속품

⑥ 합성수지관 접속방법

㈎ 전선관과 전선관의 접속

㉠ 커플링에 들어가는 관의 길이는 관 바깥지름의 1.2배 이상으로 되어 있다.

㉡ 접착제를 사용하는 경우에는 0.8배 이상으로 할 수 있다.

㈏ TS 커플링을 쓰는 관 상호의 접속

㉠ 관 단내면을 관두께의 약 1/3 정도 남을 때까지 깎아낸다.

㉡ 커플링 안지름과 관 바깥지름의 접속면을 마른걸레로 잘 닦는다.

㉢ 커플링 안지름과 관 바깥지름의 접속면에 속효성 접착재를 엷게 고루 바른다.

㉣ 관을 커플링에 끼워 90° 정도 관을 비틀어 그대로 10~20초 정도 눌러서 접속을 완료하고 튀어나온 접착제는 닦아낸다.

㈐ 콤비네이션 커플링에 의한 관 상호의 신축 접속

㉠ TS 커플링의 방법으로 콤비네이션 커플링의 TS 측을 접속한다.

㉡ 신축 측의 관은 관 단내면을 관두께의 1/3 정도 남을 때까지 깎아내고 고무링을 관에 끼워 그대로 콤비네이션 커플링에 끼운다. 여름철 이외에는 약 5 mm 정도 다시 당겨 신축분을 남겨 놓는다.

㈑ 유니언 커플링에 의한 잇따른 접속

㉠ 양쪽의 관 단내면을 관두께의 1/3 정도 남을 때까지 깎아낸다.

㉡ 커플링 안지름 및 관의 송출부 바깥지름을 잘 닦는다.

㉢ 커플링 안지름 및 관 접속부 바깥지름에 접착제(이 경우는 속효성의 것이 바람직하다)를 엷게 고루 바른다.

㉣ 한쪽의 관을 들어 올려서 커플링을 다른 쪽 관에 보내 소정의 접속부로 복원시킨다.

㉤ 토치램프 등으로 커플링을 사방에서 타지 않도록 가열해서 복원시켜 접속을 완료한다.

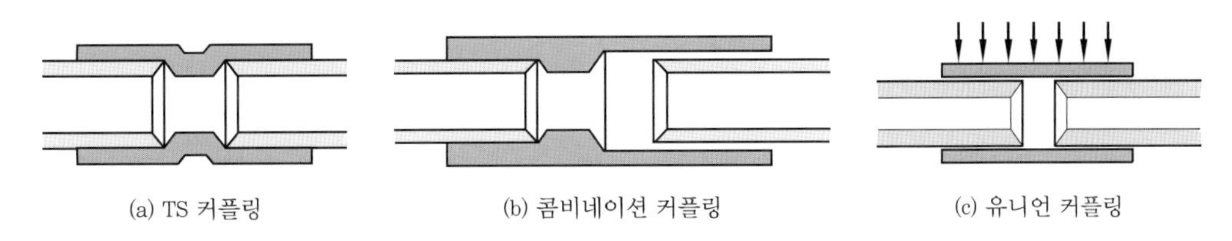

(a) TS 커플링　(b) 콤비네이션 커플링　(c) 유니언 커플링

[그림 16-5] 합성수지관 접속방법

㈒ 커넥터에 의한 박스와 관과의 접속

㉠ 1호 커넥터를 사용하는 경우에는 박스 안쪽에서 구멍에 커넥터를 꽂아 바깥쪽

으로 돌출시킨다.

㉡ 2호 커넥터를 사용하는 경우에는 박스 안쪽에서 구멍에 수나사를 꽂아 넣어 바깥쪽으로 돌출시킨 다음 암나사를 단단히 죈다.

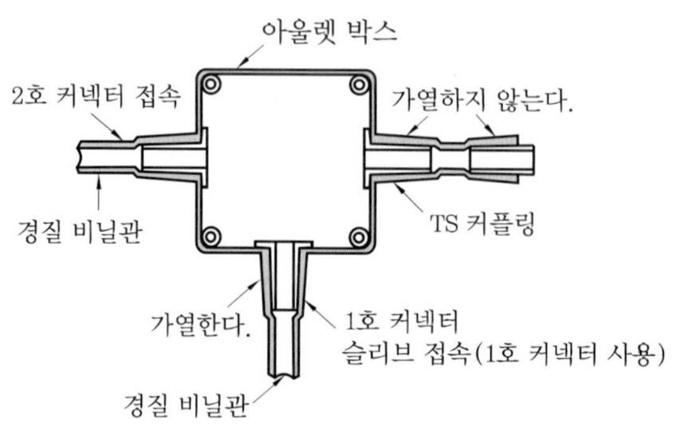

[그림 16-6] 박스와 관과의 접속

⑦ 합성수지관의 지지점

㈎ 배관의 지지점 사이의 거리는 1.5 m 이하로 하고 또한 그 지지점은 관의 끝, 관과 박스의 접속점 및 관 상호간의 접속점 등에 가까운 곳(0.3 m 정도)에 시설한다.

㈏ 합성수지제 가요관인 경우는 그 지지점 간의 거리를 1 m 이하로 한다.

⑧ 접지 공사

관에서 규정에 준하여 접지 공사를 할 것(KEC 211/140). 다만, 사용 전압이 400 V 이하로서 다음 중 하나에 해당하는 경우에는 그러하지 아니하다.

㈎ 건조한 장소에 시설하는 경우

㈏ 옥내 배선의 사용 전압이 직류 300V 또는 교류 대지 전압이 150 V 이하로서 사람이 쉽게 접촉할 우려가 없도록 시설하는 경우

16-2 케이블 트렁킹(trunking) 시스템

(1) 합성수지 몰드 공사

합성수지관은 염화 비닐 수지로 만든 것으로, 금속관에 비하여 가볍고 부식이 되지않는 장점이 있고, 절연성 또한 우수하다. 그러나 기계적 충격이나 압력, 열에 약하다는 단점을 가지고 있다.

[그림 16-7] 합성수지관 몰드 공사

① **시설 조건(KEC 232.21.1)**

(가) 전선은 절연 전선일 것(옥외용 비닐 절연 전선은 제외한다.)

(나) 합성수지 몰드 안에는 전선에 접속점이 없도록 할 것

(다) 두께는 2 mm 이상의 것으로 홈의 폭과 깊이가 3.5 cm 이하이어야 한다. 단, 사람이 쉽게 접촉될 우려가 없도록 시설한 경우에는 폭 5 cm 이하, 두께 1 mm 이상인 것을 사용할 수 있다.

(라) 베이스를 조영재에 부착할 경우 40~50 cm 간격마다 나사못 또는 접착제를 이용하여 견고하게 부착해야 한다.

(마) 합성수지 몰드 상호 간 및 합성수지 몰드와 박스 기타의 부속품과는 전선이 노출되지 아니하도록 접속할 것

(2) 금속 몰드 공사

금속 몰드는 황동이나 동으로 만든 연강판으로서 베이스와 뚜껑으로 구성된다. 몰드의 폭은 5 cm 이하이고, 두께는 0.5 mm 이상이어야 한다. 교류 회로의 왕복선은 반드시 같은 몰드 안에 넣어서 전자적 평형이 이루어지도록 해야 하며, 접지 공사는 박스 베이스의 접지 단자를 이용해서 접지를 하여야 한다.

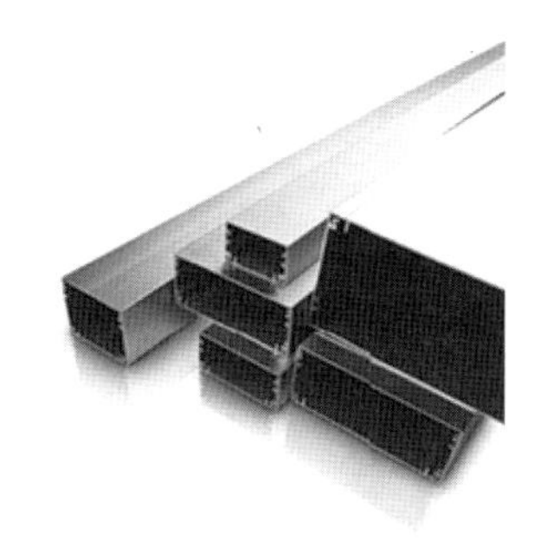

(a) 사각 몰드형

(b) 환형

[그림 16-8] 금속 몰드 공사

① **시설 조건(KEC 232.22.1)**

㈎ 전선은 절연 전선일 것(옥외용 비닐 절연 전선은 제외한다.)

㈏ 금속 몰드 안에는 전선에 접속점이 없도록 할 것

㈐ 금속 몰드의 사용 전압이 400 V 이하로 옥내의 건조한 장소로 전개된 장소 또는 점검할 수 있는 은폐 장소에 한하여 시설할 수 있다.

② **금속 및 박스 기타 부속품의 선정(KEC 232.22.2)**

㈎ 황동제 또는 구리제의 몰드는 폭이 50 mm 이하, 두께 0.5 mm 이상인 것일 것

㈏ 몰드 상호 간 및 몰드 박스 기타의 부속품과는 견고하고 또한 전기적으로 완전하게 접속할 것

㈐ 몰드에는 규정에 준하여 접지 공사를 할 것. 단, 다음 중 하나에 해당하는 경우에는 그러하지 아니하다.

㉠ 몰드의 길이가 4 m 이하인 것을 시설하는 경우

㉡ 사용 전압이 직류 300 V 또는 교류 대지 전압이 150 V 이하로서 그 전선을 넣는 관의 길이가 8 m 이하인 것을 사람이 쉽게 접촉할 우려가 없도록 시설하는 경우 또는 건조한 장소에 시설하는 경우

㈑ 1종 몰드에 넣는 전선 수는 10본 이하이며, 2종 몰드에 넣는 전선 수는 피복 절연물을 포함한 단면적의 총합계가 몰드 내 단면적의 20 % 이하로 한다.

㈒ 금속 몰드와 박스 등 부속품과의 접속 개소에는 부싱을 사용하여야 한다.

㈓ 금속 몰드는 조영재에 1.5 m 이하마다 고정하여야 한다.

㈔ 금속 몰드와 접지선과의 접속은 접지 클램프 또는 이에 상당하는 접지 금구를 사용하여 접속한다.

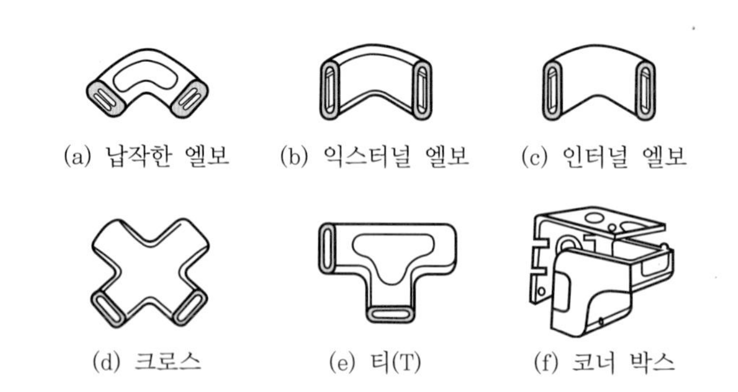

[그림 16-9] 조인트 금속 유형

③ **트렁킹(trunking) 공사**

㈎ 금속 트렁킹 공사 : 본체부와 덮개가 별도로 구성되어 덮개를 열고 전선을 교체하

는 금속 트렁킹 공사방법은 금속 덕트 공사 규정에 준용한다.

(나) 케이블 트렌치(trench) 공사 : 옥내 배선 공사를 위하여 바닥을 파서 만든 도랑 및 부속 설비를 말하며, 수용가의 옥내 수전 설비 및 발전 설비 설치 장소에만 적용한다. [시설 조건(KEC 232.24)]

㉠ 케이블 트렌치 내의 사용 전선 및 시설방법은 케이블 트레이 공사에 준용한다. 단, 전선의 접속부는 방습 효과를 갖도록 절연 처리하고 점검이 용이하도록 할 것

㉡ 케이블 트렌치에서 케이블 트레이, 덕트, 전선관 등 다른 공사방법으로 변경되는 곳에는 전선에 물리적 손상을 주지 않도록 시설할 것

㉢ 케이블은 배선 회로별로 구분하고 2 m 이내의 간격으로 받침대 등을 시설할 것

㉣ 케이블 트렌치 내부에는 전기 배선 설비 이외의 수도관·가스관 등 다른 시설물을 설치하지 말 것

(다) 케이블 트렌치의 구조

㉠ 바닥 또는 측면에는 전선의 하중에 충분히 견디고 전선에 손상을 주지 않는 받침대를 설치할 것

㉡ 뚜껑, 받침대 등 금속재는 내식성의 재료이거나 방식처리를 할 것

㉢ 굴곡부 안쪽의 반지름은 통과하는 전선의 허용 곡률 반지름 이상이어야 하고, 배선의 절연 피복을 손상시킬 수 있는 돌기가 없는 구조일 것

㉣ 뚜껑은 바닥 마감면과 평평하게 설치하고, 장비의 하중 또는 통행 하중 등 충격에 의하여 변형되거나 파손되지 않도록 할 것

㉤ 바닥 및 측면에는 방수처리하고 물이 고이지 않도록 할 것

16-3 케이블 덕팅(ducting) 시스템

(1) 금속 덕트 공사

금속 덕트 공사는 주로 공장, 빌딩 등에서 간선 등 다수의 전선을 수용하는 부분에 시설한다.

① **시설 조건**(KEC 232.31.1)

(가) 전선은 절연 전선일 것(옥외용 비닐 절연 전선은 제외)

(나) 금속 덕트에 넣은 전선의 단면적의 합계는 덕트의 내부 단면적의 20% 이하일 것(전광 표시 장치, 제어 회로 등의 배선만을 넣는 경우에는 50%)

(다) 금속 덕트 안에는 전선에 접속점이 없도록 할 것

(라) 금속 덕트 안에는 전선의 피복을 손상할 우려가 있는 것을 넣지 아니할 것

(마) 금속 덕트에 의하여 저압 옥내 배선이 건축물의 방화 구획을 관통하거나 인접 조영물로 연장되는 경우에는 그 방화벽 또는 조영물 벽면의 덕트 내부는 불연성의 물질로 차폐하여야 한다.

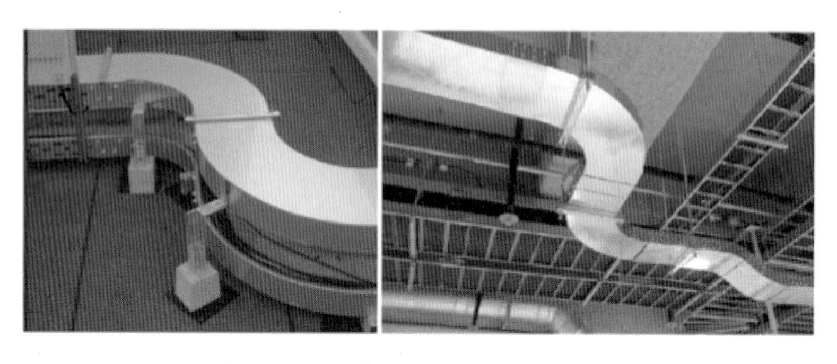

[그림 16-10] 금속 덕트 시공 예

② 금속 덕트의 선정(KEC 232.31.2)

(가) 폭이 40 mm 이상, 두께가 1.2 mm 이상인 철판 또는 동등 이상의 기계적 강도를 가지는 금속재의 것으로 견고하게 제작한 것일 것

(나) 안쪽 면은 전선의 피복을 손상시키는 돌기(突起)가 없는 것일 것

(다) 안쪽 면 및 바깥 면에는 산화 방지를 위하여 아연도금 또는 이와 동등 이상의 효과를 가지는 도장을 한 것일 것

(라) 동일 금속 덕트 내에 넣는 전선은 30가닥 이하로 하는 것이 바람직하다.

③ 금속 덕트의 시설(KEC 232.31.3)

(가) 덕트 상호 간은 견고하고 또한 전기적으로 완전하게 접속할 것

(나) 덕트를 조영재에 붙이는 경우에는 덕트의 지지점 간의 거리를 3 m 이하로 하고 또한 견고하게 붙일 것(취급자 이외의 자가 출입할 수 없도록 설비한 곳에서 수직으로 붙이는 경우에는 6 m)

(다) 덕트의 본체와 구분하여 뚜껑을 설치하는 경우에는 쉽게 열리지 아니하도록 시설할 것

(라) 덕트의 끝부분은 막을 것

(마) 덕트 안에 먼지가 침입하지 아니하도록 할 것

(바) 덕트는 물이 고이는 낮은 부분을 만들지 않도록 시설할 것

(사) 덕트는 규정에 준하여 접지 공사를 할 것

(2) 플로어 덕트 공사

플로어 덕트 공사(under floor way wiring)는 마루 밑에 매입하는 배선용의 홈통으로 마루 위로 전선 인출을 목적으로 하는 배선 공사이다.

(a) 플로어 덕트 공사 예

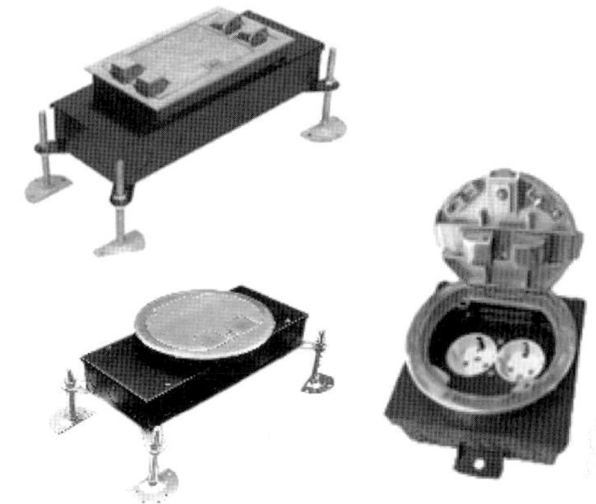

(b) 부속품

[그림 16-11] 플로어 덕트 공사

① 시설 조건(KEC 232.32.1)

(가) 전선은 절연 전선일 것(옥외용 비닐 절연 전선 제외)

(나) 전선은 연선일 것. 다만, 단면적 10 mm^2 이하인 것은 단선 사용이 가능하다(알루미늄은 16 mm^2).

(다) 플로어 덕트 안에는 전선에 접속점이 없도록 할 것

② 플로어 덕트 및 부속품의 선정 및 시설

(가) 전선의 피복 절연물을 포함한 단면적의 총합계가 플로어 덕트 내 단면적의 32% 이하가 되도록 선정하여야 한다.

(나) 접속함 간의 덕트는 일직선상에 시설하는 것을 원칙으로 한다.

(다) 금속재 플로어 덕트 및 기타 부속품은 두께 2.0 mm 이상인 강판으로 견고하게 만들고, 아연도금을 하거나 에나멜 등으로 피복하여야 한다.

(라) 덕트 상호 간, 덕트와 박스 및 인출구와는 견고하고 또한 전기적으로 완전하게 접속하여야 한다.

(마) 덕트 및 박스 기타의 부속품은 물이 고이는 부분이 없도록 시설하여야 한다.

(바) 덕트의 끝부분은 막아야 한다.

(사) 덕트는 규정에 준하여 접지 공사를 해야 한다.

(3) 셀룰러 덕트(celluar duct) 공사

대형 빌딩 철골조 건축물의 바닥 콘크리트 틀(파형 강판)로서 시설한다. 건설 덱 플레이트의 하단에 철판을 깔고, 만들어진 공간을 배선 덕트로 사용하는 것으로 사무자동화를 위한 바닥 배선 방식으로 쓰인다.

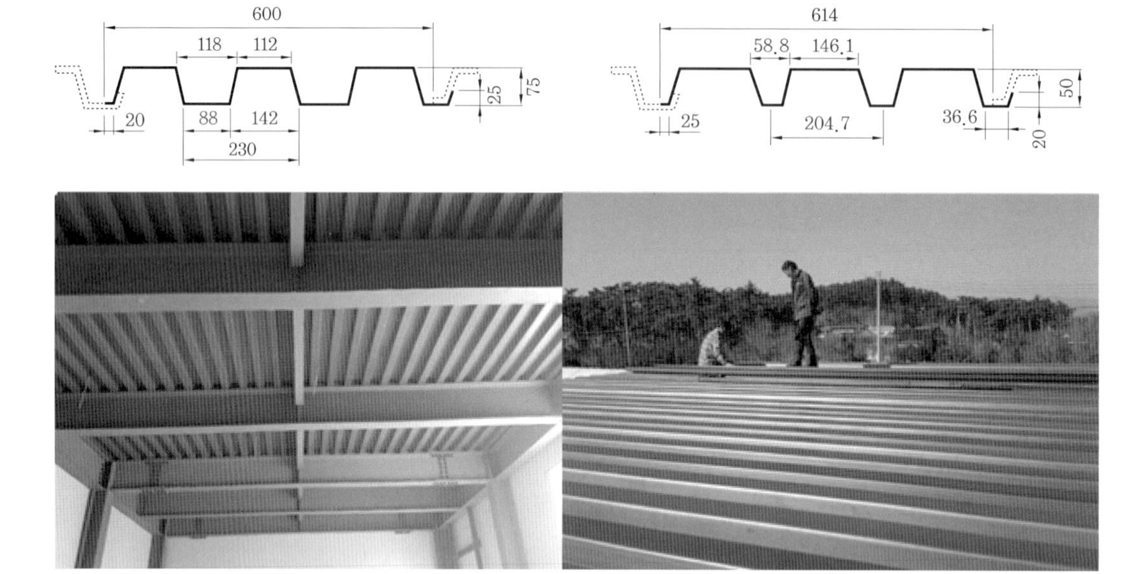

[그림 16-12] 셀룰러 덕트 공사 예

① 시설 조건(KEC 232.33.1)

㈎ 전선은 절연 전선일 것(옥외용 비닐 절연 전선 제외)

㈏ 전선은 연선일 것. 다만, 단면적 10 mm^2 이하인 것은 단선 사용이 가능하다(알루미늄선은 16 mm^2).

㈐ 셀룰러 덕트 안에는 전선에 접속점을 만들지 아니할 것

② 셀룰러 덕트 및 부속품의 선정(KEC 232.33.2)

㈎ 강판으로 제작할 것

㈏ 덕트 끝과 안쪽 면은 전선의 피복이 손상하지 아니하도록 매끈한 것일 것

㈐ 덕트의 안쪽 면 및 외면은 녹방지를 위하여 도금 또는 도장을 한 것일 것

㈑ 셀룰러 덕트의 판 두께는 [표 16-7]에서 정한 값 이상일 것

㈒ 부속품의 판 두께는 1.6 mm 이상일 것

[표 16-7] 셀룰러 덕트의 선정

덕트의 최대 폭	덕트의 판 두께
150 mm 이하	1.2 mm
150 mm 초과 200 mm 이하	1.4 mm
200 mm 초과하는 것	1.6 mm

③ 셀룰러 덕트 및 부속품의 시설(KEC 232.33.3)

㈎ 덕트 상호 간, 덕트와 조영물의 금속 구조체, 부속품 및 덕트에 접속하는 금속체와는 견고하게 또한 전기적으로 완전하게 접속할 것

㈏ 덕트 및 부속품은 물이 고이는 부분이 없도록 시설할 것

㈐인출구는 바닥 위로 돌출하지 않도록 시설하고 또한 물이 스며들지 않도록 할 것

㈑ 덕트의 끝부분은 막을 것

㈒ 덕트는 규정에 준하여 접지 공사를 할 것

16-4 케이블 트레이(tray) 시스템

(1) 케이블 트레이 공사

[그림 16-13] 케이블 트레이 공사 예

케이블을 지지하기 위하여 사용하는 금속재 또는 불연성 재료로 제작된 유닛 또는 유닛의 집합체 및 그에 부속하는 부속제 등으로 구성된 견고한 구조물을 말하며 사다리형, 펀칭형, 그물망형, 바닥밀폐형 기타 이와 유사한 구조물을 포함하여 사용한다.

① **시설 조건(KEC 232.41.1)**

㈎ 전선은 연피 케이블, 알루미늄피 케이블 등 난연성 케이블 또는 기타 케이블 또는 금속관 혹은 합성수지관 등에 넣은 절연 전선을 사용하여야 한다.

㈏ 케이블 트레이 안에서 전선을 접속하는 경우에는 전선 부분에 사람이 접근할 수 있고 또한 그 부분이 측면 레일 위로 나오지 않도록 하고 그 부분을 절연처리 하여야 한다.

㈐ 저압 케이블과 고압 또는 특고압 케이블은 동일 케이블 트레이 안에 포설하여서는 아니 된다.

㈑ 수평 트레이에 다심 케이블을 포설 시 단층으로 시설하고, 벽면과의 간격은 20 mm 이상 이격하여 설치하여야 한다.

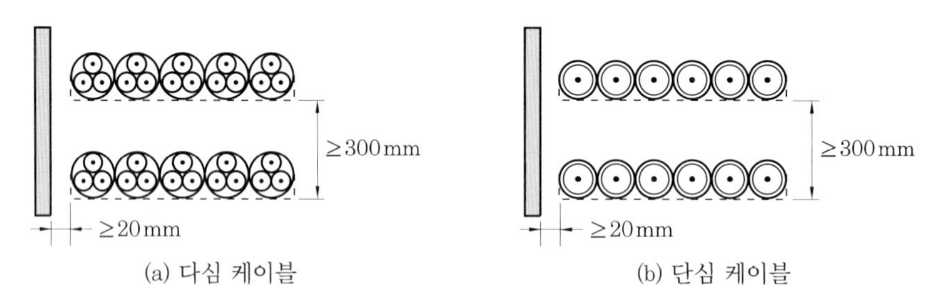

[그림 16-14] 수평 트레이 공사

② **케이블 트레이의 선정(KEC 232.41.2)**

㈎ 케이블 트레이의 안전율은 1.5 이상으로 하여야 한다.

㈏ 지지대는 트레이 자체 하중과 포설된 케이블 하중을 견딜 수 있는 강도를 가져야 한다.

㈐ 전선의 피복 등을 손상시킬 돌기 등이 없이 매끈하여야 한다.

㈑ 금속재의 것은 방식처리를 한 것이거나 내식성 재료의 것이어야 한다.

㈒ 비금속재 케이블 트레이는 난연성 재료의 것이어야 한다.

㈓ 금속재 트레이는 규정에 준하여 접지 공사를 하여야 한다.

㈔ 별도로 방호를 필요로 하는 배선 부분에는 방호력이 있는 불연성의 커버 등을 사용하여야 한다.

㈕ 케이블 트레이가 방화 구획의 벽, 마루, 천장 등을 관통하는 경우에 관통부는 불연성의 물질로 충전(充塡)하여야 한다.

>>> 제16장

연습문제

1. 금속관 공사의 특징을 모두 쓰시오.

2. 후강, 박강 전선관의 규격을 모두 나열하시오.

3. 굵기가 다른 절연 전선을 동일 금속관 내에 넣어 시설하는 경우에 전선의 절연 피복물을 포함한 단면적이 관내 단면적의 몇 % 이하가 되어야 하는가?

4. 금속관 공사에서 사용하는 부속품의 명칭을 모두 나열하시오.

5. 다음 전선관에 맞는 지지점간의 거리를 쓰시오.

(1) 합성수지관 (   )

(2) 금속관 (   )

(3) 합성수지제 가요관 (   )

(4) 가요 전선관 (   )

6. 합성수지관에 사용할 수 있는 단선의 최대 규격은 몇 mm^2인가?

7. 합성수지관 상호 및 관과 박스는 접속 시에 삽입하는 깊이를 관 바깥지름의 몇 배 이상으로 하여야 하는가? (단, 접착제를 사용하는 경우이다.)

8. 합성수지 전선관 공사에서 관 상호간 접속에 필요한 부속품은?

9. 합성수지제 가요 전선관(PF 및 CD)의 규격을 모두 쓰시오.

10. 가요 전선관의 상호 접속은 무엇을 사용하는가?

Chapter 17

옥내 배선 공사 II

17-1 케이블 공사

케이블(cable) 공사는 일반주택을 비롯한 상점·오피스·공장 등에 노출 배선을 할 수 있고, 공사가 간단하여 널리 사용되고 있는 배선 공사이다.

사용에 따라 전력 케이블, 제어 케이블, 통신 케이블로 구분하는데 평형 외장 케이블이 주로 사용된다. 습기·부식에 강해 전검할 수 없는 은폐 장소에도 시공이 가능하다.

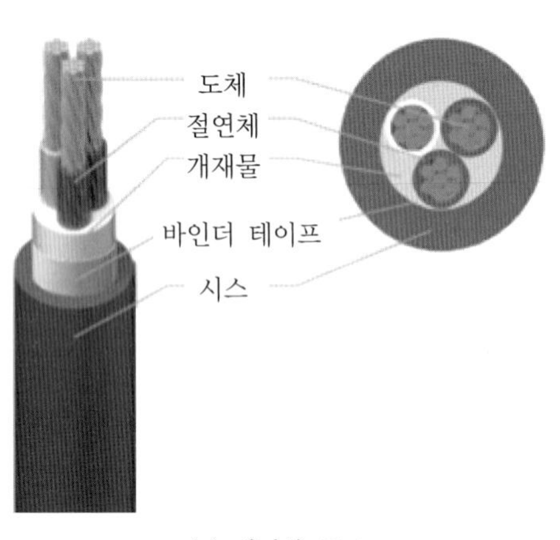

(a) 케이블 구조

(b) 케이블 포설 예

[그림 17-1] 케이블 공사

(1) 케이블 구분

① 피복(연피)이 없는 케이블 공사

케이블을 구부리는 곳을 피복이 손상되지 않도록 주의하고, 케이블 바깥지름의 6배(단심 8배) 이상의 반지름으로 구부려야 한다.

② 피복(연피)이 있는 케이블 공사

연피가 있는 케이블은 구부러지는 곳이 케이블 바깥지름의 12배 이상의 반지름으로 구부려야 한다. 단, 금속관에 삽입 시 15배 이상으로 한다.

(2) 시설 조건(KEC 232.51.1)

① 전선은 케이블 및 캡타이어 케이블일 것

② 중량물의 압력 또는 현저한 기계적 충격을 받을 우려가 있는 곳에 포설하는 케이블에는 방호장치를 할 것

③ 전선의 지지점 간의 거리와 굴곡

㈎ 전선을 조영재의 아랫면 또는 옆면에 따라 붙이는 경우에는 전선의 지지점 간의 거리를 케이블은 2 m 이하(사람이 접촉할 우려가 없는 곳에서 수직으로 붙이는 경우는 6 m)

㈏ 캡타이어 케이블은 1 m 이하

④ 관 기타의 전선을 넣는 방호장치의 금속재 부분·금속재의 전선 접속함 및 전선의 피복에 사용하는 금속재에는 규정에 준하여 접지 공사를 할 것. 단, 사용 전압이 400 V 이하로서 다음 중 하나에 해당할 경우에는 그러하지 아니하다.

㈎ 방호장치의 금속재 부분의 길이가 4 m 이하인 것을 건조한 곳에 시설하는 경우

㈏ 옥내 배선의 사용 전압이 직류 300 V 또는 교류 대지 전압이 150 V 이하로서 방호장치의 금속재 부분의 길이가 8 m 이하인 것을 사람이 쉽게 접촉할 우려가 없도록 시설하는 경우 또는 건조한 것에 시설하는 경우

(3) 콘크리트 직접매설용 포설(KEC 232.51.2)

① 전선은 미네랄 인슐레이션 케이블·콘크리트 직접매설용 케이블 또는 개장을 한 케이블일 것

② 전선을 박스 또는 풀 박스 안에 인입하는 경우는 물이 박스 또는 풀 박스 안으로 침입하지 아니하도록 구조의 부싱 또는 이와 유사한 것을 사용할 것

③ 콘크리트 안에는 전선에 접속점을 만들지 아니할 것

(4) 수직 케이블 포설(KEC 232.51.3)

① 수직조가선 부(付) 케이블로서 다음에 적합할 것

㈎ 케이블은 인장 강도 5.93 kN 이상의 금속선 또는 단면적이 22 mm^2 아연도강연선 으로서 단면적 5.3 mm^2 이상의 수직조가선을 비닐 외장 케이블 또는 클로로프렌 외장 케이블의 외장에 견고하게 붙인 것일 것

㈏ 수직조가선은 케이블 중량의 4배의 인장 강도에 견디도록 붙인 것일 것

② 전선 및 그 지지 부분의 안전율은 4 이상일 것

③ 전선 및 그 지지 부분은 충전 부분이 노출되지 아니하도록 시설할 것
④ 전선과의 분기 부분에 시설하는 분기선은 케이블일 것
⑤ 분기선은 장력이 가하여지지 아니하도록 시설하고 또한 전선과의 분기 부분에는 진동 방지 장치를 시설할 것

[그림 17-2] 수직조가선 시공 예

17-2 애자 사용 공사

일반적인 장소에 시설이 가능하나 점검할 수 없는 은폐 장소에는 시설이 불가능하다. 시설하는 방법은 애자에 전선을 지지하여 전선이 조영재에 접촉할 우려가 없도록 배선해야 한다. 재질은 **절연성**, **난연성**, **내수성**이 있어야 한다.

사용 전선은 옥내용 절연 전선, 즉 450/750[V] 배선용 비닐 절연 전선, 폴리에틸렌 절연 전선, 플루오르 수지 절연 전선, 고무 절연 전선 또는 고압 절연 전선을 사용한다(OW선, DV선 사용 불가).

(a) 현수 애자

(b) 현수 애자 시공 예

[그림 17-3] 애자 사용 공사

(1) 시설 조건(KEC 232.56.1)

① 전선은 다음의 경우 이외에는 절연 전선일 것(옥외용 비닐 절연 전선 및 인입용 비닐 절연 전선은 제외)

㈎ 전기로용 전선

㈏ 전선의 피복 절연물이 부식하는 장소에 시설하는 전선

㈐ 취급자 이외의 자가 출입할 수 없도록 설비한 장소에 시설하는 전선

② 전선 상호간의 간격은 0.06 m 이상일 것

③ 전선과 조영재 사이의 간격은 사용 전압이 400 V 이하인 경우에는 25 mm 이상일 것

④ 전선의 지지점 간의 거리는 전선을 조영재의 윗면 또는 옆면에 따라 붙일 경우에는 2 m 이하일 것

⑤ 사용 전압이 400 V 초과인 것은 제④의 경우 이외에는 전선의 지지점 간의 거리는 6 m 이하일 것

(2) 애자의 선정

사용하는 애자는 절연성·난연성 및 내수성의 것이어야 한다.

17-3 버스 바·파워 트랙 시스템

(1) 버스 바 트렁킹(bus bar trunking)

빌딩, 공장 등의 변전 설비에서 전선을 인출하는 곳에 사용하면 굵은 전선 공사보다 경제적으로 유리하다. 버스 바 방식은 도체(구리 또는 알루미늄)와 덕트 부분(duct housing)이 하나로 된 구조의 것으로 도체와 하우징의 조합에 의하여 분류된다.

① 시설 조건(KEC 232.61)

㈎ 덕트 상호 간 및 전선 상호 간은 견고하고 또한 전기적으로 완전하게 접속할 것

㈏ 덕트를 조영재에 붙이는 경우에는 덕트의 지지점 간의 거리를 3 m 이하로 하고 또한 견고하게 붙일 것(취급자 이외의 자가 출입할 수 없도록 설비한 곳에서 수직으로 붙이는 경우에는 6 m)

㈐ 덕트의 끝부분은 막을 것

㈑ 덕트의 내부에 먼지가 침입하지 아니하도록 할 것

㈒ 덕트는 규정에 준하여 접지 공사를 할 것

(바) 습기가 많은 장소 또는 물기가 있는 장소에 시설하는 경우에는 옥외용 버스 덕트를 사용하고 버스 덕트 내부에 물이 침입하여 고이지 아니하도록 할 것

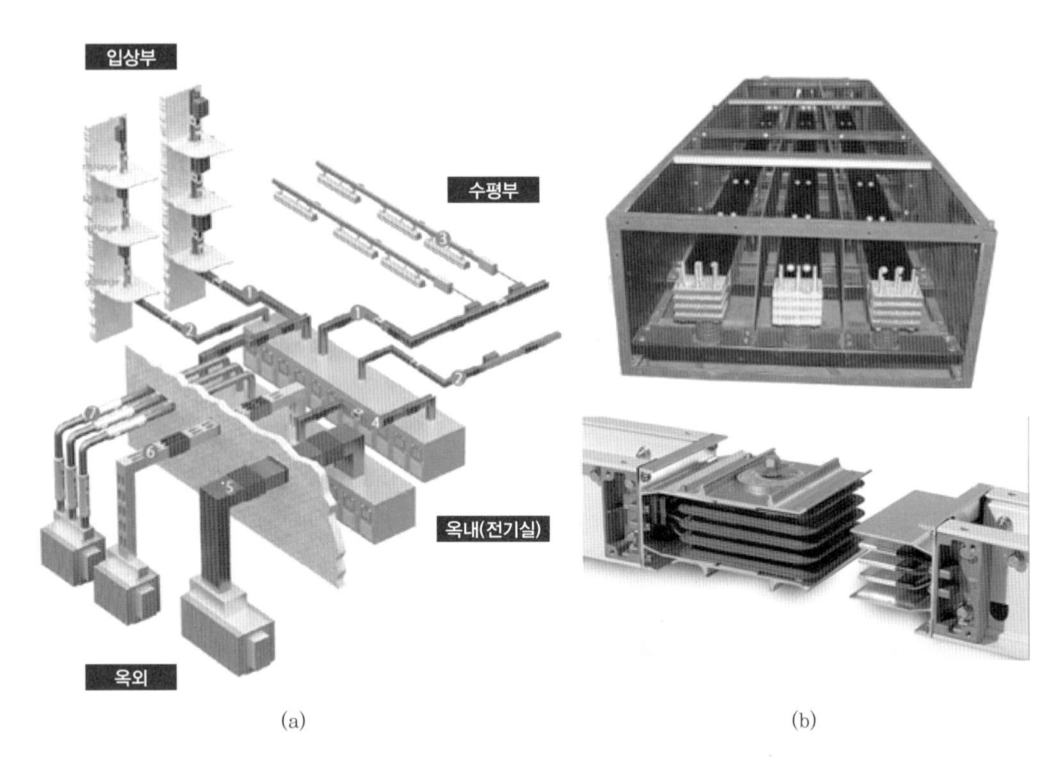

(a) (b)

[그림 17-3] 버스 바 트렁킹 또는 버스 덕트

② **버스 덕트의 선정**(KEC 232.61.1)

(가) 도체는 단면적 20 mm^2 이상의 띠 모양, 지름 5 mm 이상의 관 모양이나 둥글고 긴 막대 모양의 동 또는 단면적 30 mm^2 이상의 띠 모양의 알루미늄을 사용한 것일 것

(나) 도체 지지물은 절연성·난연성 및 내수성이 있는 견고한 것일 것

(다) 덕트는 [표 17-1]의 두께 이상의 강판 또는 알루미늄판으로 견고히 제작한 것일 것

[표 17-1] 버스 덕트의 선정

덕트의 최대 폭(mm)	덕트의 판 두께(mm)		
	강판	알루미늄판	합성수지판
150 이하	1.0	1.6	2.5
150 초과 300 이하	1.4	2.0	5.0
300 초과 500 이하	1.6	2.3	–
500 초과 700 이하	2.0	2.9	–
700 초과하는 것	2.3	3.2	–

③ **버스 덕트의 종류**

(가) 피더 버스 덕트 : 도중에 부하를 접속하지 아니한 것
(나) 익스펜션 버스 덕트 : 열 신축에 따른 변화량을 흡수하는 구조인 것
(다) 탭붙이 버스 덕트 : 기기 또는 전선 등과 접속시키기 위한 탭을 가진 것
(라) 트랜스 포지션 버스 덕트 : 각 상의 임피던스를 평균시키기 위한 것
(마) 플러그인 버스 덕트 : 도중에 부하 접속용으로 꽂음 플러그를 만든 것
(바) 트롤리 버스 덕트 : 도중에 이동 부하를 접속할 수 있도록 한 것

(2) 파워 트랙 시스템(bus bar trunking system)

파워 트랙 시스템 또는 라이팅 덕트(lighting duck) 공사는 금속 덕트의 전 길이에 걸쳐 연속되는 플러그 수구를 설치하여 조명 기구나 소형 전기 기계 기구의 급전용으로 이용한다.

(a) 레이스 웨이

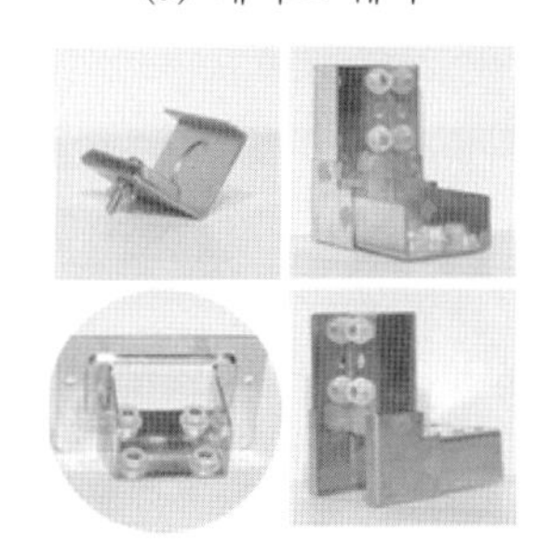

(b) 부속품

(c) 라이팅 덕트

[그림 17-4] 라이팅 덕트

① **시설 조건(KEC 232.71)**

(가) 덕트 상호 간 및 전선 상호 간은 견고하게 또한 전기적으로 완전히 접속할 것
(나) 덕트는 조영재에 견고하게 붙일 것
(다) 덕트의 지지점 간의 거리는 2 m 이하로 할 것(지지점은 매 덕트마다 2개소 이상)
(라) 덕트의 끝부분은 막을 것

(마) 덕트의 개구부(開口部)는 아래로 향하여 시설할 것

(바) 덕트는 조영재를 관통하여 시설하지 아니할 것

(사) 덕트에는 합성수지 기타의 절연물로 금속재 부분을 피복한 덕트를 사용한 경우 이외에는 규정에 준하여 접지 공사를 할 것. 단, 대지 전압이 150 V 이하이고 또한 덕트의 길이가 4 m 이하인 때는 그러하지 아니하다.

(아) 덕트를 사람이 용이하게 접촉할 우려가 있는 장소에 시설하는 경우에는 전로에 지락이 생겼을 때에 자동적으로 전로를 차단하는 장치를 시설할 것

(자) 조영재를 관통하여 시설하여서는 안 된다.

② 라이팅 덕트 및 부속품의 선정

라이팅 덕트 공사에 사용하는 라이팅 덕트 및 부속품은 등 기구 전원공급용 트랙 시스템에 적합할 것

17-4 고압·특고압 옥내 배선 공사

(1) 고압 옥내 배선 등의 시설(KEC 342.1)

① 고압 옥내 배선 방법

(가) 애자 사용 배선(건조한 장소로서 전개된 장소에 한한다.)

(나) 케이블 배선

(다) 케이블 트레이 배선

② 애자 사용 배선에 의한 고압 옥내 배선

(가) 사람이 접촉할 우려가 없도록 시설할 것

(나) 전선은 공칭 단면적 6 mm^2 이상의 연동선

(다) 전선의 지지점 간의 거리는 6 m 이하일 것(전선을 조영재의 면을 따라 붙이는 경우에는 2 m 이하)

(라) 전선 상호 간의 간격은 0.08 m 이상 전선과 조영재 사이의 간격은 0.05 m 이상일 것

(마) 애자 사용 배선에 사용하는 애자는 절연성·난연성 및 내수성의 것일 것

(바) 고압 옥내 배선은 저압 옥내 배선과 쉽게 식별되도록 시설할 것

(사) 전선이 조영재를 관통하는 경우에는 그 관통하는 부분의 전선을 전선마다 각각 별개의 난연성 및 내수성이 있는 견고한 절연관에 넣을 것

③ 케이블 배선에 의한 고압 옥내 배선

(가) 전선에 케이블을 사용할 것

(나) 규정에 의한 접지 공사를 해야 할 곳

㉠ 관 기타의 케이블을 넣는 방호장치의 금속재 부분

㉡ 금속재의 전선 접속함

㉢ 케이블의 피복에 사용하는 금속재

④ 케이블 트레이 배선에 의한 고압 옥내 배선

(가) 전선은 연피 케이블, 알루미늄피 케이블 등 난연성 케이블, 기타 케이블을 사용하여야 한다.

(나) 금속재 케이블 트레이 계통은 기계적 및 전기적으로 완전하게 접속하여야 하며, 금속재 트레이에는 접지 시스템에 접속하여야 한다.

(다) 동일 케이블 트레이 내에 시설하는 케이블은 단층으로 시설할 것

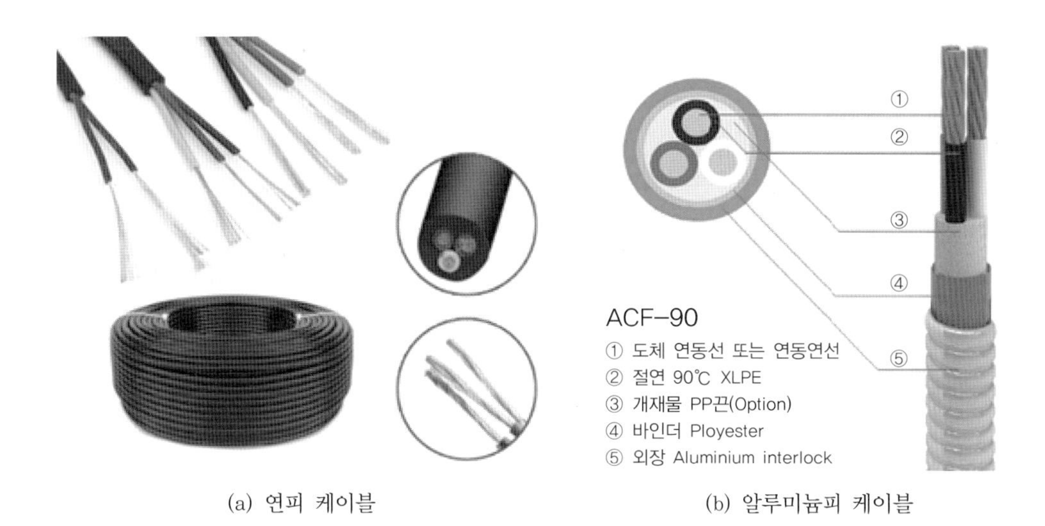

(a) 연피 케이블 (b) 알루미늄피 케이블

[그림 17-5] 고압 옥내 배선

⑤ 옥내 고압용 이동 전선의 시설(KEC 342.2)

(가) 고압의 이동 전선은 고압용의 캡타이어 케이블일 것

(나) 이동 전선과 전기 사용 기계 기구와는 볼트 조임 기타의 방법에 의하여 견고하게 접속할 것

(다) 이동 전선에 전기를 공급하는 전로에는 전용 개폐기 및 과전류 차단기를 각 극에 시설할 것

(라) 전로에 지락이 생겼을 때에 자동적으로 전로를 차단하는 장치를 시설할 것

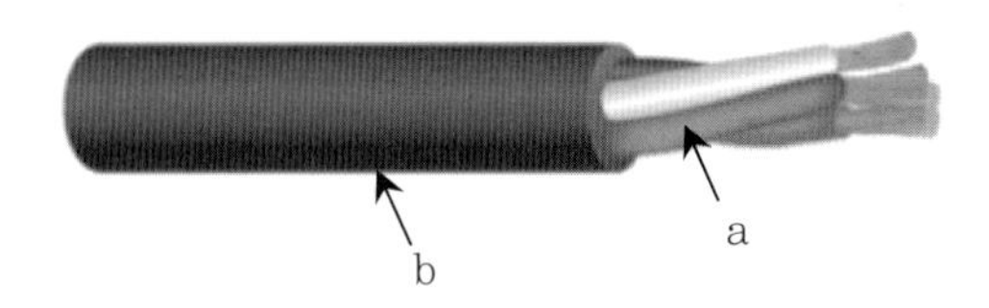

a. 절연체 : 에틸렌프로필렌 고무
b. 시크 : 클로로프렌 고무

[그림 17-6] 캡타이어 케이블(VCT)

⑥ 옥내에 시설하는 고압 접촉 전선 공사(KEC 342.3)

옥내에 시설하는 경우에는 전개된 장소 또는 점검할 수 있는 은폐된 장소에 애자 사용 배선에 의하고 또한 다음에 따라 시설하여야 한다.

(가) 전선은 사람이 접촉할 우려가 없도록 시설할 것
(나) 전선은 인장 강도 2.78 kN 이상의 것 또는 지름 10 mm의 경동선으로 단면적이 70 mm^2 이상인 구부리기 어려운 것일 것
(다) 전선 지지점의 간격은 6 m 이하일 것
(라) 애자는 절연성·난연성 및 내수성이 있는 것일 것

(2) 특고압 옥내 전기 설비의 시설(KEC 342.4)

① 사용 전압은 100 kV 이하일 것. 단, 케이블 트레이 배선에 의하여 시설하는 경우에는 35 kV 이하일 것
② 전선은 케이블일 것
③ 케이블은 철재 또는 철근 콘크리트재의 관·덕트 기타의 견고한 방호장치에 넣어 시설할 것

17-5 배선 설비의 허용 전류

정상 사용 시에 내용 기간 중 통과 전류의 열 영향을 받는 도체 및 절연물에 대한 충분한 수명을 제시할 목적이다.

(1) 절연물의 허용 온도(KEC 342.5.1)

① 절연물의 종류에 대한 최고 허용 온도

[표 17-2] 절연물의 종류에 대한 최고 허용 온도

최고 허용 온도(℃)	절연물의 종류
70(도체)	열가소성 물질[폴리염화비닐(PVC)]
90(도체)	열경화성 물질[가교폴리에틸렌(XLPE) 또는 에틸렌프로필렌고무(EPR) 혼합물]
70(시스)	무기질(열가소성 물질 피복 또는 나도체로 사람이 접촉할 우려가 있는 것)
105(시스)	무기질(사람의 접촉에 노출되지 않고, 가연성 물질과 접촉할 우려가 없는 나도체)

② 허용 전류의 결정(KEC 232.5.2)

(가) 허용 전류의 적정 값은 전기 케이블-전류 정격 계산 시리즈에서 규정한 방법, 시험 또는 방법이 정해진 경우 승인된 방법을 이용한 계산을 통해 결정할 수도 있다.

(나) 이것을 사용하려면 부하 특성 및 토양 열저항의 영향을 고려하여야 한다.

(다) 주위 온도는 해당 케이블 또는 절연 전선이 무부하일 때 주위 매체의 온도이다.

Tip 주위 온도의 기준

1. 공기 중의 절연 전선 및 케이블은 공사 방법과 상관없이 30℃를 기준으로 한다.
2. 매설 케이블은 토양에 직접 또는 지중 덕트 내에 설치 시는 20℃를 기준으로 한다.

③ 통전 도체의 수(KEC 232.5.4)

(가) 한 회로에서 고려해야 하는 전선의 수는 부하 전류가 흐르는 도체의 수이다.

(나) 다상 회로 도체의 전류가 평형 상태로 간주되는 경우는 중성선을 고려할 필요는 없다.

(다) 이 조건에서 4심 케이블의 허용 전류는 각 상이 동일 도체 단면적인 3심 케이블의 허용 전류와 같다.

(라) 4심·5심 케이블에서 3도체만이 통전 도체일 때 허용 전류를 더 크게 할 수 있다.

④ 저압 옥내 간선의 선정(KEC 232.5.6)

(가) 저압 옥내 간선은 손상을 받을 우려가 없는 곳에 시설할 것

(나) 전선은 간선 각 부분마다 전기 사용 기계 기구의 정격 전류의 합계 이상 허용 전류가 있는 것일 것

(다) 부하 중에 전동기처럼 기동 전류가 큰 전기 기계가 있을 때의 간선의 허용 전류 값은 정격 전류의 합계가 50 [A] 이하일 때 1.25배, 50 [A] 초과일 때 1.1배로 한다.

⑤ 도체 및 중성선의 단면적(KEC 232.6)

(가) 도체의 단면적

[표 17-3] 도체의 최소 단면적

배선 설비의 종류		사용 회로	도체	
			재료	단면적(mm^2)
고정 설비	케이블과 절연 전선	전력과 조명 회로	구리	2.5
			알루미늄	10
		신호와 제어 회로	구리	1.5
	나전선	전력 회로	구리	10
			알루미늄	16
		신호와 제어 회로	구리	4
절연 전선과 케이블의 가요 접속		특정 기기	구리	관련 IEC 표준에 의한
		기타 적용		0.75[a]
		특수한 적용을 위한 특별 저압 회로		0.75

㈜ a : 7심 이상의 다심 유연성 케이블에서는 최소 단면적을 $0.1mm^3$로 할 수 있다.

(나) 중성선의 단면적 : 중성선의 단면적은 최소한 선도체의 단면적 이상이어야 한다.

>>> 제17장 연습문제

※ [1~3] 케이블 설치 시 지지점간의 거리를 쓰시오.

1. 케이블을 조영재의 아랫면 또는 옆면에 따라 붙이는 경우에는 전선의 지지점간의 거리는 몇 m 이하이어야 하는가?

2. 케이블 공사에서 비닐 외장 케이블을 조영재의 옆면에 따라 붙이는 경우 전선의 지지점간의 거리는 최대 몇 m인가?

3. 캡타이어 케이블을 조영재에 따라 시설하는 경우로서 새들, 스테이플 등으로 지지하는 경우 그 지지점간의 거리는 얼마로 하여야 하는가?

4. 케이블을 구부리는 경우는 피복이 있을 경우와 없는 경우에 그 굴곡부의 곡률반지름은 원칙적으로 케이블이 단심인 경우 완성품 바깥지름의 각각 몇 배 이상이어야 하는가?

5. 애자 사용 배선 공사 시 사용할 수 없는 전선과 저압 옥내 배선에 일반적으로 전선 상호간의 간격은 몇 m 이상이어야 하는가?

6. 애자 사용 공사에 사용하는 애자가 갖추어야 하는 특징과 저압 전선이 조영재를 관통하는 경우 사용하는 애관 등의 양단은 조영재에서 몇 cm 이상 돌출되어야 하는가?

7. 저압 크레인 또는 호이스트 등의 트롤리선을 애자 사용 공사에 의하여 옥내의 노출장소에 시설하는 경우 트롤리선의 바닥에서의 최소 높이는 몇 m 이상으로 설치하는가?

8. 버스 덕트 공사에서 도체는 띠 모양의 단면적 (㉠)mm^2 이상, 동(구리) 또는 단면적 (㉡)mm^2 이상의 알루미늄을 사용한다.

9. 애자 사용 배선에 의한 고압 옥내 배선에 대해 설명하시오.

Chapter 18

전선 및 기계 기구의 보안

18-1 안전을 위한 보호

안전을 위한 보호의 기본 요구 사항은 전기 설비를 사용할 때 발생할 수 있는 위험과 장애로부터 인축 및 재산을 안전하게 보호함을 목적으로 하고 있다. 가축의 안전을 제공하기 위한 요구 사항은 가축을 사육하는 장소에 적용할 수 있다.

(1) 감전에 대한 보호(KEC 113.2)

① 기본 보호

기본 보호는 일반적으로 직접 접촉을 방지하는 것으로, 전기 설비의 충전부에 인축이 접촉하여 일어날 수 있는 위험으로부터 보호되어야 한다. 기본 보호는 다음 중 어느 하나에 적합하여야 한다.

(가) 인축의 몸을 통해 전류가 흐르는 것을 방지한다.

(나) 인축의 몸에 흐르는 전류를 위험하지 않는 값 이하로 제한한다.

② 고장 보호

고장 보호는 일반적으로 기본 절연의 고장에 의한 간접 접촉을 방지하는 것이다.

(가) 노출 도전부에 인축이 접촉하여 일어날 수 있는 위험으로부터 보호되어야 한다.

(나) 고장 보호는 다음 중 어느 하나에 적합하여야 한다.

㉠ 인축의 몸을 통해 고장 전류가 흐르는 것을 방지한다.

㉡ 인축의 몸에 흐르는 고장 전류를 위험하지 않는 값 이하로 제한한다.

㉢ 인축의 몸에 흐르는 고장 전류의 지속 시간을 위험하지 않는 시간까지로 제한한다.

(2) 열 영향에 대한 보호(KEC 113.3)

고온 또는 전기 아크로 인해 가연물이 발화 또는 손상되지 않도록 전기 설비를 설치하여야 한다. 또한 정상적으로 전기 기기가 작동할 때 인축이 화상을 입지 않도록 하여야 한다.

(3) 과전류에 대한 보호(KEC 113.4)

① 도체에서 발생할 수 있는 과전류에 의한 과열 또는 전기·기계적 응력에 의한 위험으로부터 인축의 상해를 방지하고 재산을 보호하여야 한다.

② 과전류에 대한 보호는 과전류가 흐르는 것을 방지하거나 과전류의 지속 시간을 위험하지 않는 시간까지로 제한함으로써 보호할 수 있다.

(4) 고장 전류에 대한 보호(KEC 113.5)

① 고장 전류가 흐르는 도체 및 다른 부분은 고장 전류로 인해 허용 온도 상승 한계에 도달하지 않도록 하여야 한다. 도체를 포함한 전기 설비는 인축의 상해 또는 재산의 손실을 방지하기 위하여 보호 장치가 구비되어야 한다.

② 도체는 KEC 113.4에 따라 고장으로 인해 발생하는 과전류에 대하여 보호되어야 한다.

(5) 과전압 및 전자기 장애에 대한 대책

① 회로의 충전부 사이의 결함으로 발생한 전압에 의한 고장으로 인한 인축의 상해가 없도록 보호하여야 하며, 유해한 영향으로부터 재산을 보호하여야 한다.

② 저전압과 뒤이은 전압 회복의 영향으로 발생하는 상해로부터 인축을 보호하여야 하며, 손상에 대해 재산을 보호하여야 한다.

③ 설비는 규정된 환경에서 그 기능을 제대로 수행하기 위해 전자기 장애로부터 적절한 수준의 내성을 가져야 한다. 설비를 설계할 때는 설비 또는 설치 기기에서 발생되는 전자기 방사량이 설비 내의 전기 사용 기기와 상호 연결 기기들이 함께 사용되는 데 적합한지를 고려하여야 한다.

(6) 전원 공급 중단에 대한 보호

전원 공급 중단으로 인해 위험과 피해가 예상되면, 설비 또는 설치 기기에 적절한 보호 장치를 구비하여야 한다.

18-2 전로의 절연 및 절연 내력

Tip 전로(電路)의 보호

저압 전로에 접속되는 전등, 전동기, 전열기 등에 전기를 공급하는 경우 사람과 가축에 대한 감전이나 기계 기구에 손상을 주지 않도록 하기 위하여 보호용으로 개폐기, 과전류 차단기, 누전 차단기 등을 시설하여야 한다.

(1) 전로의 절연 원칙(KEC 131)

전로는 다음 이외에는 대지로부터 절연하여야 한다.

① 수용 장소의 인입구의 접지, 고압 또는 특고압과 저압의 혼촉에 의한 위험 방지 시설, 피뢰기의 접지, 특고압 가공 전선로의 지지물에 시설하는 저압 기계 기구 등의 시설, 옥내에 시설하는 저압 접촉 전선 공사 또는 아크 용접 장치의 시설에 따라 저압 전로에 접지 공사를 하는 경우의 접지점

② 고압 또는 특고압과 저압의 혼촉에 의한 위험 방지 시설, 전로의 중성점의 접지 또는 옥내의 네온 방전등 공사에 따라 전로의 중성점에 접지 공사를 하는 경우의 접지점

③ 계기용 변성기의 2차측 전로의 접지에 따라 계기용 변성기의 2차측 전로에 접지 공사를 하는 경우의 접지점

④ 특고압 가공 전선과 저고압 가공 전선의 병행 설치에 따라 저압 가공 전선의 특고압 가공 전선과 동일 지지물에 시설되는 부분에 접지 공사를 하는 경우의 접지점

㈜ 병가 : 고압과 저압 전선을 한 지지물에 설치하는 방법

⑤ 중성점이 접지된 특고압 가공 선로의 중성선에 25[kV] 이하인 특고압 가공 전선로의 시설에 따라 다중 접지를 하는 경우의 접지점

⑥ 파이프 라인 등의 전열 장치의 시설에 따라 시설하는 소구경관(박스를 포함한다)에 접지 공사를 하는 경우의 접지점

(2) 전로의 절연 및 절연 내력

① 저압 전로의 절연 성능은 [표 18-1]과 같다.

[표 18-1] 시험 전압과 절연 저항

전로의 사용 전압	DC 시험 전압(V)	절연 저항(MΩ)
비접지 회로 및 접지 회로	250	0.5 이상
접지 회로, 500[V] 이하	500	1.0 이상
500[V] 초과	1000	1.0 이상

② 고압 및 특고압 전로의 절연 내력 시험(KEC 표 132-1) 전압은 [표 18-2]와 같다.

[표 18-2] 전로의 절연 내력 시험 전압

전로의 종류	시험 전압
최대 사용 전압 7[kV] 이하인 전로	최대 사용 전압의 1.5배의 전압
최대 사용 전압 7[kV] 초과 25[kV] 이하인 중성점 다중 접지식 전로	최대 사용 전압의 0.92배의 전압
최대 사용 전압 7[kV] 초과 60[kV] 이하인 전로	최대 사용 전압의 1.25배의 전압 (10.5[kV] 미만으로 되는 경우는 10.5[kV])
최대 사용 전압 60[kV] 초과 중성점 비접지식 전로(전위 변성기를 사용하여 접지하는 것을 포함한다.)	최대 사용 전압의 1.25배의 전압
이하 생략	

③ 회전기의 절연 내력 시험 전압(KEC 표 133-1)은 [표 18-3]과 같다.

[표 18-3] 회전기의 절연 내력 시험 전압

<table>
<tr><th colspan="2">종류</th><th>시험 전압</th><th>시험 방법</th></tr>
<tr><td rowspan="2">발전기·전동기·무효전력 보상장치·기타 회전기(회전 변류기를 제외한다.)</td><td>최대 사용 전압 7[kV] 이하</td><td>최대 사용 전압의 1.5배의 전압
(500[V] 미만으로 되는 경우에는 500[V])</td><td rowspan="3">권선과 대지 사이에 연속하여 10분간 가한다.</td></tr>
<tr><td>최대 사용 전압 7[kV] 초과</td><td>최대 사용 전압의 1.25배의 전압
(10.5[kV] 미만으로 되는 경우에는 10.5[kV])</td></tr>
<tr><td colspan="2">회전 변류기</td><td>직류 측의 최대 사용 전압의 1배의 교류 전압
(500[V] 미만으로 되는 경우에는 500[V])</td></tr>
<tr><td colspan="4">이하 생략</td></tr>
</table>

④ 연료 전지 및 태양 전지 모듈의 절연 내력 시험(KEC 표 134)

연료 전지 및 태양 전지 모듈은 최대 사용 전압의 1.5배의 직류 전압 또는 1배의 교류 전압(500[V] 미만으로 되는 경우에는 500[V])을 충전 부분과 대지 사이에 연속하여 10분간 가하여 절연 내력을 시험하였을 때에 이에 견디는 것이어야 한다.

18-3 전선 및 전선로의 보안

(1) 저압 전로 중의 과전류 차단기 시설

① 저압 개폐기를 필요로 하는 장소

㈎ 부하 전류를 통하게 하든가 또는 끊을 필요가 있는 장소
㈏ 인입구 기타 고장·점검·수리 등에서 개로할 필요가 있는 장소
㈐ 퓨즈의 전원 측

② 과전류 차단기

전로에 단락 전류나 과부하 전류가 생겼을 때, 자동적으로 전로를 차단하는 장치이다.
㈎ 저압 전로 : 퓨즈 또는 배선용 차단기
㈏ 고압 및 특별 고압 전로 : 퓨즈 또는 계전기에 의해 작동하는 차단기

③ 과전류 차단기의 시설 장소

㈎ 전선 및 기계 기구를 보호하기 위한 인입구
㈏ 간선의 전원 측
㈐ 분기점 등 보호상 또는 보안상 필요한 곳
㈑ 발전기, 변압기, 전동기, 정류기 등의 기계 기구를 보호하는 곳

④ 과전류 차단기의 시설 금지 장소

㈎ 접지 공사의 접지선
㈏ 접지 공사를 한 저압 가공 전로의 접지 측 전선
㈐ 다선식 전로의 중성선

⑤ 과전류 차단기로 저압 전로에 사용하는 퓨즈와 배선용 차단기(KEC 212.6.3)

㈎ 퓨즈의 용단 특성은 [표 18-4]와 같다.

[표 18-4] 퓨즈의 용단 특성

정격 전류의 구분	시간	정격 전류의 배수	
		불용단 전류	용단 전류
4 A 이하	60분	1.5배	2.1배
4 A 초과 16 A 미만	60분	1.5배	1.9배
16 A 이상 63 A 이하	60분	1.25배	1.6배
63 A 초과 160 A 이하	120분	1.25배	1.6배
160 A 초과 400 A 이하	180분	1.25배	1.6배
400 A 초과	240분	1.25배	1.6배

(나) 과전류 트립 동작 시간 및 특성(산업용 배선용 차단기)은 [표 18-5]와 같다.

[표 18-5] 과전류 트립 동작 시간 및 특성(산업용)

정격 전류의 구분	시간	정격 전류의 배수(모든 극에 통전)	
		부동작 전류	동작 전류
63 A 이하	60분	1.05배	1.3배
63 A 초과	120분	1.05배	1.3배

(다) 순시 트립에 따른 주택용 배선용 차단기는 [표 18-6]과 같다.

[표 18-6] 순시 트립에 따른 구분(주택용)

형	순시 트립 범위
B	3 In 초과 ~ 5 In 이하
C	5 In 초과 ~ 10 In 이하
D	10 In 초과 ~ 20 In 이하

㈜ B, C, D : 순시 트립 전류에 따른 차단기 분류
In : 차단기 정격 전류

(라) 과전류 트립 동작 시간 및 특성(주택용 배선용 차단기)은 [표 18-7]과 같다.

[표 18-7] 과전류 트립 동작 시간 및 특성(주택용)

정격 전류의 구분	시간	정격 전류의 배수	
		불용단 전류	용단 전류
63 A 이하	60분	1.13배	1.45배
63 A 초과	120분	1.13배	1.45배

㈑ 저압 전로 중의 전동기 보호용 과전류 보호 장치의 시설을 위한 단락 보호 전용 퓨즈의 용단 특성은 [표 18-8]과 같다.

[표 18-8] 단락 보호 전용 퓨즈의 용단 특성

정격 전류의 배수	불용단 시간	용단 시간
4배	60초 이내	-
6.3배	-	60초 이내
8배	0.5초 이내	-
10배	0.2초 이내	-
12.5배	-	0.5초 이내
19배	-	0.1초 이내

㈒ 누전 차단기를 시설

㉠ 금속체 외함을 가진 사용 전압 50V를 초과하는 저압 기계·기구로 쉽게 접촉할 우려가 있는 곳에 시설할 것

㉡ 누전 차단기(전류 동작형) 정격 감도 전류와 동작 시간은 고감도형 정격 감도 전류(mA)는 4종 : 5, 10, 15, 30 [mA]이며, 고속형 인체 감전 보호용은 0.03초 이내 동작하여야 한다.

(2) 전동기의 과부하 보호 장치

① 일반 사항

전동기 분기 회로에 시설하는 과전류 차단기는 단락 전류에 대한 전선을 보호하는 목적에만 사용되고, 전동기의 과부하에 대한 보호는 되지 않으므로 보호 장치가 요구된다.

전동기의 과부하 보호 장치로는 바이메탈형 또는 정보기를 조합한 것을 사용하며, 타임 러그 퓨즈, 온도 퓨즈, 전동기의 배선용 차단기, 마그넷 스위치 등이 사용된다.

② 전선 허용 전류와 과전류 차단기의 용량

[표 18-9] 전동기 회로의 전선 허용 전류와 과전류 차단기의 용량

전동기의 정격 전류(A)	전선의 허용 전류(A)	과전류 차단기의 용량
50 A 이하	1.25×전동기 전류 합계	2.5×전선의 허용 전류
50 A 초과	1.1×전동기 전류 합계	2.5×전선의 허용 전류

18-4 접지 공사

접지란 어떤 대상물을 전기적으로 대지에 낮은 저항값으로 연결시키는 것으로 전력 통신 분야에 중요한 역할을 하며, 목적에 따라 전력 계통에서의 계통 접지, 기기 접지, 피뢰용 접지 등의 강전용 접지와 약전 계통의 노이즈 대책용 접지, 기준화용 접지, 등전위화 접지 등의 약전용 접지로 크게 나눌 수 있다.

전력 계통에서의 접지는 보안용 접지로써 인간의 안전과 전기 설비나 전기 기기의 소손 방지 및 안전을 확보하기 위하여 설치하며, 약전 계통의 접지는 전기 전자 통신 설비 기기의 동작을 확보하기 위해 설치된다.

(1) 접지의 개요

① 접지(earth)의 목적

(가) 계통에 고장 전류나 뇌격 전류의 유입에 대한 기기 보호, 계통의 안전 확보
(나) 감전 사고에 대한 인체 보호 목적으로 기기의 외함 및 철대에 설치
(다) 계통 회로 전압 유지 및 보호 계전기 동작의 안정, 계통 보호 및 안전 확보
(라) 정전 차폐 효과 유지
(마) 피뢰기를 설치하여 이상 전압으로부터 보호 등의 목적으로 설치한다.

② 접지의 분류

[표 18-10] 목적에 따른 접지의 분류

구분	접지의 목적 및 용도	적용
보안용 접지	누전 또는 감전 방지	기기의 외함, 프레임 등의 접지
	혼촉에 의한 감전 방지	변압기 2차 측의 1선, 고·저압 중성선의 접지, 전로 접지
	유도에 의한 감전 방지	케이블 금속 차폐 접지
	정전기 장해 방지	배관 및 기기의 도전 접속
	뇌서지 장해 방지	피뢰침·피뢰기·피뢰도선의 접지
기능용 접지	보호 계전기 동작 확보	전원 계통의 중성점 접지, 지락 검출용 접지
	대지 귀로	전기 철도·통신 귀선·대지 이용 접지
	전식 방지	지중매설 금속 전극의 접지
	유도 잡음 방지	시스템 접지, 계측기의 외함 접지, 임피던스 측정기의 접지, 차폐용 외함의 접지 등

(2) 접지 계통의 구성(KEC 203.1)

① 저압 전로의 보호 도체 및 중성선의 접속 방식에 따른 접지 계통의 분류

㈎ TN계통

㈏ TT계통

㈐ IT계통

㈑ 직류 접지 계통

계통 접지에서 사용되는 문자의 정의는 [표 18-11]과 같다.

[표 18-11] 저압 계통 접지

구분	관계·상태	기호	내용
제1문자	1. 전력 계통과 대지와의 관계 2. 전원 측 변압기의 접지 상태	T	대지에 직접 접지
		I	비접지(절연) 또는 임피던스 접지
제2문자	1. 설비의 노출 도전성 부분과 대지와의 관계 2. 설비의 접지 상태	T	노출 도전부(외함)를 직접 접지
		N	전력 계통의 중성점에 접속
제3문자	중성선 및 보호 도체의 접속	S	중성선과 보호 도체를 분리
		C	중성선과 보호 도체를 겸용(PEN선)

㈜ T(terra), I(insulated), N(netural), S(separate), C(combined)

각 계통에서 나타내는 그림의 기호는 [표 18-12]와 같다.

[표 18-12] 기호 설명

기호 설명	
	중성선(N), 중간 도체(M)
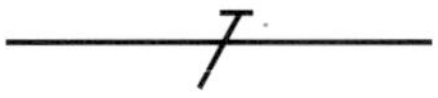	보호 도체(PE)
	중성선과 보호 도체 겸용(PEN)

② TN계통(KEC 203.2)

전원 측의 한 점을 직접 접지하고 설비의 노출 도전부를 보호 도체로 접속시키는 방식이다. 중성선 및 보호 도체(PE 도체)의 배치 및 접속 방식에 따른 종류 3가지로 구분된다.

㈎ TN-S(KEC 203.2-1)

㉠ 계통 전체에 대해 별도의 중성선 또는 PE 도체를 분리하여 사용된다.

㉡ 통신 기기나 전산 센터, 병원 등 예민한 전기 설비가 있는 경우 많이 사용된다.

㈏ TN-C(KEC 203.2-4)

㉠ 계통 전체에 대해 별도의 중성선과 보호 도체의 기능을 겸용한 PEN 도체를 사 용한다(3상 불평형 시 중성선에 흐르는 전류를 누전 차단기가 정확하게 판단하기 어렵기 때문이다. 이때 불평형 전류는 접지와 보호 도체로 흐르게 된다).

㉡ 누전 차단기를 사용해서는 안 된다.

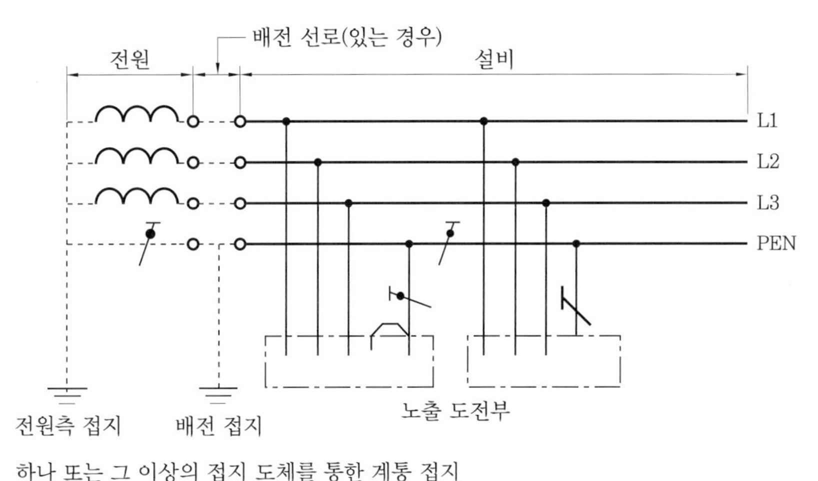

[그림 18-1] TN-C 접지 계통

㈐ TN-C-S(KEC 203.2-5)

㉠ TN-S 방식과 TN-C 방식이 결합한 형태이므로, TN-C 부분에서는 누전 차단기를 사용해서는 안 된다.

㉡ 수변전 설비를 갖춘 대형 건축물에서 전원부는 TN-C를, 간선 계통에서는 TN-S를 적용한다.

③ TT계통(KEC 203.3)

전원의 한 점을 직접 접지하고 설비의 노출 도전부는 전원의 접지 전극과 전기적으로 독립적인 접지극에 접속시킨다. 배전 계통에서 PE 도체를 추가로 접지할 수 있다. 우리나라 수용가에 많이 적용되고 있으며, 반드시 누전 차단기를 설치하여야 한다.

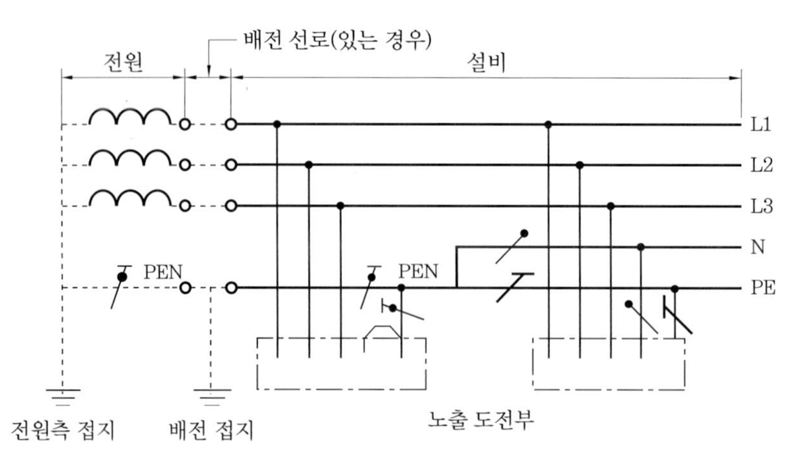

[그림 18-2] 설비 전체에서 별도의 중성선과 보호 도체가 있는 TT계통

④ IT계통(KEC 203.4)

(가) 충전부 전체를 대지로부터 절연시키거나, 한 점을 임피던스를 통해 대지에 접속시킨다.

(나) 전기 설비의 노출 도전부를 단독 또는 일괄적으로 계통의 PE 도체에 접속시킨다. 배전 계통에서 추가 접지가 가능하다.

(다) 계통은 높은 임피던스를 통하여 접지할 수 있다.

(라) 이 접속은 중성점, 인위적 중성점, 선도체 등에서 할 수 있다. 중성선은 배선할 수도 있고, 배선하지 않을 수도 있다.

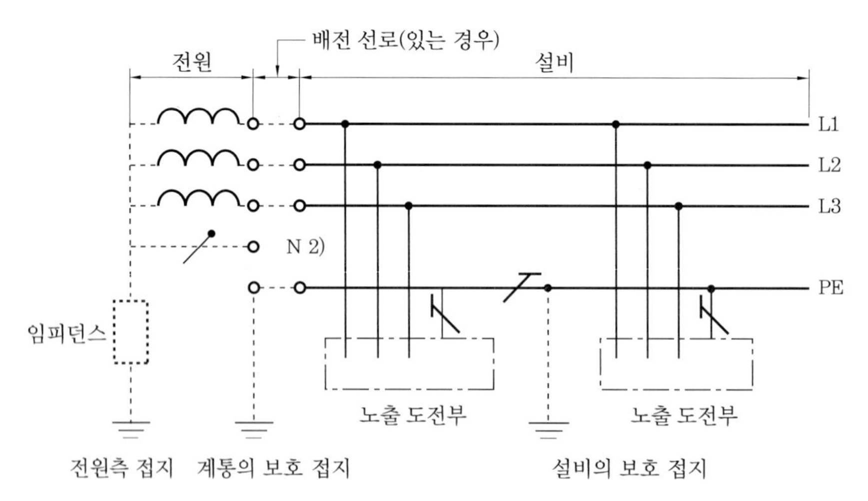

[그림 18-3] 계통 내의 모든 노출 도전부가 보호 도체에 의해 접속되어 일괄 접지된 IT 계통

(3) 접지 시스템(KEC 140)

국제화 표준 KS C IEC 60364를 기반으로 하여 전기설비기술기준의 판단기준으로 보완하고 종별 접지를 삭제하였다.

① 접지 시스템 구분 및 종류(KEC 141)

㈎ 접지 시스템은 목적에 따라 전기 설비의 계통 접지, 보호 접지, 피뢰 시스템 접지 등으로 구분한다.

㉠ 계통 접지 : 전력 계통에서 돌발적으로 발생하는 이상 현상에 대비하여 대지와 계통을 연결하는 것으로 중성점을 대지에 접속하는 것

㉡ 보호 접지 : 고장 시 감전에 대한 보호를 목적으로 기기의 한 점 또는 여러 점을 접지하는 것을 말한다.

㉢ 피뢰 시스템 접지 : 구조물 뇌격으로 인한 물리적 손상을 줄이기 위해 사용되는 전체 시스템을 말하며, 외부 피뢰 시스템으로 구성된다.

㈏ 접지 시스템에 대하여 200(저압 전기 설비), 300(고압 전기 설비), 400(분산형 전원 설비)에서 개별 요건으로 정하는 경우는 이에 따른다.

㈐ 접지 시스템은 단독 접지, 공통 접지, 통합 접지 중 하나로 한다.

㉠ 단독 접지 : 개별적으로 접지극을 설치, 접지하는 방식

㉡ 공통 접지 : 특·고압 접지 계통과 저압 접지 계통을 등전위 형성을 위해 공통으로 접지하는 방식

㉢ 통합 접지 : 계통 접지, 보호 접지, 피뢰 시스템 접지의 접지극을 통합하여 접지하는 방식

② 접지 시스템 시설(KEC 142)

㈎ 접지 시스템 구성 요소(KEC 142.1.1)

㉠ 접지 시스템은 접지극, 접지 도체, 보호 도체 및 기타 설비로 구성하고, 140에 의하는 것 이외에는 KS C IEC 60364-5-54(저압 전기 설비-제5-54부 : 전기기기의 선정 및 설치-접지 설비 및 보호 도체)에 의한다.

㉡ 접지극은 접지 도체를 사용하여 주 접지 단자에 연결하여야 한다.

Tip 보호 도체(PE : Protective Conductor)

1. 안전을 목적(감전 보호)으로 설치하는 도체를 말한다.
2. 다음 부분에서 전기적으로 접촉했을 경우 감전에 대한 대책이 필요한 도체이다.
   - 노출 도전성 부분
   - 계통의 도전성 부분
   - 주 접지 단자
   - 접지극
   - 전원 또는 중성점의 접지점

③ 접지 시스템 요구 사항(KEC 142.1.2)

㈎ 접지 시스템은 다음에 적합하여야 한다.

㉠ 전기 설비의 보호 요구 사항을 충족하여야 한다.

㉡ 지락 전류와 보호 도체 전류를 대지에 전달할 것. 다만, 열적, 열·기계적, 전기·기계적 응력 및 이러한 전류로 인한 감전 위험이 없어야 한다.

㉢ 전기 설비의 기능적 요구 사항을 충족하여야 한다.

㈏ 접지 저항 값은 다음에 의한다.

㉠ 부식, 건조 및 동결 등 대지 환경 변화에 충족하여야 한다.

㉡ 인체 감전 보호를 위한 값과 전기 설비의 기계적 요구에 의한 값을 만족하여야 한다.

④ 접지극의 시설 및 접지 저항(KEC 142.2)

㈎ 접지극은 다음의 방법 중 하나 또는 복합하여 시설하여야 한다.

㉠ 콘크리트에 매입된 기초 접지극

㉡ 토양에 매설된 기초 접지극

㉢ 토양에 수직 또는 수평으로 직접 매설된 금속 전극 (봉, 전선, 테이프, 배관, 판 등)

㉣ 케이블의 금속 외장 및 그 밖에 금속 피복

㉤ 지중 금속 구조물(배관 등)

㉥ 대지에 매설된 철근 콘크리트의 용접된 금속 보강재 (다만, 강화콘크리트는 제외한다.)

㈏ 접지극의 매설은 다음에 의한다.

㉠ 접지극은 매설하는 토양을 오염시키지 않아야 하며, 가능한 다습한 부분에 설치한다.

㉡ 접지극의 매설 깊이는 지표면으로부터 지하 0.75 m 이상으로 한다.

㉢ 접지 도체를 철주 기타의 금속체를 따라서 시설하는 경우에는 접지극을 철주의 밑면으로부터 0.3 m 이상의 깊이에 매설하는 경우 이외에는 접지극을 지중에서 그 금속체로부터 1 m 이상 떼어 매설하여야 한다.

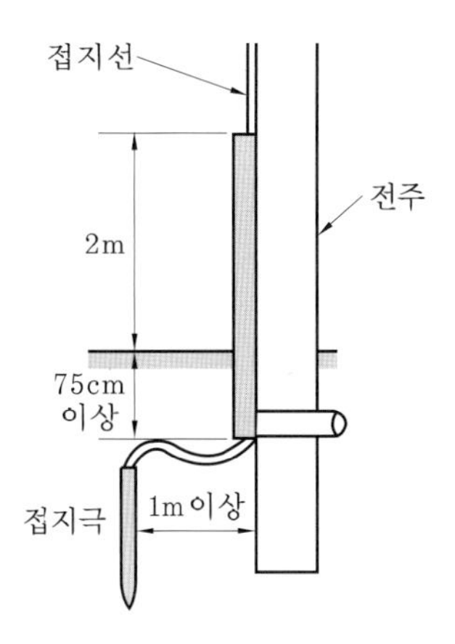

[그림 18-4] 접지 공사의 예

(다) 접지 시스템 부식에 대한 고려는 다음에 의한다.

㉠ 접지극에 부식을 일으킬 수 있는 폐기물 집하장 및 번화한 장소에 접지극 설치는 피해야 한다.

㉡ 서로 다른 재질의 접지극을 연결할 경우 전기부식을 고려하여야 한다.

㉢ 콘크리트 기초 접지극에 접속하는 접지 도체가 용융 아연 도금강제인 경우 접속부를 토양에 직접 매설해서는 안 된다.

(라) 접지극을 접속하는 경우에는 발열성 용접, 눌러 붙임 접속, 클램프 또는 그 밖의 기계적 접속 장치로 접속하여야 한다.

(마) 가연성 액체나 가스를 운반하는 금속제 배관은 접지 설비의 접지극으로 사용할 수 없다. 다만, 보호 등전위 본딩은 예외로 한다.

(바) 수도관 등을 접지극으로 사용하는 경우는 다음에 의한다.

㉠ 지중에 매설되어 있고 대지와의 전기 저항 값이 3[Ω] 이하의 값을 유지하고 있는 금속제 수도 관로를 접지극으로 사용이 가능하다.

㉡ 건축물·구조물의 철골 기타의 금속제는 이를 비접지식 고압 전로에 시설하는 기계 기구의 철대 또는 금속제 외함의 접지 공사 또는 비접지식 고압 전로와 저압 전로를 결합하는 변압기의 저압 전로의 접지 공사의 접지극으로 사용할 수 있다. 다만, 대지와의 사이에 전기 저항 값이 2[Ω] 이하인 값을 유지하는 경

우에 한한다.

⑤ 접지 도체·보호 도체(KEC 142.3)

(가) 접지 도체의 선정

[표 18-13] 접지 도체의 최소 단면적

큰 고장 전류가 흐르지 않는 경우			
구리	$6\,mm^2$ 이상	철제	$50\,mm^2$ 이상
접지 도체에 피뢰 시스템이 접속되는 경우			
구리	$16\,mm^2$ 이상	철제	$50\,mm^2$ 이상

(나) 접지 도체와 접지극의 접속은 다음에 의한다.

㉠ 접속은 견고하고 전기적인 연속성이 보장되도록, 접속부는 발열성 용접, 눌러 붙임 접속, 클램프 또는 그 밖에 기계적 접속 장치에 의해야 한다. 다만, 기계적인 접속 장치는 제작자의 지침에 따라 설치하여야 한다.

㉡ 클램프를 사용하는 경우, 접지극 또는 접지 도체를 손상시키지 않아야 한다. 납땜에만 의존하는 접속은 사용해서는 안 된다.

(다) 접지 도체를 접지극이나 접지의 다른 수단과 연결하는 것은 견고하게 접속하고, 전기적, 기계적으로 적합하여야 하며, 부식에 대해 보호되어야 한다. 또한, 다음과 같이 매입되는 지점에는 "**안전 전기 연결**" 라벨이 영구적으로 고정되도록 시설하여야 한다.

㉠ 접지극의 모든 접지 도체 연결 지점

㉡ 외부 도전성 부분의 모든 본딩 도체 연결 지점

㉢ 주개폐기에서 분리된 주접지 단자

(라) 접지 도체는 지하 0.75 m부터 지표 상 2m까지 부분은 합성수지관(두께 2 mm 미만의 합성수지제 전선관 및 가연성 콤바인 덕트관은 제외한다.) 또는 이와 동등 이상의 절연 효과와 강도를 가지는 몰드로 덮어야 한다.

(마) 특고압·고압 전기 설비 및 변압기 중성점 접지 시스템의 경우 접지 도체가 사람이 접촉할 우려가 있는 곳에 시설되는 고정 설비인 경우에는 다음에 따라야 한다. 다만, 발전소·변전소·개폐소 또는 이에 준하는 곳에서는 개별 요구 사항에 의한다.

(바) 이동하여 사용하는 전기 기계 기구의 금속제 외함 등의 접지 시스템의 경우는 다음의 것을 사용하여야 한다.

㉠ 특고압·고압 전기 설비용 접지 도체 및 중성점 접지용 접지 도체는 캡타이어 케이블 1개 도체 또는 다심 캡타이어 케이블의 차폐 또는 기타의 금속체로 단면적이 10 mm^2 이상인 것을 사용한다.

㉡ 저압 전기 설비용 접지 도체는 다심 코드 또는 다심 캡타이어 케이블의 1개 도체의 단면적이 0.75 mm^2 이상인 것을 사용한다. 다만, 기타 유연성이 있는 연동 연선은 1개 도체의 단면적이 1.5 mm^2 이상인 것을 사용한다.

(사) 보호 도체(KEC 142.3.2)

㉠ 보호 도체의 최소 단면적은 [표 18-14]와 같다.

[표 18-14] 보호 도체의 최소 단면적

선도체의 단면적 S (mm^2, 구리)	보호 도체의 최소 단면적(mm^2, 구리)
	보호 도체의 재질
	선도체와 같은 경우
$S \leq 16$	S
$16 < S \leq 35$	16^a
$S > 35$	$\frac{S^a}{2}$

주 a : PEN 도체의 최소 단면적은 중성선과 동일하게 적용한다.

㉡ 보호 도체가 케이블의 일부가 아니거나 선도체와 동일 외함에 설치되지 않으면 단면적은 다음의 굵기 이상으로 하여야 한다.

- 기계적 손상에 대해 보호가 되는 경우는 구리 2.5 mm^2, 알루미늄 16 mm^2 이상
- 기계적 손상에 대해 보호가 되지 않는 경우는 구리 4 mm^2, 알루미늄 16 mm^2 이상
- 케이블의 일부가 아니라도 전선관 및 트렁킹 내부에 설치되거나, 이와 유사한 방법으로 보호되는 경우 기계적으로 보호되는 것으로 간주한다.

㉢ 보호 도체의 종류는 다음에 의한다. 보호 도체는 다음 중 하나 또는 복수로 구성하여야 한다.

- 다심 케이블의 도체
- 충전 도체와 같은 트렁킹에 수납된 절연 도체 또는 나도체
- 고정된 절연 도체 또는 나도체
- 금속 케이블 외장, 케이블 차폐, 케이블 외장, 전선 묶음(편조 전선), 동심 도체, 금속관

㉣ 다음과 같은 금속 부분은 보호 도체 또는 보호 본딩 도체로 사용해서는 안 된다.

- 금속 수도관

- 가스·액체·가루와 같은 잠재적인 인화성 물질을 포함하는 금속관
- 상시 기계적 응력을 받는 지지 구조물 일부
- 가요성 금속 배관. 다만, 보호 도체의 목적으로 설계된 경우는 예외로 한다.
- 가요성 금속 전선관
- 지지선, 케이블 트레이 및 이와 비슷한 것

㉤ 보호 도체에는 어떠한 개폐 장치도 연결해서는 안 된다.

㈎ 보호 도체와 계통 도체 겸용(KEC 142.3.4)

㉠ 중성선과 겸용, 선도체와 겸용, 중간 도체와 겸용은 해당하는 계통의 기능에 대한 조건을 만족하여야 한다.

㉡ 겸용 도체는 고정된 전기 설비에서만 사용할 수 있으며 다음에 의한다.

- 단면적은 구리 $10\ \mathrm{mm}^2$ 또는 알루미늄 $16\ \mathrm{mm}^2$ 이상이어야 한다.
- 중성선과 보호 도체의 겸용 도체는 전기 설비의 부하 측으로 시설하여서는 안 된다.
- 폭발성 분위기 장소는 보호 도체를 전용으로 하여야 한다.

㈑ 겸용 도체는 다음 사항을 준수하여야 한다.

㉠ 전기 설비의 일부에서 중성선·중간 도체·선도체 및 보호 도체가 별도로 배선되는 경우, 중성선·중간 도체·선도체를 전기 설비의 다른 접지된 부분에 접속해서는 안 된다. 다만, 겸용 도체에서 각각의 중성선·중간 도체·선도체와 보호 도체를 구성하는 것은 허용한다.

㉡ 겸용 도체는 보호 도체용 단자 또는 바에 접속되어야 한다.

㉢ 계통 외 도전부는 겸용 도체로 사용해서는 안 된다.

㈒ 감전 보호에 따른 보호 도체(KEC 142.3.6)

과전류 보호 장치를 감전에 대한 보호용으로 사용하는 경우, 보호 도체는 충전 도체와 같은 배선 설비에 병합시키거나 근접한 경로로 설치하여야 한다.

㈓ 주접지 단자

㉠ 접지 시스템은 주접지 단자를 설치하고, 다음의 도체들을 접속하여야 한다.

- 등전위 본딩 도체
- 접지 도체
- 보호 도체
- 관련이 있는 경우, 기능성 접지 도체

㉡ 여러 개의 접지 단자가 있는 장소는 접지 단자를 상호 접속하여야 한다.

㉢ 주접지 단자에 접속하는 각 접지 도체는 개별적으로 분리할 수 있어야 하며, 접지 저항을 편리하게 측정할 수 있어야 한다. 다만, 접속은 견고해야 하며 공구에 의해서만 분리되는 방법으로 하여야 한다.

⑥ 전기 수용가 접지(KEC 142.4)

㈎ 저압 수용가 인입구 접지 : 수용 장소 인입구 부근에서 다음의 것을 접지극으로 사용하여 변압기 중성점 접지를 한 저압 전선로의 중성선 또는 접지측 전선에 추가로 접지 공사를 할 수 있다.

㉠ 지중에 매설되어 있고 대지와의 전기 저항 값이 3[Ω] 이하의 값을 유지하고 있는 금속제 수도관로

㉡ 대지 사이의 전기 저항 값이 3[Ω] 이하인 값을 유지하는 건물의 철골

㉢ 접지 도체는 공칭단면적 6 mm^2 이상의 연동선 또는 이와 동등 이상의 세기 및 굵기의 쉽게 부식하지 않는 금속선으로서 고장 시 흐르는 전류를 안전하게 통할 수 있는 것이어야 한다.

㈏ 주택 등 저압 수용 장소 접지 : 저압 수용 장소에서 계통 접지가 TN-C-S 방식인 경우에 보호 도체는 다음에 따라 시설하여야 한다.

㉠ 보호 도체의 최소 단면적은 [표 18-14]에 의한 값 이상으로 한다.

㉡ 중성선 겸용 보호 도체(PEN)는 고정 전기 설비에만 사용할 수 있고, 그 도체의 단면적이 구리는 10 mm^2 이상, 알루미늄은 16 mm^2 이상이어야 하며, 그 계통의 최고 전압에 대하여 절연되어야 한다.

⑦ 변압기 중성점 접지(KEC 142.5)

㈎ 변압기의 중성점 접지 저항 값은 다음에 의한다.

㉠ 일반적으로 변압기의 고압·특고압 측 전로 1선 지락 전류로 150을 나눈 값과 같은 저항 값 이하

㉡ 변압기의 고압·특고압 측 전로 또는 사용 전압이 35[kV] 이하의 특고압 전로가 저압 측 전로와 혼촉하고 저압 전로의 대지 전압이 150[V]를 초과하는 경우는 저항 값은 다음에 의한다.

- 1초 초과 2초 이내에 고압·특고압 전로를 자동으로 차단하는 장치를 설치할 때는 300을 나눈 값 이하
- 1초 이내에 고압·특고압 전로를 자동으로 차단하는 장치를 설치할 때는 600을 나눈 값 이하

⑧ **기계 기구의 철대 및 외함의 접지(KEC 142.7)**

㈎ 전로에 시설하는 기계 기구의 철대 및 금속제 외함(외함이 없는 변압기 또는 계기용 변성기는 철심)에는 KEC 140에 의한 접지 공사를 하여야 한다.

㈏ 다음의 어느 하나에 해당하는 경우에는 ㈎의 규정에 따르지 않을 수 있다.

㉠ 사용 전압이 직류 300 V 또는 교류 대지 전압이 150[V] 이하인 기계 기구를 건조한 곳에 시설하는 경우

㉡ 저압용의 기계 기구를 건조한 목재의 마루, 기타 이와 유사한 절연성 물건 위에서 취급하도록 시설하는 경우

㉢ 철대 또는 외함의 주위에 절연대를 설치하는 경우

㉣ 외함이 없는 계기용 변성기가 고무·합성수지 기타의 절연물로 피복한 것일 경우

㉤ 「전기용품 및 생활용품 안전관리법」의 적용을 받는 이중 절연 구조로 되어 있는 기계 기구를 시설하는 경우

㉥ 저압용 기계 기구에 전기를 공급하는 전로의 전원 측에 절연 변압기(2차 전압이 300[V] 이하이며, 정격 용량이 3[kVA] 이하인 것에 한한다.)를 시설하고 또한 그 절연 변압기의 부하 측 전로를 접지하지 않은 경우

㉦ 물기 있는 장소 이외의 장소에 시설하는 저압용의 개별 기계 기구에 전기를 공급하는 전로에 「전기용품 및 생활용품 안전관리법」의 적용을 받는 인체 감전 보호용 누전 차단기(정격 감도 전류가 30 mA 이하, 동작 시간이 0.03초 이하의 전류 동작형에 한한다.)를 시설하는 경우

㉧ 외함을 충전하여 사용하는 기계 기구에 사람이 접촉할 우려가 없도록 시설하거나 절연대를 시설하는 경우

⑨ **감전 보호용 등전위 본딩의 적용(KEC 143.1)**

㈎ 건축물·구조물에서 접지 도체, 주접지 단자와 다음의 도전성 부분은 등전위 본딩하여야 한다. 다만, 이들 부분이 다른 보호 도체로 주접지 단자에 연결된 경우는 그러하지 아니하다.

㉠ 수도관·가스관 등 외부에서 내부로 인입되는 금속 배관

㉡ 건축물·구조물의 철근, 철골 등 금속 보강재

㉢ 일상생활에서 접촉이 가능한 금속제 난방 배관 및 공조 설비 등 계통 외 도전부

⑩ **보호 등전위 본딩(KEC 143.2.1)**

㈎ 건축물·구조물의 외부에서 내부로 들어오는 각종 금속제 배관은 다음과 같이

하여야 한다.

㉠ 1개소에 집중하여 인입하고, 인입구 부근에서 서로 접속하여 등전위 본딩 바에 접속하여야 한다.

㉡ 대형 건축물 등으로 1개소에 집중하여 인입하기 어려운 경우에는 본딩 도체를 1개의 본딩 바에 연결한다.

㈏ 수도관·가스관의 경우 내부로 인입된 최초의 밸브 후단에서 등전위 본딩을 하여야 한다.

㈐ 건축물·구조물의 철근, 철골 등 금속 보강재는 등전위 본딩을 하여야 한다.

⑪ 보호 등전위 본딩 도체(KEC 143.3.1)

㈎ 주접지 단자에 접속하기 위한 등전위 본딩 도체는 설비 내에 있는 가장 큰 보호 접지 도체 단면적의 1/2 이상의 단면적을 가져야 하고, 다음의 단면적 이상이어야 한다.

㉠ 구리 도체 $6\,mm^2$

㉡ 알루미늄 도체 $16\,mm^2$

㉢ 강철 도체 $50\,mm^2$

㈏ 주접지 단자에 접속하기 위한 보호 본딩 도체의 단면적은 구리 도체 $25\,mm^2$ 또는 다른 재질의 동등한 단면적을 초과할 필요는 없다.

18-5 피뢰 시스템

피뢰 시스템의 구성은 전기 설비 보호를 위한 건축물·구조물, 저압 전기 전자 설비, 고압 전기 설비 등을 보호하기 위한 방호 대책으로 구성한다.

(1) 피뢰 시스템의 적용 범위 및 구성

① 적용 범위(KEC 151.1)

㈎ 전기 전자 설비가 설치된 건축물·구조물로서 낙뢰로부터 보호가 필요한 것 또는 지상으로 부터 높이가 20 m 이상인 것

㈏ 전기 설비 및 전자 설비 중 낙뢰로 부터 보호가 필요한 설비

② 피뢰 시스템의 구성(KEC 151.2)

㈎ 직격뢰로 부터 대상물을 보호하기 위한 외부 피뢰 시스템

㈏ 간접뢰 및 유도뢰로부터 대상물을 보호하기 위한 내부 피뢰 시스템

(2) 외부 피뢰 시스템

① 수뢰부 시스템(KEC 152.1)

㈎ 수뢰부 시스템의 선정은 돌침, 수평 도체, 그물망 도체의 요소 중에 한 가지 또는 이를 조합한 형식으로 시설하여야 한다.

㈏ 수뢰부 시스템의 배치는 보호각법, 회전구체법, 그물망법 중 하나 또는 조합된 방법으로 배치하여야 한다.

㈐ 건축물·구조물의 뾰족한 부분, 모서리 등에 우선하여 배치한다.

㈑ 지상으로부터 높이 60 m를 초과하는 건축물·구조물에 측뢰 보호가 필요한 경우에는 수뢰부 시스템을 시설하여야 하며, 다음에 따른다.

- 전체 높이 60 m를 초과하는 건축물·구조물의 최상부로부터 20 % 부분에 한한다.

② 인하 도선 시스템(KEC 152.2)

㈎ 복수의 인하 도선을 병렬로 구성해야 한다. 단, 건축물·구조물과 분리된 피뢰 시스템인 경우 예외로 할 수 있다.

㈏ 도선 경로의 길이가 최소가 되도록 한다.

㈐ 배치 방법

㉠ 건축물·구조물과 분리된 피뢰 시스템인 경우

- 뇌전류의 경로가 보호 대상물에 접촉하지 않도록 하여야 한다.
- 별개의 지주에 설치되어 있는 경우 각 지주마다 1가닥 이상의 인하 도선을 시설한다.
- 수평 도체 또는 그물망 도체인 경우 지지 구조물마다 1가닥 이상의 인하 도선을 시설한다.

㉡ 건축물·구조물과 분리되지 않은 피뢰 시스템인 경우

- 벽이 불연성 재료로 된 경우에는 벽의 표면 또는 내부에 시설할 수 있다. 다만, 벽이 가연성 재료인 경우에는 0.1 m 이상 이격하고, 이격이 불가능한 경우에는 도체의 단면적을 100 mm^2 이상으로 한다.
- 인하 도선의 수는 2가닥 이상으로 한다.
- 보호 대상 건축물·구조물의 투영에 따른 둘레에 가능한 한 균등한 간격으로 배치한다. 다만, 노출된 모서리 부분에 우선하여 설치한다.

③ 접지극 시스템(KEC 152.3)

(가) 뇌전류를 대지로 방류시키기 위한 접지극 시스템은 다음에 의한다.

A형 접지극(수평 또는 수직 접지극) 또는 B형 접지극(환상 도체 또는 기초 접지극) 중 하나 또는 조합하여 시설할 수 있다.

(나) 접지극은 다음에 따라 시설한다.

㉠ 지표면에서 0.75m 이상 깊이로 매설하여야 한다. 단, 필요시는 해당 지역의 동결심도를 고려한 깊이로 할 수 있다.

㉡ 대지가 암반 지역으로 대지 저항이 높거나 건축물·구조물이 전자 통신 시스템을 많이 사용하는 시설의 경우에는 환상 도체 접지극 또는 기초 접지극으로 한다.

④ 옥외에 시설된 전기 설비의 피뢰 시스템(KEC 152.5)

㉠ 고압 및 특고압 전기 설비에 대한 피뢰 시스템은 KEC 152.1 내지 KEC 152.4에 따른다.

㉡ 외부에 낙뢰 차폐선이 있는 경우 이것을 접지하여야 한다.

㉢ 자연적 구성 부재의 조건에 적합한 강철제 구조체 등을 인하 도선으로 사용할 수 있다.

>>> 제18장

연습문제

1. 안전을 위한 보호 중 감전에 대한 보호에 대해 간단히 쓰시오

2. 저압 전로에서 정전이 어려운 경우 등 절연 저항 측정이 곤란한 경우 저항 성분의 누설 전류가 몇 [mA] 이하이면 그 전로의 절연 성능은 적합한 것으로 보는가?

3. 최대 사용 전압이 220[V]인 3상 유도 전동기가 있다. 이것의 절연 내력 시험 전압은 몇 [V]로 하여야 하는가?

4. 전로 이외를 흐르는 전류로서 전로 절연체 내부 및 표면과 공간을 통하여 선간 또는 대지 사이를 흐르는 전류를 무엇이라 하는가?

5. 연료전지 및 태양전지 모듈의 절연 내력 시험에서 충전 부분과 대지 사이에 연속하여 몇 분간 가하여 절연 내력을 시험하였을 때에 이에 견디는 것이어야 하는가?

6. 고압 옥내 배선할 경우 가능한 배선 공사를 모두 쓰시오.

7. 애자 사용 배선에 의한 고압 옥내 배선에서, 전선의 지지점간의 거리는 몇 m 이하이면 되는가? (단, 전선을 조영재의 면을 따라 붙이는 경우이다.)

8. 옥내 고압용 이동 전선을 쓰시오.

9. 절연물 중에서 가교폴리에틸렌(XLPE)과 에틸렌프로필렌고무혼합물(EPR)의 허용 온도(℃)는?

Chapter 19

가공 인입선 및 배선 공사

19-1 구내·옥측·옥상 전선로의 시설

(1) 가공 인입선 공사

① 가공 인입선(service drop)

㈎ 가공 전선로의 지지물(전주 등)에서 분기하여 다른 지지물을 거치지 아니하고 수용 장소의 인입점에 이르는 전선로를 말한다.

㈏ 사용 전선은 절연 전선 및 케이블을 사용한다. 단, OW선을 사용할 경우는 사람이 쉽게 접촉할 우려가 없도록 시설해야 한다.

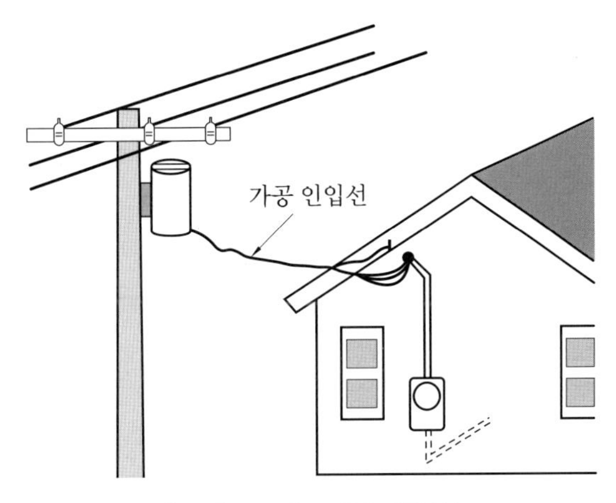

[그림 19-1] 가공 인입선

② 저압 인입선의 시설(KEC 221.1.1)

㈎ 전선은 절연 전선 또는 케이블일 것

㈏ 전선이 케이블인 경우 이외에는 인장 강도 2.30 kN 이상의 것 또는 지름 2.6 mm 이상의 인입용 비닐 절연 전선일 것. 다만, 지지물 간 거리가 15m 이하인 경우는 인장 강도 1.25 kN 이상의 것 또는 지름 2 mm 이상의 인입용 비닐 절연 전선일 것

㈐ 전선이 옥외용 비닐 절연 전선인 경우에는 사람이 접촉할 우려가 없도록 시설하

고, 옥외용 비닐 절연 전선 이외의 절연 전선인 경우에는 사람이 쉽게 접촉할 우려가 없도록 시설할 것

㈑ 전선의 높이는 다음에 의할 것

㉠ 도로(차도와 보도의 구별이 있는 도로인 경우에는 차도)를 횡단하는 경우에는 노면상 5 m(기술상 부득이한 경우에 교통에 지장이 없을 때에는 3 m) 이상

㉡ 철도 또는 궤도를 횡단하는 경우에는 레일면상 6.5 m 이상

㉢ 횡단보도교의 위에 시설하는 경우에는 노면상 3 m 이상

㉣ ㉠에서 ㉢까지 이외의 경우에는 지표상 4m(기술상 부득이한 경우에 교통에 지장이 없을 때에는 2.5 m) 이상 저압 가공 인입선과 다른 시설물 사이의 간격은 [표 19-1]에서 정한 값 이상이어야 한다.

[표 19-1] 저압 가공 인입선 조영물의 구분에 따른 간격

시설물의 구분		간격
조영물의 상부 조영재	위쪽	2 m (전선이 옥외용 비닐 절연 전선 이외의 저압 절연 전선인 경우는 1.0m, 고압 절연 전선, 특고압 절연 전선 또는 케이블인 경우는 0.5m)
	옆쪽 또는 아래쪽	0.3 m (전선이 고압 절연 전선, 특고압 절연 전선 또는 케이블인 경우는 0.15m)
조영물의 상부 조영재 이외의 부분 또는 조영물 이외의 시설물		0.3 m (전선이 고압 절연 전선, 특고압 절연 전선 또는 케이블인 경우는 0.15 m)

③ 이웃 연결 인입선의 시설(KEC 221.1.2)

수용 장소의 인입선에서 분기하여 지지물을 거치지 않고 다른 수용 장소의 인입구 부분에 이르는 전선을 말한다.

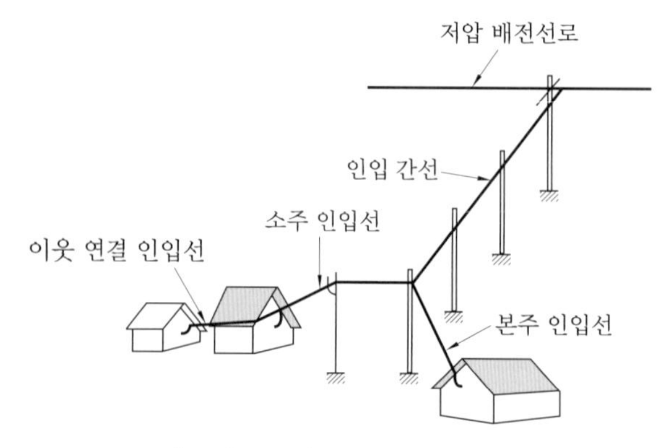

[그림 19-2] 인입선의 구분

㈎ 인입선에서 분기하는 점으로부터 100 m를 초과하는 지역에 미치지 아니할 것
㈏ 폭 5 m를 초과하는 도로를 횡단하지 아니할 것
㈐ 옥내를 통과하지 아니할 것

(2) 옥측 전선로(KEC 221.2)

① 저압 옥측 전선로는 다음의 공사 방법에 의할 것

㈎ 애자 공사(전개된 장소에 한한다.)
㈏ 합성수지관 공사
㈐ 금속관 공사(목조 이외의 조영물에 시설하는 경우에 한한다.)
㈑ 버스 덕트 공사(목조 이외의 조영물(점검할 수 없는 은폐된 장소는 제외한다.)에 시설하는 경우에 한한다.)
㈒ 케이블 공사(연피 케이블, 알루미늄피 케이블 또는 무기물 절연(MI) 케이블을 사용하는 경우에는 목조 이외의 조영물에 시설하는 경우에 한한다.)

② 애자 공사에 의한 저압 옥측 전선로

㈎ 사람이 쉽게 접촉될 우려가 없도록 시설할 것
㈏ 전선은 공칭 단면적 4 mm^2 이상의 연동 절연 전선일 것(단, 옥외용 비닐 절연 전선 및 인입용 절연 전선은 제외한다.)
㈐ 전선 상호 간의 간격 및 전선과 그 저압 옥측 전선로를 시설하는 조영재 사이의 간격은 [표 19-2]에서 정한 값 이상일 것

[표 19-2] 시설 장소별 조영재 사이의 간격

시설 장소	전선 상호 간의 간격		전선과 조영재 사이의 간격	
	사용 전압이 400[V] 이하인 경우	사용 전압이 400[V] 초과인 경우	사용 전압이 400[V] 이하인 경우	사용 전압이 400[V] 초과인 경우
비나 이슬에 젖지 않는 장소	0.06 m	0.06 m	0.025 m	0.025 m
비나 이슬에 젖는 장소	0.06 m	0.12 m	0.025 m	0.045 m

㈑ 전선의 지지점 간의 거리는 2 m 이하일 것
㈒ 전선에 인장 강도 1.38 kN 이상의 것 또는 지름 2 mm 이상의 경동선을 사용하고 또한 전선 상호 간의 간격을 0.2 m 이상, 전선과 저압 옥측 전선로를 시설한

조영재 사이의 간격을 0.3 m 이상으로 하여 시설하는 경우에 한하여 옥외용 비닐 절연 전선을 사용하거나 지지점 간의 거리를 2 m 초과하고 15 m 이하로 할 수 있다.

㈓ 애자는 절연성·난연성 및 내수성이 있는 것일 것

③ 합성수지관 공사에 의한 저압 옥측 전선로는 KEC 232.11 규정에 준하여 시설할 것

④ 금속관 공사에 의한 저압 옥측 전선로는 KEC 232.12의 규정에 준하여 시설할 것

⑤ 버스 덕트 공사에 의한 저압 옥측 전선로는 KEC 232.61의 규정에 준하여 시설하는 이외의 덕트는 물이 스며들어 고이지 않는 것일 것

⑥ 케이블 공사에 의한 저압 옥측 전선로는 다음의 어느 하나에 의하여 시설할 것

㈎ 케이블을 조영재에 따라서 시설할 경우에는 KEC 232.51의 규정에 준하여 시설할 것

㈏ 케이블을 조가용선에 조가하여 시설할 경우에는 KEC 332.2 규정에 준하여 시설하고 또한 저압 옥측 전선로에 시설하는 전선은 조영재에 접촉하지 않도록 시설할 것

[표 19-3] 저압 옥측 전선로 조영물의 구분에 따른 간격

다른 시설물의 구분	접근 형태	간격
조영물의 상부 조영재	위쪽	2 m (전선이 고압 절연 전선, 특고압 절연 전선 또는 케이블인 경우는 1 m)
	옆쪽 또는 아래쪽	0.6 m (전선이 고압 절연 전선, 특고압 절연 전선 또는 케이블인 경우는 0.3 m)
조영물의 상부 조영재 이외의 부분 또는 조영물 이외의 시설물		0.6 m (전선이 고압 절연 전선, 특고압 절연 전선 또는 케이블인 경우는 0.3 m)

⑦ 애자 공사에 의한 저압 옥측 전선로의 전선과 식물 사이의 간격은 0.2 m 이상이어야 한다. 다만, 저압 옥측 전선로의 전선이 고압 절연 전선 또는 특고압 절연 전선인 경우에 그 전선을 식물에 접촉하지 않도록 시설하는 경우에는 적용하지 아니한다.

(3) 옥상 전선로(KEC 221.3)

① 옥상 전선로

옥상 부분에 설치된 지지대, 지지주 등에 의하여 조영물로 이격하여 시설하는 전선로이며, 저압 옥상 전선로는 전개된 장소에 다음에 따르고 또한 위험의 우려가 없도록 시설하여야 한다.

(가) 전선은 인장 강도 2.30 kN 이상의 것 또는 지름 2.6 mm 이상의 경동선을 사용할 것

(나) 전선은 절연 전선(OW 전선을 포함한다.) 또는 이와 동등 이상의 절연 성능이 있는 것을 사용할 것

(다) 전선은 조영재에 견고하게 붙인 지지기둥 또는 지지대에 절연성·난연성 및 내수성이 있는 애자를 사용하여 지지하고 또한 그 지지점 간의 거리는 15 m 이하일 것

(라) 전선과 그 저압 옥상 전선로를 시설하는 조영재와의 간격은 2 m(전선이 고압 절연 전선, 특고압 절연 전선 또는 케이블인 경우에는 1 m) 이상일 것

② 전선이 케이블인 저압 옥상 전선로

다음의 어느 하나에 해당할 경우에 한하여 시설할 수 있다.

(가) 전선을 전개된 장소에 조영재에 견고하게 붙인 지지기둥 또는 지지대에 의하여 지지하고 또한 조영재 사이의 간격을 1 m 이상으로 하여 시설하는 경우

(나) 전선을 조영재에 견고하게 붙인 견고한 관 또는 트로프에 넣고 또한 트로프에는 취급자 이외의 자가 쉽게 열 수 없는 구조의 철제 또는 철근 콘크리트제 기타 견고한 뚜껑을 시설하는 경우

③ 저압 옥상 전선로의 전선이 저압 옥측 전선, 고압 옥측 전선, 특고압 옥측 전선, 다른 저압 옥상 전선로의 전선, 약전류 전선 등 안테나·수관·가스관 또는 이들과 유사한 것과 접근하거나 교차하는 경우에는 저압 옥상 전선로의 전선과 이들 사이의 간격은 1 m(저압 옥상 전선로의 전선 또는 저압 옥측 전선이나 다른 저압 옥상 전선로의 전선이 저압 방호구에 넣은 절연 전선 등·고압 절연 전선·특고압 절연 전선 또는 케이블인 경우에는 0.3 m) 이상이어야 한다.

④ 저압 옥상 전선로의 전선은 상시 부는 바람 등에 의하여 식물에 접촉하지 아니하도록 시설하여야 한다.

19-2 가공 전선로

(1) 배전 선로용 재료와 기구

① 지지물

㈎ 철근 콘크리트주가 주로 사용되며, 필요에 따라 철주·철탑이 사용된다.

㈏ 철근 콘크리트주의 설계 하중은 150, 250, 350, 500, 700 kg을 표준으로 하고 있다.

㈐ 하중을 받는 지지물의 기초 안전율은 2 이상이어야 한다.

[표 19-4] 지지물의 종류

종류	적용 구분	비고
콘크리트주	일반적인 장소에 사용하는 지지물	일반용, 중하중용
배전용 강관 전주	도로가 협소하여 콘크리트주의 운반이 곤란한 장소 콘크리트 전주로서는 규정의 강도 및 시공이 어려운 장소	인입용, 저압용, (특)고압용
철탑	산악지, 계곡, 해월, 하천 지역 등 횡단개소	

(a) 철근 콘크리트주

(b) 목주

(c) 철주

(d) 철탑

[그림 19-3] 지지물의 종류

② 완목 및 완금(steel cross arm)

㈎ 지지물에 전선을 고정시키기 위하여 완목 또는 아연 도금된 완금도 많이 사용된다.

㈏ 완목이나 완금을 목주에 붙이는 경우에는 볼트를 사용하고, 철근 콘크리트주에 붙이는 경우에는 U볼트를 사용한다.

㈐ 암타이어 : 완목이나 완금이 상하로 움직이는 것을 방지하기 위해 사용하는 것이다.

㈑ 밴드

㉠ 암 밴드 : 완금을 고정시키는 것

㉡ 암타이 밴드 : 암타이어를 고정시키는 것

㉢ 지선 밴드 : 지선을 붙일 때 사용하는 것

㈒ 저압 가공 전선로에 있어서 완금이나 완목 대신 **래크**(rack)를 사용하여 전선을 수직 배선하는 경우도 있다.

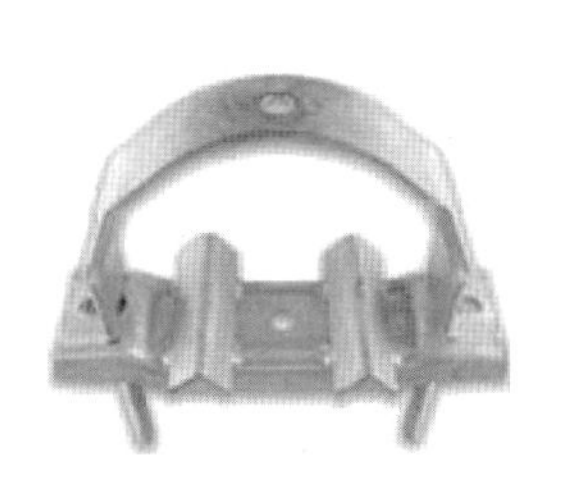

(a) 암 밴드

(b) 암타이 밴드

[그림 19-4] 밴드

③ 애자(insulator)

선로나 전기 기기의 나선(裸線) 부분을 절연하고 동시에 기계적으로 유지 또는 지지하기 위하여 사용되는 절연체이다. 전기적으로 충분한 절연 내력(絕緣耐力)을 가지게 하기 위하여 다수의 주름을 만들어 표면에 따른 거리를 크게 하였다.

이것은 표면이 습하였을 때, 특히 염분이나 먼지 등이 부착하였을 때 절연 내력이 저하되는 것을 방지하는 데 효과가 있다.

일반적으로 절연체의 주재료로는 **경질자기**를 사용하는데, 절연 내력을 가지며 변질하지 않고 온도 변화와 태양 광선 등의 환경에도 강한 기계력을 가질 수 있도록 되어 있다.

[표 19-5] 애자의 종류

구분	명칭	설명
전선로용	현수 애자(懸垂碍子)	특고압 배전 선로에 사용한다. 선로의 종단, 선로의 분기, 수평각 30° 이상인 인류 개소와 전선의 굵기가 변경되는 지점, 개폐기 설치 전주 중의 내장 장소에 사용된다.
	장간(長幹) 애자	등 간격으로 주름을 잡은 1개의 충실한 자기 막대의 양단에 아래로 달린 애자용 캡을 덮어씌운 것이며, 가동 브래킷과 함께 실용화된 것이다.

	내무(耐霧) 애자	송배전 선로의 애자는 염분 또는 먼지 등이 부착하기 쉽고, 그렇게 되면 안개 등으로 습기를 머금어 절연이 열화되기 때문에 이것을 방지하기 위하여 특별히 설계된 애자를 말한다. 태풍 때의 오손에 견딜 목적으로 사용한다.
배전선용	핀 애자	애자에 핀을 꼬아 넣고, 핀을 기둥, 대 등에 부착하는 형태의 애자. 70[kV] 이하의 송전선, 배전선에 사용된다. 보통 전주에 부착되어 있는 것은 대부분 핀 애자이다.
	인류 애자	절연체가 다대(茶臺) 모양 또는 실패 모양을 한 인류 애자를 이른다.
	라인 포스트 애자	금속 베이스 및 핀을 구비한 선로용 애자. 중실 원주형으로 된 고정용 애자이다.
옥내 배선용	놉 애자	옥내 배선에 쓰이는 애자의 일종으로, 전선을 여기에 묶어서 사용하는 것이다.
	고압 가지 애자	전선을 다른 방향으로 돌리는 부분에 사용하는 것이다.
	저압 곡핀 애자	인입선에 사용하는 것이다.
	구형 애자	잡아당김용과 지지선용이 있으며, 지지선용은 지지선의 중간에 넣어 양측 지지선을 절연한다.
	다구 애자	동력용 저압 인입선 공사 시 건물 벽면에 시설할 때 사용

(a) 인입(곡핀) 애자

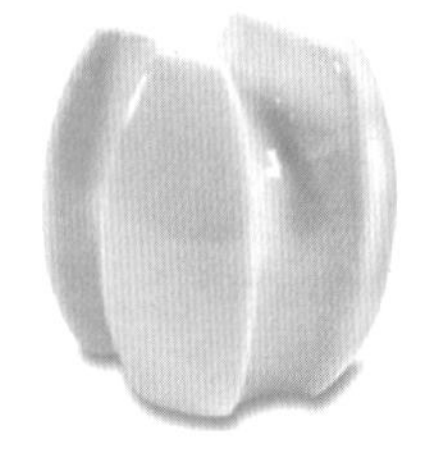

(b) 구형(옥, 지지선) 애자

(c) 현수 애자

[그림 19-5] 애자의 종류

(2) 건주·장주 공사

① 건주 공사(pole erecting)

㈎ 지지물을 땅에 세우는 것을 건주라 한다.

㈏ 전주가 땅에 묻히는 깊이는 전체 길이가 16 m 이하, 설계 하중이 6.8 kN 이하인 것은 전주의 길이에 따라 다음과 같이 정해진다.

㉠ 15 m 미만 : 1/6 이상

㉡ 15 m 이상 : 2.5 m 이상

[표 19-6] 전주가 땅에 묻히는 깊이

전주의 길이(m)	땅에 묻히는 깊이(m)	전주의 길이(m)	땅에 묻히는 깊이(m)
7	1.2	12	2.0
8	1.4	13	2.2
9	1.5	14	2.4
10	1.7	15	2.5
11	1.9		

(a) 지지물 설치

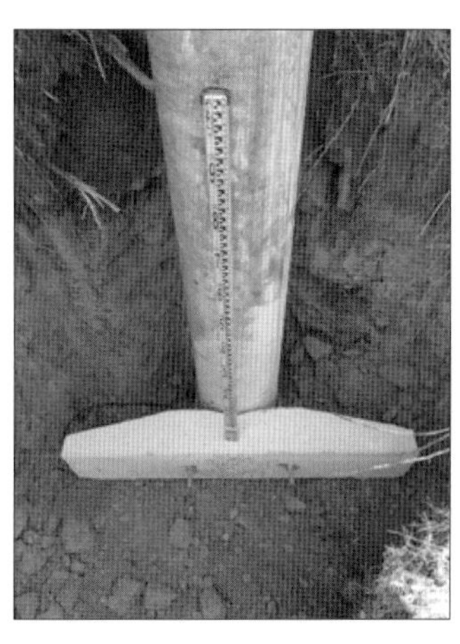

(b) 근가 설치

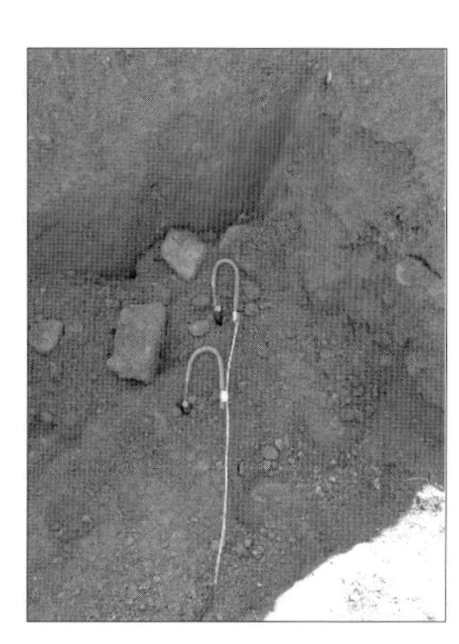

(c) 접지 설치

[그림 19-6] 건주 공사 예

② 장주 공사(pole fittings)

(가) 지지물에 완목, 완금, 애자 등을 장치하는 것을 장주라 한다.

(나) 배전 선로의 장주에는 저·고압선의 가설 이외에도 주상 변압기, 유입 개폐기, 진상 콘덴서, 승압기, 피뢰기 등의 기구를 설치한다.

(다) [표 19-7]은 전압과 가선 조수에 따라 완금 사용의 표준을 나타낸 것이다.

[표 19-7] 완금의 사용 표준 (단위 : mm)

가선 조수	저압	고압	특고압
2조	900	1400	1800
3조	1400	1800	2400

③ 저압 가공 전선의 굵기 및 종류(KEC 222.5)

(가) 저압 가공 전선은 나전선(중성선 또는 다중 접지된 접지 측 전선으로 사용하는 전선에 한한다), 절연 전선, 다심형 전선 또는 케이블을 사용하여야 한다.

(나) 사용 전압이 400[V] 이하인 저압 가공 전선은 케이블인 경우를 제외하고는 인장 강도 3.43 kN 이상의 것 또는 지름 3.2 mm(절연 전선인 경우는 인장 강도 2.3 kN 이상의 것 또는 지름 2.6 mm 이상의 경동선) 이상의 것이어야 한다.

(다) 사용 전압이 400[V] 초과인 저압 가공 전선은 케이블인 경우 이외에는 시가지에 시설하는 것은 인장 강도 8.01 kN 이상의 것 또는 지름 5 mm 이상의 경동선, 시가지 외에 시설하는 것은 인장 강도 5.26 kN 이상의 것 또는 지름 4 mm 이상의 경동선이어야 한다.

(라) 사용 전압이 400[V] 초과인 저압 가공 전선에는 인입용 비닐 절연 전선을 사용하여서는 안 된다.

④ 저압 보안 공사

저압 보안 공사는 다음에 따라야 한다.

(가) 전선은 케이블인 경우 이외에는 인장 강도 8.01[kN] 이상의 것 또는 지름 5 mm 경동선이어야 한다.

(나) 사용 전압이 400[V] 이하인 경우에는 인장 강도 5.26[kN] 이상의 것 또는 지름 4 mm 이상의 경동선으로 시설한다.

(다) 목주는 다음에 의한다.

㉠ 풍압 하중에 대한 안전율은 1.5 이상일 것

㉡ 목주의 굵기는 위쪽 끝의 지름 0.12 m 이상일 것

(라) 지지물 간 거리는 [표 19-8]에서 정한 값 이하이어야 한다.

[표 19-8] 지지물 종류에 따른 지지물 간 거리

지지물의 종류	지지물 간 거리
목주・A종 철주 또는 A종 철근 콘크리트주	100 m
B종 철주 또는 B종 철근 콘크리트주	150 m
철탑	400 m

⑤ 저압 가공 전선의 높이(KEC 222.7)

저압 가공 전선의 높이는 다음에 따라야 한다.

(가) 도로를 횡단하는 경우에는 지표상 6 m 이상

(나) 철도 또는 궤도를 횡단하는 경우에는 레일면상 6.5 m 이상

(다) 횡단보도교의 위에 시설하는 경우

㉠ 저압 가공 전선은 노면상 3.5 m

㉡ 저압 절연 전선・다심형 전선 또는 케이블인 경우에는 3 m 이상

㈑ 이외의 경우에는 지표상 5 m 이상

다만, 저압 가공 전선을 도로 이외의 곳에 시설하는 경우 또는 절연 전선이나 케이블을 사용한 저압 가공 전선으로서 옥외 조명용에 공급하는 것으로 교통에 지장이 없도록 시설하는 경우에는 지표상 4 m까지로 감할 수 있다.

⑥ 고압 가공 전선의 높이(KEC 332.5)

고압 가공 전선의 높이는 다음에 따라야 한다.

㈎ 도로를 횡단하는 경우에는 지표상 6 m 이상

㈏ 철도 또는 궤도를 횡단하는 경우에는 레일면상 6.5 m 이상

㈐ 횡단보도교의 위에 시설하는 경우에는 노면상 3.5 m 이상

㈑ 이외의 경우에는 지표상 5 m 이상

㈒ 고압 가공 전선을 수면 상에 시설하는 경우에는 전선의 수면 상의 높이를 선박의 항해 등에 위험을 주지 않도록 유지하여야 한다.

㈓ 고압 가공 전선로를 빙설이 많은 지방에 시설하는 경우에는 전선의 적설상의 높이를 사람 또는 차량의 통행 등에 위험을 주지 않도록 유지하여야 한다.

(3) 지지선의 시설

① 지지선의 시설 목적

지지물의 강도 보강 및 전선로의 안전성 증대와 불평형 장력에 대한 평형 유지 및 건조물 등에 접근하는 전선로 보안에 있다.

② 지지선의 종류

㈎ 보통 지지선 : 전주 근원으로 전주 길이의 약 1/2 거리에 지지선용 근가를 매설하여 설치하는 것으로 일반적인 경우에 사용된다.

㈏ 수평 지지선 : 지형의 상황 등으로 보통 지지선을 시설할 수 없는 경우에 사용된다.

㈐ 공동 지지선 : 두 개의 지지물에 공통으로 시설하는 지지선으로서 지지물 상호 간 거리가 비교적 근접한 경우에 사용된다.

㈑ Y 지지선 : 다단의 완철이 설치되고 또한 장력이 클 때 또는 H주일 때 보통 지지선을 2단으로 시설하는 것이다.

㈒ 궁 지지선 : 장력이 비교적 적고 다른 종류의 지지선을 시설할 수 없을 경우에 적용하며, 시공 방법에 따라 A형, R형 지지선으로 구분한다.

㈓ 완철 지지선 : 공사상 부득이 발생하는 창출, 편출 장주된 완철을 인류할 경우 완철의 끝단과 다른 지지물 사이에 설치한다.

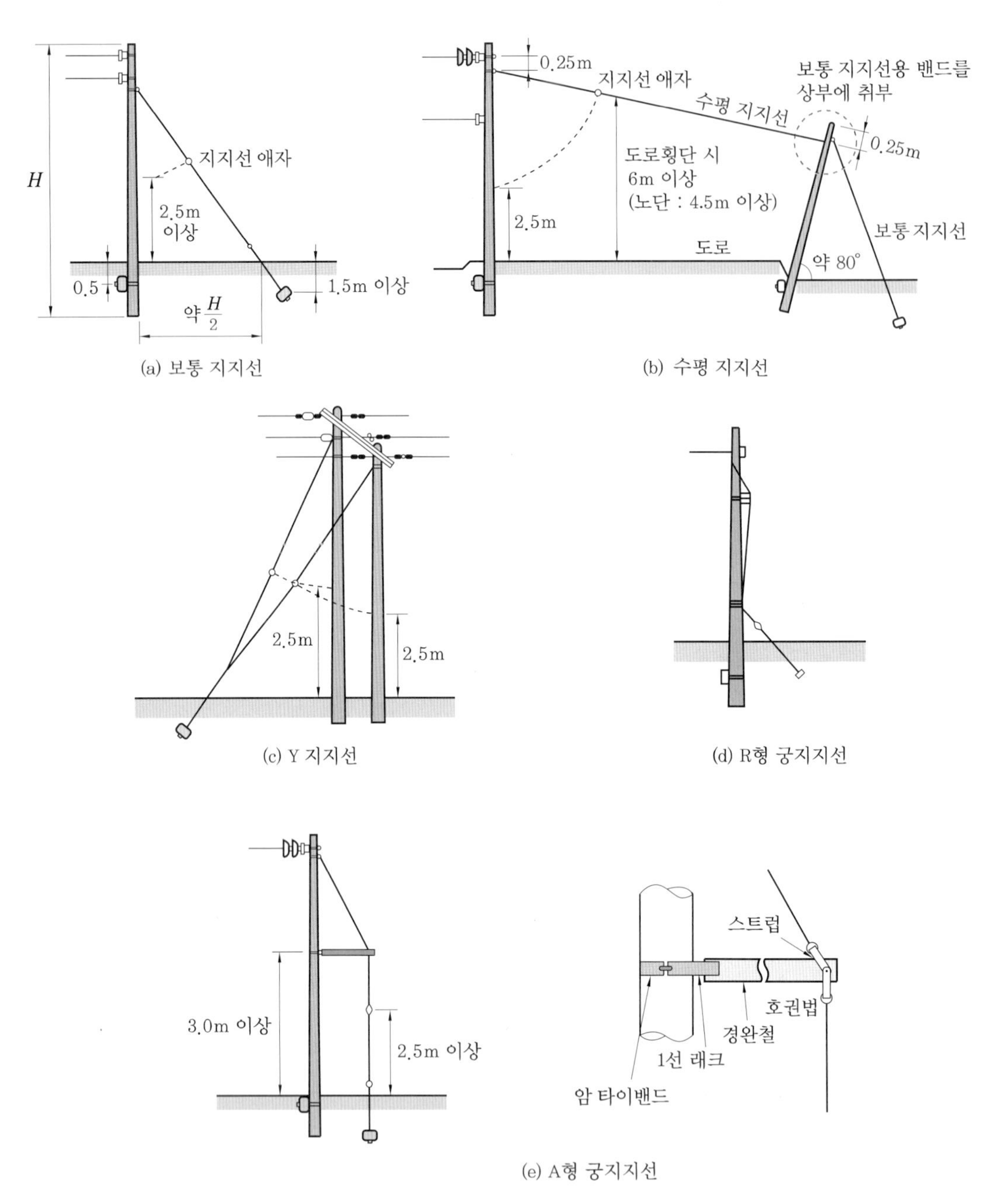

(a) 보통 지지선

(b) 수평 지지선

(c) Y 지지선

(d) R형 궁지지선

(e) A형 궁지지선

[그림 19-7] 지지선의 종류

③ 지지선의 안전율(KEC 331.11)

㈎ 지지선의 안전율 : 2.5 이상(허용 인장 하중의 최저는 4.31 kN)

㈏ 지지선에 연선을 사용할 경우

㉠ 소선의 지름이 2.6 mm 이상의 금속선을 사용한 것일 것

㉡ 소선 3가닥 이상의 연선일 것

㈐ 지중 부분 및 지표상 0.3 m까지의 부분에는 내식성이 있을 것 또는 아연도금을 한 철봉을 사용하고 쉽게 부식되지 않는 근가에 견고하게 붙일 것

④ 지지선의 높이

㈎ 도로 횡단 시 : 5 m 이상 (단, 교통에 지장을 초래할 염려가 없는 경우 4.5 m 이상)

㈏ 보도의 경우 : 2.5 m 이상

(4) 배전용 기구 및 설치

① 주상 변압기

㈎ 전등 부하에는 단상 변압기가 주로 쓰이고, 동력 부하에는 3상 변압기를 사용하는 것이 편리하다.

㈏ 정격 출력은 5, 7, 10, 15, 20, 30, 50, 75, 100[kVA]가 표준이다.

㈐ 지지물에 설치하는 방법은 변압기를 행어 밴드를 사용하여 설치하는 것이 소형 변압기에 많이 적용되고 있다.

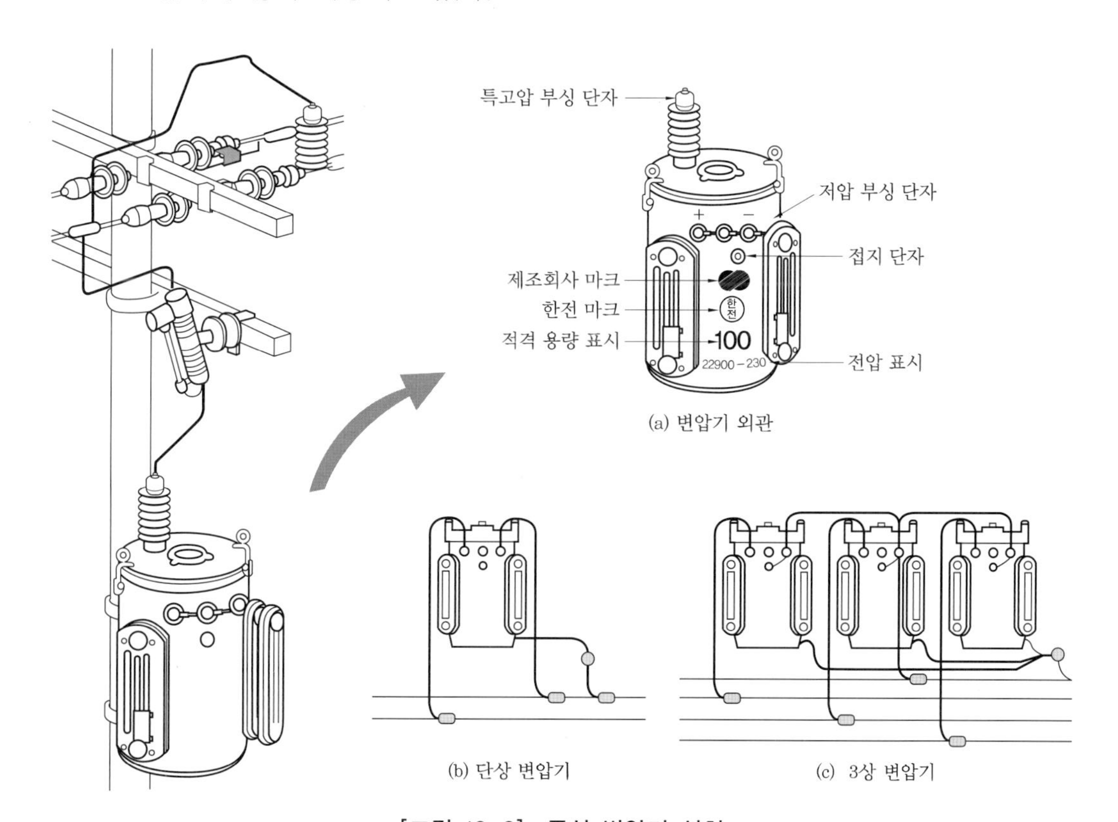

[그림 19-8] 주상 변압기 설치

㈑ 변압기의 1차 측 인하선은 고압 절연선 또는 클로로프렌 외장 케이블을 사용하고, 2차 측은 옥외 비닐 절연선(OW) 또는 비닐 외장 케이블을 사용하여 저압 간선에 접속한다.

② 변압기를 보호하기 위한 기구 설치

㈎ 1차 측 : 애자형 개폐기 또는 프라이머리 컷 아웃을 설치하며 과부하에 대한 보호, 변압기 고장 시의 위험 방지 및 구분 개폐를 하기 위한 것이다.

㈏ 2차 측 : 저압 가공 전선을 보호하기 위하여 주상 변압기의 2차 측에 과전류 차단기를 넣는 캐치 홀더를 설치한다.

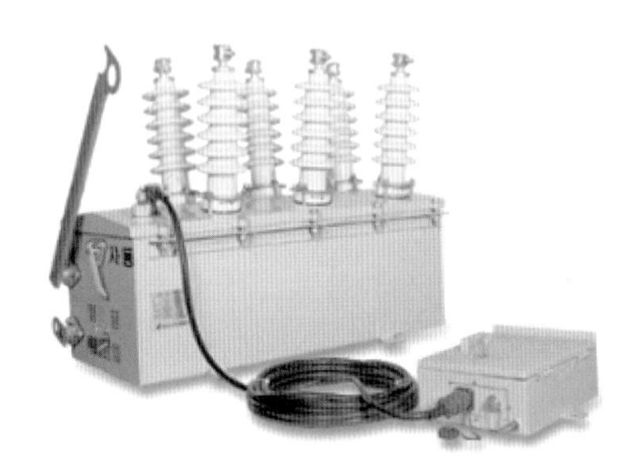

(a) 자동 고장 구분 개폐기

(b) 캐치 홀더

[그림 19-9] 변압기 보호 기구

③ 활선 작업 및 무정전 작업

고압 전선로에서 충전 상태, 즉 송전을 계속하면서 애자, 완목, 전주 및 주상 변압기 등을 교체하는 작업이다.

㈎ 활선 작업의 종류

㉠ 데드 엔드 커버 : 활선 작업 시 작업자가 현수 애자 및 데드 엔드 클램프에 접촉되는 것을 방지하기 위하여 사용되는 절연 장구이다.

㉡ 와이어 통 : 핀 애자나 현수 애자의 장주에서 활선을 작업권 밖으로 밀어낼 때 사용하는 절연봉이다.

㉢ 고무 브래킷 : 활선 작업 시 작업자에게 위험한 충전 부분을 절연하기에 아주 편리한 고무판으로서 접거나 둘러쌓을 수도 있고 걸어놓을 수도 있다는 다목적 절연 보호 장구이다.

㉣ 애자 커버 : 활선 작업 시 특고핀 및 라이포스트 애자를 절연하여 작업자의 부주의로 접촉되더라도 안전사고가 발생하지 않도록 사용되는 절연 덮개이다.

ⓜ 절연 고무장화 : 활선 작업 시 작업자가 전기적 충격을 방지하기 위하여 고무장갑과 더불어 이중 절연의 목적으로 작업화 위에 신고 작업할 수 있는 절연 장구이다.

ⓑ 고무소매 : 방전 고무장갑과 더불어 작업자의 팔과 어깨가 충전부에 접촉되지 않도록 착용하는 절연 장구이다.

ⓢ 라인 호스 : 활선 작업자가 활선에 접촉되는 것을 방지하고자 절연 고무관으로 전선을 덮어씌워 절연하는 장구이다.

ⓞ 전선 피박이 : 활선 상태에서 전선의 피복을 벗기는 공구이다.

폴리머용 커버(열린 상태)

자기체용 커버(열린 상태)

폴리머용 커버(닫힌 상태)

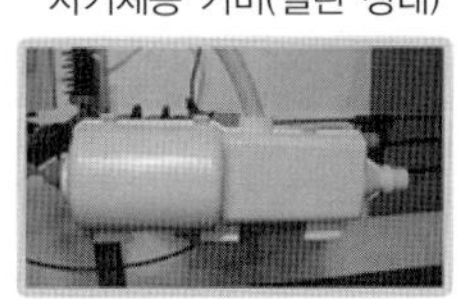

자기체용 커버(닫힌 상태)

(a) 데드 엔드 커버

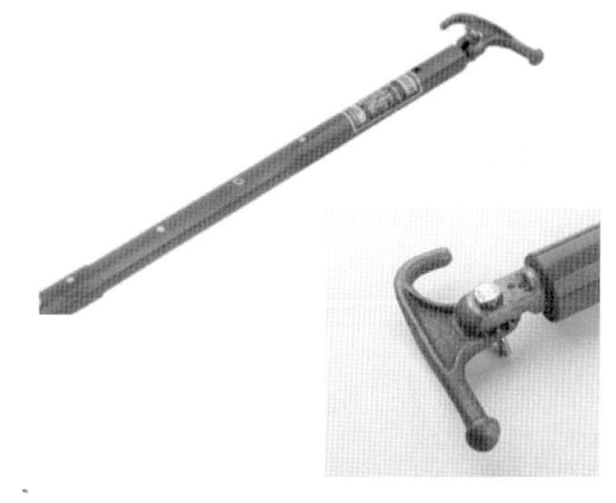

(b) 와이어 통(DS봉)

(c) 브래킷을 활용한 활성 작업

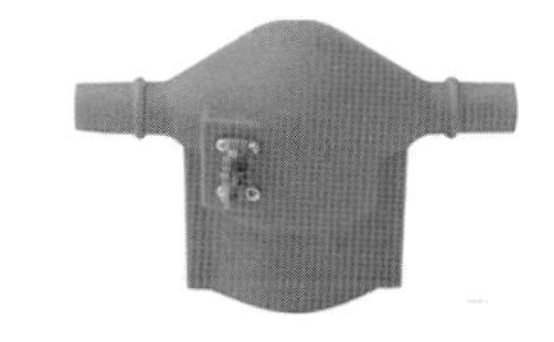

(d) 애자 커버·고무 브래킷

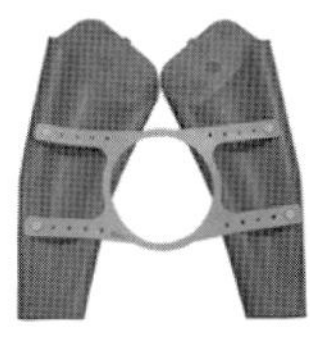

(e) 고무소매

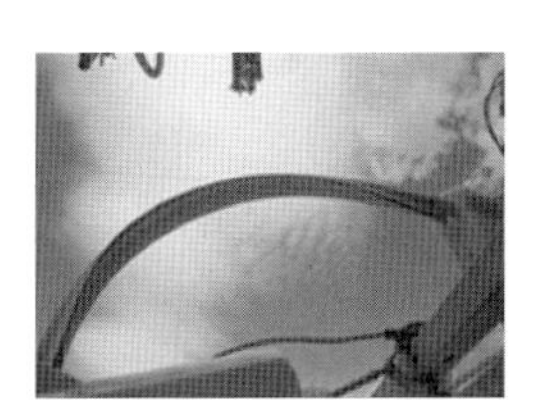

(f) 라인 호스

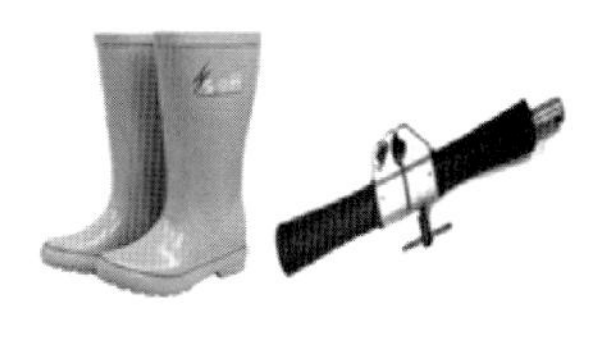

(g) 절연 장화·전선 피박이

[그림 19-10] 활선 장구류

19-3 지중 전선로

(1) 지중 배전 선로 시설 공사

① **지중 전선로의 시설 방식(KEC 334.1)**

㈎ 직접 매설식(직매식)

㉠ 전력 케이블을 직접 지중에 매설하는 방식이다.

㉡ 차량 등의 압력을 받는 곳에서 1.2 m 보도 등 기타의 곳에서는 0.6 m 이상으로 시공해야 한다.

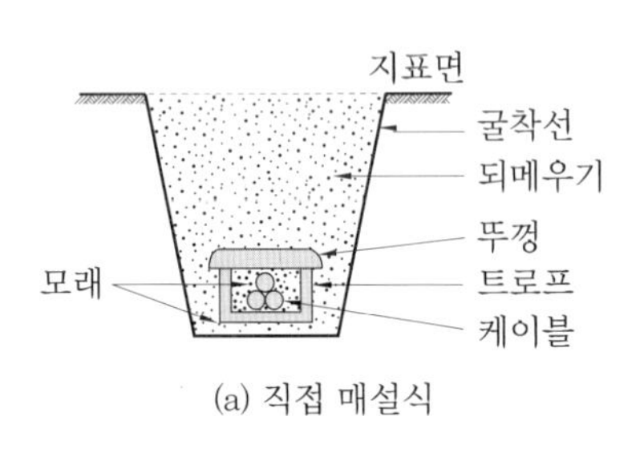

(a) 직접 매설식

(b) 시공 예

[그림 19-11] 직접 매설식 케이블 포설 방식

㈏ 관로식(관로 인입식)

㉠ 합성수지 평형관, PVC 직관, 강관 등 파이프를 사용하여 관로를 구성한 뒤 케이블을 부설하는 방식이다.

㉡ 일정 거리의 관로 양 끝에는 맨홀을 설치하여 케이블을 포설하고 접속한다.

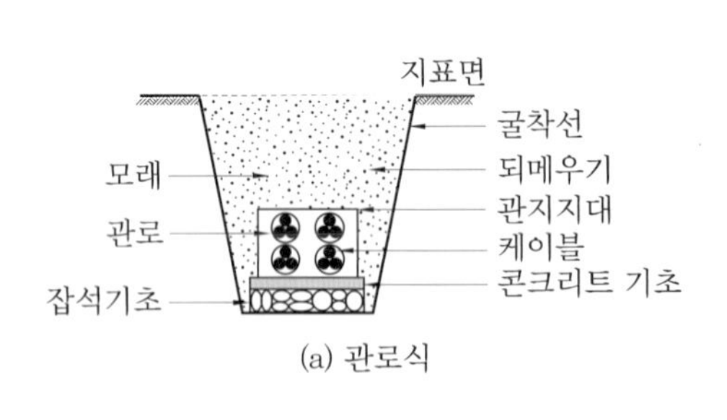

(a) 관로식

(b) 시공 예

[그림 19-12] 관로식 케이블 포설 방식

㈐ 전력구식(공동구식)

㉠ 터널과 같이 상부가 막힌 형태의 지하 구조물에 포설하는 방식이다.

㉡ 가스·통신·상하수도 관로 등과 전력 설비를 동시에 설치하는 공동구식도 일종이다.

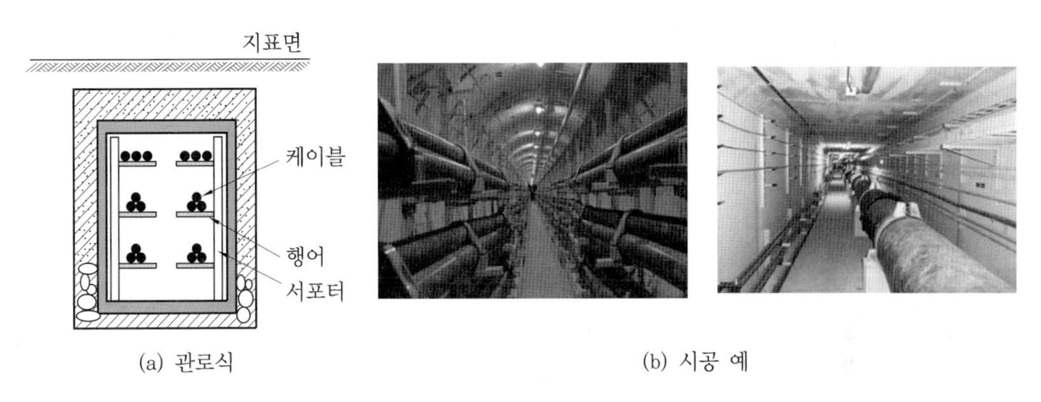

[그림 19-13] 전력구식 케이블 포설 방식

>>> 제19장

연습문제

1. 가공 인입선과 연접 인입선에 대하여 간단히 설명하시오.

2. 일반적으로 저압 가공 인입선이 도로를 횡단하는 경우 노면상 설치 높이는 어떻게 되는가?

3. 저압 구내 가공 인입선으로 DV 전선 사용 시 전선의 길이가 15m 이하인 경우 사용할 수 있는 굵기는 몇 mm 이상인가?

4. 저압 가공 인입선의 인입구에 사용하며, 금속관 공사에서 끝 부분의 빗물 침입을 방지하는 데 적당한 것은?

5. 전선로의 종류와 지지물의 종류를 모두 쓰시오.

6. 철근 콘크리트주에 완금을 고정시키는 데 사용하는 밴드는 무엇인가?

7. 가공 전선로의 지지물에 하중이 가하여지는 경우에 그 하중을 받는 지지물의 기초 안전율은 일반적으로 얼마 이상이어야 하는가?

8. 전주의 길이가 15m 미만인 경우 땅에 묻히는 깊이는 전주 길이의 얼마 이상으로 하여야 하는가? (단, 설계 하중은 6.8kN 이하이다.)

9. 논이나 기타 지반이 약한 곳에 건주 공사 시 전주의 넘어짐을 방지하기 위해 시설하는 것은?

Chapter 20

특수 장소 및 특수 시설 공사

20-1 특수 장소 공사

(1) 먼지 위험 장소

① 폭연성 먼지 위험 장소(KEC 242.2.1)

㈎ 저압 옥내 배선, 저압 관등 회로 배선은 금속관 공사 또는 케이블 공사(캡타이어 케이블을 사용하는 것을 제외한다)에 의할 것

㈏ 금속관 공사에 의하는 때에는 다음에 의하여 시설할 것

㉠ 금속관은 박강 전선관 또는 이와 동등 이상의 강도를 가지는 것일 것

㉡ 박스 기타의 부속품 및 풀 박스는 쉽게 마모·부식 기타의 손상을 일으킬 우려가 없는 패킹을 사용하여 먼지가 내부에 침입하지 아니하도록 시설할 것

㉢ 관 상호간 및 관과 박스 기타의 부속품·풀 박스 또는 전기 기계 기구와는 5턱 이상 나사 조임으로 접속하는 방법, 기타 이와 동등 이상의 효력이 있는 방법에 의하여 견고하게 접속하고 또한 내부에 먼지가 침입하지 아니하도록 접속할 것

㈐ 케이블 공사에 의하는 때에는 다음에 의하여 시설할 것

㉠ 개장된 케이블 또는 미네랄 인슐레이션 케이블을 사용하는 경우 이외에는 관 기타의 방호 장치에 넣어 사용할 것

㉡ 전선을 전기 기계 기구에 인입할 경우에는 패킹 또는 충진제를 사용하여 인입 구로부터 먼지가 내부에 침입하지 아니하도록 하고 또한 인입구에서 전선이 손상될 우려가 없도록 시설할 것

㈑ 이동 전선은 접속점이 없는 0.6/1[kV] EP 고무절연 클로로프렌 캡타이어 케이블을 사용하고 또한 손상을 받을 우려가 없도록 시설할 것

㈒ 전선과 전기 기계 기구는 진동에 의하여 헐거워지지 아니하도록 견고하고 또한 전기적으로 완전하게 접속할 것

㈓ 전기 기계 기구는 먼지 폭발방지 특수 방진 구조로 되어 있을 것

㈔ 백열전등 및 방전등용 전등 기구는 조영재에 직접 견고하게 붙이거나 또는 전등

을 다는 관·전등완관(電燈腕管) 등에 의하여 조영재에 견고하게 붙일 것

(아) 전동기는 과전류가 생겼을 때에 폭연성 먼지에 착화할 우려가 없도록 시설할 것

② **가연성 먼지 위험 장소**(KEC 242.2.2)

(가) 저압 옥내 배선 등은 합성수지관 공사 두께 2 mm 미만의 합성수지 전선관 및 난연성이 없는 콤바인 덕트 관을 사용하는 것을 제외한 금속관 공사 또는 케이블 공사에 의할 것

(나) 합성수지관 공사에 의하는 때에는 다음에 의하여 시설할 것

㉠ 합성수지관 및 박스 기타의 부속품은 손상을 받을 우려가 없도록 시설할 것

㉡ 박스 기타의 부속품 및 풀 박스는 쉽게 마모·부식 기타의 손상이 생길 우려가 없는 패킹을 사용하는 방법, 틈새의 깊이를 길게 하는 방법, 기타 방법에 의하여 먼지가 내부에 침입하지 아니하도록 시설할 것

㉢ 관과 전기 기계 기구는 관 상호간 및 박스와는 관을 삽입하는 깊이를 관의 바깥지름의 1.2배, 접착제를 사용하는 경우에는 0.8배 이상으로 하고, 꽂음 접속에 의하여 견고하게 접속할 것

(다) 금속관 공사에 의하는 때에는 관 상호간 및 관과 박스 기타 부속품·풀 박스 또는 전기 기계 기구와는 5턱 이상 나사 조임으로 접속하는 방법, 기타 이와 동등 이상의 효력이 있는 방법에 의하여 견고하게 접속할 것

(라) 케이블 공사에 의하는 때에는 전선을 전기 기계 기구에 인입할 경우에는 인입구에서 먼지가 내부로 침입하지 아니하도록 하고, 인입구에서 전선이 손상될 우려가 없도록 시설할 것

(마) 이동 전선은 접속점이 없는 0.6/1[kV] EP 고무 절연 클로로프렌 캡타이어 케이블 또는 0.6/1[kV] 비닐 절연 비닐 캡타이어 케이블을 사용하고, 손상을 받을 우려가 없도록 시설할 것

(바) 전기 기계 기구는 분진 방폭형 보통 방진 구조로 되어 있을 것

③ **먼지가 많은 그 밖의 위험 장소**(KEC 242.2.3)

(가) 저압 옥내 배선 등은 애자 공사·합성수지관 공사·금속관 공사·유연성 전선관 공사·금속 덕트 공사·버스 덕트 공사(환기형의 덕트를 사용하는 것을 제외한다) 또는 케이블 공사에 의하여 시설할 것

(나) 전기 기계 기구로서 먼지가 부착함으로써 온도가 비정상적으로 상승하거나 절연 성능 또는 개폐 기구의 성능이 나빠질 우려가 있는 것에는 방진 장치를 할 것

(다) 면·마·견 기타 타기 쉬운 섬유의 먼지가 있는 곳에 전기 기계 기구를 시설하는

경우에는 먼지가 착화할 우려가 없도록 시설할 것

㈑ 전선과 전기 기계 기구는 진동에 의하여 헐거워지지 아니하도록 견고하고 또한 전기적으로 완전하게 접속할 것

(2) 위험물·가연성 가스가 있는 장소

① 위험물 등이 존재하는 장소(KEC 242.4)

이동 전선은 접속점이 없는 0.6/1[kV] EP 고무 절연 클로로프렌 캡타이어 케이블 또는 0.6/1[kV] 비닐 절연 비닐 캡타이어 케이블을 사용하고, 손상을 받을 우려가 없도록 시설하는 이외에 이동 전선을 전기 기계 기구에 인입할 경우에는 인입구에서 손상을 받을 우려가 없도록 시설할 것

② 가연성 가스·부식성 가스가 있는 곳의 공사(KEC 242.3)

㈎ 가연성 가스 또는 인화성 물질의 증기(이하 "가스 등"이라 한다)가 누출되거나 체류하여 전기 설비가 발화원이 되어 폭발할 우려가 있는 곳(프로판 가스 등의 가연성 액화 가스를 다른 용기에 옮기거나 나누는 등의 작업을 하는 곳)

㈏ 폭발 위험 장소에서의 전기 설비의 설계·선정 및 설치에 관한 요구 사항에 따라 시공한 경우에는 따르지 않을 수 있다. 다만, 다음의 장소에서는 그러하지 아니한다.

㉠ 폭발성 메탄가스가 존재할 우려가 있는 광산. 다만, 광산의 지상에 설치하는 전기 설비 및 폭발성 메탄가스 이외의 폭발성 가스가 존재할 우려가 있는 광산은 제외한다.

㉡ 가연성 먼지 또는 섬유가 존재하는 지역(분진 폭발 위험 장소)

㉢ 의학적인 목적으로 하는 진료실 등

(3) 화약 저장 장소 등의 위험 장소

① 화약류 저장소에서 전기 설비의 시설(KEC 242.5.1)

화약류 저장소 안에는 전기 설비를 시설해서는 안 된다. 다만, 조명기구에 전기를 공급하기 위한 전기 설비는 다음에 따라 시설하는 경우에는 그러하지 아니하다.

㈎ 전로에 대지 전압은 300[V] 이하일 것

㈏ 전기 기계 기구는 전폐형의 것일 것

㈐ 케이블을 전기 기계 기구에 인입할 때에는 인입구에서 케이블이 손상될 우려가 없도록 시설할 것

② 불연성 먼지가 많은 장소

㈎ 배선 방법

㉠ 애자 사용 배선

㉡ 금속 전선관 배선

㉢ 금속제 가요 전선관 배선

㉣ 금속 덕트 배선, 버스 덕트 배선

㉤ 합성수지 전선관 배선(두께 2 mm 미만의 합성수지 전선관 제외)

㉥ 케이블 배선 또는 캡타이어 케이블 배선으로 시공하여야 한다.

㈏ 가스 증기 위험 장소 배선은 금속 전선관 배선 또는 케이블 배선에 의할 것

20-2 특수 시설 공사

(1) 전시회·쇼 및 공연장의 전기 설비 (KEC 242.6)

전시회·쇼 및 공연장 기타 이들과 유사한 장소에 시설하는 저압 전기 설비에 적용한다.

① 무대·무대마루 밑·오케스트라 박스·영사실 기타 사람이나 무대 도구가 접촉할 우려가 있는 곳에 시설하는 저압 옥내 배선, 전구선 또는 이동 전선은 사용 전압이 400[V] 이하이어야 한다.

② 배선용 케이블은 구리 도체로 최소 단면적이 1.5 mm^2이며, 정격 전압 450/750[V] 이하 염화 비닐 절연 케이블 또는 정격 전압 450/750[V] 이하 고무 절연 케이블에 적합하여야 한다.

③ 무대마루 밑에 시설하는 전구선은 300/300[V] 편조 고무코드 또는 0.6/1[kV] EP 고무 절연 클로로프렌 캡타이어 케이블이어야 한다.

④ 전시회 등에 사용하는 건축물에 화재경보기가 시설되지 않은 경우에 케이블 설비는 다음 중 하나에 따라 시설하여야 한다.

㈎ 화재 조건에서 전기/광섬유 케이블, 단심 절연 전선 또는 케이블 화재 조건에서 난연성 케이블 또는 전선, 저 발연 케이블

㈏ 전기 설비용 케이블 트렁킹 및 덕트 시스템에 따른 화재 방호 및 보호 등급을 갖춘 금속제 또는 비금속제의 전선관 또는 덕트에 넣는 단심 또는 다심의 비 외장 케이블

⑤ 기계적 손상의 위험이 있는 경우에는 외장 케이블 또는 방호 조치를 한 케이블을 시설하여야 한다.

⑥ 이동 전선은 0.6/1[kV] EP 고무 절연 클로로프렌 캡타이어 케이블 또는 0.6/1[kV] 비닐 절연 비닐 캡타이어 케이블이어야 한다.

⑦ 보더라이트에 부속된 이동 전선은 0.6/1[kV] EP 고무 절연 클로로프렌 캡타이어 케이블이어야 한다.

(2) 터널 및 갱도 기타 이와 유사한 장소(KEC 242.7)

① 사람이 상시 통행하는 터널 내의 배선은 저압에 한하여 애자 사용, 금속 전선관, 합성수지관, 금속제 가요 전선관, 케이블 배선으로 시공하여야 한다.

② 애자 사용 배선의 경우 전선은 노면 상 2.5 m 이상의 높이로 하고, 단면적 2.5 mm^2 이상의 절연 전선을 사용해야 한다(단, OW, DV 전선 제외).

③ 터널의 인입구 가까운 곳에 전용의 개폐기를 시설하여야 한다.

④ 광산, 갱도 내의 배선은 저압 또는 고압에 한하고, 케이블 배선으로 시공하여야 한다(단, 사용 전압 400[V] 미만의 경우는 2. 5mm^2 이상의 절연 전선을 사용할 수 있다).

⑤ 터널 및 갱도에 시설하는 전구선과 이동 전선의 사용 전압은 400V 미만이고, 0.75 mm^2 이상의 300/300[V] 편조 고무 코드 또는 0.6/1[kV] EP 고무 절연 클로로 프렌 캡타이어 케이블이어야 한다.

(3) 전기 울타리 시설(KEC 241.1)

① 전기 울타리는 목장·논밭 등 옥외에서 가축의 탈출 또는 야생짐승의 침입을 방지하기 위하여 시설하는 경우를 제외하고는 시설해서는 안 된다.

② 전기 울타리용 전원 장치에 전원을 공급하는 전로의 사용 전압은 250[V] 이하이어야 한다.

③ 전기 울타리는 사람이 쉽게 출입하지 아니하는 곳에 시설해야 한다.

④ 전선은 지름 2 mm 이상의 경동선이어야 한다.

⑤ 전선과 이를 지지하는 기둥 사이의 간격은 25 mm(2.5 cm) 이상이어야 한다.

⑥ 전선과 다른 시설물 또는 수목과의 간격은 0.3 m 이상이어야 한다.

⑦ 전로에는 쉽게 개폐할 수 있는 곳에 전용 개폐기를 시설하여야 한다.

⑧ 전기 울타리의 접지 전극과 다른 접지 계통의 접지 전극의 거리는 2 m 이상이어야 한다.

⑨ 가공 전선로의 아래를 통과하는 전기 울타리의 금속 부분은 교차 지점의 양쪽으로부터 5m 이상의 간격을 두고 접지하여야 한다.

(4) 전기 욕기(KEC 241.2)

① 전원 장치의 2차 측 배선

㈎ 전기 욕기용 전원 변압기 2차 측 전로의 사용 전압은 10[V] 이하일 것

㈏ 합성수지관 공사·금속관 공사 또는 케이블 공사에 의하여 시설하거나 또는 공칭 단면적이 1.5 mm^2 이상의 캡타이어 코드를 합성수지관이나 금속관에 넣고 관을 조영재에 견고하게 고정하여야 한다.

② 욕기 내의 시설

㈎ 욕기 내의 전극 간의 거리는 1 m 이상일 것

㈏ 욕기 내의 전극은 사람이 쉽게 접촉될 우려가 없도록 시설할 것

(5) 전격 살충기(KEC 241.7)

전격 살충기는 다음에 의하여 시설하여야 한다.

① 전격 살충기는 「전기용품 및 생활용품 안전관리법」의 적용을 받는 것일 것

② 전격 살충기의 전격격자(電擊格子)는 지표 또는 바닥에서 3.5 m 이상의 높은 곳에 시설할 것

㈎ 다만, 2차 측 개방 전압이 7[kV] 이하의 절연 변압기를 사용하고 또한 보호격자의 내부에 사람의 손이 들어갔을 경우

㈏ 보호격자에 사람이 접촉될 경우 절연 변압기의 1차 측 전로를 자동적으로 차단하는 보호 장치를 시설한 것은 지표 또는 바닥에서 1.8 m까지 감할 수 있다.

③ 전격 살충기의 전격격자와 다른 시설물(가공 전선은 제외한다) 또는 식물과의 간격은 0.3 m 이상일 것

(6) 교통신호등(KEC 234.15)

① 교통신호등 제어 장치의 2차 측 배선의 최대 사용 전압은 300[V] 이하이어야 한다.

② 교통신호등의 2차 측 배선(인하선을 제외한다)은 다음에 의하여 시설하여야 한다.

㈎ 제어 장치의 2차 측 배선 중 케이블로 시설하는 경우에는 지중전선로 규정에 따라 시설할 것

㈏ 전선은 케이블인 경우 이외에는 공칭단면적 2.5 mm^2 연동선과 동등 이상의 세기 및 굵기의 450/750[V] 일반용 단심 비닐 절연 전선 또는 450/750[V] 내열성 에틸렌 아세테이트 고무 절연 전선일 것

㈐ 제어 장치의 2차 측 배선 중 전선(케이블은 제외한다)을 조가선으로 조가하여 시설하는 경우에는 다음에 의할 것

조가선은 인장 강도 3.7 [kN] 이상의 금속선 또는 지름 4 mm 이상의 아연도 철선을 2가닥 이상 꼰 금속선을 사용할 것

(7) 전기 집진 장치(KEC 241.9)

사용 전압이 특고압의 전기 집진 장치·정전 도장 장치·전기 탈수 장치·전기 선별 장치 기타의 전기 집진 응용 장치 및 이에 특고압의 전기를 공급하기 위한 전기 설비는 다음에 따라 시설하여야 한다.

① 전기 집진 응용 장치에 전기를 공급하기 위한 변압기의 1차 측 전로에는 그 변압기에 가까운 곳으로 쉽게 개폐할 수 있는 곳에 개폐기를 시설할 것

② 전기 집진 응용 장치에 전기를 공급하기 위한 변압기·정류기 및 이에 부속하는 특고압의 전기 설비 및 전기 집진 응용 장치는 취급자 이외의 사람이 출입할 수 없도록 설비한 곳에 시설할 것

③ 잔류 전하(殘留電荷)에 의하여 사람에게 위험을 줄 우려가 있는 경우에는 변압기의 2차 측 전로에 잔류 전하를 방전하기 위한 장치를 할 것

제20장 연습문제

1. 폭연성 먼지가 존재하는 곳의 저압 옥내 배선 공사 시 공사 방법을 모두 쓰시오.

2. 폭연성 먼지 또는 화학류의 가루가 전기 설비의 발화원이 되어 폭발할 우려가 있는 곳에 시설하는 저압 옥내 전기 설비의 저압 옥내 배선 공사는 무엇인가?

3. 폭발성 먼지가 있는 위험 장소에 금속관 배선에 의할 경우, 관 상호 및 관과 박스 기타의 부속품이나 풀 박스 또는 전기 기계 기구는 몇 턱 이상의 나사 조임으로 접속하여야 하는가?

4. 티탄을 제조하는 공장으로 먼지가 쌓여진 상태에서 착화된 때에 폭발할 우려가 있는 곳에 저압 옥내 배선을 설치하고자 한다. 알맞은 공사 방법은 무엇인가?

5. 소맥분, 전분 기타 가연성의 먼지가 존재하는 곳의 저압 옥내 배선 공사 방법은 무엇인가?

6. 가연성 먼지에 전기 설비가 발화원이 되어 폭발의 우려가 있는 곳에 시설하는 저압 옥내 배선 공사 방법을 모두 쓰시오.

7. 셀룰로이드, 성냥, 석유류 등 기타 가연성 위험물질을 제조 또는 저장하는 장소의 배선 공사 방법은 무엇인가?

8. 성냥을 제조하는 공장에 배선 공사 방법을 모두 쓰시오.

9. 부식성 가스 등이 있는 장소에 시설할 수 있는 배선은 무엇인가?

10. 화약류 저장 장소의 배선 공사에서 전용 개폐기에서 화약류 저장소의 인입구까지는 어떤 공사를 하여야 하는가?

Chapter 21

수·변전 및 배·분전반 설비

빌딩·공장 등의 전원 설비는 전력회사로 부터 공급받고 있는 상용전원(常用電源)이 정전되었을 때 미치는 영향은 대단히 커 최소한의 보안 전력을 확보하기 위하여 각 부하 설비에 급전하는 수·변전 설비와 이에 병용하여 정전 사고 시를 대비한 자가용 발전 설비 등의 예비 전원 설비가 있다.

21-1 수·변전 설비

자가용 수·변전 설비는 전력회사의 변전소에서 배전 선로를 통하여 공급받는 설비로서 보통 154[kV], 22.9[kV](22[kV])급 자가용 변전 설비를 말한다. 이는 수용가의 소유이며 부하에 맞게 전압을 강압하여 사용하고, 현재 설비 용량 100[kW] 이상 시 설치하고 있다.

[그림 21-1] 수·변전 설비(큐비클 패널)

(1) 수·변전 설비에 사용되는 주요 기기의 종류

① 주요 기기의 명칭·용도 및 역할

㈎ 단로기(DS : Disconnection Switch) : 기기 및 선로를 활선으로부터 분리하며, 회로 변경 및 분리한다.

㈏ 피뢰기(LA : Lighting Arrester) : 낙뢰 또는 이상 전압으로부터 설비를 보호하고 속류를 차단한다.

㈐ 전력 퓨즈(PF : Power Fuse) : 전로가 기기를 단락 전류로부터 보호한다.

㈑ 계기용 변압 변류기(MOF : Metering Out Fit) : 계기용 변압기와 변류기의 조합으로 전력 수급용 전력량을 계시한다.

㈒ 계기용 변류기(CT : Current Transformer) : 대전류를 소전류로 변성하여 배전반의 전류계·전력계·차단기의 트립 코일의 전원으로 사용한다.

㈓ 계기용 변압기(PT : Potential Transformer) : 대전류를 소전류로 변성하고 배전반의 전류계·전력계·주파수계·역률계 표시등 및 부족 전압 트립 코일의 전원으로 사용한다.

㈔ 변압기(TR : Transformer) : 특고압 또는 고압 수전 전압을 필요한 전압으로 변성하여 부하에 전력 공급한다.

㈕ 교류 차단기(CB : Circuit Breaker) : 부하 전류 개폐·단락·지락 사고 시 회로를 차단한다.

㈖ 전력용 콘덴서(SC : Static Condenser) : 부하에 역률 개선한다.

㈗ 영상 변류기(ZCT : Zero phase Sequence Current Transformer) : 지락 사고 시 영상 전류를 검출하여 접지 계전기에 의하여 차단기를 동작시킨다.

② 수전반에 사용되는 각종 계기류

[표 21-1] 계기류의 심벌

명칭	심벌	명칭	심벌
전압계	Ⓥ 또는 [V]	전압계용 절환 스위치	⊕ VS
전류계	Ⓐ 또는 [A]	전류계용 절환 스위치	☮ AS
전력계	Ⓦ 또는 [W]	적색 표시등	Ⓡ
역률계	(PF) 또는 [PF]	녹색 표시등	Ⓖ
주파수계	Ⓕ 또는 [F]	표시등	(PS) 또는 [FL]

(2) 차단기(CB : Circuit Breaker)

전기 회로에 과전류, 즉 정격 전류 이상의 전류가 흐를 때 이로 인한 사고를 예방하기 위해 전류의 흐름을 자동으로 끊는 기기이다.

① 차단기의 종류

[표 21-2] 차단기의 종류

전압 구분	명칭	소호 매체	설명
교류	유입 차단기(OCB)	절연유	절연유를 이용하여 아크를 소호한다.
	공기 차단기(ABB)	공기	압축 공기로 아크를 소호한다.
	가스 차단기(GCB)	SF_6가스	SF_6(육불화유황) 가스로 아크를 소호한다.
	자기 차단기(MBB)	전자력	전자력을 이용하여 소호한다.
	진공 차단기(VCB)	진공	진공을 이용하여 소호한다.
직류	고속 차단기	–	직류 선로에서 아크를 고속으로 차단한다.
직류 또는 교류	기중 차단기(ACB)	자연 공기	자연 공기로 아크를 소호한다.

Tip SF_6의 성질

- 불활성, 무색, 무취, 무독성 가스이다.
- 같은 압력에서 공기의 2.5~3.5배의 절연 내력이 있다.
- 소호 능력은 공기보다 100배 정도이다.
- 열전도율은 공기의 1.6배이며, 공기보다 5배 무겁고, 절연유의 1/140로 가볍다.
- 不저항 특성을 갖는다.

② 차단기의 설치 위치와 기능

㈎ 변전소의 수전 인입구, 송·배전의 인출구, 변압기 군의 1차 및 2차 측, 모선의 연결부 등에 설치된다.

㈏ 평상시에는 부하 전류, 선로의 충전 전류, 변압기의 여자 전류 등을 개폐하고, 고장 시에는 계전기의 동작에서 발생하는 신호를 받아 단락 전류, 지락 전류, 고장 전류 등을 차단한다.

③ 차단기의 정격 및 용량

㈎ 정격 전압 : 정한 조항에 따라 그 차단기에 가할 수 있는 사용 전압의 한계 전압을 말한다.

(나) 정격 전류

㉠ 정격 전압 및 정격 주파수에서 규정한 온도 상승 한도를 초과하지 않는 상태에서 연속적으로 통할 수 있는 전류의 한계를 말한다.

㉡ 그 값은 200, 400, 600, 1200, 2000A를 표준으로 하고 있다.

(다) 정격 차단 용량

㉠ 단상의 경우

정격 차단 용량=(정격 전압)×(정격 차단 전류)

㉡ 3상의 경우

정격 차단 용량= $\sqrt{3}$(정격 전압)×(정격 차단 전류)

(3) 개폐기(switch)

① 부하 개폐기(LBS : Load Breaking Switch)

수·변전 설비의 인입구 개폐기로 많이 사용되며, 전류 퓨즈의 용단 시 결상을 방지할 목적으로 채용되고 있다.

② 선로 개폐기(LS : Line Switch)

보안성 책임 분계점에서 보수 점검 시 전로 개폐를 위하여 설치 사용된다.

③ 기중 부하 개폐기(IS : Interrupter Switch)

22.9[kV] 선로에 주로 사용되며, 자가용 수전 설비에서는 300[kVA] 이하 인입구 개폐기로 사용된다.

④ 자동 고장 구분 개폐기(ASS : Automatic Section Switch)

수용가 구내에 지락, 단락 사고 시 즉시 회로를 분리 목적으로 설치 사용된다.

⑤ 컷 아웃 스위치(COS : Cut Out Switch)

주로 변압기의 1차 측에 설치하여 변압기의 보호와 개폐를 위하여 단극으로 제작되며 내부에 퓨즈를 내장하고 있다.

(4) 단로기(DS : Disconnecting Switch)

① 고압 이상에서 기기의 점검, 수리 시 무전압, 무전류 상태로 전로에서 단독으로 전로의 접속 또는 분리하는 것을 주목적으로 사용되는 기기이다.

② 변전소의 전력 기기를 시험하기 위하여 회로를 분리하거나 또는 계통기의 접속을 바꾸거나 하는 경우에 사용된다.

③ 고장 전류는 물론 부하 전류의 개폐에도 사용할 수 없다.

(5) 계기용 변성기(Instrument Transformer)

① 계기용 변류기(CT : Current Transformer)

높은 전류를 낮은 전류로 변성하여 배전반의 전류계·전력계·차단기의 트립 코일의 전원으로 사용한다.

② 계기용 변압기(PT : Potential Transformer)

고전압을 저전압으로 변성하여 배전반의 전압계·전력계·주파수계·역률계 표시등 및 부족 전압 트립 코일의 전원으로 사용한다.

③ 전력 수급용 계기용 변성기(MOF : Metering Out Fit)

계기용 변압기(PT)와 계기용 변류기(CT)를 조합하여 전력 수급용 전력량을 계시한다.

(a) 계기용 변류기

(b) 계기용 변압기

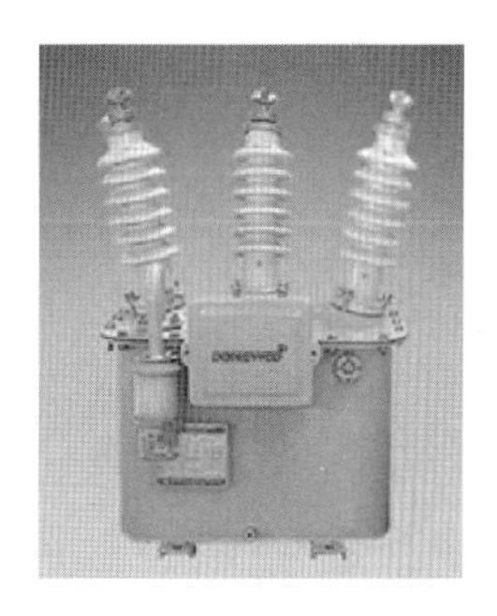
(c) MOF

[그림 21-2] 계기용 변성기

(6) 변압기(transformer)

① 변압기는 발전소에서 발전된 전기의 전압을 변환하는 장치이다.

② 몰드 변압기

㈎ 고압 또는 저압 권선을 모두 에폭시로 몰드(mold)한 고체 절연 방식이다.

㈏ 난연성·절연의 신뢰성·보수 및 점검이 용이, 에너지 절약 등의 특징이 있다.

③ 1차가 22.9[kV]-Y의 배선이고, 2차가 220/380[V] 부하 공급 시 변압기 결선 방식이다. 3상 4선식 220/380[V](Y-Y 결선으로 중성선 이용)

(7) 조상 설비(調相設備)

전력 손실을 경감하기 위하여 설치한 회전 기기 설비이다. 기계적으로 무부하 운전을 하면서 여자(勵磁)를 가감하여 무효 전력의 조정을 통하여 전압 조정이나 역률 개선 따위를 행하여 손실을 줄인다.

① 설치 목적

(가) 무효 전력을 조정하여 역률 개선에 의한 전력 손실을 경감한다.

(나) 전압의 조정과 송전 계통의 안정도가 향상된다.

② 조상 설비의 종류

(가) 전력용 콘덴서

(나) 리액터

(다) 동기 조상기

③ 전력용 콘덴서의 부속 기기

(가) 방전 코일(DC : Discharging Coil) : 콘덴서를 회로에 개방하였을 때 전하가 잔류함으로써 일어나는 위험과 재투입 시 콘덴서에 걸리는 과전압을 방지하는 역할을 한다.

(나) 직렬 리액터(SR : Series Reactor) : 제5고조파 등 이상의 고조파를 제거하여 전압, 전류 파형을 개선한다.

④ 진상용 콘덴서(SC) 설치 방법

설치 방법 중에서 각 부하 측에 분산 설치하는 방법이 가장 효과적으로 역률이 개선되나 설치 면적과 설치 비용이 많이 든다.

⑤ 부하의 역률 개선의 효과

(가) 선로 손실의 감소

(나) 전압 강하 감소

(다) 설비 용량의 이용률 증가(여유도 향상)

(라) 전력 요금의 경감

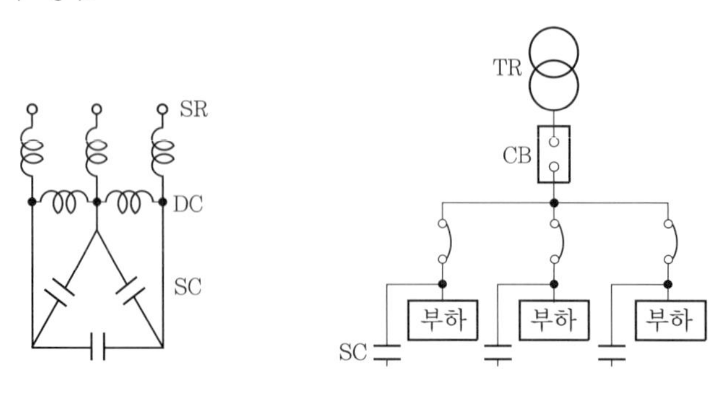

(a) 전력용 콘덴서의 구성 (b) 각 부하 측에 분산 설치

[그림 21-3] 조상 설비 구성 및 설치

21-2 배전반 공사

배전반에는 보통 높은 전압을 수전하여 낮은 전압으로 변압한 전기를 공급하는 수·변전실 내에서 변압기, 차단기, 계기류 등이 시설되어 있다.

(1) 배전반의 종류

① 라이브 프런트식

보통 수직형을 사용하고 대리석, 철판 등으로 만들고 저압 간선용으로 많이 사용한다.

② 데드 프런트식

고압 수전반이나 고압 전동기 운전반에 많이 사용되고, 앞면은 각종 계기와 개폐기를 설치하고 모든 충전부는 뒷면에 설치한다. 종류에는 수직형, 포스트형, 벤치형, 조합형이 있다.

③ 폐쇄식 배전반(큐비클형)

4면을 폐쇄하여 만든 것으로 점유 면적이 좁고, 보수 및 운전이 안전하므로 가장 널리 사용된다. 종류에는 조립형과 장갑형이 있다.

(2) 배전반 공사

① 사용 전선은 나전선을 사용할 수 있으나 취급자의 안전을 위하여 고압 절연 전선을 사용한다.
② 고·저압 모선을 가공으로 시설할 경우에는 높이를 2.5 m 이상으로 한다.
③ 배전반 앞면은 취급자가 스위치 조작을 용이하게 하기 위하여 앞 벽과의 사이에 1.5 m 이상의 간격을 두어야 한다.

[표 21-3] 배전반의 최소 유지 거리

기기별 \ 위치별	앞면 또는 조작 계측면	뒷면 또는 점검면	열 상호간(점검하는 면)
특고압 배전반	1.7 m	0.8 m	1.4 m
고압 배전반	1.5 m	0.6 m	1.2 m
저압 배전반	1.5 m	0.6 m	1.2 m
변압기 등	0.6 m	0.6 m	1.2 m

21-3 분전반 공사

간선에서 각 기계 기구로 배선이 분리해 나가는 곳에 주 개폐기·분기 개폐기·자동 개폐기 등을 설치하기 위하여 분전반을 설치한다.

(1) 분전반의 종류

① **나이프식 분전반** : 개폐기로 퓨즈가 붙은 나이프 스위치를 시설한 것
② **텀블러식 분전반** : 개폐기로 텀블러 스위치·자동 차단기에는 퓨즈 등을 시설한 것
③ **브레이크식 분전반** : 개폐기로 전자 코일로 만든 차단기(배선용 차단기)를 시설한 것

(2) 분전반의 설치

① 일반적으로 분전반의 철제 캐비닛 안에는 개폐기 및 과전류 차단기를 설치하고 내열 구조로 만든 것이 많이 사용되고 있다.
② 분전반 내부 주위에는 배선을 쉽게 하기 위하여 일정 간격의 공간을 두어야 한다.
③ 철재 분전반은 두께 1.2 mm 또는 1.6 mm의 철판으로 만들며, 문이 달린 뚜껑은 3.2 mm 두께의 철판으로 만든다.
④ 하나의 분전반이 담당하는 경제 면적은 750~1000 m^2으로 하고, 분전반에서 최종 부하까지의 거리는 30 m 이내로 하는 것이 좋다.
⑤ 분전반에서 분기 회로를 위한 배관의 상승 또는 하강이 용이해야 한다.
⑥ 보수 점검에 편리한 곳이어야 한다.
⑦ 분전반을 넣는 금속제의 함 및 이를 지지하는 금속 프레임 또는 구조물은 접지하여야 한다.

(3) 배선 기구의 접속 방법

분전반 또는 배전반의 단극 개폐기·점멸 스위치·퓨즈·리셉터클 등에서 전압 측 전선과 접지 측 전선을 구별할 필요가 있다.

① 소켓, 리셉터클 등에 전선을 접속할 때

전압 측 전선을 중심 접촉면에, 접지 측 전선을 속 베이스에 연결하여야 한다. 충전된 속 베이스를 만져서 감전될 우려가 있는 것을 방지하기 위해서이다.

② 전등 점멸용 점멸 스위치를 시설할 때

접지 측 전선에 접지 사고가 생기면 누설 전류가 생겨서 화재의 위험성이 있고, 점멸 역할도 할 수 없게 되기 때문에 반드시 전압 측 전선에 시설하여야 한다.

>>> 제21장

연습문제

1. 특고압 수전 설비이다. 괄호 안의 명칭과 기호를 쓰시오.

명칭	기호	명칭	기호
(㉠)	CB	단로기	(㉡)
피뢰기	(㉢)	(㉣)	PF
계기용 변류기	(㉤)	(㉥)	ZCT
계기용 변압기	(㉦)	변압기	(㉧)

㉠ (   ) ㉡ (   ) ㉢ (   ) ㉣ (   )
㉤ (   ) ㉥ (   ) ㉦ (   ) ㉧ (   )

2. 차단기 문자 기호 중 "OCB"는 무엇인가?

3. 차단기의 소호 매질 중 압축 공기를 사용한 것은 무엇인가?

4. 자연 공기 내에서 개방할 때 접촉자가 떨어지면서 자연 소호되는 방식을 가진 차단기로 저압의 교류 또는 직류 차단기로 많이 사용되는 것은?

5. 가스 절연 개폐기나 가스 차단기에 사용되는 가스의 SF_6의 특징을 간단히 쓰시오.

6. 정격 전압 3상 24[kV], 정격 차단 전류 300[A]인 수전 설비의 차단 용량은 몇 [MVA]인가?

7. 인입 개폐기의 종류와 설명을 간단히 쓰시오.

8. 수·변전 설비의 인입구 개폐기로 많이 사용되고 있으며, 전력 퓨즈의 용단 시 결상을 방지하는 목적으로 사용되는 개폐기는?

9. 고압 수전 설비의 인입구에 낙뢰나 혼촉 사고에 의한 이상 전압으로부터 선로와 기기를 보호할 목적으로 시설하는 것은?

10. 무효 전력을 조정하는 전기 기계 기구는 무엇인가?

Chapter 22

전기 응용 시설 공사

22-1 조명 배선

(1) 조명의 개요

① 우수한 조명의 조건

(가) 조도가 적당할 것

(나) 그림자가 적당할 것

(다) 휘도의 대비가 적당할 것

(라) 광색이 적당할 것

(마) 균등한 광속 발산도 분포(얼룩이 없는 조명)일 것

② 조명의 단위와 용어

(가) 광속(luminous flux) : 광속은 가시광선의 복사속을 눈의 감각으로 측정한 것으로 단위시간당 통과하는 광량을 의미하며 광원에 빛의 양을 표시한다.
광속의 단위는 루멘(lumen, lm)이고 기호는 [F]이다.

(나) 광도(luminous intensity) : 광속을 미소 입체감으로 나눈 값, 즉 단위 입체각의 광속을 말한다. 이것은 우리가 임의의 각에서 광원을 바라볼 때 빛의 세기를 표시한다. 단위는 칸델라(candela, cd)이고 기호는 [I]이다.

(다) 조도(illumination) : 임의의 평면에서 광속이 입사할 때 단위면적당의 광속으로 우리가 작업 면에서 조명이 비치는 밝음의 정도를 나타낸 것으로 조명 단위 중에는 가장 많이 사용된다. 조도의 단위는 럭스(lux, lx)이고 기호는 [E]로 표시한다.

(라) 휘도(brightness) : 광원의 면 또는 발광 면에서 우리 눈이 느끼는 빛나는 정도를 말하며, 거리와는 관계가 없고 휘도 차에 의해 물체를 식별하는 정도이다. 즉 휘도가 높은 것은 눈부심이 일어나고 눈에 잘 띈다. 단위는 스틸브(stilb, sb) 또는 니트(nit, nt)이고 기호는 [B]로 표시한다.

(마) 광속 발산도(luminous radiance) : 피조물에서 반사 및 투과에 의해 발산하는 광

속 밀도를 말한다. 단위는 래드 럭스(radlux, rlux), 기호는 [R]로 표시한다.

(바) 복사 속(radiant flux) : 복사 에너지의 시간적 비율, 즉 어떤 면을 단위 시간에 통과하는 복사 에너지의 양을 말한다. 단위는 와트[watt, W]로 표시한다.

(사) 전등 효율(lamp efficiency) : 전등 효율 η는 광원으로부터 발산하는 전 광속 F [lm]과 광원에 공급되는 소비 전력 P[W]의 비를 의미하며, 광원의 효율을 나타내는 데 많이 사용된다.

(아) 완전 확산 면 : 휘도가 어느 방향에서 보더라도 같은 표면을 완전 확산 면이라 한다.

(2) 조명 방식

① 기구의 배치에 의한 조명 방식의 분류

기구의 배치에 의한 조명 방식의 분류는 [표 22-1]과 같다.

[표 22-1] 조명 기구의 배광

조명 방식	직접 조명	반직접 조명	전반 확산 조명	반간접 조명	간접 조명
상향 광속	0~10 %	10~40 %	40~60 %	60~90 %	90~100 %
조명 기구					
하향 광속	100~90 %	90~60 %	60~40 %	40~10 %	10~0 %
용도	일반 공장	일반 사무실, 학교, 상점, 주택	고급 사무실, 상점, 주택	고급 사무실, 고급 주택	대합실, 회의실, 임원실

② 조명 기구의 배치에 의한 방식

(가) 전반 조명 : 작업 면의 전체를 균일한 조도가 되도록 조명하는 방식이다. 공장, 사무실, 교실 등에 사용하고 있다.

(나) 국부 조명 : 작업에 필요한 장소마다 그 곳에 필요한 조도를 얻을 수 있도록 국부적으로 조명하는 방식이다. 높은 정밀도의 작업을 하는 곳에서 사용된다.

㈐ 전반 국부 병용 조명 : 작업 면 전체는 비교적 낮은 조도의 전반 조명을 실시하고 필요한 장소에만 높은 조도가 되도록 국부 조명을 하는 방식이다. 공장이나 사무실 등에 널리 사용된다.

㈑ TAL 조명 : 작업 구역에는 전용의 국부 조명 방식으로 조명한다. 기타 주변 환경에 대해서는 간접 또는 직접 조명으로 한다.

(3) 조명 설계

① 조명의 계산

광속 보존의 법칙에 의하여 다음 식으로 소요되는 총 광속을 구한다.

$$F_0 = \frac{AED}{U} = \frac{AE}{UM} [\text{lm}]$$

$$N = \frac{F_0}{F} = \frac{AED}{FU} [\text{개}]$$

여기서, F_0 : 총 광속(lm), A : 실내의 면적(m^2), E : 평균 조도(lx), D : 감광 보상률, M : 보수율, U : 조명률, N : 광원의 등 수, F : 등 1개의 광속(lm)

② 실 지수 계산

$$\text{실 지수}(K) = \frac{XY}{H(X+Y)}$$

여기서, X : 실의 가로 길이(m)
Y : 실의 세로 길이(m)
H : 작업 면에서 광원까지의 높이(m)

③ 조명 기구의 높이 H는 직접 조명 천장의 높이가 3m 정도이면 기구를 천장에 직접 붙이고, 높이가 5m 정도이면 작업 면에서 천장까지 높이의 2/3 정도로 하는 것이 좋다.

(4) 부하의 상정

① 배선을 설계하기 위한 전등 및 소형 전기 기계 기구의 부하 용량 산정에서 건물의 종류에 따른 표준 부하는 다음과 같다.

② 설비 부하 용량 $= PA + QB + C$

여기서, P : 주 건축물의 바닥 면적(m^2), Q : 건축물의 부분 바닥 면적(m^2)
A : P 부분의 표준 부하, B : Q 부분의 표준 부하, C : 가산해야 할 VA 수

[표 22-1] 건물의 표준 부하

구분	건물의 종류	표준 부하 (VA/m²)
P	공장, 공회당, 교회, 영화관 등	10
	기숙사, 호텔, 목욕탕, 음식점 등	20
	사무실, 은행, 상점 등	30
	주택, 아파트	40
Q	복도, 계단, 세면정, 창고, 다락	5
	강당, 관람석	20
C	주택, APT(세대별)에 대하여	1000~500[VA]
	상점의 진열장은 폭 1m에 대하여	300[VA]
	옥외의 광고등, 광전사인, 네온사인 등	실 VA 수
	극장 등의 무대 조명, 영화관의 특수 전등 부하	실 VA 수

(5) 수용 설비와 공급 설비

부하의 설비 용량이 결정되면 각 부하별로 수용률, 부하율, 부등률을 고려하여 최대 수용 전력을 산출하고, 부하의 역률과 장래 부하 증가를 고려하여 공급 설비(변압기)의 용량을 결정한다.

① 수용률

(가) $$\text{수용률} = \frac{\text{최대 수용 전력(1시간 평균)(kW)}}{\text{총 설비 용량(kW)}} \times 100\%$$

(나) 수용률을 적용해 설비 용량으로부터 사용 최대 수용 전력을 결정한다.

[표 22-2] 간선의 수용률(%)

건물의 종류	수용률	
	10[kVA] 이하	10[kVA] 이상
주택, 아파트, 기숙사, 여관, 호텔, 병원, 창고	100	50
사무실, 은행, 학교	100	70
기타	100	

② 부등률

(가) $$\text{부등률} = \frac{\text{각 개의 최대 수용 전력의 합(kW)}}{\text{합성 최대 수용 전력(kW)}}$$

(나) 부등률이 클수록 설비의 이용도가 큰 것을 나타낸다.

③ 부하율

㈎ $\text{부하율} = \dfrac{\text{부하의 전력(1시간 평균)(kW)}}{\text{최대 수용 전력(1시간 평균)(kW)}} \times 100\%$

㈏ 공급 설비는 부하율이 높을수록 유효하게 사용되는 셈이 된다.

④ 공급 설비(배전 변압기) 용량

$$\text{변압기 용량} = \frac{\Sigma(\text{수용 설비 용량} \times \text{수용량})}{\text{부등률} \times \text{부하 역률}} [\text{kVA}]$$

22-2 동력 배선

(1) 전기 동력 설비 계산

① 동력 설비 부하의 분류

㈎ 용도별

㉠ 급배수 소화 동력 : 급·배수 펌프, 양수 펌프, 소화 펌프, 스프링클러 펌프 등

㉡ 공기조화용 동력 : 냉동기, 냉각수 펌프, 쿨링타워 팬, 공기조화기 팬, 급·배기 팬, 방열 팬 등

㉢ 건축부대 동력 : 엘리베이터, 에스컬레이터, 카 리프트, 턴테이블, 셔터 등

㉣ 주방용 동력 : 고속 믹서, 케이크 오븐, 냉동기, 냉장고, 에어컨

㉤ 통신 기기용 동력 : 인버터, 직류 발전기

㉥ 기타 : 공장 동력(크레인 등 각종 동력, 건축부대 동력 설비), 의료용 동력(X-선, 전기 연료 등) 사무기기용(컴퓨터 등의 전원 설비)

㈏ 운전 기간별

㉠ 상시 부하 : 급·배수 소화용 동력, 건축부대 동력, 공조 동력용 환풍기, 급·배기 팬 등 사무기기용 동력, 의료용 동력 등

㉡ 하기 동력 부하 : 냉동기, 냉동 펌프, 냉동수 펌프, 쿨링타워 팬 등(단, 이 부하 들도 하기 이외에 운전할 수 있다.)

㈐ 비상 부하별

㉠ 상용시 부하 : 비상시 부하 이외의 부하

㉡ 비상시 부하 : 배연 팬, 소화 펌프, 비상 엘리베이터, 배수 펌프, 용수 펌프 등

② 릴레이 시퀀스 기본 제어 회로

(가) 자기 유지 회로 : 계전기 자신의 접점에 의하여 동작 회로를 구성하고, 스스로 동작을 유지하는 회로로 일정 시간 동안 기억 기능을 가진다.

(나) 인터로크 회로 : 우선도 높은 측의 회로를 ON 조작하면 다른 회로가 열려서 작동하지 않도록 하는 회로이다.

(다) 우선 회로 : 병렬 우선 회로, 먼저 ON 조작된 측으로 우선도가 주어지는 회로이다.

③ 제어 스위치 및 계전기

(가) 리밋 스위치 : 위치 검출용 스위치로서 물체가 접촉하면 내장 스위치가 동작하는 구조로 되어 있는 스위치이다.

(나) 플로트리스 스위치 : 급·배수 회로 공사에서 탱크의 유량을 자동 제어하는 데 사용되는 스위치이다.

(다) 열동 계전기 : 전자 개폐기에 부착하여 전동기의 과부하 보호에 사용되는 자동 장치이다.

(라) 수은 스위치 : 생산 공장 작업의 자동화, 바이메탈과 조합하여 실내 난방 장치의 자동 온도 조절에도 사용된다.

(마) 압력 스위치 : 공기 압축기, 가스탱크, 기름 탱크 등의 펌프용 전동기에 쓰인다.

(바) 플로트리스 스위치 : 물탱크의 물의 양에 따라 동작하는 자동 스위치이다.

(사) 타임 스위치 : 시계 장치와 조합하여 자동 개폐하는 스위치로 외등, 가로등, 전기 사인등의 점멸에 사용하면 정확하고 편리하다.

>>> 제22장

연습문제

1. 우수한 조명의 조건에 대하여 간단히 쓰시오.

2. 조명 공학에서 사용되는 칸델라(cd)는 무엇인가?

3. 완전 확산 면에 대한 설명을 간단히 쓰시오.

4. 특정한 장소만을 고조도로 하기 위한 조명 기구의 배치 방식은 무엇인가?

5. 조명 기구를 배광에 따라 분류하는 경우 특정한 장소만을 고조도로 하기 위한 조명 기구는 무엇인가?

6. 천장에 작은 구멍을 뚫어 그 속에 등 기구를 매입시키는 방식으로 건축의 공간을 유효하게 하는 조명 방식은 무엇인가?

7. 실내면적 $100m^2$인 교실에 전광속이 2500[lm]인 40[W] 형광등을 설치하여 평균 조도를 150[lx]로 하려면 몇 개의 등을 설치하면 되겠는가? (단, 조명률은 50%, 감광보상률은 1.25로 한다.)

8. 가로 20m, 세로 18m, 천장의 높이 3.85m, 작업면의 높이 0.85m, 간접 조명 방식인 호텔 연회장의 실지수는 약 얼마인가?

부록

1. 단위 및 수학 공식
2. 연습문제 답안

부록 1 단위 및 수학 공식

1. 단위법

일반적으로 사용되는 MKS 단위계란 meter(길이), kilogram(무게), second(시간)을 기본 단위로 하는 물리 단위의 모음이고, CGS 단위계는 정전 단위계로서 cm(길이), gram(무게), second(시간)이 기본 단위이다.

구분	MKS		CGS	
길이	1 m	미터(meter)	10^2 cm	센티미터
무게	1 kg	킬로그램(kilogram)	10^3 g	그램
시간	1 s	초(second)	1 s	초
힘	1 N	뉴턴(newton)	10^5 dyn	다인
일(에너지)	1 J	줄(joule)	10^7 erg	에르그
전기량	1 C	쿨롬(coulomb)	3×10^9 e.s.u	

구분	MKS 단위계	단위
전류	암페어(ampere)	[A]
전위	볼트(volt)	[V]
전기장	볼트/미터(volt/meter)	[V/m]
전속 밀도	쿨롬/미터^2(coulomb/m^2)	[C/m^2]
전기 용량	패럿(farad)	[F]
출력	와트(watt)	[W]
저항	옴(ohm)	[Ω]
자속	웨버(weber)	[Wb]
자속 밀도	웨버/미터^2(weber/m^2)	[Wb/m^2]
자기장(H)	암페어/미터^2(ampere/meter^2)	[A/m^2]
인덕턴스	헨리(henry)	[H]
온도	켈빈 온도(kelvin)	[K]

2. 그리스 문자

그리스 문자	호칭	그리스 문자	호칭
α	알파	π	파이
β	베타	ρ	로
γ	감마	σ	시그마
δ	델타	τ	타우
η	에타	μ	뮤
θ	세타	ϕ	파이
λ	람다	ω	오메가

3. 보조 단위

기호	호칭	배수	환산 값(기준 : 1 m)
G	기가(giga)	10^9	1,000,000,000 m
M	메가(mega)	10^6	1,000,000 m
k	킬로(kilo)	10^3	1,000 m
D	데카(deca)	10	10 m
d	데시(deci)	10^{-1}	0.1 m
c	센치(centi)	10^{-2}	0.01 m
m	밀리(milli)	10^{-3}	0.001 m
μ	마이크로(micro)	10^{-6}	0.000001 m
n	나노(nano)	10^{-9}	0.000000001 m
p	피코(pico)	10^{-12}	0.000000000001 m

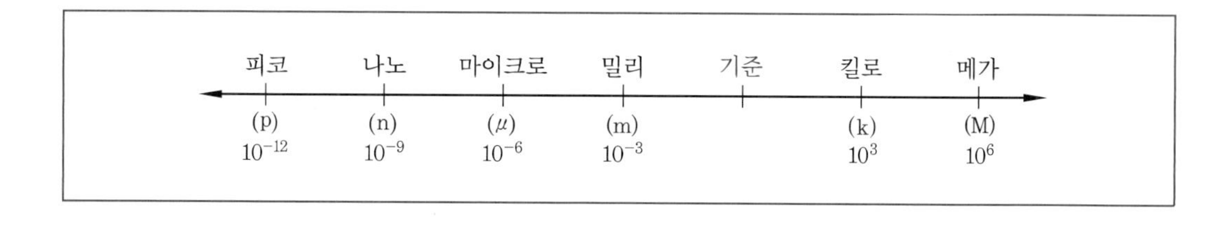

4. 수학 공식

1 분수식

(1) 분수의 사칙 연산

① 분수의 덧셈과 뺄셈

㉮ $\frac{b}{a} \pm \frac{d}{c} = \frac{bc \pm ad}{ac}$ (예 $\frac{2}{3} + \frac{3}{2} = \frac{4+9}{3 \times 2} = \frac{13}{6}$)

㉯ $\frac{b}{a} \pm \frac{c}{a} = \frac{b \pm c}{a}$

② 분수의 곱셈과 나눗셈

㉮ $\frac{b}{a} \times \frac{d}{c} = \frac{bd}{ac}$ (예 $\frac{2}{3} \times \frac{9}{2} = \frac{18}{6} = 3$)

㉯ $\frac{b}{a} \div \frac{d}{c} = \frac{bc}{ad}$

(2) 번분수

번분수란 분자나 분모가 분수식으로 된 분수를 말한다. 분모, 분자 둘 다 분수일 수도 있으며 둘 중 한 가지만 분수식으로 나타낼 수 있다.

$$\text{분자}\left[\frac{\frac{A}{B}}{\frac{C}{D}}\right]\text{분모} = \frac{AD}{BC}$$

번분수의 분자, 분모를 나눗셈으로 다음과 같이 정리할 수 있다.

$$\frac{\frac{A}{B}}{\frac{C}{D}} = \frac{A}{B} \div \frac{C}{D} = \frac{A}{B} \times \frac{D}{C} = \frac{AD}{BC}$$

분수식에서 분모 또는 분자 한 부분만 분수일 경우 분수의 분모를 1로 정리해보면

$$\frac{A}{\frac{C}{D}} = \frac{\frac{A}{1}}{\frac{C}{D}} = \frac{AD}{C} \qquad \frac{\frac{A}{B}}{C} = \frac{\frac{A}{B}}{\frac{C}{1}} = \frac{A}{BC}$$

이와 같이 정리할 수 있다.

예 $1-\dfrac{1}{1-\dfrac{1}{1-x}}=1-\dfrac{1}{\dfrac{1-x}{1-x}-\dfrac{1}{1-x}}=1-\dfrac{1}{\dfrac{1-x-1}{1-x}}$

$=1-\dfrac{1}{\dfrac{-x}{1-x}}=1-\dfrac{1-x}{-x}=\dfrac{-x}{-x}\dfrac{1-x}{-x}$

$=\dfrac{-x-1+x}{-x}=\dfrac{1}{x}$

2 일차 방정식

(1) 방정식

미지수에 따라 참이 되기도 하고 거짓이 되기도 하는 등식

① **이항** : 등식의 성질을 이용하여 등식의 한 변에 있는 항을 부호를 바꾸어 다른 변으로 옮기는 것

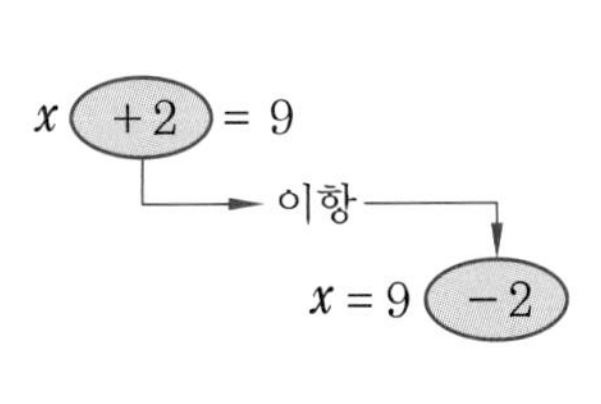

② **x에 관한 일차 방정식** : 방정식의 모든 항을 좌변으로 이항하여 정리한 식이 (x에 관한 일차식) = 0의 꼴로 되는 방정식

예 $4x-1=5$는 $4x-6=0$이 되므로 x에 관한 일차 방정식이다.
$x^2=x-3$은 $x^2-x+3=0$이 되므로 x에 관한 일차 방정식이 아니다.

(2) 일차 방정식의 풀이

① **괄호가 있는 일차 방정식의 풀이** : 분배 법칙을 이용하여 먼저 괄호를 풀고 해를 구한다.

② **계수에 분수가 있는 일차 방정식의 풀이** : 양변에 분모의 최소 공배수를 곱하여 계수를 정수로 고쳐서 푼다.

③ **계수에 소수가 있는 일차 방정식의 풀이** : 양변에 10, 100, 1000, …과 같이 10의 거듭제곱을 곱하여 계수를 정수로 고쳐서 푼다.

3 연립 방정식

(1) 연립 방정식의 소거법

미지수가 2개인 연립 방정식을 미지수가 1개인 일차 방정식으로 만들기 위하여 한 미지수를 없애는 것

예 $\begin{cases} ax+by=0 \\ cx+dy=0 \end{cases}$ 과 같이 우변이 모두 0일 경우

$x=y=0$이라는 한 쌍의 해는 무조건 성립한다.

(2) 연립 방정식의 해를 구하는 방법

① **가감법** : 연립 방정식의 두 식을 변끼리 더하거나 빼서 한 미지수를 소거하여 연립 방정식의 해를 구하는 방법

② **대입법** : 연립 방정식에서 어느 하나의 미지수에 대한 식을 다른 방정식에 대입하여 한 미지수를 소거한 후 해를 구하는 방법

예 연립 방정식 $\begin{cases} x+y=7 & \cdots ㉠ \\ 2x-y=2 & \cdots ㉡ \end{cases}$ 에 대하여

[가감법] 미지수 y를 소거, ㉠+㉡을 하면 $3x=9$에서 $x=3$

이것을 ㉠에 대입하면 $y=4$

[대입법] ㉡을 y에 관하여 풀이, $y=2x-2$를 ㉠에 대입하면

$x+(2x-2)=7$에서 $x=3$

이것을 ㉠에 대입하면 $y=4$

4 이차 방정식

(1) 이차 방정식의 인수 분해

① $ma+mb=m(a+b)$

② $a^2+2ab+b^2=(a+b)^2$, $a^2-2ab+b^2=(a-b)^2$

③ $a^2-b^2=(a+b)(a-b)$

④ $x^2+(a+b)x+ab=(x+a)(x+b)$

⑤ $acx^2+(ad+bc)x+bd=(ax+b)(cx+d)$

(2) 인수 분해 공식의 활용

① **공통 부분이 있는 경우** : 공통 인수 또는 공통 부분으로 묶은 후 공식을 이용한다.

② 항이 4개인 경우

㉮ 2개씩 묶어서 인수 분해 한다.

㉯ 3개의 항과 1개의 항으로 나눌 수 있는 경우에는 a^2-b^2로 인수 분해 한다.

③ 항이 5개 이상이거나 문자가 2개 이상인 경우 : 한 문자에 대하여 내림차순으로 정리한 후 인수 분해 공식을 이용한다.

(3) 이차 방정식의 연립 방정식

이차 방정식이 두 개일 경우 하나를 인수 분해하여 일차식 두 개의 곱으로 바꾼 후 이 일차식과 이차식을 연립하여 해를 구한다.

$$\begin{cases} \text{이차 방정식 } A \\ \text{이차 방정식 } B \end{cases}$$

$$\rightarrow \begin{cases} (\text{일차식 } C)\times(\text{일차식 } D)=0 \\ \text{이차 방정식 } B \end{cases}$$

$$\rightarrow \begin{cases} \text{일차 방정식 } C \\ \text{이차 방정식 } B \end{cases} \text{ and } \begin{cases} \text{일차 방정식 } D \\ \text{이차 방정식 } B \end{cases}$$

5 지수 법칙

지수의 곱셈과 나눗셈	적용(단, m과 n은 자연수)
$a^m\times a^n=a^{m+n}$	$a^2\times a^3=a^{2+3}=a^5$
$(a^m)^n=a^{mn}$	$(a^2)^3=a^{2\times3}=a^6$ [참고] • $a^2\times a^3=(a\times a)\times(a\times a\times a)=a^{2+3}=a^5$ • $(a^2)^3=(a\times a)\times(a\times a)\times(a\times a)=a^{2\times3}=a^6$
$a\neq0$일 때, $m>n$이면 $a^m\div a^n=a^{m-n}$ $m=n$이면 $a^m\div a^n=1$ $m<n$이면 $a^m\div a^n=\frac{1}{a^{n-m}}$	$a^5\div a^3=\frac{a\times a\times a\times a\times a}{a\times a\times a}=a^{5-3}=a^2$ [참고] $m=n$일 때, $a^m=a^n$이므로 $a^m\div a^n=1\neq0$
$(ab)^n=a^nb^n$	$(ab)^3=a^3b^3$
$\left(\frac{a}{b}\right)^n=\frac{a^n}{b^n}$(단, $b\neq0$)	$\left(\frac{a}{b}\right)^3=\frac{a^3}{b^3}$
$a^0=1$	모든 수의 0승은 1이다.
$a^{-n}=\frac{1}{a^n}$	$a^{-3}=\frac{1}{a^3}$
$a^{\frac{n}{m}}=\sqrt[m]{a^n}$	$a^{\frac{2}{3}}=\sqrt[3]{a^2}$

6 무리수

(1) 무리수의 성질

① $\sqrt{a}\times\sqrt{b}=\sqrt{a\times b}$

② $\dfrac{\sqrt{a}}{\sqrt{b}}=\sqrt{\dfrac{a}{b}}$

③ $(\sqrt{a})^2=\left(a^{\frac{1}{2}}\right)^2=a^{\frac{1}{2}\times 2}=a$

④ $(-\sqrt{a})^2=a$

⑤ $(\sqrt[3]{a})^3=\left(a^{\frac{1}{3}}\right)^3=a^{\frac{1}{3}\times 3}=a$

(2) 무리수를 지수로 표기하는 법

① $\sqrt{2}=\sqrt[2]{2^1}=2^{\frac{1}{2}}$

② $\sqrt[3]{2^5}=2^{\frac{5}{3}}$

참고 아무 표기하지 않은 $\sqrt{\ }$ 는 $\sqrt[2]{\ }$ (2루트)를 의미하며, 그 외 $\sqrt[3]{\ }$ (3루트), $\sqrt[5]{\ }$ (5루트)는 모두 표기를 해야 한다.

- $(\sqrt{a}+\sqrt{b})(\sqrt{a}-\sqrt{b})=(\sqrt{a})^2-(\sqrt{b})^2=a-b$
- $(\sqrt{a}+\sqrt{b})^2=(\sqrt{a})^2+\sqrt{ba}+\sqrt{ba}+(\sqrt{b})^2=a+2\sqrt{ab}+b$

7 행렬

(1) 행렬의 모양

가로축을 행의 값, 세로축을 열의 값이라 한다.

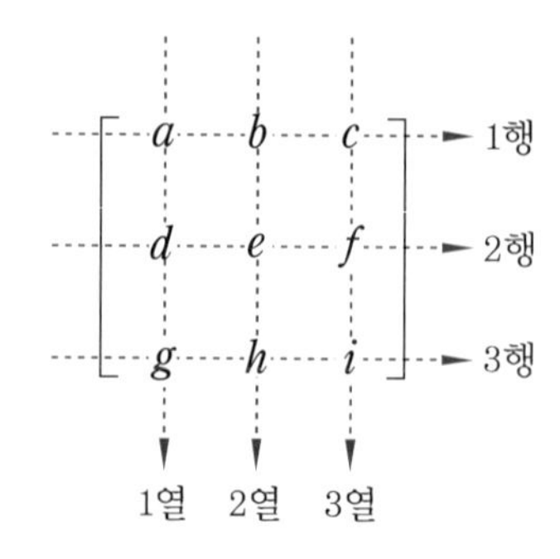

(2) 행렬의 덧셈, 뺄셈

같은 자리의 수끼리 더하고 뺀다.

$$A=\begin{bmatrix} a & b \\ c & d \end{bmatrix},\ B=\begin{bmatrix} e & f \\ g & h \end{bmatrix}$$

$$A \pm B=\begin{bmatrix} a \pm e & b \pm f \\ c \pm g & d \pm h \end{bmatrix}$$

예 $A=\begin{pmatrix} 3 & -1 \\ 4 & 2 \end{pmatrix}$ $B=\begin{pmatrix} 5 & 6 \\ 10 & 3 \end{pmatrix}$에 대하여 $A+X=B$가 성립할 때 행렬 X는?

$X=\begin{pmatrix} a & b \\ c & d \end{pmatrix}$로 가정하면 $\begin{pmatrix} 3 & -1 \\ 4 & 2 \end{pmatrix}+\begin{pmatrix} a & b \\ c & d \end{pmatrix}=\begin{pmatrix} 5 & 6 \\ 10 & 3 \end{pmatrix}$이므로

$$\begin{pmatrix} 3+a & -1+b \\ 4+c & 2+d \end{pmatrix}=\begin{pmatrix} 5 & b \\ 10 & 3 \end{pmatrix}$$

$\therefore\ a=2,\ b=7,\ c=6,\ d=1$

행렬 $X=\begin{pmatrix} 2 & 7 \\ 6 & 1 \end{pmatrix}$

(3) 행렬의 곱

앞쪽 행렬의 열의 값과 뒤쪽 행렬의 행이 같아야만 곱셈이 가능하다.

$A=\begin{bmatrix} a & b \\ c & d \end{bmatrix},\ B=\begin{bmatrix} e & f \\ g & h \end{bmatrix}$일 때

$$A \times B=\begin{bmatrix} a & b \\ c & d \end{bmatrix}\begin{bmatrix} e & f \\ g & h \end{bmatrix}=\begin{bmatrix} ae+bg & af+bh \\ ce+dg & cf+dh \end{bmatrix}$$

8 삼각 함수

(1) 삼각 함수 sin, cos, tan 그래프

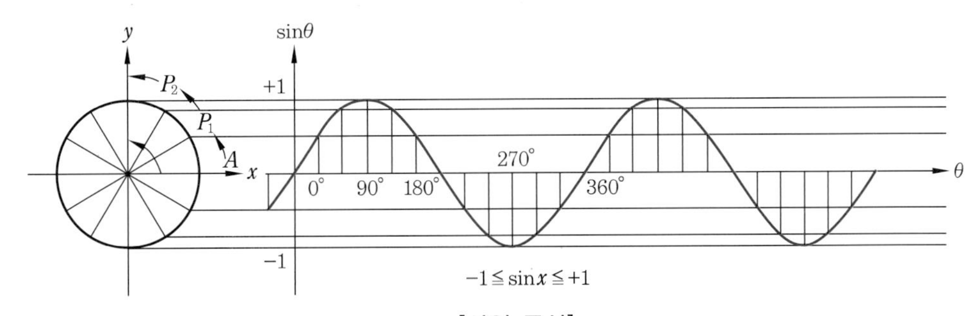

[사인 곡선]

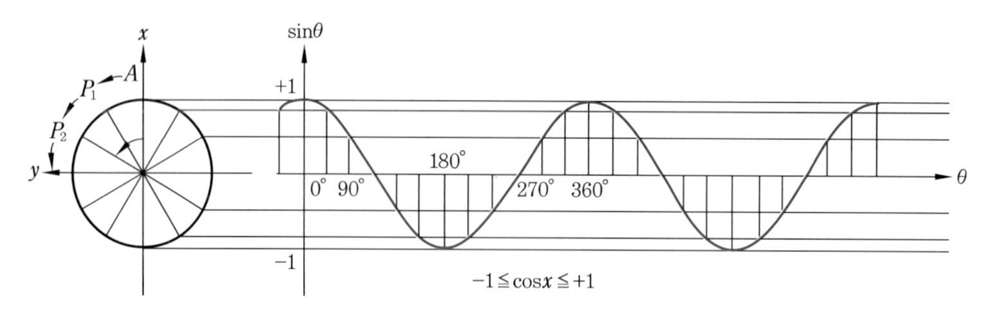

[코사인 곡선]

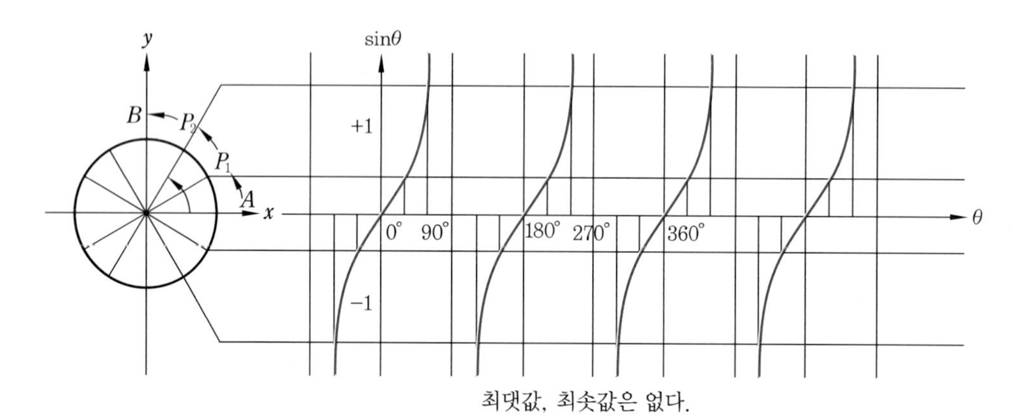

[탄젠트 곡선]

(2) 호도법($\theta°$의 각도를 radian으로 변환)

호의 길이를 반지름의 길이로 나눈 비의 값으로 각을 나타내는 방법을 호도법이라 한다. 원의 둘레의 길이가 원의 반지름과 같을 때의 각도를 1(radian)로 한다.

① 각도를 호도법으로 변환

$$P=\frac{\pi}{180}\times\theta°[\text{rad}]$$

예 $\theta=60° \Rightarrow P=\frac{\pi}{180}\times 60°=\frac{\pi}{3}[\text{rad}]$

② 호도법을 각도로 변환 : $\pi=180°$를 대입한다.

예 $\theta=\frac{\pi}{2}[\text{rad}] \Rightarrow \frac{180}{2}=90°$, $\theta=\frac{\pi}{4} \Rightarrow \frac{180}{4}=45°$

$\therefore$ π는 각도일 때는 180°이고 길이일 때는 3.14

(3) 피타고라스의 정리 및 응용(직삼각형의 원리)

직삼각형에서 직각을 낀 두 변의 길이를 각각 a, b라 하고 빗변의 길이를 c라 하면 $a^2+b^2=c^2$이 성립한다.

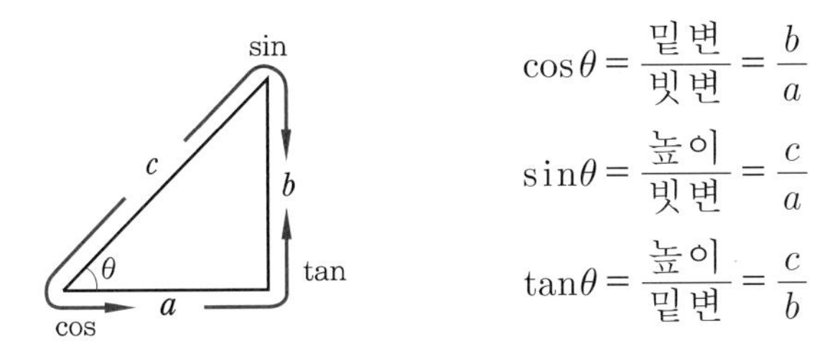

(4) 삼각 함수의 특수 값

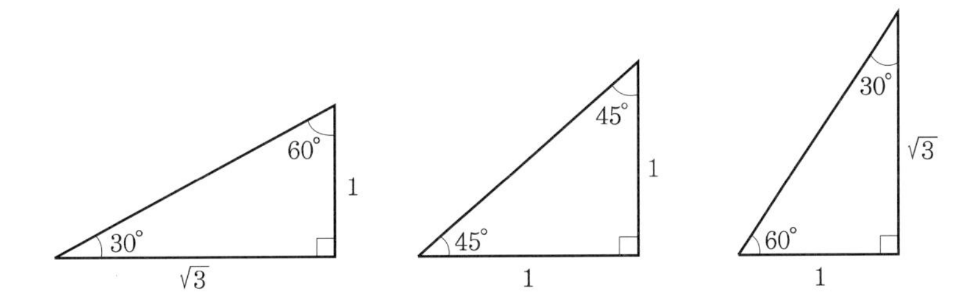

구분	0°	30°	45°	60°	90°
sin	0	$\frac{1}{2}$	$\frac{1}{\sqrt{2}}$	$\frac{\sqrt{3}}{2}$	1
cos	1	$\frac{\sqrt{3}}{2}$	$\frac{1}{\sqrt{2}}$	$\frac{1}{2}$	0
tan	0	$\frac{1}{\sqrt{3}}$	1	$\sqrt{3}$	∞

(5) 1~4분면의 삼각 함수 특수 값

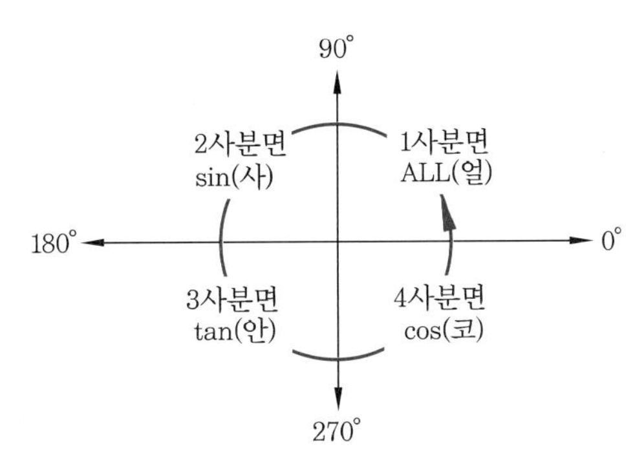

(6) 삼각 함수의 성질

① $\tan\theta = \dfrac{\sin\theta}{\cos\theta}$　② $\sec\theta = \dfrac{1}{\cos\theta}$　③ $\mathrm{cosec}\,\theta = \dfrac{1}{\sin\theta}$

④ $\cot\theta = \dfrac{1}{\tan\theta}$　⑤ $\cos^2\theta + \sin^2\theta = 1$　⑥ $1 + \tan^2\theta = \sec^2\theta$

⑦ $\cos\theta = \sin\left(\theta + \dfrac{\pi}{2}\right)$　⑧ $\sin\theta = -\cos\left(\theta + \dfrac{\pi}{2}\right)$

(7) 삼각 함수의 기법 정리

① $\sin(\alpha + \beta) = \sin\alpha\cos\beta + \cos\alpha\sin\beta$

② $\sin(\alpha - \beta) = \sin\alpha\cos\beta - \cos\alpha\sin\beta$

③ $\cos(\alpha + \beta) = \cos\alpha\cos\beta - \sin\alpha\sin\beta$

④ $\cos(\alpha - \beta) = \cos\alpha\cos\beta + \sin\alpha\sin\beta$

(8) 삼각 함수의 2배각 공식

① $\sin 2\alpha = \sin(\alpha + \alpha) = \sin\alpha\cos\alpha - \cos\alpha\sin\alpha = 2\sin\alpha\cos\alpha$

② $\cos 2\alpha = \cos(\alpha + \alpha) = \cos\alpha\cos\alpha - \sin\alpha\sin\alpha$

$= \cos^2\alpha - \sin^2\alpha = 1 - 2\sin^2\alpha = 2\cos^2\alpha - 1$

9 복소수

(1) 복소수의 정의

방정식 $x^2 + 1 = 0$의 근의 하나인 $\sqrt{-1}$을, 즉 제곱해서 -1이 되는 수를 편의상 기호로서 $j = \sqrt{-1}$로 표시하며, 이것을 허수 단위라고 한다.

일반적으로 복소수는 $a + jb$형으로 사용하는데 a는 실수부, b는 허수부라 한다.

(2) 허수 j의 표기

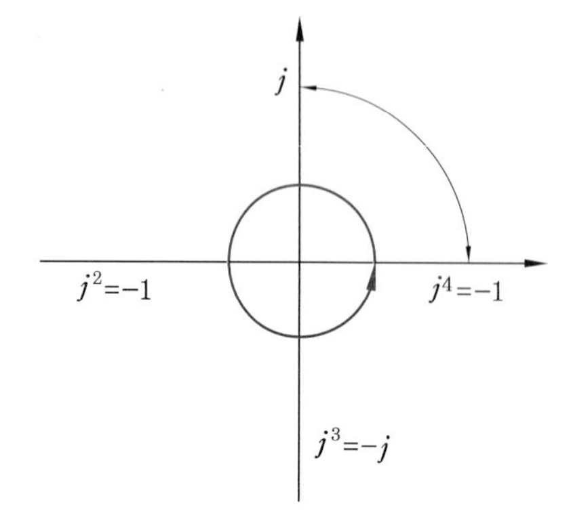

$j = \sqrt{-1} = 1\angle 90°$, $-j = 1\angle -90°$

$j^2 = j \times j = \sqrt{-1} \times \sqrt{-1} = -1 = 1\angle 180°$

$j^3 = j^2 \times j = (-1) \times j = -j$

$j^4 = j^2 \times j^2 = (-1) \times (-1) = 1$

$j^5 = j^4 \times j = 1 \times j = j$

(3) 복소평면

$Z=a+jb$로 주어졌을 때 복소평면에 나타내면

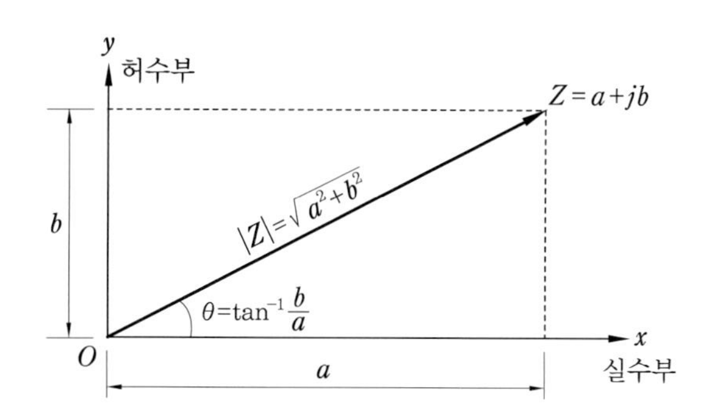

① 복소수의 크기 $|Z|=\sqrt{실수부^2+허수부^2}=\sqrt{a^2+b^2}$

② 복소수의 위상 $\theta=\tan^{-1}\frac{허수부}{실수부}=\tan^{-1}\frac{b}{a}$

(4) 함수의 표현법

① 복소수 표현(직각 좌표형) $Z=$ 실수부 + 허수부 $=a+jb$

(단, $|Z|=\sqrt{a^2+b^2}$: 실횻값, $\theta=\tan^{-1}\frac{b}{a}$)

② 극 좌표형 $Z=$ 크기$\angle$ 각도$=|Z|\angle\theta$

③ 지수 함수형 $Z=$ 크기$e^{j각도}=|Z|e^{j\theta}$

④ 삼각 함수형 $Z=$ 크기$(\cos 각도+j\sin 각도)=|Z|(\cos\theta+j\sin\theta)$

⑤ 순싯값 표현 $Z=$ 최댓값 $\sin(\omega t+각도)=\sqrt{2}|Z|\sin(\omega t+60°)$

$\therefore$ 최댓값 = 실횻값 $\times\sqrt{2}$

(5) 복소수의 사칙 연산

① 복소수의 합차 : 실수부는 실수부끼리 허수부는 허수부끼리 더하고 빼준다.

$Z_1=a+jb$

$Z_2=c+jd$

$Z_1\pm Z_2=(a\pm c)+j(b\pm d)$

② 복소수의 곱과 나눗셈 : 극좌표형으로 바꾸어 곱셈의 경우는 크기는 곱하고 각도는 더하며, 나눗셈의 경우는 크기는 나누데 각도끼리 뺀다.

$Z_1=a+jb$, $Z_2=c+jd$일 때 극형식으로 고치면 다음과 같다.

$|Z_1|=\sqrt{a^2+b^2}$ $\theta_1=\tan^{-1}\frac{b}{a}$, $|Z_2|=\sqrt{c^2+d^2}$ $\theta_2=\tan^{-1}\frac{d}{c}$

그러므로 이를 이용하여 곱과 나눗셈을 구하면 다음과 같은 방법을 사용한다.

$Z_1 \times Z_2 = |Z_1| \angle \theta_1 \times |Z_2| \angle \theta_2 = |Z_1||Z_2| \angle \theta_1 + \theta_2$

$\dfrac{Z_1}{Z_2} = \dfrac{|Z| \angle \theta_1}{|Z_2| \angle \theta_2} = \dfrac{|Z_1|}{|Z_2|} \angle \theta_1 \theta_2$

③ **결레 복소수** $\overline{Z} = Z^*$: 허수부의 부호를 반대로 바꾸어준 복소수

$Z = a + jb \rightarrow \overline{Z} = Z^* = a - jb$

10 로그(log)

(1) 로그의 정의

$a > 0$, $a \neq 0$일 때, 양수 N에 대하여 $a^x = N$을 만족시키는 실수 x는 오직 하나 존재한다. 이 수 x를 $\log_a N$으로 나타내고, a를 밑으로 하는 N의 로그라 한다. 이때 N을 $\log_a N$의 진수라 한다.

$a > 0$, $a \neq 1$, $N > 0$일 때, $a^x = N \Longleftrightarrow x = \log_0 N$ — 진수

밑의 조건 진수의 조건 밑

(2) 상용 로그

① 10을 밑으로 하는 로그를 상용 로그라 하며, 상용 로그 $\log_{10} N$은 보통 밑 10을 생략하며 $\log N$과 같이 나타낸다.

② 상용 로그는 10을 밑으로 하는 로그이므로, 10의 거듭제곱 꼴의 수에 대한 사용 로그의 값은 $\log_{10} 10^n = n$(n은 정수)에 의하여 정수가 됨을 알 수 있다. 또 10의 거듭제곱 꼴의 수에 대한 상용 로그의 값은 다음 표와 같이 진수가 10배씩 커질 때 1씩 증가한다.

$\log 0.001 = \log 10^{-3} = -3$		$\log 10 = 1$
$\log 0.01 = \log 10^{-2} = -2$	$\log 1 = \log 10^0 = 0$	$\log 100 = \log 10^2 = 2$
$\log 0.1 = \log 10^{-1} = -1$		$\log 1000 = \log 10^3 = 3$

(3) 자연 로그

밑이 e(오일러 상수 : 약 2.718)인 로그를 자연 로그(자연 대수 : Natural Logarithm)라고 한다.

$$\log_e 3 = 1.0961228866810969139524523692252$$

위의 자연 로그는 e의 몇 제곱이, 즉 2.718...의 몇 승이 3인지를 알아내어 구한다.

11 미분법

(1) 미분 계수

함수 $y=f(x)$의 그래프가 다음 그림과 같이 주어졌을 때

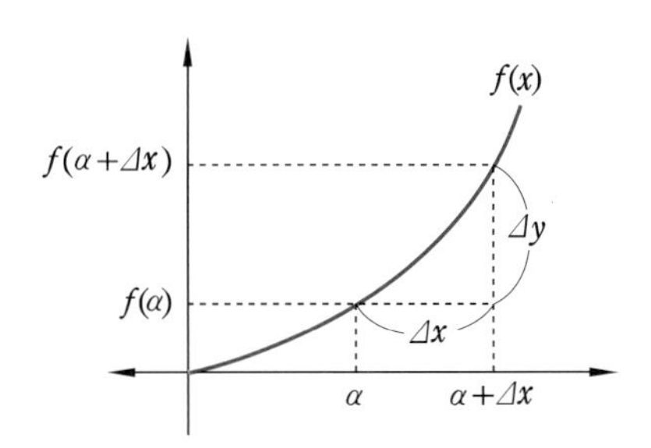

x가 α로부터 $\alpha+\Delta x$까지 변화할 때 $f(x)$는 $f(\alpha)$로부터 $f(\alpha+\Delta x)$까지 변화한다.

따라서 x의 변화 Δx에 대하여 $f(x)$의 변화 $f(\alpha+\Delta x)-f(\alpha)$이다.

이때 x의 변화율 분에 $f(x)$의 변화율을 평균 변화율이라고 하고 다음과 같은 식으로 표현한다.

$$\frac{\Delta y}{\Delta x}=\frac{f(\alpha+\Delta x)-f(\alpha)}{\Delta x}$$

이때 Δx를 0에 가까이 보내면 α지점의 순간 변화율을 알 수 있다.

이를 식으로 표현하면,

$$f'(\alpha)=\lim_{\Delta x\to 0}\frac{\Delta y}{\Delta x}=\lim_{\Delta x\to 0}\frac{f(\alpha+\Delta x)-f(\alpha)}{\Delta x}$$

이를 다른 말로 미분계수 = 미분값 = 도함수 = 미소값 = 기울기라고도 한다.

이때 α를 변수 x로 바꾸면 다음과 같은 식으로 표현할 수 있다.

$$f'(x)=\frac{df(x)}{dx}$$

(2) 미분 기본 공식

① $y=c$(상수), $y'=0$

② $y=x^n$, $y'=nx^{n-1}$

③ $y=cf(x)$, $y'=cf'(x)$

④ $y=f(x)\pm g(x)$, $y'=f'(x)\pm g'(x)$

⑤ $y=f(x)\cdot g(x)$, $y'=f'(x)g(x)+f(x)g'(x)$

⑥ $y=\frac{g(x)}{f(x)}$, $y'=\frac{g'(x)f(x)-g(x)f'(x)}{[f(x)]^2}$

(3) 합성 함수 미분

$y=f(u)$, $f(u)=f(x)$일 때, $\frac{dy}{dx}=\frac{dy}{du}\times\frac{du}{dx}$로 구할 수 있다.

(4) 삼각 함수 미분

① $y=\cos x$, $y'=-\sin x$
② $y=\sin x$, $y'=\cos x$
③ $y=\tan x$, $y'=\sec^2 x$
④ $y=\cot x$, $y'=-\mathrm{cosec}^2 x$

(5) 지수 로그의 미분

① $y=e^x$, $y'=e^x$
② $y=e^{ax}$, $y'=ae^{ax}$
③ $y=\log_e x=\ln x$, $y'=\frac{1}{x}$

(6) 편미분법

변수가 2개 이상일 때 미분하는 방법으로 $Z=f(x, y)$일 때 $\frac{\partial Z}{\partial x}$, $\frac{\partial Z}{\partial y}$를 구할 시 변수 이외의 것은 모두 상수로 보고 미분한다.

예 $Z=2x^2y+6x$의 $\frac{\partial Z}{\partial x}$, $\frac{\partial Z}{\partial y}$ 값을 구해보면

$\frac{\partial Z}{\partial x}=4xy+6$이고, $\frac{\partial Z}{\partial y}=2x^2+0=2x^2$가 된다.

12 적분법

(1) 부정적분(구간이 없는 경우의 적분)

미분하기 전의 값을 찾는 것으로 전체적인 양을 찾고자 할 때 사용한다. 미분법의 정의로부터 만일 $f(x)$가 $F(x)$의 x에 관한 미분값이라면 다음과 같은 등식이 성립하게 된다.

$\frac{d}{dx}F(x)=f(x)$일 때 $F(x)$를 $f(x)$의 원시 함수라고 부르기도 한다.

$F(x)$를 $f(x)$의 원시 함수라 하면 임의의 상수 C에 대하여 $F(x)+c$ 역시 $f(x)$의 원시 함수가 된다.

$F(x)+C$를 $\int f(x)dx = F(x)+C$와 같이 나타낼 때 $f(x)$의 x에 의한 부정적분이라 한다.

(2) 부정적분 공식

① $\int c\,dx = cx + c$

② $\int x^n dx = \dfrac{x^{n+1}}{n+1} + C$

③ $\int f(x) + g(x)dx = \int f(x)dx + \int g(x)dx$

④ $\int cf(x)\,dx = c\int f(x)dx$

⑤ $\int \sin x\,dx = -\cos x + C$

⑥ $\int \sin\alpha x\,dx = -\dfrac{\cos\alpha x}{\alpha} + C$

⑦ $\int \cos x\,dx = \sin x + C$

⑧ $\int \cos\alpha x dx = \dfrac{\sin\alpha x}{\alpha} + C$

⑨ $\int \dfrac{1}{x}dx = \ln x + C$

⑩ $\int e^x dx = e^x + C$

⑪ $\int e^{\alpha x}dx = \dfrac{e^{\alpha z}}{\alpha} + C$

⑫ $\int f(x)g'(x)dx = f(x)g(x) - \int f'(x)g(x)dx$ (부분 적분법)

예

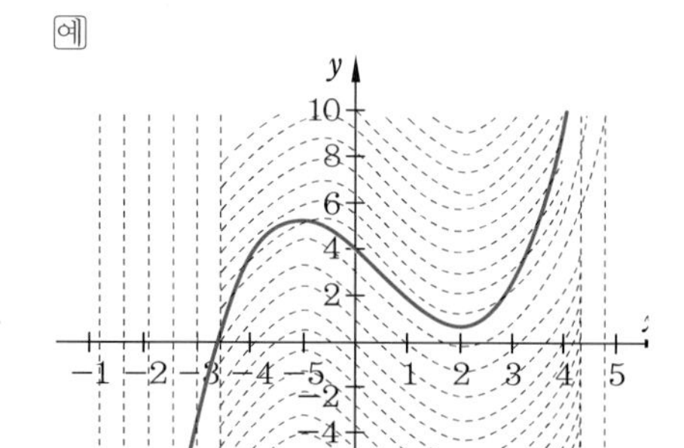

함수 $f(x) = \left(\dfrac{x^3}{3}\right) - \left(\dfrac{x^2}{2}\right) - x + c$의 기울기장의 그림이다.
적분 상수 c를 바꾸어서 무한히 많은 해 중에 세 개의 해를 보여주고 있다.

(3) 정적분(구간이 정해진 경우의 적분)

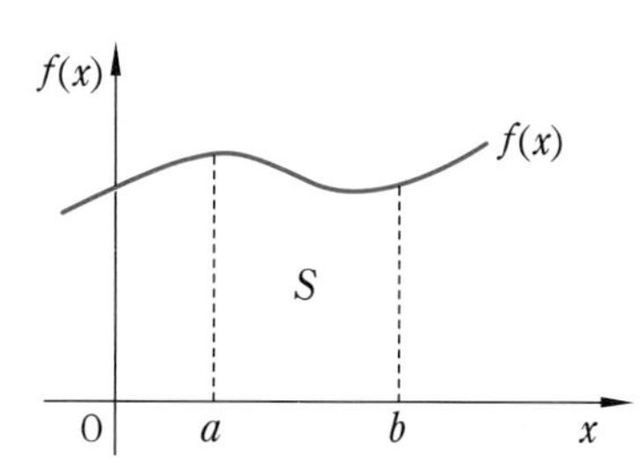

면적 $S = \int f(x)dx = [F(x)]_a^b = F(b) - F(a)$로 정의하며, 이와 같이 구간이 정해진 경우를 정적분이라 한다.

13 도형

(1) 정삼각형 : 세 변의 길이가 같고, 세 각의 크기가 같다.

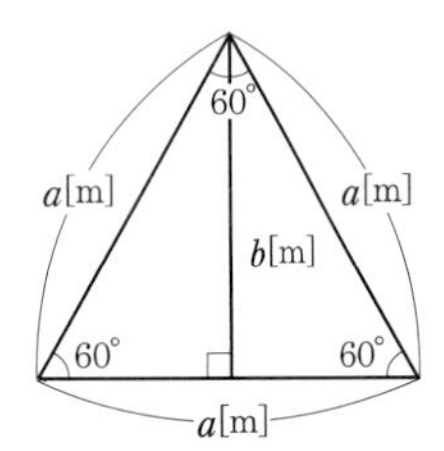

삼각형 면적

$S=\frac{1}{2}$ 밑변×높이 $=\frac{1}{2}ab[\mathrm{m}^2]$

(2) 정사각형 : 네 변의 길이가 같고, 네 각의 크기가 같다.

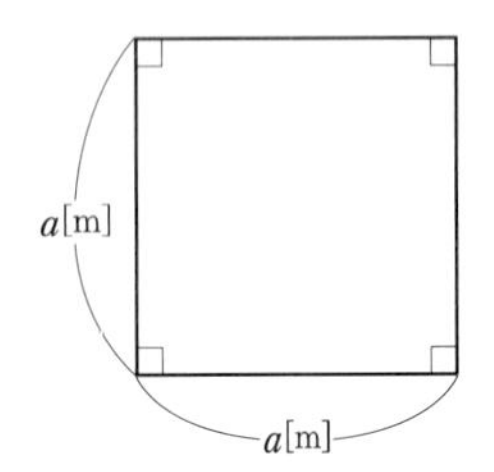

사각형 면적

$S=$ 가로×세로 $=a^2[\mathrm{m}^2]$

(3) 원형

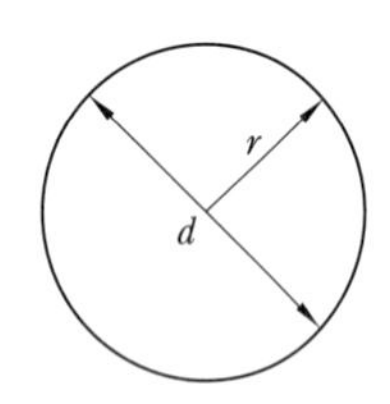

① 원의 둘레 $l=2\pi r=\pi d[\mathrm{m}]$

② 원의 단면적 $S=\pi r^2=\frac{\pi d^2}{4}[\mathrm{m}^2]$

(단, $r[\mathrm{m}]$: 반지름, $d[\mathrm{m}]$: 지름)

(4) 구

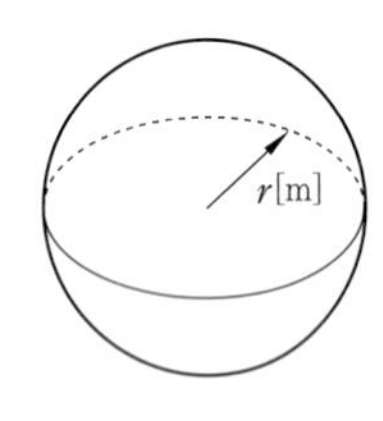

① 구도체 표면적 $S=4\pi r^2[\mathrm{m}^2]$

② 원통의 체적 $v=\pi r^2 l[\mathrm{m}^3]$

(단, $r[\mathrm{m}]$: 구도체 반지름)

(5) 원통(원주)

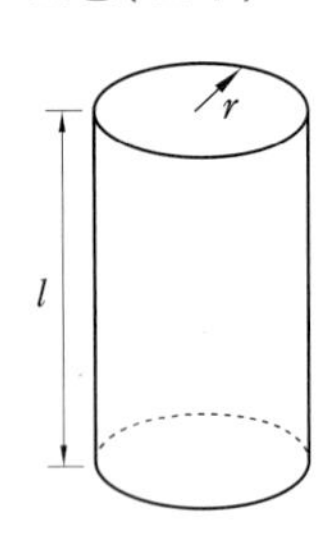

① 원통의 표면적 $S=2\pi rl[\mathrm{m}^2]$

② 원통의 체적 $v=\pi r^2 l[\mathrm{m}^3]$

(단, $r[\mathrm{m}]$: 원통의 반지름, $l[\mathrm{m}]$: 원통의 길이)

부록 2 연습문제 답안

제1장 전기 기초

1. 풀이 $I=\dfrac{V}{R}=\dfrac{200}{100}=2$

   정답 2[A]

2. 풀이 $V=IR=2\times 50=100$

   정답 100[V]

3. 풀이 $I=\dfrac{Q}{t}=\dfrac{20}{10}=2$

   정답 2[A]

4. 풀이 $Q=It=3\times 10=30$

   정답 30[C]

5. 풀이 $V=\dfrac{W}{Q}=\dfrac{15}{10}=1.5$

   정답 1.5[V]

6. 풀이 $R=\rho\dfrac{l}{A}[\Omega]$식에서 길이 2배($2l$) 단면적 $\dfrac{1}{2}$배$\left(\dfrac{A}{2}\right)$이므로

   $$R'=\rho\frac{2l}{\frac{1}{2}A}=\rho\frac{l}{A}\times 4=4R[\Omega]$$

   정답 4배

7. 풀이 합성 저항 : $\dfrac{1}{R}=\dfrac{1}{R_1}+\dfrac{1}{R_2}$에서 $R=\dfrac{R_1\times R_2}{R_1\times R_2}[\Omega]$이므로

   $$R=\frac{4\times 6}{4+6}=\frac{24}{10}=2.4$$

   정답 2.4[Ω]

제2장 직류 회로

1. 풀이 $P = \frac{V^2}{R} = \frac{50^2}{100} = 25\,[\mathrm{W}]$

정답 25[W]

2. 풀이 $W = Pt = 30 \times 5 \times 10 = 1500\,[\mathrm{Wh}]$

정답 1.5[kWh]

3. 풀이 열량은 $H = 0.24Pt\,[\mathrm{cal}]$ 이고, 1시간은 3600초이므로

$$H = 0.24 \times 100 \times 2 \times 3600 = 172.8 \times 10^3\,[\mathrm{cal}] = 172.8\,[\mathrm{kcal}]$$ 이다.

정답 172.8[kcal]

4. 풀이 $W = KIt = 0.001118 \times 4 \times 5 \times 60 = 1.3416$

정답 1.3416[g]

5. 풀이 $h = \frac{10}{2} = 5$

정답 5시간

6. 풀이 단위 [Ah]에서 시간 [h]를 초 [s]로 환산하면
3600[A · s] = 3600[C]이므로 2[Ah] = 3600×2 = 7200이다.

정답 7200[C]

7. 풀이 $P = VI = I^2R = \frac{V^2}{R}$ 에서 전류 $I = \frac{P}{V} = \frac{60}{200} = 0.3$ 이고

저항 $R = \frac{V^2}{P} = \frac{200^2}{60} \fallingdotseq 667$ 이다.

정답 전류 0.3[A], 저항 667[Ω]

제3장 정전계

1. 풀이 $\varepsilon = \varepsilon_0 \varepsilon_s = 8.855 \times 10^{-12} \times 10 = 88.55 \times 10^{-12}$

정답 88.55×10^{-12}[F/m]

2. 풀이 $F = 9 \times 10^9 \dfrac{Q_1 Q_2}{r^2} = 9 \times 10^9 \dfrac{10 \times 10^{-6} \times 20 \times 10^{-6}}{3^2} = 0.2$

정답 0.2[N]

3. 풀이 $E = \dfrac{1}{4\pi\varepsilon} \dfrac{Q}{r^2} = 9 \times 10^9 \times \dfrac{2.5 \times 10^{-7}}{(50 \times 10^{-2})} = 9 \times 10^3$

정답 9×10^3[V/m]

4. 풀이 $F = qE = 2.5 \times 10^{-6} \times 100 = 2.5 \times 10^{-4}$

정답 2.5×10^{-4}[N]

5. 풀이 $N = 4\pi r^2 \times E = 4\pi r^2 \times \dfrac{Q}{4\pi\varepsilon r^2} = \dfrac{Q}{\varepsilon} = \dfrac{5}{\varepsilon}$

정답 $\dfrac{5}{\varepsilon}$개

6. 풀이 $V_d = 9 \times 10^9 \dfrac{Q}{\varepsilon_s}\left(\dfrac{1}{r_Q} - \dfrac{1}{r_p}\right) = 9 \times 10^9 \times \dfrac{4 \times 10^{-9}}{1} \times \left(\dfrac{1}{1} - \dfrac{1}{2}\right) = 18$

정답 18[V]

7. 풀이 $Q = CV = 10 \times 10^{-6} \times 200 = 2 \times 10^{-3}$

정답 2×10^{-3}[C]

8. 풀이 $C = 4\pi\varepsilon r = \dfrac{\varepsilon_s r}{9 \times 10^9} = \dfrac{1 \times 27 \times 10^{-3}}{9 \times 10^9} = 3 \times 10^{-12} = 3$

정답 3[pF]

9. 풀이 $C = \dfrac{\varepsilon A}{l}$ 식에서 $C' = \dfrac{\varepsilon(3A)}{(2l)} = \dfrac{3}{2}\dfrac{\varepsilon A}{l}$ 이므로 C'는 C의 $\dfrac{3}{2}$배이다.

정답 $\dfrac{3}{2}$배

10. 풀이 $W = \dfrac{1}{2}QV = \dfrac{1}{2} \times 500 \times 10^{-6} \times 200 = 5 \times 10^{-2}$

정답 5×10^{-2}[J]

제4장 자기

1. 풀이 $N=\frac{m}{\mu}=\frac{m}{\mu_0\mu_s}=\frac{8\pi}{4\pi\times10^{-7}\times1}=2\times10^7$

정답 2×10^7[개]

2. 풀이 $F=6.33\times10^4\frac{m_1m_2}{r^2}=6.33\times10^4\times\frac{1\times10^{-3}\times3\times10^{-3}}{(10\times10^{-2})^2}\fallingdotseq 19$

정답 약 19[N]

3. 풀이 공기 중의 비투자율은 $\mu_s\fallingdotseq 1$이므로

$$H=\frac{1}{4\pi\mu_0\mu_s}\frac{m}{r^2}=6.33\times10^4\times\frac{2.5\times10^{-4}}{(12\times10^{-2})^2}=1.1\times10^3$$

정답 1.1×10^3[AT/m]

4. 풀이 $F=mH=2\times10^{-5}\times4=8\times10^{-5}$

정답 8×10^{-5}[N]

5. 풀이 $B=\frac{m}{4\pi r^2}=\frac{4}{4\pi\times0.2^2}\fallingdotseq 7.96$

정답 7.96[$\mathrm{Wb/m^2}$]

6. 풀이 $T=mlH\sin\theta=2\times10^{-5}\times10\times10^{-2}\times50\times\frac{\sqrt{3}}{2}=8.66\times10^{-5}$

정답 8.66×10^{-5}[N·m]

7. 풀이 $H=\frac{I}{2\pi r}=\frac{2}{2\times3.14\times20\times10^{-2}}\fallingdotseq 1.59$

정답 1.59[AT/m]

8. 풀이 $H=\frac{I}{2r}=\frac{5}{2\times0.1}=25$

정답 25[AT/m]

9. 풀이 $R=\frac{NI}{\phi}=\frac{100\times1}{1\times10^{-3}}=1\times10^5$

정답 1×10^5[AT/Wb]

제5장 교류 회로

1. 풀이 $V_m = 200[V]$이고, $V_{p-p} = 200-(-200) = 400$이다.
정답 최댓값 200[V], 피크값 400[V]

2. 풀이 ① $V = \frac{V_m}{\sqrt{2}} = \frac{200}{\sqrt{2}} \fallingdotseq 141.4$

② $I = \frac{I_m}{\sqrt{2}} = \frac{5}{\sqrt{2}} \fallingdotseq 3.53$

정답 전압 실횻값 141.4[V], 전류 실횻값 3.53[V]

3. 풀이 $V_m = \sqrt{2}\,V$와 $V_a = \frac{2}{\pi}V_m$의 관계식으로부터

평균값=실횻값$\times \frac{2\sqrt{2}}{\pi} = 220 \times \frac{2\sqrt{2}}{\pi} \fallingdotseq 198$이다.

정답 198[V]

4. 풀이 $I = \frac{V}{X_L} = \frac{V}{\omega L} = \frac{V}{2\pi f L} = \frac{200}{2\times 3.14\times 60\times 200\times 10^{-3}} \fallingdotseq 2.65$
정답 2.65[A]

5. 풀이 $X_L = \frac{V}{I} = \frac{100}{2.5} = 40$ 또한 $X_L = 2\pi f L$에서

$L = \frac{X_L}{2\pi f} = \frac{40}{2\times 3.14\times 60} \fallingdotseq 0.106[H]$

정답 106[mH]

6. 풀이 ① $X_c = \frac{1}{2\pi f C} = \frac{1}{2\times 3.14\times 60\times 20\times 10^{-6}} \fallingdotseq 132.69$

② $I = \frac{V}{X_L} = \frac{200}{132.69} \fallingdotseq 1.51$

정답 133[Ω], 1.51[A]

7. 풀이 $X_c = \frac{1}{2\pi f C}$에서 $C = \frac{1}{2\pi f X_c} = \frac{1}{2\times 3.14\times 60\times 500} \fallingdotseq 5\times 10^{-6}[F]$
정답 5[μF]

8. 풀이 $Z = \sqrt{R^2+(\omega L)^2} = \sqrt{8^2+6^2} = \sqrt{100} = 10$
정답 10[Ω]

9. 풀이 $Z = \sqrt{R^2 + \left(\frac{1}{\omega C}\right)^2} = \sqrt{3^2 + 4^2} = \sqrt{25} = 5$

정답 5[Ω]

10. 풀이 ① $Z = \sqrt{R^2 + (X_L - X_c)^2} = \sqrt{30^2 + (60-20)^2} = \sqrt{2500} = 50$

② $I = \frac{V}{Z} = \frac{100}{50} = 2$

③ $V_C = IX_C = 2 \times 20 = 40$

정답 50[Ω], 2[A], 40[V]

제6장 3상 교류 회로

1. 풀이 $\dot{V}_a = 200\,[\mathrm{V}]$

$\dot{V}_b = 200\left(-\frac{1}{2} - j\frac{\sqrt{3}}{2}\right) = -100 - j173.2\,[\mathrm{V}]$

$\dot{V}_c = 200\left(-\frac{1}{2} + j\frac{\sqrt{3}}{2}\right) = -100 + j173.2\,[\mathrm{V}]$이며,

극좌표식으로 나타내면

$\dot{V}_a = 200\angle 0\,[\mathrm{V}]$

$\dot{V}_b = 200\angle -\frac{2\pi}{3}\,[\mathrm{V}]$

$\dot{V}_c = 200\angle -\frac{4\pi}{3}\,[\mathrm{V}]$이다.

정답 $\dot{V}_a = 200\,[\mathrm{V}]$, $\dot{V}_b = -100 - j173.2\,[\mathrm{V}]$, $\dot{V}_c = -100 + j173.2\,[\mathrm{V}]$

2. 풀이 $V_l = \sqrt{3}\,V_p\,[\mathrm{V}]$으로부터 상전압 $V_p = \frac{V_l}{\sqrt{3}} = \frac{380}{\sqrt{3}} \fallingdotseq 220$이다.

정답 상전압 220[A]

3. 풀이 $I_p = \frac{V_p}{R} = \frac{200}{100} = 2\,[\mathrm{A}]$이므로, $I_l = \sqrt{3}\,I_p = \sqrt{3} \times 2 \fallingdotseq 3.46$이다.

정답 3.46[A]

4. 풀이 $Z = \sqrt{30^2 + 40^2} = 50[\Omega]$이므로, $V_p = \dfrac{V_l}{\sqrt{3}} = \dfrac{200}{\sqrt{3}} \fallingdotseq 115.5[\mathrm{V}]$이고,

$$I_p = \frac{V_p}{Z} = \frac{\frac{200}{\sqrt{3}}}{50} \fallingdotseq 2.31[\mathrm{A}]$$이며, $I_l = I_p \fallingdotseq 2.31[\mathrm{A}]$이다.

정답 상전압 115.5[V], 상전류 2.31[A], 선전류 2.31[A]

5. 풀이 $Z = \sqrt{80^2 + 60^2} = 100[\Omega]$이므로, $V_p = V_l = 100[\mathrm{V}]$이고,

$I_p = \dfrac{V_p}{Z} = \dfrac{100}{100} = 1[\mathrm{A}]$이며, $I_l = \sqrt{3}\, I_p = \sqrt{3} \times 1 \fallingdotseq 1.73[\mathrm{A}]$이다.

정답 상전압 100[V], 상전류 1[A], 선전류 1.73[A]

6. 풀이 $\dot{Z}_Y = \dfrac{\dot{Z}_\triangle}{3} = \dfrac{1}{3}(60 + j30) = 20 + j10[\Omega]$이다.

정답 $\dot{Z} = 20 + j10[\Omega]$

7. 풀이 $\dot{Z}_\triangle = 3\dot{Z}_Y = 3(50 + j60) = 150 + j180[\Omega]$이다.

정답 $\dot{Z} = 150 + j180[\Omega]$

8. 풀이 $\dot{Z}_c = \dfrac{\dot{Z}_{bc}\dot{Z}_{ca}}{\dot{Z}_{ab} + \dot{Z}_{bc} + \dot{Z}_{ca}} = \dfrac{40 \times 30}{30 + 40 + 30} = 12$이다.

정답 12[Ω]

제7장 전기 기기 기초 이론

1. 렌츠의 법칙

2. 전자력의 방향

3. 풀이 유도 기전력 $e = B \cdot l \cdot v$ [V]이므로
자속 밀도 $B = 2$[Wb/m^2], 도체의 길이 $l = 1.5$[m], 도체의 이동 속도 $v = 1$[m/s]를 대입하면 유도 기전력 $e = 2 \times 1.5 \times 1 = 3$[V]이다.
정답 3[V]

4. 풀이 자기장 내에서 도체가 받는 전자력 $F = B \cdot I \cdot L$[N]이므로
자속 밀도 $B = 3.5$[Wb/m^2], 도체에 흐르는 전류 $I = 5$[A], 도체의 길이 $L = 0.4$[m]를 대입하면 전자력 $F = 3.5 \times 5 \times 0.4 = 7$[N]이다.
정답 7[N]

5. 풀이 기자력 구하는 공식 $F = N \cdot I$[AT]에서 코일의 감은 횟수 $N = 100$ 회, 전류 $I = 0.3$ [A]이므로 기자력 $F = 100 \times 0.3 = 30$[AT]이다.
정답 30[AT]

6. 풀이 유도 기전력 구하는 공식 $e = -N \dfrac{d\phi I}{dt}$ [V]에서,
코일 감은 횟수 $N = 50$, 시간의 변화율 $dt = 0.5$,
자속의 변화율 $d\phi = 0.7 - 0.3 = 0.4$이고
방향성을 고려하지 않으므로 다음과 같이 공식에 대입하면
$e = 50 \times \dfrac{0.4}{0.5} = 40$[V]이다.
정답 40[V]

제8장 직류기

1. 직류기의 전기자, 정류자, 계자를 직류기의 3요소라 한다.

2. 철심을 얇게 하고 표면을 절연 처리하여 성층하면 와류손을 억제할 수 있어 손실을 최소화할 수 있다.

3. ① 마찰 저항이 작을 것
   ② 기계적으로 튼튼할 것
   ③ 접촉 저항이 클 것
   ④ 전기 저항이 적을 것 등이 있다.

4. ① 전기자 전류를 감소시키기 위해 자기 회로의 저항을 크게 한다.
   ② 계자 기자력을 크게 하여 계자 자속을 증가시킨다.
   ③ 보상 권선을 설치하여 그 기자력으로 전기자 기자력을 상쇄시킨다.
   ④ 중성축의 이동을 방지하기 위해 보극을 설치한다.

5. 균압 모선

6. 풀이 발전기의 전압 변동률은 $\varepsilon = \dfrac{V_0 - V_n}{V_n} \times 100\%$로 나타 낼 수 있으므로, 대입하면

   $$\varepsilon = \frac{210-200}{200} \times 100 = 5\%$$이다.

   여기서 V_0 : 무부하 전압(V), V_n : 정격 전압(V)

   정답 5%

7. 직류 전동기의 회전 방향을 바꾸려면 전기자 전류의 방향이나 자극의 극성을 바꾸면 된다.

8. 계자 제어법, 전압 제어법, 저항 제어법

9. 계자 저항을 증가시키면 계자 전류가 감소하여 자속이 감소하므로 회전수, 즉 속도는 증가한다.

10. 풀이 효율 $\eta = \dfrac{출력}{입력} \times 100 = \dfrac{출력}{출력 + 손실} \times 100\%$이므로 대입하면,

    $$\eta = \frac{25}{25+2} \times 100 = 92.6\%$$

    정답 92.6%

제9장 동기기

1. 풀이 터빈 발전기의 회전 속도 $N_s = \dfrac{120f}{P}$[rpm]이고, 최소 극수는 2극이므로 대입하면

$N_s = \dfrac{120 \times 60}{2} = 3600$[rpm]이다.

정답 3600[rpm]

2. 풀이 주변 속도 $v = \pi D \dfrac{N_s}{60}$[m/s]이고, $N_s = \dfrac{120 \times 60}{24} = 300$[rpm]이므로 대입하면

$v = \pi \times (1 \times 2) \times \dfrac{300}{60} \fallingdotseq 31.4$[m/s]

정답 31.4[m/s]

3. 풀이 1극 1상의 슬롯 수 $q = \dfrac{\text{총 홈수}}{\text{극수} \times \text{상수}} = \dfrac{72}{6 \times 3} = 4$개이므로

분포 계수 $k_d = \dfrac{\sin\dfrac{\pi}{2m}}{q\sin\dfrac{\pi}{2mq}} = \dfrac{\sin\dfrac{180}{2 \times 3}}{4\sin\dfrac{180}{2 \times 3 \times 4}} \fallingdotseq 0.958$ (여기서, m : 상의 수)

정답 0.958

4. 증자 작용을 하여 기전력을 증가시킨다.

5. 풀이 정격 전류 $I = \dfrac{P}{\sqrt{3}\,V} = \dfrac{3000 \times 10^3}{\sqrt{3} \times 6600} \fallingdotseq 262.43$[A]

정답 262.43[A]

6. ① 전기자 반작용이 작다.
② 동기 임피던스가 작다.
③ 계자 자속, 전류가 크다.
④ 기계의 중량이 무겁다.
⑤ 전압 변동률이 작다.
⑥ 과부하 내력이 크다.
⑦ 안정도가 높다.

7. 제동 권선

8. 풀이 전부하 토크 $T = \dfrac{60P}{2\pi N_s} = \dfrac{60 \times 720 \times 10^3}{2\pi \times 3600} \fallingdotseq 1910$[N · m]

정답 1910[N · m]

9. 콘덴서로 작용한다.

제10장 변압기

1. 풀이 변압기의 권수비 $a=\dfrac{V_1}{V_2}=\dfrac{6600}{220}=30$

정답 30

2. 풀이 변압기의 권수비 $a=\sqrt{\dfrac{Z_1}{Z_2}}=\sqrt{\dfrac{250}{0.1}}=50$

정답 50

3. 풀이 1차측으로 환산하면 $I_1=\dfrac{1}{a}\times I_2=\dfrac{1}{100}\times 500=5[\mathrm{A}]$

정답 5[A]

4. 규소 강판을 성층으로 만들면 히스테리시스 손실과 와류손을 줄일 수 있다.

5. 단락 시험에서 1차 전류가 정격 전류로 되었을 때의 입력이 임피던스 와트이고, 이때의 1차 전압이 임피던스 전압이다.

6. 변압기의 규약 효율 $=\dfrac{\text{출력}}{\text{출력}+\text{손실}}$

7. 풀이 전압 변동률 $\varepsilon=p\cos\theta+q\sin\theta=4\times0.6+3\times0.8=4.8\%$

정답 4.8%

8. 콘서베이터, 브리더, 질소 봉입

9. 이용률은 86.6%, 출력비는 57.7%

10. 풀이 권수비가 20이므로 고압 측 전압은 80[V]이고, 가극성의 경우 전압계는 80+4, 즉 84[V], 감극성의 경우 80-4, 즉 76[V]를 지시한다. 그러므로 전압 차이는 8[V]이다.

정답 8[V]

제11장 유도기

1. 회전자가 고정자의 자속을 끊을 때 발생하는 소음을 억제하는 효과가 있으며 기동 특성, 파형을 개선하는 효과가 있다.

2. 풀이 슬립 $s = \frac{N_s - N}{N_s}$ 이고, 동기 속도 $N_s = \frac{120f}{P} = \frac{120 \times 60}{4} = 1800$ 이므로

대입하면 $s = \frac{1800 - 1728}{1800} = 0.04$

정답 4%

3. 풀이 회전자 주파수 $f_2 = sf_1 = 0.02 \times 60 = 1.2$ [Hz]

정답 1.2[Hz]

4. 풀이 회전자의 유도 기전력 $E_{2s} = sE_2$ 에서, $s - \frac{E_{2s}}{E_2} - \frac{6}{300} = 0.02$

정답 0.02

5. 풀이 2차 동손 $P_{c2} = sP_2 = 0.03 \times 20 = 0.6$ [kW]

정답 0.6[kW]

6. 풀이 기계적 출력 $P_0 = (1-s)P_2$ 이고

2차 입력 $P_2 =$ 1차 입력 − 1차 손실 = 100 − 2 = 98[kW]이므로

$P_0 = (1-s)P_2 = (1-0.05) \times 98 = 93.1$[kW]

정답 93.1[kW]

7. 풀이 토크 $T = 9.55 \times \frac{P_0}{N} = 9.55 \times \frac{18000}{1800} = 95.5$ [N·m]

정답 95.5[N·m]

8. 풀이 유도 전동기의 토크는 전압의 제곱에 비례하므로 전압이 0.7배로 감소하면 토크는 0.7^2배, 즉 49%로 감소한다.

정답 49%

9. 무부하 시험, 구속 시험, 권선 저항 측정

10. 유도 전동기의 속도 제어는 슬립, 극수, 주파수 3가지 중 하나를 변화시켜서 제어하며, 농형 유도 전동기는 주파수 변환법, 극수 변환법을 사용하고, 권선형 유도 전동기는 2차 저항 조정법, 2차 여자법을 사용한다.

제12장 정류기와 전력용 반도체

1. PN 접합은 외부에서 가하는 전압의 방향에 따라 정류 특성을 가진다.

2. 단일 방향성 3단자 소자로는 SCR과 GTO가 있다.

3. TRIAC

4. 풀이 단상 반파 정류 회로의 평균값

$$E_d = \frac{\sqrt{2}}{\pi}E = 0.45\,V = 0.45 \times 220 = 99\,[\mathrm{V}]$$

정답 99[V]

5. 풀이 $E_{d0} = 1.17E = 1.17 \times 380 = 444.6[\mathrm{V}]$

정답 444.6[V]

6. 사이클로 컨버터

7. 풀이 $I_d = \dfrac{E_d}{R} = \dfrac{0.45E}{R} = \dfrac{0.45 \times 100}{10} = 4.5\,[\mathrm{A}]$

정답 4.5[V]

제13장 전기 설비 일반

1. 일반적으로 설계와 건설로 이루어지는 전기 사용 시설을 통칭하는 말이다. 이는 다시 조명 설비, 전열 설비, 전동력 설비, 송·배전 설비 및 발전 설비와 같이 그 사용 설비의 성격에 따라 구분할 수 있다. 조명 설비는 여러 가지 전등을 이용하여 어둠을 밝히거나, 공연장의 무대 등에서는 여러 가지 분위기를 연출할 수도 있다.

2. **전압의 구분**

전압의 구분	교류	직류
저압	1[kV] 이하	1.5[kV] 이하
고압	1[kV] 초과 7[kV] 이하	1.5[kV] 초과 7[kV] 이하
특고압	7[kV] 이상	

3. 전기 기계 기구, 선로 등의 정상적인 동작을 유지시키기 위해 공급해 주어야 하는 기준 전압, 제조업자가 제품의 특성에 따라 임의적으로 지정할 수 있으며 우리나라의 가전제품의 경우 공칭 전압(회로나 시스템에서 사용하는 전압)에 맞추어 통상적으로 220[V]이다.

4. 절연체에 전압을 가했을 때 절연체가 나타내는 전기 저항으로서, 보통 절연된 송전선, 전기 기계의 권선(捲線) 등에 대해 이것과 지표(地表)와의 사이에 존재하는 전기 저항을 말한다.

5. 누설 전류

제14장 배선 재료 · 공구

1. 전선의 구비 조건
   ① 가요성이 좋아야 한다.
   ② 도전율이 높아야 한다.
   ③ 내구성이 뛰어나고, 기계적 강도(인장 강도)가 커야 한다.
   ④ 비중이 낮아야 한다.
   ⑤ 재료를 구하기 쉽고 가격이 저렴해야 한다.
   ⑥ 공사하기 쉬워야 한다.

2. 풀이

전선의 식별

상(phase)	색상
L1	갈색
L2	검정색
L3	회색
N	파란색
보호 도체	녹색-노란색

정답 L1(갈색), L2(검정색), L3(회색)

3. 비닐 절연 전선

4. (1) 인입용 비닐 절연 전선
   (2) 옥외용 비닐 절연 전선
   (3) 접지용 비닐 절연 전선
   (4) 고무 절연 전선

5. 나동선

6. 강심 알루미늄강선

7. 코드 접속기

8. 멀티 탭

9. 와이어 스트리퍼

10. 홀소

제15장 전선의 접속

1. 20% 이상
2. 트위스트 접속, 브리트니아 접속, 슬리브(납땜) 접속
3. 와셔
4. 단자의 접촉 불량으로 불꽃 발생
5. S형, P형, E형
6. 펜치
7. 2개소
8. 직선 접속, 분기 접속, 종단 접속
9. 쥐꼬리 접속
10. 3회 이상

제16장 옥내 배선 공사 Ⅰ

1. 금속 전선관 배선의 특징 : 금속관 공사는 전개된 장소, 은폐 장소 어느 곳에서나 시설할 수 있으며 습기 또는 물기 있는 곳, 먼지 있는 곳 등에 시설한다.
   ① 전선이 기계적으로 완전히 보호된다.
   ② 단락, 접지 사고에 화재의 우려가 적다.
   ③ 접지 공사를 완전히 하면 감전의 우려가 없다.
   ④ 방습 장치를 할 수 있으므로 전선을 내수적으로 시설할 수 있다.
   ⑤ 건축 도중에 전선 피복이 손상받을 우려가 적다.
   ⑥ 배선 방법을 변경할 경우에 전선의 교환이 쉽다.

2. [표 16-2] 금속 전선관의 종류 참조

3. 32% 이하

4. [표 16-3] 금속 전선관 부속품 참조

5. (1) 2m (2) 2m (3) 1m (4) 2m

6. 단면적 $10mm^2$ 이하의 것(알루미늄선은 단면적 $16mm^2$)

7. 풀이 관 바깥지름의 1.2배 이상(접착제를 사용하는 경우에는 0.8배 이상)
   정답 0.8배

8. 커플링

9. [표 16-6] PE 및 CD 전선관의 규격 참조

10. 스플릿 커플링

제17장 옥내 배선 공사 Ⅱ

1. 2m 이하

2. 2m 이하

3. 1m 이하

4. 6배

5. 0.06m

6. 30cm

7. 3.5m

8. ㉠ 5, ㉡ 30

9. ① 사람이 접촉할 우려가 없도록 시설할 것
   ② 전선은 공칭 단면적 $6mm^2$ 이상의 연동선
   ③ 전선의 지지점간의 거리는 6m 이하일 것(전선을 조영재의 면을 따라 붙이는 경우에는 2m 이하)
   ④ 전선 상호간의 간격은 0.08m 이상 전선과 조영재 사이의 이격 거리는 0.05m 이상일 것
   ⑤ 애자 사용 배선에 사용하는 애자는 절연성·난연성 및 내수성의 것일 것
   ⑥ 고압 옥내 배선은 저압 옥내 배선과 쉽게 식별되도록 시설할 것
   ⑦ 전선이 조영재를 관통하는 경우에는 그 관통하는 부분의 전선을 전선마다 각각 별개의 난연성 및 내수성이 있는 견고한 절연관에 넣을 것

제18장 전선 및 기계 기구의 보안

1. ① 인축의 몸을 통해 전류가 흐르는 것을 방지한다.
   ② 인축의 몸에 흐르는 전류를 위험하지 않는 값 이하로 제한한다.

2. 30[mA]

3. 500[V]

4. 누설 전류

5. 10분

6. 금속관 공사

7. 2m

8. 캡타이어

9. 90℃, 90℃

제19장 가공 인입선 및 배선 공사

1. ① 가공 인입선 : 가공 전선로의 지지물(전주 등)에서 분기하여 다른 지지물을 거치지 아니하고 수용 장소의 인입점에 이르는 전선로를 말한다.
   ② 이웃 연결 인입선 : 수용 장소의 인입선에서 분기하여 지지물을 거치지 않고 다른 수용 장소의 인입구 부분에 이르는 전선을 말한다.

2. 5m

3. 2mm

4. 앤트런스 갭

5. ① 전선의 종류 : 가공 전선로, 옥측 전선로, 옥상 전선로, 지중 전선로
   ② 지지물의 종류 : 목주, 철주, 철근 콘크리트주, 철탑

6. 암 밴드

7. 2.0

8. 1/6

9. 근가

제20장 특수 장소 및 특수 시설 공사

1. 금속관 공사, 케이블 공사

2. 금속관 공사, 케이블 공사

3. 5턱

4. 금속관 공사, 케이블 공사

5. 합성 수지관, 금속관 공사, 케이블 공사

6. 금속관 공사, 케이블 공사

7. 금속관 공사, 케이블 공사

8. 금속관 공사, 케이블 공사

9. 금속관 공사, 케이블 공사

10. 금속관 공사, 케이블 공사

제21장 수·변전 및 배·분전반 설비

1. ㉠ 과전압 차단기 ㉡ DS ㉢ LA ㉣ 파워 퓨즈 ㉤ CT ㉥ 영상 변류기
   ㉦ PT ㉧ TR

2. 풀이 [표 21-2] 차단기의 종류 참조
   정답 유입 차단기

3. ABB

4. ACB

5. ① 불활성, 무색, 무취, 무독성 가스이다.
   ② 같은 압력에서 공기의 2.5~3.5배의 절연 내력이 있다.
   ③ 소호 능력은 공기보다 100배 정도이다.
   ④ 열전도율은 공기의 1.6배이며, 공기보다 5배 무겁고, 절연유의 1/140로 가볍다.
   ⑤ 不저항 특성을 갖는다.

6. 풀이 $P=\sqrt{3}\,VI=\sqrt{3}\times 2400\times 300=1247076.581$
   정답 1.2[MVA]

7. ① 부하 개폐기(LBS : Load Breaking Switch) : 수·변전 설비의 인입구 개폐기로 많이 사용되며, 전류 퓨즈의 용단 시 결상을 방지할 목적으로 채용되고 있다.
   ② 선로 개폐기(LS : Line Switch) : 보안성 책임 분계점에서 보수 점검 시 전로 개폐를 위하여 설치 사용된다.
   ③ 기중 부하 개폐기(IS : Interrupter Switch) : 22.9[kV] 선로에 주로 사용되며, 자가용 수전 설비에서는 300[kVA] 이하 인입구 개폐기로 사용된다.
   ④ 자동 고장 구분 개폐기(ASS : Automatic Section Switch) : 수용가 구내에 지락, 단락 사고 시 즉시 회로를 분리 목적으로 설치 사용된다.
   ⑤ 컷 아웃 스위치(COS : Cut Out Switch) : 주로 변압기의 1차 측에 설치하여 변압기의 보호와 개폐를 위하여 단극으로 제작되며 내부에 퓨즈를 내장하고 있다.

8. 자동 고장 구분 개폐기

9. LA

10. MOF

제22장 전기 응용 시설 공사

1. ① 조도가 적당할 것
   ② 그림자가 적당할 것
   ③ 휘도의 대비가 적당할 것
   ④ 광색이 적당할 것
   ⑤ 균등한 광속 발산도 분포(얼룩이 없는 조명)일 것

2. 광도의 단위는 칸델라(candela, cd)이고, 기호는 [I]이다.

3. 빛이나 복사체에서 발산하는 빛 입자 또는 복사 입자가 투과 또는 반사된 이후 결과로 완전 확산하는 이상적인 면을 말한다.

4. 직접 조명

5. 다운라이트

6. 매입 조명

7. 풀이 $F_0 = \dfrac{AED}{U} = \dfrac{AE}{UM}$ [lm]

$$N = \frac{F_0}{F} = \frac{AED}{FU} \text{ [개]}$$

여기서, F_0 : 총 광속(lm) A : 실내의 면적(m^2) E : 평균 조도(lx)
D : 감광보상률 M : 보수율 U : 조명률
N : 광원의 등수 F : 등 1개의 광속(lm)

$$N = \frac{AED}{FU} = \frac{100 \times 150 \times 1.25}{2500 \times 0.5} = 15$$

정답 15개

8. 풀이 실지수$(K) = \dfrac{XY}{H(X+Y)}$

여기서, X : 실의 가로 길이 (m)
Y : 실의 세로 길이 (m)
H : 작업 면에서 광원까지의 높이 (m)
$H = 3.85 - 0.85 = 3$

$$K = \frac{XY}{H(X+Y)} = \frac{20 \times 18}{3(20+18)} \fallingdotseq 3.16$$

정답 3.16

찾아보기

ㄴ

ㄷ

ㅎ

영문 · 숫자

전기기초 이론

2022년 3월 10일 1판1쇄
2024년 1월 10일 1판2쇄

저　자 : 김홍용 · 김대현
펴낸이 : 이정일

펴낸곳 : 도서출판 **일진사**
www.iljinsa.com
(우) 04317 서울시 용산구 효창원로 64길 6
전　화 : 704-1616 / 팩스 : 715-3536
이메일 : webmaster@iljinsa.com
등　록 : 제1979-000009호 (1979.4.2)

값 28,000 원

ISBN : 978-89-429-1680-1